U0196260

中国建筑科学研究院有限公司
China Academy of Building Research

CABR 优秀工程结构设计

孙建超　主编

中国建筑工业出版社

图书在版编目（CIP）数据

优秀工程结构设计 / 孙建超主编. — 北京：中国
建筑工业出版社，2024.6
ISBN 978-7-112-29857-0

Ⅰ.①优… Ⅱ.①孙… Ⅲ.①工程结构−结构设计
Ⅳ.①TU318

中国国家版本馆 CIP 数据核字（2024）第 101418 号

本书系中国建筑科学研究院有限公司建筑设计院承担的文博类建筑结构、复杂高层建筑结构、大跨
度空间结构、城市更新类项目中的 21 个项目汇编而成，是我国建筑结构设计的代表作。每个项目均介绍
工程概况、设计条件、结构体系、专项设计等，具有较好的技术性、适用性和资料性，对建筑结构设计及
施工和科研人员具有较大的参考价值。

责任编辑：辛海丽
文字编辑：王　磊
责任校对：李美娜

优秀工程结构设计

孙建超　主编

*

中国建筑工业出版社出版、发行（北京海淀三里河路 9 号）

各地新华书店、建筑书店经销

国排高科（北京）信息技术有限公司制版

临西县阅读时光印刷有限公司印刷

*

开本：787 毫米×1092 毫米　1/16　印张：35¼　字数：830 千字
2024 年 8 月第一版　　2024 年 8 月第一次印刷
定价：328.00 元
ISBN 978-7-112-29857-0
（42901）

本书编委会

技术指导：　徐培福　　肖从真

主　　编：　孙建超

编　　委：　李建辉　　赵建国　　齐国红　　杨金明　　诸火生
　　　　　　高　杰　　王　杨　　詹永勤　　李　毅　　王利民
　　　　　　方　伟　　姜　鋆　　韩　雪　　邹焕苗　　徐亚军
　　　　　　马天怡　　王华辉　　许　瑞　　陆向东　　王　丁
　　　　　　凌沛春　　杨晓蒙　　张伟威　　文德胜　　安日新
　　　　　　金晓鹏　　林　猛　　郝卫清　　王奕博　　陈琳琳
　　　　　　胡心一　　董晓岚　　巫振弘　　王　威　　师亚军

作者简介

孙建超（1971—）

陕西人，教授级高级工程师，国家一级注册结构工程师，现任中国建筑科学研究院有限公司副总工程师、建筑设计院院长、总工程师，百千万人才工程国家级人选，国家有突出贡献中青年专家，享受国务院政府特殊津贴专家。

担任中国建筑学会副秘书长、中国建筑学会标准化工作委员会副主任委员、中国建筑学会建筑结构分会常务理事、中国勘察设计协会结构设计分会副会长、中国土木工程学会结构工程分会理事、中国钢结构协会钢结构设计分会理事、北京工程勘察设计协会副会长、河北雄安新区勘察设计协会副会长。

长期从事建筑结构的设计、研究与咨询工作，擅长复杂及超高层建筑、文博类建筑、大型会展类建筑以及城市更新类项目的结构设计与研究。负责或参与完成的标志性设计项目包括中国国家博物馆改扩建工程、成都来福士广场、中国银行总部大厦、国家会展中心（天津）、杭州大会展中心、东莞华润置地中心、海口市国际免税城、雄安城市计算（超算云）中心、中坤广场改造工程等。同时，完成 20 余项复杂建筑结构的专项咨询工作。主持"十三五"国家重点研发计划课题 1 项、参与"十一五"国家科技支撑课题 2 项、住房城乡建设部课题 4 项，在钢-混凝土组合结构以及钢-混凝土组合剪力墙的研究和设计应用方向，提出的多种组合剪力墙的受剪承载力设计计算公式及受剪截面控制条件、钢板组合墙多种连接构造的设计方法等，对工程设计及有关规程的编制具有重要参考价值，已被《高层建筑混凝土结构技术规程》以及《组合结构设计规范》采纳。主持编制团体标准1部、参编国家标准3部、团体标准1部。

获国家科技进步二等奖1项，省部级科技进步一等奖1项、二等奖1项、三等奖2项，全国行业学协会科技进步一等奖1项。中国土木工程詹天佑奖2项，全国工程勘察设计一等奖4项，全国优秀建筑结构设计一等奖3项，省市优秀工程勘察设计一等奖9项。出版著作2部，发表论文30余篇。

序　一

新中国成立以来，我国建筑业经历了百废待兴、艰难摸索、快速发展到现如今高质量发展的四个阶段。建筑业从业者在最初缺乏资金、人才和技术的窘境中，通过数十年不断尝试与探索，积累了丰富的建设经验，不断推动着建筑业观念变革、动力变革与效率变革，兴建了一大批举世闻名的超级工程，也带领中国从世人眼光中的基建"荒漠"蜕变为享誉全球的基建"狂魔"，这不仅向世界彰显了中国力量，也奠定了建筑业在我国不可动摇的支柱型产业地位，为推动住房和城乡建设事业发展提供了有力支撑。

优秀的建筑作品往往是建筑创作与结构创新的完美结合。近年来新技术、新材料和新工艺在建筑领域得到快速和广泛应用，新型建筑和结构形式不断涌现，同时，因其体量大、功能复杂、人员密集等原因，给结构抗震、抗风设计与施工等带来了一系列新的挑战，这也对结构工程师提出了更高的要求，在保证建筑结构安全性与经济性的同时，还要满足建筑功能、造型等需求，成就建筑之美。

中国建筑科学研究院有限公司（以下简称"中国建研院"）建筑设计院历经 40 年的发展，积累了丰富的设计工作经验，承担了包括中国银行总部大厦、中华世纪坛、中国国家博物馆改扩建工程、中国工艺美术馆、成都来福士、国家会展中心（天津）、杭州大会展、雄安超算中心、海口国际免税城等在内的一系列重大工程项目，本书共收录了中国建研院建筑设计院 2000 年以来承担的 21 个典型工程项目，涵盖了文博类建筑、会展类建筑、复杂高层与大跨建筑和城市更新类工程的结构设计，体现了行业的最新设计理念和中国建研院雄厚的技术实力。

本书编委均为中国建研院建筑设计院具有资深设计经验的骨干专家，全过程参与了所列典型工程项目的各阶段建设，力求从结构设计师的角度真实还原设计过程中遇到的种种困难以及相应解决方案，是一本理论与工程实践紧密结合的佳作，可供从事建筑结构设计和科研人员使用。

聂建国

清华大学土木工程系教授（中国工程院院士）
2024 年 6 月于清华园

序　二

中国建筑科学研究院有限公司建筑设计院成立于 1985 年，是国内甲级设计院中第一批通过 ISO 9001 质量管理体系认证的单位，具有建筑行业（建筑工程）设计甲级、城乡规划编制甲级、风景园林工程设计专项甲级、建筑专业资信甲级、房屋建筑工程监理甲级等资质，以引领建筑设计业务发展、综合技术应用窗口为主责，以"建筑设计+"综合服务为核心主业，主要开展建筑工程综合设计、城乡规划以及设计咨询与管理等业务。

在近 40 年的发展历程中，建筑设计院依托中国建研院整体技术实力和人才优势，聚焦主责主业，服务国家战略，坚持科技创新引领，不断巩固文化博览、大型会展等传统优势领域，逐步壮大医疗健康、绿色生态等特色专项领域，积极培育数据中心、建筑师负责制、全过程咨询等新兴领域业务，着力打造"建研设计"企业品牌，先后承担并高质量完成了中国银行总部大厦、中华世纪坛、中国国家博物馆改扩建工程、中国工艺美术馆、成都来福士、国家会展中心（天津）、杭州大会展、雄安超算中心、海口市国际免税城、日本大阪世博会中国馆等一批标志性建筑的设计工作，在深度服务雄安新区、粤港澳大湾区、海南自贸港和国家重大工程的建设中不断提升核心竞争力，为国家建设事业的发展做出了重要的贡献。

本书共收录了中国建研院建筑设计院 2000 年以来 21 个工程项目的结构设计工程案例，不仅有中国国家博物馆改扩建工程、中国工艺美术馆、国家会展中心（天津）等国家重大工程项目，也有成都来福士（超大复杂建筑群）、武汉泰康金融中心（三塔连体结构）、海口市国际免税城（全球最大的单体免税店）、重庆寸滩国际邮轮中心（6 塔连体结构）等复杂高层、大跨结构项目，还有中坤广场改造工程（抖音集团总部）等城市更新改造项目，大部分都是各地乃至国家级标志性建筑。

本书从结构工程师的视角，详细介绍了各个工程项目的工程概况、设计条件、结构体系（包含结构体系与布置、结构方案对比、结构计算分析等）以及结构设计亮点、难点和关键核心技术等内容，每个项目都非常有特点，采用了巧妙的方法解决了工程难题。希望本书能够为广大结构工程师和相关从业人员提供有价值的参考，从而不断提升建筑行业结构设计水平，促进建筑行业整体技术进步。

中国建筑科学研究院有限公司　党委书记、董事长

2024 年 8 月

前　　言

随着我国经济持续快速发展、城市化进程不断加快，进入 21 世纪后，建筑行业涌现出了一大批优秀建筑工程。中国建筑科学研究院建筑设计院在文博建筑、复杂高层、大跨结构、城市更新等领域承担了大量国家重大工程项目，积累了丰硕的工程建设成果以及宝贵的结构设计经验。

本书共收录 21 个 2000 年以后完成的典型工程项目，分四大部分，其中第 1～3 章为文博类建筑，包括中国国家博物馆改扩建工程、中国工艺美术馆工程、黄河国家博物馆项目；第 4～13 章为复杂高层建筑结构，包括成都来福士广场、武汉泰康在线项目、京东集团西南基地项目、中国电建科技产业园、中国石化自贸大厦、深圳市前海综合交通枢纽上盖项目（T2塔楼）结构设计、安徽纵横政务新区城市综合体项目（合肥新地中心）、北京正大中心（CBD）核心区 Z14 地块商业金融项目、西安荣民金融中心；第 14～20 章为大跨度空间结构，包括国家会展中心项目一期工程、杭州大会展中心一期、中国·红岛国际会议展览中心、雄安城市计算（超算云）中心、海口市免税城项目（地块五）、重庆寸滩国际邮轮中心；第 21 章为城市更新类项目——中坤广场改造工程。本书每章主要内容按照工程概况、设计条件、结构体系、专项设计、结语五部分编写，部分复杂、超限结构增加了试验研究的内容。

本书编委均为各项目的主要设计人员，具有丰富的设计经验和深厚的技术实力，全程参与了各工程项目的结构设计工作，非常清楚设计过程中遇到的种种困难以及相应的解决方案，可为广大结构设计师提供重要参考。全书统稿工作由孙建超、李建辉共同完成。本书的编写过程中，还得到了许多项目组技术骨干的大力协助，作者在此深表感谢！

鉴于作者水平有限，同时，由于时间有限，书中错误和疏漏之处难免，敬请各位专家和广大读者批评指正。

2024 年 5 月

目　　录

1　中国国家博物馆改扩建工程结构设计 ⋯⋯⋯⋯⋯⋯⋯⋯⋯⋯⋯⋯⋯⋯⋯⋯ 1

2　中国工艺美术馆·中国非物质文化遗产馆工程结构设计 ⋯⋯⋯⋯⋯⋯⋯ 33

3　黄河国家博物馆结构设计 ⋯⋯⋯⋯⋯⋯⋯⋯⋯⋯⋯⋯⋯⋯⋯⋯⋯⋯ 51

4　成都来福士广场工程结构设计 ⋯⋯⋯⋯⋯⋯⋯⋯⋯⋯⋯⋯⋯⋯⋯ 83

5　武汉泰康金融中心工程结构设计 ⋯⋯⋯⋯⋯⋯⋯⋯⋯⋯⋯⋯⋯⋯ 111

6　京东集团西南总部大厦工程结构设计 ⋯⋯⋯⋯⋯⋯⋯⋯⋯⋯⋯⋯⋯ 141

7　中投证券大厦项目（中金大厦）工程结构设计 ⋯⋯⋯⋯⋯⋯⋯⋯⋯ 167

8　中国电建科技创新产业园工程结构设计 ⋯⋯⋯⋯⋯⋯⋯⋯⋯⋯⋯ 191

9　中国石化自贸大厦工程结构设计 ⋯⋯⋯⋯⋯⋯⋯⋯⋯⋯⋯⋯⋯⋯ 215

10　深圳市前海综合交通枢纽上盖项目（T2 塔楼）结构设计 ·············· 237

11　合肥新地中心结构设计 ································· 263

12　北京正大中心结构设计 ································· 289

13　荣民金融中心工程结构设计 ···························· 315

14　天津国家会展中心工程结构设计 ·························· 343

15　杭州大会展中心一期工程结构设计 ························· 373

16　中国·红岛国际会议展览中心工程结构设计 ···················· 405

17　雄安城市计算（超算云）中心项目结构设计 ···················· 429

18　海口市国际免税城工程结构设计 ·························· 457

19　重庆寸滩国际邮轮中心结构设计 ·························· 477

20　东莞篮球中心工程结构设计 ···························· 509

21　北京中坤广场改造工程结构设计 ·························· 529

1

中国国家博物馆改扩建
工程结构设计

结构设计单位：中国建筑科学研究院有限公司

结构设计团队：孙建超，黄世敏，肖从真，齐国红，王　杨，唐曹明，刘　枫，
　　　　　　　宋　涛，姚　勇，王亚勇，杜文博，陈　莹，郭　浩，杨　韬，
　　　　　　　夏荣茂，符龙彪，陈才华，张　军，陈叶妮，黄茹蕙，肖　青，
　　　　　　　谢东兴，孙建华，罗开海，白雪霜

执　笔　人：孙建超

一、工程概况

中国国家博物馆是天安门广场上的标志性建筑之一，其前身是中国历史博物馆和中国革命博物馆，位于天安门广场东侧，北临长安街，东靠公安部。原有馆舍建成于 1959 年 8 月，是新中国成立十周年的"十大建筑"之一，两馆于 2003 年合并组建成国家博物馆。2004 年开始进行改扩建的设计工作，本次改扩建利用原有老馆的原址，并向东新增建设用地，改扩建成为新的中国国家博物馆，建筑面积增加到 19.2 万 m²，包括原老馆的抗震加固改造和新建两大部分，其中保留老馆的改造部分建筑面积约 3.2 万 m²，新建部分建筑面积约 16 万 m²。其建筑空间形式丰富，内部功能复杂、多样，包括约 1.5 万 m² 的地下文物库房、6.5 万 m² 的 46 个各类展厅以及 716 座位的学术报告厅、268 座位的数码影院、600m² 的演播室，还包括文物保护、科研、鉴赏用房和服务于观众的公共服务空间包括西入口内的宏伟大厅（艺术走廊）等，建筑外轮廓尺寸约 330m×204m，改扩建后成为一座以历史与艺术为主、系统展示中华民族悠久文化历史、具有国际先进水平的综合性国家级博物馆。

本工程 2007 年 7 月开工，2011 年 1 月 27 日竣工（图 1.1-1）。

图 1.1-1　改扩建后的国家博物馆

二、设计条件

1. 自然条件

1）拟建场区的工程地质条件

根据北京城建勘测设计研究院有限责任公司于 2005 年 5 月 29 日提供的《中国国家博物馆工程岩土工程勘察报告（详细勘察）》（第一册、第二册）（勘察编号：2005 房建详勘025），本工程场区地貌属北京平原区，位于永定河冲洪积扇中部，东侧地势较低，西侧较高，地面标高 43.88～47.59m。地基持力层主要为中粗砂④层和细砂④$_1$层，地基承载力标准值综合考虑为 260kPa。

根据该报告，本场地 21m 深度范围内的粉土和黏性土对混凝土结构、钢筋混凝土结构中的钢筋和钢结构均无腐蚀性。

本工程建筑场地类别为Ⅲ类，但考虑到等效剪切波速位于界限值（250m/s）附近，因此报告中取特征周期 $T_g = 0.41s$。

综合考虑本场区历年最高水位、勘察时量测的地下水位，以及地下水位的动态变化，按最不利条件分析，报告建议本工程抗浮设计水位标高为 35.00m。

拟建场地的抗震设防烈度为 8 度，设计基本地震加速度值为 0.20g，设计地震分组为第一组。在地震烈度达到 8 度时，地下水水位埋深按 7m 考虑，本场地自地面至 20m 深度范围内的饱和粉土及砂土不会发生地震液化。

本工程各部分荷载差异大，相同部分荷载分布亦不均匀，另外新建建筑物与保留建筑物相邻基础的影响较大。因此，变形控制是结构基础设计中遇到的重要问题。

本工程基础尺寸大，基础埋深较深，土方开挖，基坑支护，地下水控制等难度大，拟建基础与保留建筑基础，以及拟建基础不同部位高差较大，相邻槽壁的支护、变形控制比较严格。

2）风荷载

（1）基本风压：0.50kN/m²；

（2）地面粗糙度类别：C 类。

3）雪荷载

基本雪压：0.45kN/m²。

4）场地标准冻结深度：0.8m。

5）本工程的±0.000 相当于绝对标高 44.600m。

2. 设计要求

1）结构设计标准

（1）建筑结构设计使用年限：100 年（保留建筑即老馆依据专家评审取 30 年）。

（2）结构设计基准期为 50 年。

（3）新建部分建筑结构安全等级为一级，结构重要性系数：1.1。

（4）新建部分建筑地基基础等级为甲级，基础设计安全等级为一级。

（5）建筑物耐火等级为一级。

（6）地下工程的防水等级为一级。

（7）人防等级：4B 级及 5 级。

2）抗震设防烈度和设防类别

（1）基本烈度：8 度，设计基本地震加速度值为 0.2g，设计地震分组为第一组。

（2）设防烈度：8 度。

（3）场地类别为Ⅲ类，取特征周期 $T_g = 0.41s$。

（4）建筑抗震设防类别：乙类。

（5）新建建筑混凝土结构部分的抗震等级：

　　剪力墙：一级（部分剪力墙端部配置型钢）；

　　框架：一级。

3）工程场地地震安全性评价的有关要求

业主委托北京市地震局震害防御与工程研究所于 2003 年 8 月完成了《中国国家博物馆工程场地地震安全性评价工程应用报告》，并已得到北京市地震局和中国地震局的批复。

根据该报告，规准后的反应谱曲线表达式为：

$$\beta(T) = \begin{cases} 1 + (\beta_m - 1)\dfrac{(T - 0.04)}{(T_1 - 0.04)} & 0.04s < T \leqslant T_1 \\ \beta_m & T_1 < T \leqslant T_g \\ \beta_m \left(\dfrac{T_g}{T}\right)^c & T_g < T \leqslant 8s \end{cases} \tag{1.2-1}$$

式中：T_1、T_g——特征周期；

　　　　β_m——放大系数；

　　　　c——衰减系数。

不同概率水平相应的特征周期和系数列于表 1.2-1 中。表 1.2-1 对应于工程场地水平向 5%阻尼比设计地震动峰值加速度反应谱参数值。

中国国家博物馆工程场地设计地震动参数（阻尼比 5%）　　　　表 1.2-1

地震动参数		A_m（Gal）	β_m	α_m	T_1	T_g	η_1	η_2	c
100 年超越概率	截面验算	85	2.4	0.2	0.1	0.35	0.02	1	1.2
	100 年 10%	250	2.4	0.6	0.1	0.6	0.02	1	1.2
	变形验算	450	2.5	1.13	0.1	0.85	0.02	1	1.2
70 年超越概率	截面验算	75	2.4	0.18	0.1	0.3	0.02	1	1.2
	100 年 10%	235	2.4	0.56	0.1	0.5	0.02	1	1.2
	变形验算	395	2.5	0.99	0.1	0.8	0.02	1	1.3

该报告选取的 100 年、70 年超越概率水平 63%、10%、3%，分别对应于《建筑抗震设计规范》GB 50011—2010（2016 年版）中的三个设防水准。

三、结构体系

1. 老馆的加固改造

原结构参照苏联工程抗震设计规范进行 7 度抗震设防，采用钢筋混凝土框架结构，各区段间从基础到屋顶层均设置了 100mm 宽的变形缝，基础则根据结构（横向两边跨小，中间跨大）的特点，采用的是沿纵向两边跨条形非满堂式筏形基础。本次对于老馆的改造仍采用钢筋混凝土结构，并保留原变形缝。根据建筑功能布局，在适当位置增设剪力墙，由原框架结构变为框架-剪力墙结构。X 区（即原老馆西段）由于展厅功能需要限制，除两端外其他部位不能设置钢筋混凝土剪力墙，为此采用增设门式消能减震支撑减小地震作用。根据老馆的实际情况和结构特点，采取了不同的加固措施。为保护建筑外立面，采用内部加固方式；同时对各展馆结构，分别采用了壁式框架、钢丝绳网片-聚合物砂浆外加层和粘贴碳纤维片等新材料和新工艺，提高了结构整体抗震能力。

2. 新馆结构

为避免对原有建筑（老馆）主体结构的影响，减少对老馆结构的扰动和破坏，新建部分与原有建筑在新旧部分空间连续的前提下从基础直到上部结构完全脱开，新老建筑之间变形缝宽 100mm。

新建部分主体结构采用钢筋混凝土结构，楼层及屋顶大跨部分采用钢结构。主要抗侧力竖向构件为多个钢筋混凝土筒体，部分位置布置框架柱，主要承受竖向荷载，也承受部分地震作用，形成多筒体-部分框架结构。普通楼盖除地下 2 层人防顶板采用无梁楼盖外，其余主要为梁板体系，展厅部分标准柱网为 18m×18m 和 18m×12m，经过多方案比较，选用后张有粘结预应力混凝土梁；数码影院、学术报告厅以及演播室顶板为首层大厅，跨度 15～30m，采用后张有粘结预应力混凝土梁。入口大厅、中央大厅上方楼盖及其顶部屋盖均为 48m 左右的大跨空间，采用钢桁架结构，对应楼层及屋面板采用钢筋桁架组合楼板。图 1.3-1 为 6.0m 标高结构布置图，图 1.3-2 为 21.0m 标高结构布置图。

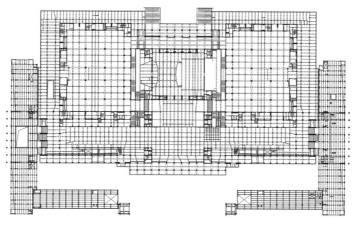

图 1.3-1   6.0m 标高结构布置图

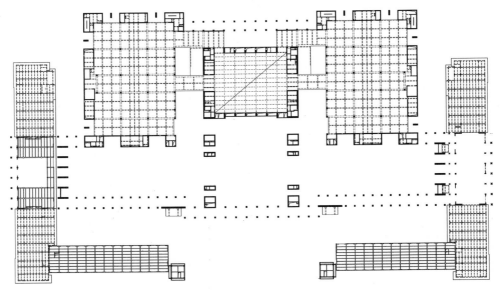

图 1.3-2　21.0m 标高结构布置图

3. 新馆结构设计

主要设计参数为：新馆结构设计使用年限为 100 年（耐久性）；建筑结构安全等级为一级，结构重要性系数 1.1；抗震设防基本烈度为 8 度，设计基本地震加速度值为 0.2g，设计地震分组为第一组；建筑场地类别介于 Ⅱ 类和 Ⅲ 类之间，特征周期取 0.41s；建筑抗震设防类别为乙类；基本风压 0.50kN/m²。

结构主要竖向构件布置如图 1.3-3 所示。

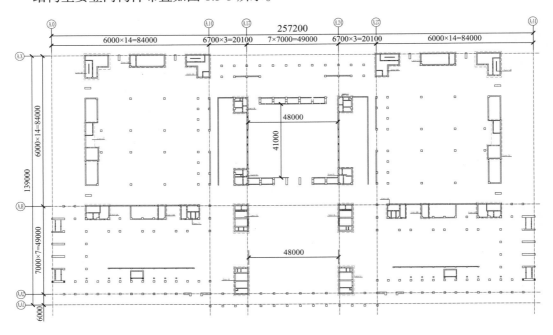

图 1.3-3　新馆结构主要竖向构件布置图

1）地基基础

（1）基础选型

本工程各部分荷载差异大，荷载分布很不均匀，此外新建建筑物与保留的原有建筑物邻近基础的相互影响较大，因此变形控制是本工程地基基础设计中的重要问题。新建部分基础埋深约 14.0m，持力层主要为中粗砂④层和细砂④$_1$ 层，地基承载力标准值 $f_{ka} = 260kPa$。

本工程展厅 18m×18m 柱网柱底轴力较大，标准值约 26000kN，入口大厅及中央大厅下混凝土筒体距离约 48m，且筒体底部轴力很大。在初步设计时考虑了三种形式的方案进行了技术经济比较，分别是梁板式筏形基础、平板式筏形基础及桩筏基础。前两种方案均采用天然地基，第三种方案思路是在荷载大的展厅柱下及混凝土筒体下采用桩基础，其余部分由于荷载不大且较均匀，仍采用平板式筏形基础。经计算，三种方案的材料用量及造价比较参见表 1.3-1。

三种基础方案材料用量及造价比较　　　　　　　　表 1.3-1

	梁板式筏形基础	平板式筏形基础	桩筏基础
布置及典型断面（mm）	基础板 800 基础梁 2000×2500	基础板 2000 柱帽 3000×3000×500	基础板 800 $\phi1000$ 灌注桩
混凝土折算厚度（mm/m²）	1180	2020	900
用钢量（kg/m²）	297	260	165
混凝土造价（元/m²）	600	1010	450
钢筋造价（元/m²）	1188	1040	660
总造价（元/m²）	1788	2050	1490

根据荷载分布特点，通过桩基来直接传递筒体及柱荷载，传力直接，可有效减小基础板厚，且变形易于控制，有效减小不均匀沉降，并且从表 1.3-1 的比较中可以看出总的造价最为经济。梁板式筏基的施工难度大于平板式筏基，平板式筏基施工相对简便，但经济性相对较差，现场混凝土量大，并且对于该工程这一特殊地区而言，如此大量的混凝土的运输也存在较大的问题。

综合考虑上述因素，桩筏基础方案技术合理，且经济性好，故在本工程中采用了部分桩基础的桩筏基础方案，即在荷载大的展厅柱下及混凝土筒体下采用桩基础，其余部分采用平板式筏形基础。桩基采用机械钻孔灌注桩。

（2）新老建筑基础关系的处理

本工程采用了"新馆嵌入老馆"的规划布局，新老建筑功能上统一，结构上完全断开。由于原老馆无地下室，在地面以上与新馆对接，因此结构在地面以上两者之间设 100mm 宽的变形缝，在地面以下原有建筑基础底标高约−4.3m，新建部分基础埋深约 14m，高差 9～10m，为避免新馆基坑开挖对老馆的影响，新建部分的地下室与原有结构距离采用层层退台的方式，如图 1.3-4 所示。

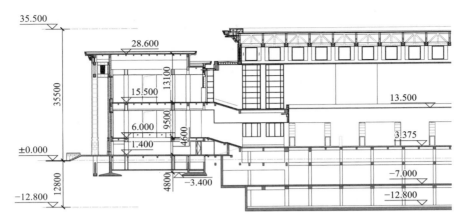

图 1.3-4　新老建筑之间基础关系

在首层以上由于与老馆衔接的需要，在个别部位柱与老馆距离较近，对于这些柱的基础，为避免开挖对老馆基础的影响，采取桩基方案，桩基类型选用长螺旋钻孔灌注桩。为提高灌注桩的单桩承载力与单桩刚度，采用桩底桩侧后压浆进行处理。

为确保老馆的安全，新馆基坑开挖过程中的支护尤其重要，基坑支护模式采取护坡桩加预应力锚杆的支护形式，并对锚杆的预应力锁定值进行适当的提高，锚杆施工时采用套管跟进施工工艺，并及时注浆等一系列措施，严格控制支护结构的水平变位，并加强施工过程中的结构变形和沉降监测等措施，确保了对老馆的合理保护。

（3）地基基础协同分析

考虑到本工程基础的复杂性与重要性，进行了地基基础的沉降协调分析，把上部结构、基础与地基看成是一个彼此协调工作的整体，在连接点和接触点上满足变形协调的条件下求解整个系统的变形与内力。通过桩基来调整地基刚度，从而在满足承载力前提下，通过对基础差异沉降尽量调平，降低上部结构次内力，降低基础内力，增加基础的安全储备并减少工程造价。

采用中国建筑科学研究院地基基础研究所"高层建筑地基基础与上部结构共同工作计算"软件 SFS 进行分析。程序计算时按勘察报告数据输入主体部分各勘察孔点的坐标、各土层埋深及地质参数，孔点之间的单元节点深度坐标及物理力学参数由周围勘察孔点数值插值求得。采用弹性理论法-有限压缩层混合模型，按勘察报告提供的压缩模量以及地基不同土层的c、φ值，由程序根据有限元方法对土层与桩体进行单元划分，形成桩土刚度矩阵。这样将上部结构的刚度与荷载以及地基桩-土刚度凝聚叠加到筏板（基于 Mindlin 中厚板理论）有限元计算形成的筏板刚度矩阵中，地基-基础-上部结构共同工作计算方程以下式表示：

$$\left([K]_{桩\text{-}土凝聚刚度} + [K]_{上部结构凝聚刚度} + [K]_{筏板刚度}\right)\{u_{筏板位移}\}$$
$$= \{P\}_{上部结构荷载} + \{P\}_{筏板荷载} \tag{1.3-1}$$

（4）桩基础

桩基础采用三种桩型，布置在基础不同位置，主要布置于筒体下及主要受力柱下。P1桩是主要的受力桩，布置于建筑标高−14.0m 标高以下，P2 为坡道位置桩，用于调整坡道的沉降，P3 桩布置在与老馆主体相邻的建筑受力柱下。

基础桩的布置，根据地基基础与上部结构的协同作用沉降分析，满足地基承载力与最大沉降的控制要求，减小差异沉降，即变刚度调平设计方法；为提高灌注桩的单桩承载力与单桩刚度，降低基础工程造价，采用灌注桩桩底桩侧后注浆技术，对于 12.5m 桩长范围采用 4 个压浆阀全范围注浆，提高注浆的可靠度。

经过计算，对于 P1 桩，如按普通灌注桩单桩极限承载力标准值不小于 6200kN，经后注浆处理后，单桩极限承载力标准值不小于 12500kN，考虑尺寸效应及安全储备，本工程单桩极限承载力平均值取为 11000kN，相应单桩承载力特征值为 5500kN。P2 桩与 P3 桩主要是调整沉降之用，经后注浆处理后取单桩极限承载力标准值 4000kN，相应单桩承载力特征值为 2000kN。桩基平面布置如图 1.3-5 所示。

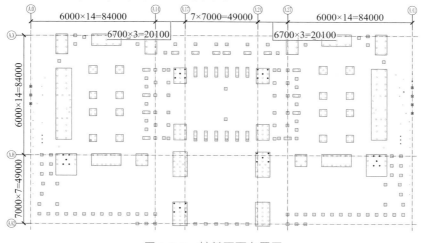

图 1.3-5 桩基平面布置图

（5）沉降分析

SFS 程序接口中国建筑科学研究院 PM 及 JCCAD 软件进行前后处理。给出底板沉降、弯矩、桩土反力以及底板配筋量值。沉降计算结果如图 1.3-6 所示。对于如图 1.3-7 所示的分区，沉降计算结果见表 1.3-2。

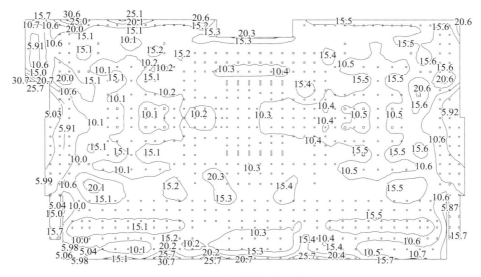

图 1.3-6 沉降计算结果

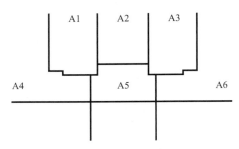

图 1.3-7　分区示意图

沉降计算结果　　　　　　　　　　　　　　　　　　表 1.3-2

沉降分区	A1	A2	A3	A4	A5	A6
最大沉降（mm）	31	30	23	30	25	25
最小沉降（mm）	7	10	5	7	13	8
最大局部差异沉降（‰）	1.4	1.4	1.4	1.8	1.8	1.8
最大局部差异沉降发生部位	主楼与车道间	筒体边	主楼与车道间	车道间	中部	车道间

（6）主要结论

①主楼布设 552 根 ϕ1000 抗压灌注桩，有效桩长 12.50m；车道及邻边 ϕ600 抗压灌注桩，有效桩长分别为 16.00m 和 20.00m，能够满足结构荷载与沉降控制要求；②灌注桩经桩底桩侧后压浆处理后，ϕ1000、ϕ600 单桩极限承载力标准值较普通灌注桩承载力提高 50%～120%，相应工程造价减少 30% 以上，同时减小施工难度，缩短工期，相应建筑的沉降控制达到更好的水平；③根据沉降计算分析，通过合理优化布桩，有效地控制施工期间和建成后的最大沉降与差异沉降，未设置沉降缝及沉降后浇带。

工程在施工及使用期间进行了沉降观测，截至竣工后的观测数据表明，大部分区域沉降实测值普遍小于计算值，实际沉降数据的变化规律与计算结果基本一致，沉降控制达到了预期的目标。

2）展厅部分楼盖结构方案

6.0～6.0m，6.0～13.5m，13.5～21.0m，21.0m 至屋顶的展厅部分标准柱网为 18m × 18m 和 18m × 12m。考虑到跨度较大的特点，为了合理利用空间，有效地降低层高增加净高，初步设计时考虑了预应力混凝土梁普通楼板、焊接工字钢梁压型钢板钢筋混凝土组合楼板、型钢混凝土梁普通楼板三种楼盖体系，对应的柱类型分别为普通钢筋混凝土柱、钢柱、型钢混凝土柱。考虑到大面积采用型钢混凝土梁及型钢混凝土柱施工的复杂性，因此未考虑型钢混凝土梁的方案，仅对前两种方案进行了技术经济比较。在结构高度均为 1250mm（建筑允许的结构高度）的条件下，预应力混凝土梁方案结构造价低于钢梁方案。因此，针对本工程具体情况，预应力混凝土梁方案经济性好，施工技术难度相对较小，便于超长结构后浇带的留设，施加预应力易于对超长结构裂缝的控制，但现场混凝土量相对较大，模板量大，工期相对较长；钢梁方案便于工厂成型加工，现场湿作业及模板量相对较少，利于缩短工期；但在目前柱网条件下，经济性相对较差，其优势未充分发挥，有一定施工技术难度，如超长结构后浇带的留设等，同时还存在后期大面积钢结构的防腐防火涂装维修等问题。综合考虑造价、施工难度、工期、结构耐久性等因素，本工程展厅楼盖体系选用后张有粘结预应力混凝土梁方案，楼板采用混凝土楼板。21.0m 标高结构布置如图 1.3-8 所示。

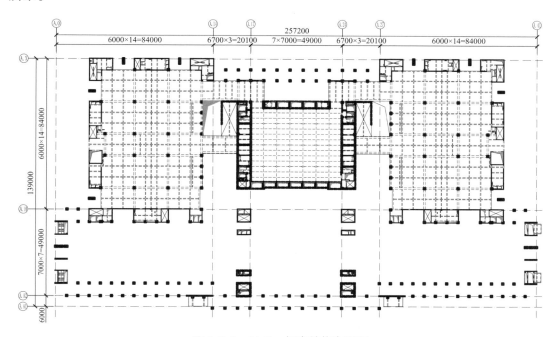

图 1.3-8　21.0m 标高结构布置图

3）大跨度结构布置方案

对于 21.0m 标高中央大厅楼盖及上方屋盖部分、34.5m 公共空间楼面部分、34.5m 屋面部分、42.5m 公共空间屋面部分等区域，最大跨度 48m，跨度大，荷载大，经过方案比较，主要结构形式采用钢桁架方案。这主要是基于以下考虑：由于结构层高具备做钢桁架的高度条件，而且在大跨度区域采用钢桁架方案比实腹式钢结构方案结构合理、节省用钢量，同时在大跨度情况下，结构刚度及楼层振动频率是重要控制指标，采用钢桁架方案，通过上、下弦的共同作用实现端部固接相对容易，采用桁架端部固接做法，楼层竖向刚度、振动频率将大幅度提高；利用桁架的空间，可以穿越较大尺寸的管道、布置必要的马道，甚至在局部楼面板可同时铺设在桁架上、下弦，通过一道桁架实现了两层建筑功能，最大程度利用了桁架结构的空间优越性，这也成为本项目的一大特色。

为深入分析大跨度钢结构的承载能力、变形及竖向地震作用效应、使用阶段的舒适度，除在整体模型中建立了钢结构模型外，还对钢结构部分进行了单独的分析计算。计算软件采用 SAP2000 进行。34.5m 标高结构布置如图 1.3-9 所示，主要钢桁架区域如图 1.3-10 所示。

4）结构抗震性能目标

考虑到该工程的重要性以及内部空间变化大、竖向抗侧力筒体间距大等特点，为提高结构抗震的可靠性，防止连续破坏，进行了抗震性能化设计，性能目标确定为：①小震作用下，结构处于弹性状态。②中震作用下，以下关键部位的结构构件处于弹性状态：支撑入口大厅、中央大厅的各4组混凝土筒体；中央大厅东西两侧的各6个1000mm×4000mm混凝土柱；展厅部分的柱及混凝土筒体；支撑入口大厅及南北长廊钢桁架的框架柱；楼盖及屋盖大跨度钢结构。其余竖向结构构件中震不屈服。

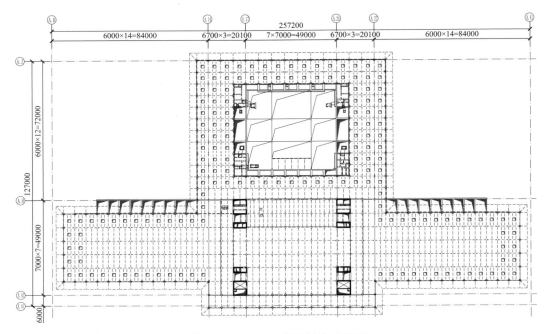

图 1.3-9   34.5m 标高结构布置图

图 1.3-10   主要钢桁架区域示意图

5）小震、中震分析

（1）计算模型及软件

整体计算模型将新建部分上部结构与地下室作为一个整体统一考虑，上部模型包括混凝土结构以及大跨度钢桁架结构，进行总刚分析，地震作用和风荷载按两个主轴方向作用，考虑平动与扭转耦联的影响，上部结构的嵌固端为−6.00m。整体计算采用的软件为SATWE，PMSAP，ETABS v9，midas。计算模型如图1.3-11所示。

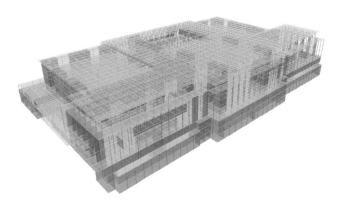

图 1.3-11　计算模型

（2）小震弹性分析

进行小震设计时，地震作用按安全评价报告 100 年超越概率 63% 的设计地震动参数与规范反应谱的包络值进行结构的截面抗震验算。两者对应的地震影响系数曲线如图 1.3-12 所示。

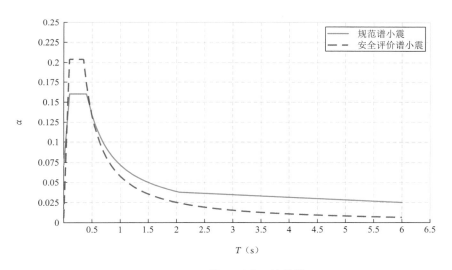

图 1.3-12　地震影响系数曲线

水平地震作用分别在 X 和 Y 方向输入，竖向地震作用采用反应谱法计算，$\alpha_{v\_max} = 0.65\alpha_{h\_max}$。

计算考虑了两种情况：工况 1：规范小震反应谱，按北京 8 度抗震设防的反应谱进行地震作用计算，阻尼比 0.05，场地特征周期 $T_g = 0.41s$，设计基本地震加速度值为 0.20g，设计地震分组为第一组，$\alpha_{max} = 0.16$。此时，抗震措施按乙类建筑提高 1 度即 9 度采用，即框架及剪力墙抗震等级均为一级。工况 2：安全评价小震反应谱，按安全评价报告提供的 100 年超越概率 63% 的小震反应谱参数进行地震作用计算，阻尼比 0.05，场地特征周期 $T_g = 0.35s$，$\alpha_{max} = 0.204$。此时，抗震措施仍按 8 度采用，计算时内力调整系数框架抗震等级按二级，剪力墙抗震等级按一级。

以上两种工况，荷载组合考虑分项系数，控制构件在弹性阶段。采用如下荷载组合：①1.1×(1.2×恒荷载＋1.4×活荷载)；②1.1×(1.2×恒荷载＋1.4×活荷载＋1.4×0.6×风荷载)；③1.1×(1.2×恒荷载＋1.4×0.9×活荷载＋1.4×风荷载)；④1.1×(1.35×恒荷载＋1.4×0.7×活荷载)；⑤1.2×(恒荷载＋0.5×活荷载)±1.3×水平地震作用；⑥1.2×(恒荷载＋0.5×活荷载)±1.3×竖向地震作用；⑦1.2×(恒荷载＋0.5×活荷载)±1.3×水平地震作用±0.5×竖向地震作用。

（3）小震反应谱弹性分析主要计算结果

由于该结构存在较多的楼板抽空、错层及跃层柱，计算周期、内力及位移时采用"刚性楼板＋局部弹性楼板"假定，计算位移比时采用"刚性楼板"假定。三个软件计算的主要结果见表1.3-3（安评小震反应谱）。

主要计算结果对比（小震反应谱分析）　　　　　　　　　　表 1.3-3

软件类型	SATWE	PMSAP	ETABS
结构总质量（t）			
1.0×恒荷载＋0.5×活荷载	367819	368470	351320
结构自振周期（s）			
第一阶	0.4195	0.4266	0.4571
第二阶	0.4030	0.4119	0.4028
第三阶	0.3464	0.3508	0.3592
结构剪重比			
X向地震	6.25%	6.38%	6.01%
Y向地震	8.22%	8.75%	8.50%
结构层间位移角			
X向地震	1/2553	1/2200	1/2632
Y向地震	1/2522	1/2361	1/3049
结构楼层位移比			
X向地震	1.275	1.298	1.221
Y向地震	1.262	1.287	1.232

本工程中，在西侧外围（剖面图图 1.3-13 中入口大厅外侧）有两排 28m 高的柱，柱顶为 35m 跨度的钢桁架屋盖，屋盖另一端支座为核心筒墙体（图 1.3-13）。柱截面为 1m×1m，当将柱子自重分别集中在各个计算楼层标高时，由柱子本身振动引起的局部振型周期比整体振动的周期长，当采用较为广泛使用的子空间迭代法求解结构振型时，低阶振型中有相当一部分为局部振型，而局部振型的质量参与系数很小。由于计算软件及硬件条件的限制，在总振型数一定的情况下，计算结果较难满足有效质量系数大于 0.9 的要求。因此，采用将跃层柱质量集中在柱上下两端的整体模型进行计算，考察整体指标及其他构件，对于这些跃层柱，单独进行承载力及稳定性分析。由于钢桁架屋盖另一端与核心筒墙体相连，在屋盖平面内刚度较大。因此，柱子顶部可视为铰支座，柱底部按照固端考虑，分析在屋盖传来竖向力及柱自重引起水平地震作用下柱子的承载力及稳定性，计算结果满足规范要求。除此之外，对结构进行了将柱质量分布于各个计算楼层标高时的 Ritz 向量求解，结果也验证了上述分析的正确性。

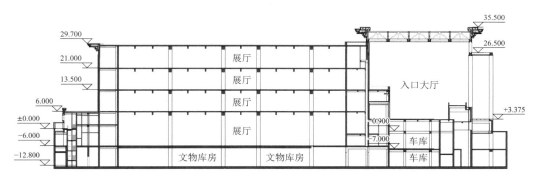

图 1.3-13　结构典型剖面

（4）多遇地震弹性时程分析

采用 midas 程序进行多遇地震弹性时程分析，根据场地安全评价报告，多遇地震的地震加速度峰值取 85cm/s²，选取三组地震波（一组人工波、两组天然波）作为时程分析的地震输入，人工地震波为场地安全评价报告提供，时程曲线见图 1.3-14。

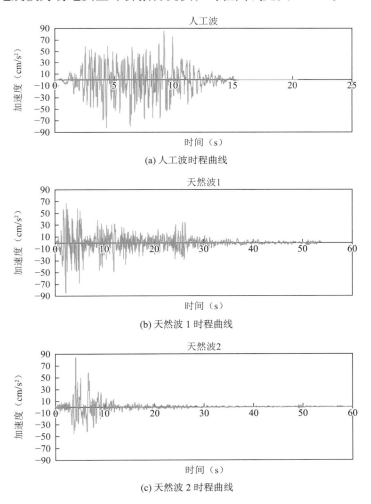

图 1.3-14　地震加速度时程曲线

经过时程分析计算，三组波中每一条的基底剪力都大于反应谱法基底剪力的65%，平均基底剪力大于反应谱法基底剪力的80%，满足规范对时程分析地震波的要求，见表1.3-4、表1.3-5。

基底剪力对比表（小震弹性时程分析）　　　　　　　　表1.3-4

地震波	X向		Y向	
	基底剪力（kN）	与反应谱法的比值	基底剪力（kN）	与反应谱法的比值
人工波	235800	96.46%	308100	95.40%
天然波1	234300	95.85%	236700	73.29%
天然波2	234400	95.89%	244300	75.65%
平均值	234833.3	96.07%	263033.3	81.45%

层间位移角（小震弹性时程分析）　　　　　　　　表1.3-5

地震波	X向	Y向
	层间位移角	层间位移角
人工波	1/1183	1/1788
天然波1	1/1613	1/1923
天然波2	1/1957	1/2666

计算结果表明，结构层间位移角均满足规范设计要求。三组地震波，人工波基底剪力与反应谱结果比较接近，两组天然波的地震反应均小于反应谱计算结果。按照时程分析和反应谱计算结果取包络进行结构设计，对混凝土构件，按照最不利的内力进行截面设计及配筋。

（5）中震反应谱分析

采用 PMSAP 及 ETABS 整体计算模型，对结构进行了中震下的反应谱分析。按规范中震反应谱（$\alpha_{\max}$ 取小震的 2.857 倍）进行计算，阻尼比 0.05，场地特征周期 $T_{\mathrm{g}}=0.41\mathrm{s}$，$\alpha_{\max}=0.16\times2.857=0.457$。对应的地震影响系数曲线如图1.3-15所示。

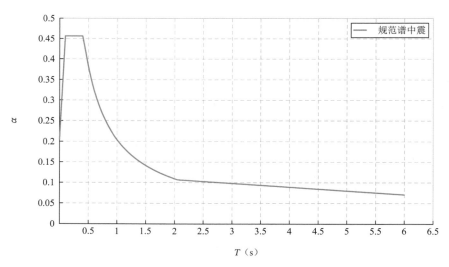

图 1.3-15　地震影响系数曲线

水平地震作用分别在 X 和 Y 方向输入，竖向地震作用采用反应谱法计算，$\alpha_{v\_\max}=0.65\alpha_{h\_\max}$。

①中震不屈服

荷载分项系数均取为 1；与抗震等级有关的调整系数均取为 1；抗震调整系数γ_{RE}取为 1；钢筋和混凝土材料采用标准强度，其设计表达式如下式：

$$S \leqslant R_k \tag{1.3-2}$$

$$S = 1.0S_{GE} \pm 1.0S_{Ehk} \pm 0.4S_{Evk} \tag{1.3-3}$$

式中：　　　S——中震作用标准值组合；

　　　　　R_k——构件承载力标准值，即材料分项系数取 1.0；

　　　　S_{GE}——重力荷载代表值效应；

S_{Ehk}、S_{Evk}——水平和竖向地震作用标准值的效应，不需要乘以与抗震等级有关的调整系数。

因此，本工程中震不屈服计算中，荷载组合不考虑分项系数，不进行内力的调整放大，采用如下荷载组合：1.0×(恒荷载＋0.5×活荷载)±1.0×水平地震作用；1.0×(恒荷载＋0.5×活荷载)±1.0×竖向地震作用；1.0×(恒荷载＋0.5×活荷载)±1.0×水平地震作用±0.4×竖向地震作用。

②中震弹性

与抗震等级有关的调整系数均取为 1，其设计表达式如下式：

$$S \leqslant R/\gamma_{RE} \tag{1.3-4}$$

$$S = 1.2S_{GE} \pm 1.3S_{Ehk} \pm 0.5S_{Evk} \tag{1.3-5}$$

式中：　　　S——中震作用设计值组合；

　　　　　R——构件承载力设计值；

　　　γ_{RE}——承载力抗震调整系数；

　　　S_{GE}——重力荷载代表值效应；

S_{Ehk}、S_{Evk}——水平和竖向地震作用标准值的效应，不需要乘以与抗震等级有关的调整系数。

因此，本工程中震弹性计算中，荷载组合考虑分项系数，不进行内力的调整放大。采用如下荷载组合：1.2×(恒荷载＋0.5×活荷载)±1.3×水平地震作用；1.2×(恒荷载＋0.5×活荷载)±1.3×竖向地震作用；1.2×(恒荷载＋0.5×活荷载)±1.3×水平地震作用±0.5×竖向地震作用。

经核算，结构关键部位竖向构件采用型钢混凝土柱或墙，或者采用钢板混凝土组合剪力墙结构后满足中震弹性，其余竖向构件采用钢筋混凝土柱或墙满足中震不屈服，因此达到中震条件下的抗震性能目标要求。

四、专项设计

1. 钢板混凝土组合剪力墙的首次实践应用

钢板混凝土组合剪力墙是一种新型的结构形式，同钢筋混凝土剪力墙相比，这种组合剪力墙具有承载力大及延性、耗能能力好的优点；与由钢板组成的剪力墙相比，钢板混凝土组合剪力墙又具有刚度大，在地震作用下侧移小以及不易发生局部屈曲等优点。钢板混凝土组合剪力墙可以充分发挥钢和混凝土两种材料的优势，在提高承载力的同时可以保持较好的延性，在钢-混凝土混合结构中显示其独特的应用优势，具有广阔的发展前景。

在中央大厅两侧的墙体（图 1.4-1），在+4.350m 标高以下，由于大空间的学术报告厅以及数码影院的需要不能落到基础，剖面图见图 1.4-2，同时该墙体又是+21.000m 标高及+29.800m 标高两层大跨钢桁架的支撑构件，承受的竖向荷载很大，性能目标为中震弹性。中震作用下底层（+4.350～+13.350m 标高）每段墙的承担的水平剪力达到 76000kN 左右，同时建筑功能的需要墙体厚度限制在 600mm，采用普通混凝土墙体不能提供足够的承载力，且延性无法保证。如果采用普通混凝土墙，即使按墙体受剪截面控制条件计算的墙体厚度也要 1100mm，远超过了建筑师允许的厚度，而且增加墙厚意味着自重的加大，进一步加剧了这种不利因素。曾考虑采用在该墙体内设暗桁架的方案，但由于墙体厚度限制在600mm，且两边提供支撑的落地混凝土筒体墙的厚度仅为 500mm，暗桁架的断面宽度限制在 200～300mm，无法提供足够的承载力，且从构造上以及施工上也很难实现。最后决定在底层即−0.900～+13.350m 标高采用钢板混凝土组合剪力墙，根据中国建筑科学研究院提出的钢板混凝土组合剪力墙受剪截面承载力计算方法，墙厚 600mm，内设钢板厚度为25mm。立面见图 1.4-3。

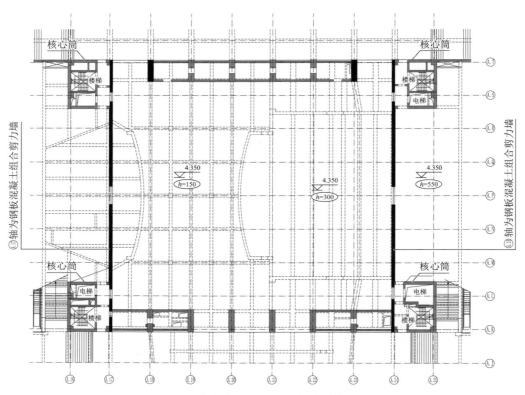

图 1.4-1　中央大厅+4.350m 标高结构平面图

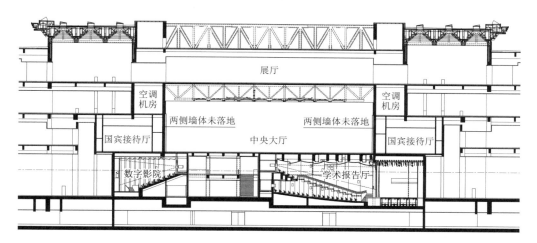

图 1.4-2 中央大厅剖面图

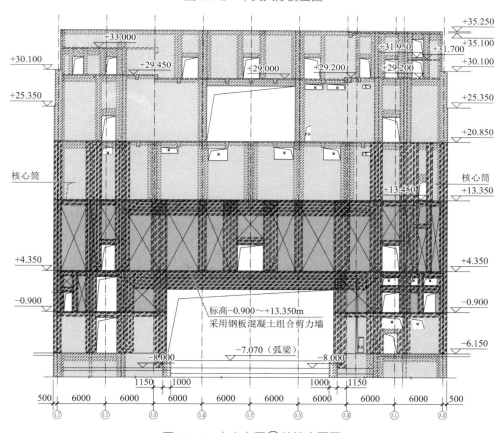

图 1.4-3 中央大厅Ⓐ-24轴墙立面图

在入口大厅，标高+34.500m 以上，仅四组混凝土筒体支撑整个钢桁架屋盖，平面及剖面见图 1.4-4、图 1.4-5。混凝土筒体部分墙肢承受的水平剪力很大，普通钢筋混凝土墙体也无法满足要求。同样由于受到建筑功能对墙厚的限制，设计中也采用了钢筋混凝土组合剪力墙，钢板厚度 35mm。

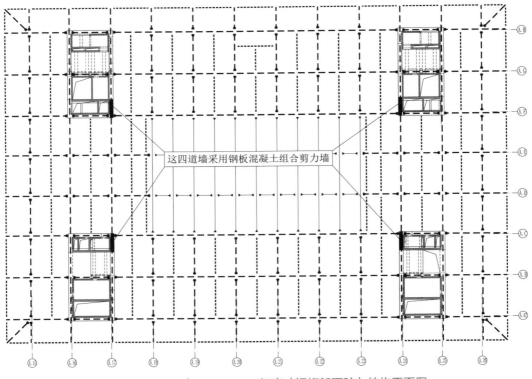

这四道墙采用钢板混凝土组合剪力墙

图 1.4-4　入口大厅 41.900m 标高（钢桁架下弦）结构平面图

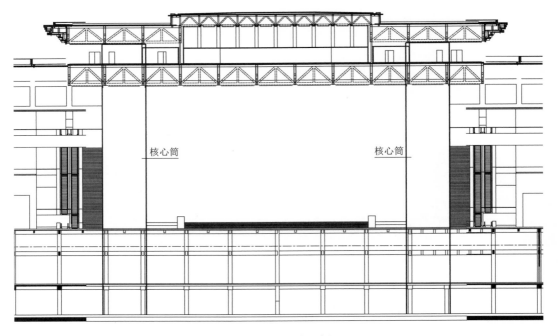

核心筒　　　　　　　　　　　核心筒

图 1.4-5　入口大厅剖面

　　通过中国建筑科学研究院进行的试验研究分析得出，钢板与周围构件的连接关系对于承载力和破坏形态的影响至关重要，钢板与周围构件的连接越强，则承载力越大，四周焊接的钢板组合墙可显著提高剪力墙受剪承载能力,并具有与普通钢筋混凝土剪力墙基本相当或略高的延性系数。因此在本工程中钢板四周采用焊接的连接形式。

对于钢板混凝土组合剪力墙,工程设计中重点在于选取适宜的钢板厚度、钢板与周边型钢的连接设计、端部型钢暗柱箍筋的设置构造、墙身分布筋构造要求及钢板抗剪栓钉的设计等。

1)墙体分布筋、拉筋的设置

本工程采用了在钢板两侧增设分布钢筋,分布筋间距与外侧分布筋相同,拉筋在两侧设置。增设的分布筋靠近钢板,钢板上的栓钉与之垂直相交,保证了钢板与混凝土之间很好的结合,使钢筋混凝土墙与钢板共同工作。增设的分布筋同时也作为受力分布筋,选取直径可与外侧分布筋相等或略小。

这种方式满足了受力和构造要求,而且施工操作方便。组合墙配筋平面示意见图1.4-6。

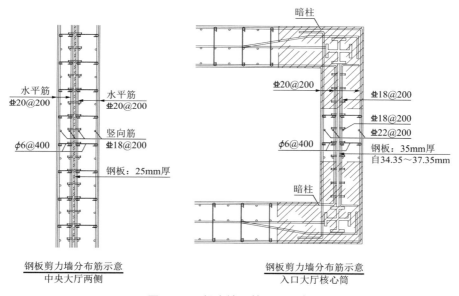

图1.4-6　组合墙配筋平面示意

2)钢板墙内暗柱、暗梁的设置

钢板墙两端及上下端需设置带型钢的暗柱、暗梁,对钢板墙形成约束。本工程在楼层标高处结合框架-剪力墙结构体系的楼层暗梁、在墙体端部两侧暗柱内均增设型钢;在门洞口、机电大洞口四周均设置带型钢的暗柱、暗梁。型钢的腹板与墙内钢板对齐。平面、剖面及钢板混凝土组合墙的钢结构设计立面局部见图1.4-7。

3)暗柱、暗梁的配筋

钢板混凝土组合剪力墙的钢板与四周型钢采用焊接的连接形式,可充分发挥钢板的性能,有效提高墙体的承载能力,从而可使钢板组合墙的优势得到充分发挥。但四周焊接的连接方式对施工提出了较高的要求,特别是端部暗柱、暗梁的箍筋设置需要特殊考虑。

一种方式是箍筋设置改变,即变端部暗柱箍筋为若干小箍筋,图1.4-8(a)的大样是这一类型的构造大样,这种方式可大大地方便施工。

另一种方式是暗柱或暗梁箍筋一部分穿越钢板,一部分改为若干小箍筋,如图1.4-8(b)

所示。这就需要在钢板相应位置事先打孔，这种方式施工难度相对较大，对于预留穿筋孔定位及施工中的穿筋等环节需要特别注意。也可以使箍筋在钢板处断开，与钢板进行焊接连接。

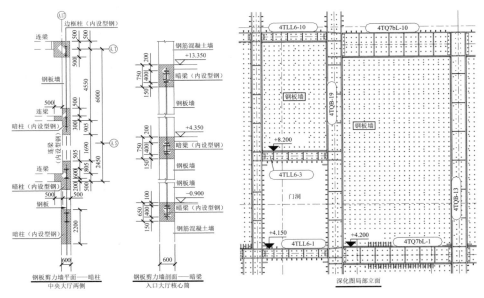

图 1.4-7　钢结构设计立面局部图

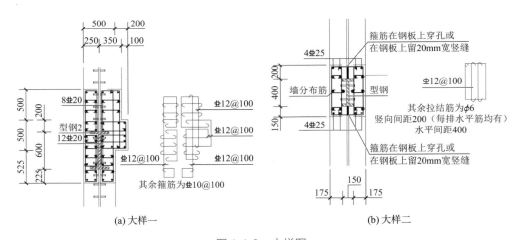

(a) 大样一　　　　　　　　　　　　　(b) 大样二

图 1.4-8　大样图

4）墙体分布筋在端部、上下的连接

墙体水平分布筋内排筋在端部与暗柱内型钢相碰时，为了保证水平筋的锚固要求，采用了内排分布筋伸至型钢边，另外附加水平分布筋与之搭接并绕过型钢柱的方式，避免了型钢打孔的问题。当个别柱内型钢截面比较大，考虑到分布筋绕过型钢后，离墙内钢板较远，影响了墙的整体性，因此采用分布筋保持沿钢板两侧布置，另外附加水平分布筋与之搭接的方式，见图 1.4-9。

5）钢板与周围型钢构件的连接

钢板采用单面坡口熔透焊与周边型钢连接，见图 1.4-10。

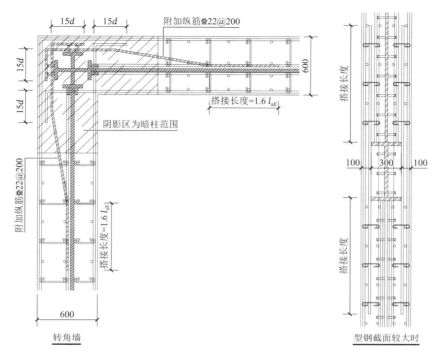

图 1.4-9 墙内水平筋遇型钢时搭接示意图

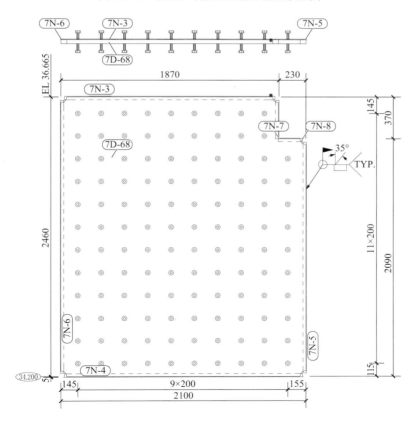

图 1.4-10 钢板加工图

6）对钢板厚度的限制

钢板外侧的钢筋混凝土墙有足够的刚度可以对墙身钢板形成有效侧向约束，是钢板混凝土剪力墙发挥优势的一个保证，那么对于混凝土墙的侧向刚度，或者说对于钢与钢筋混凝土的相对刚度是否应该有一个要求，本工程根据钢结构中对侧向支撑的刚度要求探讨了这一问题。

钢板组合墙在平面内承受压、弯、剪，在平面外可认为仅受压。

钢结构中对压杆的支撑刚度有如下要求：

①对于完善直杆，侧向支撑的弹簧刚度要求最低为：

$$k = 4N_l/l \tag{1.4-1}$$

式中：N_l——压杆的临界力；

l——压杆屈曲时的半波长度。

②对于有缺陷杆，支撑的刚度要求则为：

$$k = 9.33N_l/l \tag{1.4-2}$$

对于组合墙，一般并非两端支撑的压杆（平面外），而是四边支撑的板，因此情况会比较复杂，与两个方向的跨度有关。为简化问题，可要求钢筋混凝土墙与钢板的抗弯刚度比满足一定的要求。参考压杆的支撑刚度，可要求钢筋混凝土墙与钢板的抗弯刚度比不小于10。用单位宽度板的抗弯刚度，又称柱面刚度来代表板的抗弯刚度。

单位宽度板的抗弯刚度为：

$$D = \frac{Et^3}{12(1 - \nu^2)} \tag{1.4-3}$$

式中：E——弹性模量；

t——板厚；

ν——材料泊松比。

钢板和钢筋混凝土墙的柱面刚度分别记为D_p、D_c：

$$D_p = \frac{E_p t_p^3}{12(1 - \nu_p^2)} \quad (t_p \text{为钢板厚度}) \tag{1.4-4}$$

$$D_c = \frac{E_c' t_w^3}{12(1 - \nu_c^2)} \quad (t_w \text{为剪力墙厚度的一半}) \tag{1.4-5}$$

考虑到后期混凝土开裂损伤退出工作等因素，对混凝土的后期弹性模量取$E_c' = 0.2E_c$，E_c为混凝土初始弹性模量。

一般情况下：$E_p = 6E_c$，钢和混凝土的泊松比分别为$\nu_p = 0.4$，$\nu_c = 0.2$，

令$D_c/D_p \geqslant 10$，则有：

$$\left(\frac{t_w}{t_p}\right)^3 \geqslant \frac{10E_p(1 - \nu_c^2)}{E_c'(1 - \nu_p^2)} = \frac{10 \times 6 \times (1 - 0.2^2)}{0.2 \times (1 - 0.4^2)} = 343 \tag{1.4-6}$$

因此有：$t_w/t_p \geqslant 7$，所以$2t_w/t_p \geqslant 14$，即$t_p/2t_w \leqslant 1/14$。

也就是说，要求钢板厚度与混凝土墙厚度之比宜小于1/14，建议取为1/15，即对于钢板混凝土组合墙，建议钢板厚度与混凝土墙厚度与之比宜小于1/15。

7）关于墙体厚度

钢板将墙体分为两部分，墙体内空间减小，钢板上设置了栓钉，墙体内配有分布钢筋，在墙体端部暗柱处钢筋密集，为方便施工，建议钢板混凝土组合剪力墙的墙体厚度一般不宜小于500mm，这样中间设置钢板之后，两侧的混凝土部分均略大于200mm，可以合理地布置墙体分布筋，也能满足施工振捣的要求。墙内型钢宜采用窄翼缘，以便于两侧分布筋通过。

2. 钢桁架与混凝土结构的合理连接研究与设计

在钢-混凝土混合结构中，连接是两者协同工作的保证，也是受力能够有效传递的基础。中国国家博物馆的结构设计中大量地采用了钢-混凝土组合结构，即钢桁架支撑起大跨度的混凝土楼板，然后与竖向的混凝土核心筒、柱、剪力墙等连接在一起。在众多的连接中，有两种连接方式最为典型：一种是钢桁架与钢筋混凝土结构（墙、柱）侧面连接，如34.5m公共空间楼面部分的主桁架就是采用这种连接方式；另一种是钢桁架与钢筋混凝土结构（墙、柱）顶面连接，如42.5m公共空间屋面部分就是采用这种连接方式。

1）侧面连接

根据桁架上下弦的受力特点，对上下弦节点采用了不同的设计思路。对上弦节点，主要受拉力作用，上弦构件按照箱形截面连续进入混凝土，经2～3倍截面高度后过渡为2块竖向钢板和2块斜向钢板，其中2块水平竖板承受上弦杆轴力；2块斜向钢板承受斜腹杆轴力。设计时，对于2块水平竖板，首先保证能够完全承受桁架上弦传来的轴力，然后考虑栓钉抗剪作用，经过一段距离后，将部分轴力传给混凝土墙体，从而减小竖向钢板的厚度，最终剩余轴力传至另一侧钢柱。同时应保证混凝土墙体受拉钢筋在竖向钢板变截面前可承担栓钉部分传递的水平力。上弦剪力通过预埋钢柱直接传递给混凝土墙。

对下弦节点，主要是压力作用，由于混凝土受压性能较好，所以将钢柱贯通，通过右侧钢柱扩散后将压力传递给混凝土和钢板，混凝土和钢板传递的压力按截面刚度分配，并分别验算混凝土局部压力和钢板应力是否满足要求。后面埋入的水平竖向钢板主要是用以连接2块斜向钢板，栓钉按构造处理。上弦剪力通过预埋钢柱直接传递给混凝土墙。侧面连接典型节点见图1.4-11，侧面连接施工过程实景见图1.4-12。

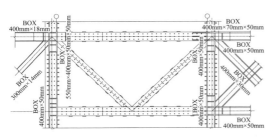

图1.4-11　侧面连接典型节点　　　　　　图1.4-12　侧面连接施工过程实景照片

该节点连接设计的一大特点是将剪力墙暗桁架的杆件由实腹式型钢调整为两块钢板的设计，钢板之间通过缀板连接，在一定程度上解决了剪力墙分布钢筋设置的冲突问题，同时更容易保证混凝土的浇筑质量。

侧面连接区域的有限元分析表明（图1.4-13、图1.4-14），沿墙长方向，栓钉所承受的剪力从受力端开始逐渐减小，即远端的栓钉不能完全发挥作用。因此，在设计中仅考虑沿墙长方向设置的全部栓钉抗剪承载力发挥60%。在设计考虑弦杆轴力的分配时，如果将剪力墙全长范围内的全部栓钉的承载力均计算在内是不安全的。

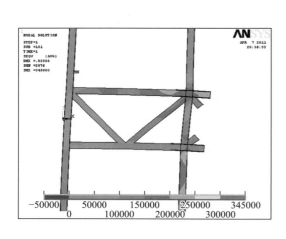

图1.4-13   埋入钢桁架应力图

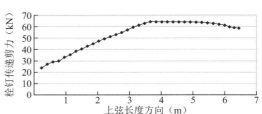

(a) 加载至22400s时单个栓钉沿长度方向传递剪力值

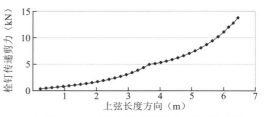

(b) 加载至2240s时单个栓钉沿长度方向传递剪力值

图1.4-14   沿墙长方向单个栓钉传递剪力值

2）顶面连接

对于顶面连接有三种解决方法：第一种是采用直接的铰接连接，主要体现在一个"抗"字上，也就是说所有的作用力都通过钢桁架和混凝土墙之间的连接进行传递；第二种是球铰支座式的连接，主要体现在一个"放"字上，即钢桁架和混凝土墙之间的连接只传递竖向作用；第三种是内力部分释放后的连接，仍体现在一个"放"字上，要求尽可能地释放掉结构自重和恒荷载作用下的绝大部分支座水平反力。

分析表明，第一种连接方式下，内侧支座将出现8509kN的水平作用，并且该作用将始终直接作用在38m高的核心筒顶部，这种荷载的传递方式给核心筒带来了不必要的巨大的长期水平作用，并使得局部的构造措施极难实施。所以，第一种连接方式并不理想。

球铰支座原本是最理想的连接方式，但是需要传递约11000kN竖向力所对应的球铰支座底面单方向尺寸远大于600mm，在现有的空间条件下无法放置。

于是，第三种连接方式也就成为最佳方案。释放掉结构自重和恒荷载作用下的绝大部分支座水平反力，支座和预埋板之间先不连接，在铸钢支座和预埋板之间采取有效的滑动措施，以保证铸钢支座和预埋板可以产生相对滑动；待桁架安装完毕、屋盖混凝土及面层做法完成且混凝土强度达到设计值之后，再将铸钢支座和预埋板进行连接，从而达到部分释放水平反力的目的。

采用这种设计和施工相结合的方法，释放掉恒荷载作用下支座处大部分的水平作用，可以极大地改善支座的受力性能。支座具体情况见图1.4-15～图1.4-17，顶部连接现场实景见图1.4-18。

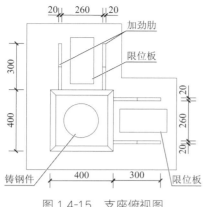

图 1.4-15 支座俯视图

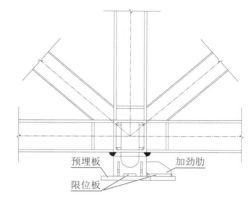

图 1.4-16 支座及相连桁架立面图

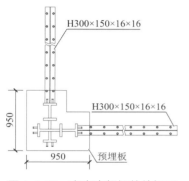

图 1.4-17 支座底部埋件俯视图

图 1.4-18 顶部连接现场实景照片

3. 大跨度钢桁架——钢筋桁架楼板体系的舒适度研究

楼板的竖向振动，一般是由人们行走、舞蹈、运动或机械设备运行等动荷载所引起。有关楼板振动对人们生活工作舒适度的影响，国内研究较少，美国、日本、欧洲等对此进行过一些研究，并发布过有关设计指南，但我国现行标准还没有这方面的规定。引起人们产生不舒适感的主要原因之一是由于楼板的竖向振动加速度偏大，并超出人们所能容忍的范围。当楼板的自振频率小于 3Hz 时，就有必要进行竖向振动加速度的计算和舒适度评估。

中国国家博物馆大跨度楼面主要采用钢桁架结构上铺钢筋桁架楼板的做法。本项目采用钢桁架结构的优势之一是：在大跨度情况下，结构刚度及楼层振动频率是重要控制指标。对于博物馆的展厅而言，结构的舒适度非常重要。对于博物馆大跨度楼盖结构计算，应控制其舒适度。

通过对历史上楼面振动舒适度的评价标准进行归纳总结，并归纳出适合楼面结构的舒适度评价标准；对人行走和跳跃的基本特性进行了研究，得到了相应的力学简化模型；首次进行大跨度钢桁架——钢筋桁架楼板体系的楼盖舒适度进行研究，对其在行走和跳跃激励下的振动加速度进行了计算，并进行了完工后的现场实测，通过分析及实测结果进行了相应的舒适度评价。测试区域示意图见图 1.4-19，现场测试工况见表 1.4-1。

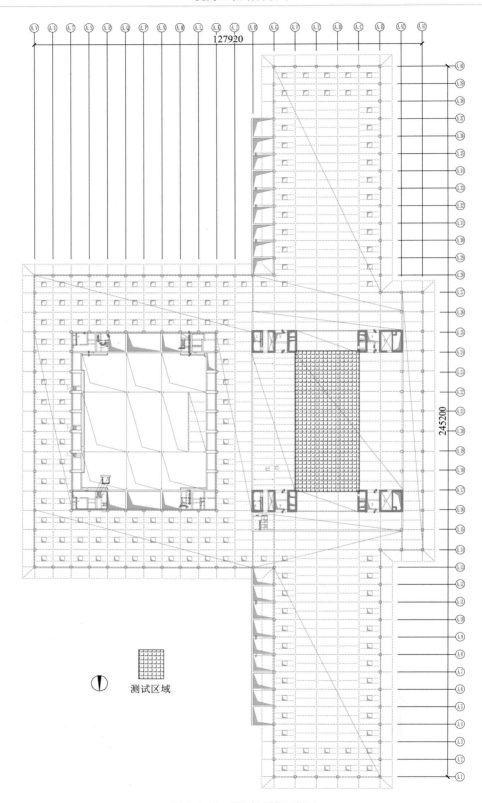

图 1.4-19　测试区域示意图

现场测试工况 表 1.4-1

试验号	工况描述	试验号	工况描述
1	脉动	19	一区内 5 人 3.5Hz 原地跳
2	一区内 10 人 1.9Hz 通过走	20	一区内 5 人 1.9Hz 原地走
3	一区内 50 人 1.9Hz 通过走	21	一区内 5 人 2.4Hz 原地跳
4	一区内 50 人 1.9Hz 原地走	22	一区内 5 人 1.3Hz 原地走
5	一区内 10 人 1.9Hz 原地走	23	一区内 1 人 1.3Hz 原地走
6	一区内 10 人 3.5Hz 原地跳	24	一区内 1 人 2.4Hz 原地跳
7	一区内 10 人 3.5Hz 原地跳	25	一区内 1 人 3.5Hz 原地跳
8	一区内 10 人 1.3Hz 原地走	26	一区内 5 人 1.3Hz 通过走
9	一区内 10 人 2.4Hz 原地跳	27	一区内 5 人 1.3Hz 通过走
10	二区内 10 人 2.4Hz 原地跳	28	一区内 5 人 1.9Hz 通过走
11	二区内 10 人 3.5Hz 原地跳	29	一区内 10 人 1.9Hz 通过走
12	二区内 10 人 1.9Hz 原地走	30	一区内 10 人 1.3Hz 通过走
13	二区内 5 人 1.9Hz 原地走	31	一区内 1 人 1.3Hz 通过走
14	二区内 5 人 3.5Hz 原地跳	32	一区内 1 人 1.3Hz 通过走
15	二区内 1 人 3.5Hz 原地跳	33	一区内 1 人 1.9Hz 通过走
16	二区内 1 人 1.9Hz 原地走	34	二区内 10 人 1.9Hz 通过走
17	一区内 1 人 1.9Hz 原地走	35	二区内 10 人 1.3Hz 通过走
18	一区内 1 人 3.5Hz 原地跳	38	一区内 25 人跑通过

注：1. 试验 36 和 37 信号为人群跑通过工况，但记录信号过载，不进行分析。

2. 一区为楼面板纵向 7m 区域，二区为一区往东 7m 的纵向区域。

现场测试的场景及工作见图 1.4-20～图 1.4-23。

图 1.4-20 楼面现状及场景

图 1.4-21 现场采集设备

图 1.4-22 5 人原地跳

图 1.4-23 50 人通过走

（1）对于大跨度钢结构楼盖容易发生振动，一旦建筑物建成，并且经过使用后发现不舒适，要改变自振频率使得楼层满足舒适度要求是比较困难的，因此除了强度和变形应满足规范要求外，楼盖舒适度验算也是非常必要的。

（2）Floor Vibrations Due to Human Activity（AISC Design Guide 11）以下简称"AISC-11"作为美国钢结构协会的设计导则，给出了考虑人类活动影响下结构设计方法，为设计人员提供了简便的设计手段以满足正常使用要求。AISC-11 推荐的楼面结构竖向振动舒适度评价的标准分别给出了在行走和节律运动引起的结构振动的加速度限值，该限值可以作为舒适度计算的准则参考。

（3）通过模拟计算，楼盖的第一竖向振型为 3.29Hz，实测的频率为 3.7Hz，实测与有限元计算结果基本一致。

（4）根据研究提出的人行走和跳跃的力学模型，通过舒适度计算参数的合理选取，通过有限元计算，楼盖在人行荷载激励下，楼盖加速度反应与实测结构基本吻合。

（5）根据实测和有限元计算加速度统计峰值统计结果，在单人（65kg）行走或原地走的工况下，最大加速度为 31.90mm/s²，满足 AISC-11 标准对办公室、教堂、住宅单人行走下的加速度限值 0.5%g；在单人（65kg）原地跳的工况下，最大加速度为 60.90mm/s²，满足 AISC-11 标准对起居、办公在节律运动条件下的加速度限值(0.4%～0.7%)g。同时，在各测试工况下，楼盖竖向振动 Z 振级满足《城市区域环境振动标准》GB 10070—1988 对混合区、商业中心区在昼间环境 Z 振级标准值限值要求。

（6）理论分析计算及现场实测的结果表明，中国国家博物馆 34.5m 楼盖的竖向振动舒适度可以满足正常使用要求。

五、结　语

1. 新老建筑的合理衔接、和谐统一

工程的显著特点之一在于新建部分与改建部分紧邻以及建筑功能的统一，因此结构设计必须充分考虑其相互影响，包括新老建筑的结构设计标准、新老建筑如何衔接、新建部分开挖过程中对老馆的保护等因素，实现两者结构体系独立、受力明确，通过结构总体设计，在保护和传承已有建筑的基础上，较大规模地增加了新建建筑，实现了新老建筑功能的和谐统一。

2. 老馆的抗震加固改造

既有建筑加固改造应做到安全、经济、合理、有效、实用。根据建筑物实际状况，确定合理后续使用年限，既要保证安全，又不能盲目提高标准，否则将会大大增加经济代价，浪费资源，同时对原结构"伤筋动骨"，实际难以达到应有的加固效果。大型公共建筑由于功能复杂，各分区结构布置以及具备的加固条件不尽相同，设计时应针对建筑物的受力特点，把握关键，突出重点，做到具体情况具体分析，区别对待，尽量采用易于实现且对原结构损伤小的加固措施。

原老馆框架结构的加固改造,确定结构设计使用年限为30年,采用了增设剪力墙和消能减震阻尼支撑等技术措施,以改善其抗震性能。加固中采用了钢丝绳网片-聚合物砂浆新的加固方法。

3. 新建部分结构体系

为适应建筑功能的需要及空间关系的特点,新建部分采用不设永久缝的整体结构方案,结构设计结合楼电梯间、机房等比较均匀地布置了若干组钢筋混凝土筒体,形成多筒体-部分框架结构,入口大厅、中央大厅上方楼盖及其顶部屋盖均为48m左右的大跨度空间,采用钢桁架结构,楼板及屋面板采用钢筋桁架楼板。

经过多方案比选,采用桩筏基础,并进行地基基础与上部结构的协同分析,通过桩底桩侧后压浆技术大幅提高单桩承载力及刚度;18m柱网的展厅及报告厅等大空间采用后张有粘结预应力混凝土梁。通过优化结构方案,合理控制建造成本。

4. 地基基础沉降协调分析以及桩基后压浆技术的采用

考虑到本工程基础的复杂性与重要性,进行了地基基础的沉降协调分析,通过桩基来调整地基刚度,从而在满足承载力前提下,通过对基础差异沉降尽量调平,降低上部结构次内力,降低基础内力,增加基础的安全储备并减少工程造价,同时根据协同计算分析结果取消常规设计需要设置的沉降后浇带。采用桩底桩侧后压浆技术,大幅提高单桩承载力及刚度。以上措施带来的经济效益十分显著。

5. 大跨度楼屋盖钢桁架方案与建筑形式的完美结合和高度统一

中国国家博物馆有大量的大空间展厅和公共空间,采用了大跨度钢桁架结构体系。双向钢桁架结构方案的采用与藻井吊顶的建筑形式高度统一,充分利用了桁架结构的空间特点,藻井金属吊顶构件全部布置在桁架结构自身高度范围。同时,钢桁架的自身结构高度还可以为建筑和机电专业提供更多的使用空间,最大程度利用了桁架结构的空间优越性。例如楼、屋面板灵活布设在桁架上弦或下弦,或同时在上、下弦布设以构成机房的空间,通过一道桁架实现了两层建筑功能。

钢筋桁架楼板生产机械化程度高,节约工期,对博物馆展厅的舒适度控制还具有特殊的意义,提供了有效的楼板总厚度。

6. 钢板混凝土组合剪力墙的首次实践应用

结合大量的试验研究成果,钢板混凝土组合剪力墙首次在本工程得到试点应用,通过工程实践,提出了钢板混凝土组合剪力墙的设计思路、设计方法、构造措施、节点设计、施工方法等,对工程设计应用及有关规程的编制等有重要参考价值。

7. 钢桁架与混凝土结构的合理连接研究与设计

在钢-混凝土组合结构中,连接是两者协同工作的保证,也是受力能够有效传递的基础。

根据不同位置节点的受力特点采用不同的设计方略，通过设置明确的内力传递途径和合理的构造措施，实现钢桁架内力的可靠传递。采用设计和施工相结合的方法，释放掉恒荷载作用下支座处大部分的水平作用，可以极大地改善支座的受力性能。

钢桁架在侧面与混凝土筒体连接时可采用预埋暗桁架的可靠方式，通过密布栓钉实现均匀传力，埋入暗桁架采用两块竖向钢板代替实腹式型钢构件，在实现可靠连接的同时又能保证了混凝土浇筑质量。通过节点有限元分析和设计概念，确定了该类节点的设计原则。

8. 大跨度钢桁架——钢筋桁架楼板体系的舒适度研究

首次进行了大跨钢桁架——钢筋桁架楼板体系的楼盖舒适度进行研究，通过对楼面振动舒适度的评价标准、进行和跳跃的力学模型研究，经理论分析计算及现场实测验证，中国国家博物馆 34.5m 楼盖的竖向振动舒适度可以满足正常使用要求。

项目获奖情况

2013 年全国优秀工程勘察设计行业奖（建筑工程公建）一等奖

2011 年全国优秀工程勘察设计行业奖（工程勘察）一等奖

北京市科学技术进步三等奖

第七届全国优秀建筑结构设计一等奖

北京市第十六届优秀工程设计一等奖

北京市第十二届优秀工程勘察一等奖

第十二届中国土木工程詹天佑奖

改革开放三十五年百项经典暨精品工程

参考文献

[1] 徐培福, 孙建超, 黄世敏. 中国国家博物馆改扩建工程结构总体设计[J]. 建筑结构, 2011, 41(6): 1-5.

[2] 孙建超, 杨金明, 齐国红, 等. 中国国家博物馆改扩建工程新馆结构设计[J]. 建筑结构, 2011, 41(6): 6-13.

[3] 孙建超, 王杨, 孙慧中, 等. 钢板混凝土组合剪力墙在中国国家博物馆工程中的应用[J]. 建筑结构, 2011, 41(6): 14-19.

[4] 孙建超, 徐培福, 肖从真, 等. 钢板-混凝土组合剪力墙受剪性能试验研究[J]. 建筑结构, 2008, 38(6): 1-5.

[5] 中华人民共和国住房和城乡建设部. 建筑抗震设计规范：GB 50011—2010(2016 年版)[S]. 北京: 中国建筑工业出版社, 2016.

2

中国工艺美术馆·中国非物质
文化遗产馆工程结构设计

结构设计单位：中国建筑科学研究院有限公司

结构设计团队：王　丁，孙建超，王利民，杨金明，林　猛，方　伟，郝卫清

执　笔　人：王利民

一、工程概况

中国工艺美术馆·中国非物质文化遗产馆位于北京市奥林匹克公园中心区文化综合区，建筑面积 86800m²，其中地上面积 64000m²，地下面积 22800m²。建筑地上平面呈规则矩形，南北长 201m，东西宽 75m，建筑高度 50m。地上 7 层，首层层高 4.5m，局部 2.25m，2 层层高 3.75m，3 层层高 5.25m，4～6 层层高 9m，机房层层高 9.2m。地下室 2 层，其中地下 1 层层高 7.5m，局部含夹层，夹层层高 2.0m，地下 2 层为局部地下室，面积约地下 1 层的一半，层高 5.5m。

建筑功能：1～3 层为多功能报告厅和互动体验展厅，周边分布业务用房、设备用房等，中部中央序厅整个区域通高直通屋顶，上覆玻璃采光屋面。4～6 层主要功能为展厅、设备用房，7 层为机房层。地下室具有人防功能，平时为停车库、设备机房、藏品库房等。

本工程 2019 年 3 月 30 日奠基，2022 年 2 月 5 日落成开馆（图 2.1-1～图 2.1-3）。

图 2.1-1　中国工艺美术馆·中国非物质文化遗产馆效果图

图 2.1-2　中国工艺美术馆·中国非物质文化遗产馆实景图（一）

图 2.1-3　中国工艺美术馆·中国非物质文化遗产馆实景图（二）

二、设计条件

本工程结构设计基准期 50 年，结构设计使用年限为 50 年，结构耐久性设计年限 100 年，安全等级一级，地基基础设计等级一级，地下室抗浮等级一级。抗震设防烈度为 8 度，抗震设防类别为重点设防类。设计基本地震加速度值为 0.20g，设计地震分组第二组，场地类别为Ⅲ类，特征周期 0.55s，结构阻尼比 0.04，基本风压 0.50kN/m²，地面粗糙度类别 C 类，基本雪压 0.45kN/m²。

结构构件混凝土强度等级：钻孔灌注桩 C40，基础（含承台）C40，剪力墙 4 层及以下层 C50，4 层以上 C40，框架柱 C50，梁、板 C35、C30。钢筋采用 HRB400 级。钢材：型钢柱和钢梁 Q355C，局部大跨度钢梁 Q390C。

三、结构体系

1. 结构体系与布置

由于建筑地上功能多为展厅等高大、开阔空间，框架柱的数量较少，因此结合建筑功能布局、高度和跨度等因素，结构体系采用型钢混凝土框架-钢筋混凝土剪力墙，由型钢混凝土柱和钢梁组成型钢混凝土框架。框架的抗震等级一级，剪力墙的抗震等级一级。

整个平面结合建筑交通核均匀、对称布置 8 个钢筋混凝土剪力墙筒体，从基础底板贯通至结构屋面。其中南北两端各 2 个筒体较大，平面尺寸 19.1m × 10.2m，不仅为结构提供了主要的抗侧刚度，同时也有效减少了结构质心和刚心的偏心距，增大了结构的抗扭刚度。中部 4 个筒体较小，平面尺寸 10.1m × 10.2m，既为结构提供抗侧刚度，也加强了中部通高空间产生的开大洞楼板与两侧结构的连接，使结构具有更好的整体性。剪力墙筒体外部墙体厚度 550mm、600mm，内部墙厚 300mm，由于剪力墙筒体承担结构主要的水平及竖向荷载。因此，采取如下措施加强其承载力及延性：①控制筒体底部墙肢轴压比小于 0.2，墙身配筋率不小于 0.35%，在筒体四角全楼高度范围内设置约束边缘构件。②剪力墙筒体四角、中部设置型钢柱和楼层处的墙内钢梁形成钢框架，既方便剪力墙和楼盖钢梁的有效连接，同时作为施工时的临时支撑，也大大加快了施工进度。③为提高连梁延性，4～6 层剪力墙通过三道连梁连接，筒体外部楼层处连梁高 1500mm，层间处两道连梁高 700mm，内部三道连梁高均为 600mm。

型钢混凝土框架由型钢混凝土柱和钢梁组成。型钢混凝土柱主要布置于建筑周圈和剪力墙筒体之间，型钢柱相对混凝土筒体抗侧刚度较小，主要用于承担结构的竖向荷载，同时作为结构抗震体系的二道防线。

为加强楼板平面内刚度，提高抗侧力构件协同工作能力，2 层结构楼面采用钢筋混凝土梁板体系，3 层至屋面采用钢梁与现浇钢筋桁架混凝土楼板形成的组合楼板体系。4～6 层南北两侧 27m×27m 区域内大跨度框架梁采用变截面箱型钢梁，箱型钢梁之间井字形布置 4 道 H 型钢梁，井字 H 型钢梁与箱型钢梁刚接，有效减少钢梁的竖向变形。井字钢梁与箱型钢梁间交替 90°布置铰接 H 型钢梁，将楼板竖向荷载均匀传递至周边框架梁。为实现建筑要求"凌空的藏宝阁"的艺术理念，4～6 层结构外圈均取消框架柱，在结构楼层周圈设置悬挑长度 5.3m 的变截面钢梁承担楼板和外圈幕墙荷载。楼盖采用现浇钢筋桁架混凝土楼板，板厚 130mm。上部结构各层平面布置见图 2.3-1～图 2.3-5，南北向剖面见图 2.3-6。

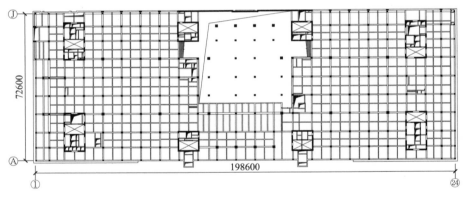

图 2.3-1　首层结构平面布置图

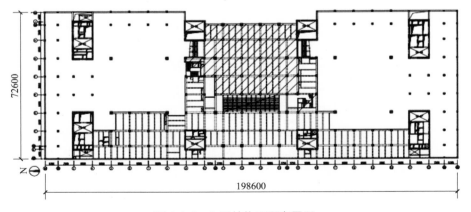

图 2.3-2　2 层结构平面布置图

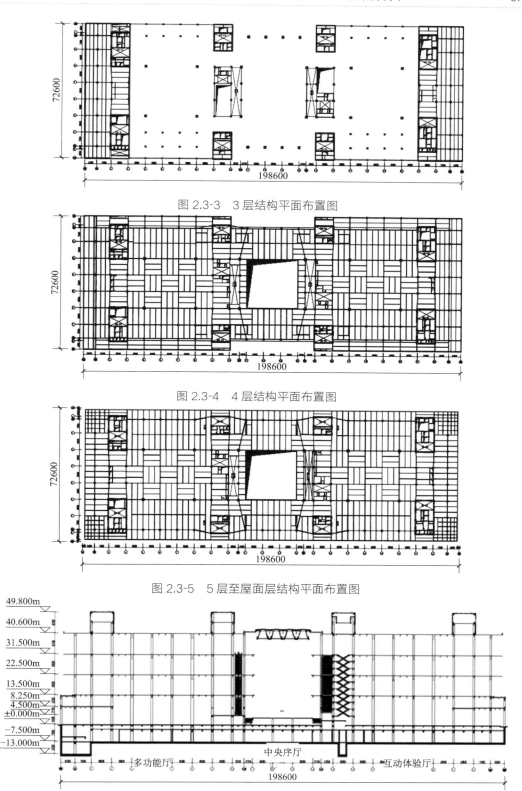

图 2.3-3　3 层结构平面布置图

图 2.3-4　4 层结构平面布置图

图 2.3-5　5 层至屋面层结构平面布置图

图 2.3-6　南北向剖面

本工程地下室结构为现浇钢筋混凝土框架-剪力墙结构体系，除地上型钢混凝土柱落至基础外，其余地下室柱均为钢筋混凝土柱。地下室东侧与相邻工程地下室贴建，相邻地下室外墙间距为350mm。由于相邻工程先行建设，且基底低于本工程较多，在相邻工程外墙下设置支护桩，避免对本工程地下室外墙产生过大侧压力，同时本工程采用桩筏基础，将竖向荷载主要通过桩基传递至较深地层，也避免对相邻建筑外墙产生过大侧压力。为保证两个地下室可靠嵌固，外墙缝隙用自密实性较好的中砂进行回填。在地下2层与地下1层的高差分界处也设置了支护桩，保证地下1层地基持力层不被扰动。分界处的地下2层挡土外墙设计时采用地下1层基础持力层的土体承载力标准值140kPa作为基底压力，考虑支护桩的有利作用，土压力系数取值为0.33，该取值既能确保安全又不至过大，较为适宜。

首层楼盖采用钢筋混凝土主次梁板体系，板厚不小于180mm。作为博物馆建筑，结构设计中注意防盗措施，藏品库房的顶板、底板和外墙均采用钢筋混凝土，并尽量避免开设洞口；必须开洞时，设置防盗网。地下室典型剖面见图2.3-7。

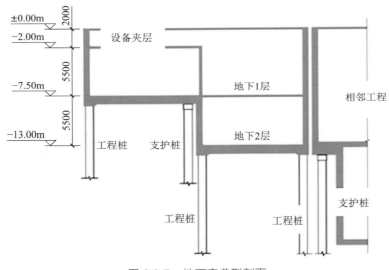

图2.3-7　地下室典型剖面

2. 结构计算与分析

1）整体弹性分析主要结果

本工程计算嵌固端取地下室顶板。结构整体计算SATWE模型见图2.3-8。根据《高层建筑混凝土结构技术规程》JGJ 3—2010及《建筑抗震设计规范》GB 50011—2010（2016年版）的规定，本工程利用SATWE和PMSAP两种软件，采用考虑扭转耦联的振型分解反应谱方法对结构整体进行弹性计算分析，对主要结果进行对比。由表2.3-1可知，两种计算模型的计算结果基本吻合，并且计算指标均满足规范规定：结构第一阶、第二阶振型均为平动，周期比小于0.9，剪重比大于3.2%，位移角小于1/800，最大位移比和最大层间位移比均小于1.4，说明模型计算结果是安全、可靠的。

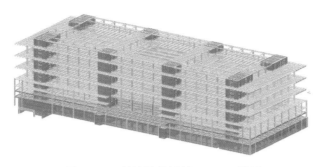

图 2.3-8 结构整体计算 SATWE 模型

整体弹性分析主要结果   表 2.3-1

计算软件		SATWE	PMSAP	规范限值
总质量（t）		129362	127012	—
结构自振周期（s）	T_1	0.8952(X)	0.8995(X)	—
	T_2	0.8081(Y)	0.7943(Y)	—
	T_t	0.7075(T)	0.6903(T)	—
周期比	T_t/T_1	0.79	0.77	0.9
最小剪重比	X向	8.74%	8.73%	3.2%
	Y向	9.57%	9.76%	
最大层间位移角	X向	1/982	1/972	1/800
	Y向	1/983	1/972	
最大层间位移比	X向	1.04	1.05	1.4
	Y向	1.27	1.27	

2）多遇地震下的弹性时程分析

根据《高层建筑混凝土结构技术规程》JGJ 3—2010 第 4.3.4 条、4.3.5 条的有关规定，采用 SATWE 软件对结构进行多遇地震作用下的弹性时程分析补充计算。地震加速度的最大值为 70cm/s²，主、次方向加速度峰值比为 1∶0.85。考虑场地特征，按照频谱特性、有效峰值和持续时间三个原则，选取 2 组天然波 TH085TG055、MORGANHILL 和 1 组人工波 RH3TG055 波进行弹性时程分析，3 组时程曲线的平均地震影响系数和振型分解反应谱法计算采用的地震影响系数曲线在统计意义上相符。计算结果见表 2.3-2。

弹性时程分析计算结果   表 2.3-2

地震波名称	底部剪力（kN）		与 CQC 法比值	
	X向	Y向	X向	Y向
完全二次振型组合（CQC）法	113000	124000	—	—
RH3TG055	102000	113000	0.90	0.91
TH085TG055	101000	108000	0.89	0.87
MORGANHILL	112000	113000	0.99	0.91
时程平均值	101000	113000	0.89	0.91

计算结果表明：①所选取 3 条时程曲线计算所得结构底部剪力均大于振型分解反应谱

法计算结果的 65%，3 条时程曲线计算所得结构底部剪力的平均值大于振型分解反应谱法计算结果的 80%，所选地震波满足规范要求。②3 条时程曲线计算所得结构底部剪力均小于振型分解反应谱法计算所得结构底部剪力，因此结构设计取反应谱法计算结果。

　　3）静力弹塑性地震反应分析

　　根据《高层建筑混凝土结构技术规程》JGJ 3—2010 第 5.1.13 条第 4 款及《建筑抗震设计规范》GB 50011—2010（2016 年版）第 5.5.3 条第 2 款的规定，为量化规范要求的"大震不倒"的抗震设防目标，在 SATWE 软件弹性分析的基础上，采用 Pushover 法对主体结构进行罕遇地震作用下的静力弹塑性地震反应分析。为简化模型，采用刚性楼板假定，侧推荷载采用倒三角形。计算结果（图 2.3-9、图 2.3-10）表明：

　　（1）X、Y 两方向能力谱曲线（周期-加速度曲线）均能穿越罕遇地震作用下需求谱曲线，表明结构能够抵抗罕遇地震作用。

　　（2）X、Y 两方向能力曲线与需求谱曲线交点即性能点，其中 X 向、Y 向性能点对应的最大层间位移角分别为 1/188、1/149，均小于《高层建筑混凝土结构技术规程》JGJ 3—2010 第 3.7.5 条规定的 1/100 的限值，说明结构具有足够的抗倒塌能力，即建筑物可实现"大震不倒"的抗震设防目标。

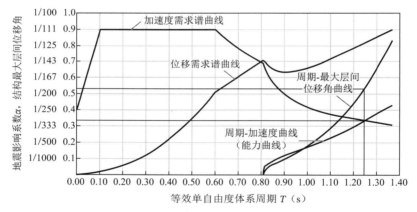

图 2.3-9　X 向能力谱和需求谱曲线

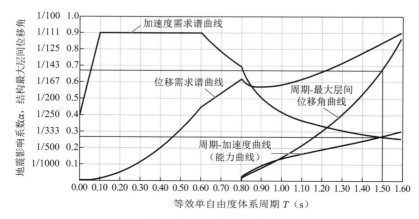

图 2.3-10　Y 向能力谱和需求谱曲线

3. 基础设计

本工程整体地下室 1 层（局部 2 层），地下 1 层基础埋深 8.7m，地基持力层为黏质粉土、砂质粉土③层及粉质黏土、重粉质黏土③₁层，综合承载力标准值为 140kPa。局部地下 2 层，基础埋深 14.2m，地基持力层为粉质黏土、重粉质黏土④层及黏质粉土、砂质粉土④₁层，局部为细砂、粉砂④₃层，综合承载力标准值为 200kPa。

由于基础底板埋深不同，各部位荷载分布差异较大且不均匀，整体结构未设置沉降缝等因素，基础设计需解决的主要问题是建筑总沉降、剪力墙筒体部分与外围部分之间的基础变形协调，因此为控制建筑物的沉降和差异沉降，基础采用桩基础，桩型选用泥浆护壁钻孔灌注桩，桩端持力层为中砂、细砂层，桩的极限端阻力标准值 1800kPa。大跨度框架柱及 8 个剪力墙筒体底部荷载较大，对基础的承载力和变形要求较高，在该部位集中布置抗压桩，既有效传递混凝土筒体及大跨度柱下较大荷载，减少基础沉降，也可有效减少基础底板的厚度。为减少桩数，提高经济性，该部位灌注桩采用桩端桩侧复合后注浆技术，注浆后单桩竖向承载力标准值提高了 35%，通过桩底注浆，也减少了因桩底沉渣而引起的较大沉降。对于其他区域的较小荷载柱下，在满足承载力要求下减少桩数，通过变刚度调平设计，控制筒体与相邻框架柱的沉降差满足规范要求。根据北京市勘察设计研究院有限公司提供的《中国工艺美术馆地基与基础协同作用计算分析报告》，本工程基底平均沉降量 19.21mm，最大沉降量 28.07mm，建筑物相邻节点之间的差异沉降满足相关规范和设计要求。

本工程抗浮设防水位为相对标高 −1.4m（埋深 1.2m），结构自重作用下整体抗浮满足要求。但是在中央大厅的区域，南北两侧地上结构通高各层楼板开大洞处局部抗浮不能满足要求。为安全可靠地解决地下室局部抗浮不足问题，综合比较采用结构压重配合抗拔桩方案作为本工程的抗浮措施。

四、专项设计

1. 上部结构嵌固部位分析及措施

本工程地下室 2 层，其中地下 2 层为局部地下室，层高 5.5m；地下 1 层为整体地下室，层高 7.5m，局部设置夹层，层高 2m，典型柱网 9m×9m，结构体系为钢筋混凝土框架-剪力墙，地下室顶板采用钢筋混凝土现浇梁板结构。

地下室顶板结构标高基本一致，室内外高差 0.2m，周边土对地下室整体约束条件很好。中央区域由于建筑功能需求局部开设有较大洞口，开洞面积约为本层楼板面积的 13.4%。因地下室顶板开洞不符合《建筑抗震设计规范》GB 50011—2010（2016 年版）第 6.1.14 条的规定。因此，有必要结合计算分析和构造措施两方面来判断地下室顶板能否作为上部结构的嵌固部位。

为了真实地反映地下室顶板平面内的刚度，结构分析采用 PMSAP 软件，将地下室顶板设置成弹性膜，对楼板在中震弹性作用下的内力进行分析。图 2.4-1、图 2.4-2 的计算结果表明：在中震作用下，地下室顶板平面内会产生拉应力，拉应力值基本不超过混凝土轴心抗拉强度标准值 2.20MPa，说明在中震作用下楼板受拉混凝土不会全截面开裂，楼板具有足够的平面内刚度。剪力墙筒体角部和局部较大洞口角部区域拉应力值大于 2.20MPa，存在应力集中情况。为避免地下室顶板受拉混凝土开裂，保证地震剪力能够通过楼板有效传递给竖向构件，结构板配筋设计不考虑混凝土受拉作用，拉应力完全由钢筋承担，综合楼板承担正常使用荷载作用下的配筋，地下室顶板双层双向实配钢筋 Φ10@100，每层每方向配筋率 0.44%，局部拉应力较大处增加配筋，保证地下室顶板在中震作用下能可靠地传递地震剪力。

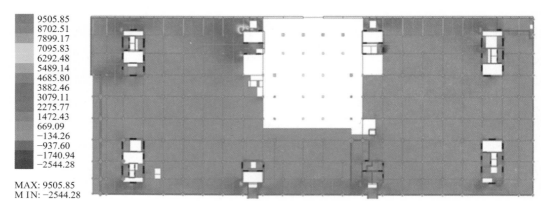

图 2.4-1　X向中震工况下首层楼板面内主应力图（kN/m²）

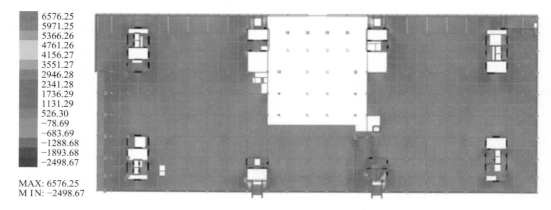

图 2.4-2　Y向中震工况下首层楼板面内主应力图（kN/m²）

地下室顶板能够作为上部结构嵌固部位，不仅需要楼板具有足够的平面内刚度，同时结构地下 1 层结构相比首层结构应具有足够大的侧向刚度。SATWE 软件计算的结构楼层侧向剪切刚度和刚度比结果（表 2.4-1）表明：结构首层的侧向刚度与地下 1 层结构的侧向刚度之比：X方向为 0.31，Y方向为 0.42，均小于《建筑抗震设计规范》GB 50011—2010（2016 年版）规定值 0.5，说明地下室顶板满足作为结构上部嵌固部位的刚度要求。

嵌固部位刚度比

表 2.4-1

方向	首层侧向刚度（kN/m）	地下 1 层侧向刚度（kN/m）	首层与地下 1 层刚度比值
X向	8.28×10^8	26.9×10^8	0.31
Y向	8.26×10^8	19.8×10^8	0.42

为满足地下室顶板作为结构的上部嵌固部位，除对楼板计算分析外，按照《建筑抗震设计规范》GB 50011—2010（2016 年版）要求，结构设计采取了如下构造措施：

（1）楼板混凝土强度等级 C35，楼板双层双向配筋，每层每个方向的通长钢筋配筋率 0.44%，大于 0.25%。

（2）地下 1 层柱截面每侧的纵向钢筋面积大于地上 1 层对应柱每侧纵向钢筋面积的 1.1 倍；同时梁端顶面和底面的纵向钢筋面积均比计算值增大 10% 以上。

（3）地下 1 层剪力墙墙肢端部边缘构件纵向钢筋的截面面积不少于首层对应墙肢端部边缘构件纵向钢筋的截面面积，剪力墙筒体内型钢延伸至基础。

通过上述结构分析和加强措施，地下室顶板作为上部结构嵌固部位时，在开设了较大洞口的情况下可以保证其有效、可靠地传递地震剪力。从概念设计上偏安全考虑，结构施工图设计时将上部嵌固部位分别设置于地下室顶板和地下 1 层楼板进行包络设计。

2. 重点穿层柱结构分析与设计

穿层柱由于在越层处缺少框架梁的平面约束，所以相比同层普通框架柱，穿层柱计算长度加大，刚度减小，在地震作用时，随着普通框架柱出现塑性铰后，结构抗侧刚度降低，穿层柱受到的地震作用随之增大。根据《超限高层建筑工程抗震设防专项审查技术要点》（建质〔2015〕67 号）规定，穿层柱属于薄弱构件，为保证其安全，本工程对重点穿层柱进行专项分析并采取构造措施进行加强。

本工程重点穿层柱位于南北两侧楼板开大洞处，从首层楼面至 4 层楼面，跨越 2 层、3 层，柱实际长度 $L = 13.5\text{m}$，穿层柱布置见图 2.4-3、图 2.4-4。其中编号为 XKZ1 的穿层柱为支撑大跨度钢梁的 8 根框架柱，柱截面 1200mm × 1200mm，柱内型钢截面 800mm × 500mm × 25mm × 40mm，十字形布置，含钢率 8.0%。编号为 XKZ2 的穿层柱为周边支撑长悬挑钢梁的 16 根框架柱，柱截面 800mm × 800mm，柱内型钢截面 500mm × 300mm × 16mm × 25mm，十字形布置，含钢率 6.9%。为保证穿层柱具有安全合理的承载能力，通常采用欧拉公式推算柱的计算长度。欧拉公式：

$$P_{cr} = \frac{\pi^2 EI}{(\mu L)^2} \tag{2.4-1}$$

构件计算长度系数：

$$\mu = \frac{1}{L} \sqrt{\frac{\pi^2 EI}{P_{cr}}} \tag{2.4-2}$$

构件计算长度：

$$L_0 = \mu L \tag{2.4-3}$$

式中：P_{cr}——构件屈曲临界荷载；

　　　EI——构件截面抗弯刚度；

　　　L——构件几何长度；

　　　L_0——构件计算长度。

根据《组合结构设计规范》JGJ 138—2016，型钢混凝土结构构件截面抗弯刚度按下式计算：

$$EI = E_cI_c + E_aI_a \tag{2.4-4}$$

式中：E_cI_c——钢筋混凝土部分的截面抗弯刚度；

　　　E_aI_a——型钢部分的截面抗弯刚度。

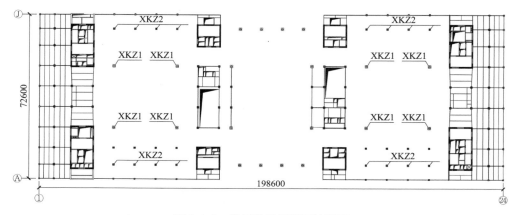

图 2.4-3　穿层柱三层平面位置图

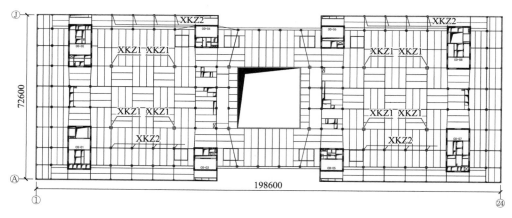

图 2.4-4　穿层柱四层平面位置图

采用 PMSAP 软件对整体结构在重力荷载代表值作用下进行屈曲分析验算，当屈曲因子大于 10 时可以认为结构能满足整体稳定性要求。重力荷载代表值取 1.3 倍的永久荷载标准值与 1.5 倍可变荷载标准值的组合值。根据屈曲模态结果，第 8 阶模态显示东侧穿层柱 XKZ1、XKZ2 产生明显失稳，屈曲因子为 15.39。结合整体结构的屈曲分析验算结果，根据式(2.4-1)～式(2.4-3)计算出穿层柱的计算长度系数 μ，计算结果见表 2.4-2，均小于《混凝土结构设计规范》GB 50010—2010（2015 年版）规定的计算长度系数 1.25，说明整体结构分析中穿层柱计算长度系数取 1.25 验算柱承载力是偏安全的。

穿层柱计算长度系数   表 2.4-2

穿层柱	屈曲因子	重力荷载代表值下轴力值（kN）	欧拉临界荷载（kN）	计算长度系数μ
XKZ1	15.39	13450	206996	0.605
XKZ2	15.39	31356	482569	0.916

SATWE 软件内力分析结果表明在多遇地震作用下，穿层柱比相邻普通框架柱的地震剪力要小很多，说明穿层柱由于剪切刚度较小，在地震作用前期承担的剪力较少，但随着普通框架柱出现塑性铰后，结构刚度退化，地震剪力会更多分配到穿层柱上，为保证穿层柱在地震作用中具有足够的承载能力，本工程按小震下相邻较小层高柱的剪力最大值放大穿层柱内力，根据剪力放大结果在特殊构件定义中指定各穿层柱的剪力系数，同时相应调整柱端弯矩来提高穿层柱的承载能力。XKZ1、XKZ2 穿层柱地震剪力系数计算结果见表 2.4-3。

穿层柱地震剪力系数   表 2.4-3

编号	方向	穿层柱剪力（kN）	较小层高柱剪力最大值（kN）	剪力系数
XKZ1	X向	137.4	268.8	1.96
	Y向	112.9	192.1	1.70
XKZ2	X向	42.9	145.5	3.39
	Y向	32.6	139.4	4.27

由于中间支撑大跨度钢梁的 8 根框架柱 XKZ1 是结构的重要构件，因此将其抗震等级提高至特一级，并对其进行性能化设计，性能目标为中震弹性。根据 SATWE 软件穿层柱 XKZ1 的中震复核结果，地震剪力最大值X向为 375.6kN，Y向为 334.5kN，与小震下穿层柱放大后地震剪力值相比增大较多，为保证 XKZ1 的安全要求，按中震弹性下计算结果对 XKZ1 穿层柱进行设计。

从概念设计角度，穿层柱属于薄弱及关键构件，除计算分析外，采取如下措施进行加强：
（1）加大柱顶钢梁截面，XKZ1 柱顶楼面钢梁取箱形截面，增强对穿层柱的平面约束。
（2）穿层柱轴压比为 0.45~0.47 小于 0.70，具有很好的塑性变形能力和抗倒塌能力。
（3）所有穿层柱箍筋全高加密。

3. 楼板温度作用分析

本工程结构平面尺寸约 201m×75m，由于整体结构未设置结构缝，结构长度超过规范规定较多，属于超长结构。通过设置纵向 2 道后浇带，横向 3 道后浇带将结构平面分成 8 个区段，其中每个区段范围约为 35m×50m，且仅包含 1 个剪力墙筒体，尽量减小剪力墙筒体对结构楼板的水平约束作用，同时采用低水化热水泥，加强混凝土构件养护等措施有效减小了施工期间混凝土硬化收缩及初期温度作用。

结构受到的温度作用效应包括升温作用和降温作用。在结构受到降温作用时，混凝土楼板不可避免会产生收缩变形，变形因受到剪力墙筒体和型钢柱等竖向构件的水平约束，混凝土楼板受拉，当拉应力大于楼板混凝土轴向抗拉强度标准值的时候会引起楼板开裂，产生结构安全问题。相反，在结构受到升温作用时，混凝土产生膨胀变形，楼板受压，由于楼板混凝土抗压强度比较高，一般不会产生安全问题。因此，降温作用使混凝土楼板产生拉应力的影响是不可忽视的。

温度作用对结构构件的影响主要在建筑物的施工期间和正常使用两个阶段。由于建筑物在使用阶段，建筑屋面及周圈除正常的保温、隔热措施外，同时又设置双层幕墙进行围护，本工程作为博物馆类建筑，室内常年设有空调调节温度。因此在使用阶段，根据经验结构温度变化一般不会超过 10℃，所以使用阶段温度作用对结构设计不起控制作用。在施工期间，由于结构合龙到建筑物竣工一般还需要至少 1 年的时间，结构构件受到的温度作用也会随着四季变化。根据国家气象数据中心 30 年（1981—2010 年）月平均气温统计数据（表 2.4-4），北京市月平均最高气温值为 7 月份 32.1℃，月平均最低气温为 1 月份−7.3℃。

按照施工计划，结构在 10 月份完成合龙，此时地下室周边回填土已完成，主体结构和建筑外围护装饰构件也已完成，除屋面结构构件外，结构构件均处于室内，因此结合北京市年气温逐渐升高的趋势，本工程施工期间的最高气温取 32.1℃，最低气温取 0℃，结构合龙温度取 10 月份的月平均气温 13.9℃。根据《建筑结构荷载规范》GB 50009—2012 规定，最大温升工况的温度作用为 $\Delta T_k = 32.1 - 13.9 = 18.2℃$，最大温降工况的温度作用为 $\Delta T_k = 0 - 13.9 = -13.9℃$。综合考虑，结构温度作用分析时温升工况取 20℃，温降工况取 −15℃。

北京地区月平均气温统计　　　　　　　　　　　　　　　　表 2.4-4

月份	月平均气温（℃）	月平均最高气温（℃）	月平均最低气温（℃）
1 月	−3	1.8	−7.3
2 月	0.7	6.2	−4.1
3 月	7.1	12.8	1.8
4 月	14.8	20.6	8.9
5 月	21	27	15
6 月	25.1	30.7	19.9
7 月	27.3	32.1	23.1
8 月	25.9	30.6	21.8
9 月	21.2	26.6	16.3
10 月	13.9	19.4	8.9
11 月	5.1	10.2	0.6
12 月	−1.1	3.5	−5.1

通常混凝土结构受到的温度作用和收缩变形都是随时间变化而发展的长期效应，由于混凝土具有徐变性质，其内力随时间的延长而逐渐减少，所以混凝土构件因温差变形受到约束产生的弹性应力，应考虑混凝土徐变应力松弛系数的折减。同时，钢筋混凝土结构在正常使用状态下都是带裂缝工作，裂缝的存在使得结构构件刚度有所降低。综合考虑这些

对温度应力有利的影响，徐培福建议徐变应力松弛系数取 0.3，刚度折减系数取 0.85。温度作用的组合值系数取 0.6，准永久值系数取 0.4。

采用 PMSAP 软件对楼板温度作用进行有限元分析。受温度作用影响明显的屋面楼板温度作用计算结果表明：在温升工况（图 2.4-5）下，楼板内应力基本均为压应力，压应力值普遍在 0.5～1.5MPa 之间，局部剪力墙筒体角部存在应力集中现象，最大压应力 2.1MPa 远小于楼板混凝土抗压强度标准值 20.1MPa。由于南北向两侧悬挑楼板缺少竖向构件约束，因此楼板内应力逐渐由压应力变化为拉应力，四角悬挑部位楼板内拉应力最大值为 0.2MPa。温降工况下，计算结果（图 2.4-6）表明：楼板内应力基本均为拉应力，说明温度应力对于超长结构的影响比较明显，局部剪力墙筒体角部最大拉应力 1.577MPa，小于楼板抗拉强度标准值 2.01MPa。楼板内应力分布趋势是南北两端楼板内拉应力值较小，基本小于 0.5MPa，中部区域由于两侧剪力墙筒体的刚度较大且楼板开大洞，楼板内拉应力较大，应力值基本在 0.8～1MPa 之间。四角悬挑部位楼板由于没有竖向构件约束，楼板内拉应力逐渐变化为压应力。在楼板配筋设计中，安全起见，不考虑混凝土受拉作用，楼板双层双向配筋，拉应力完全由钢筋承担，局部温度应力较大处加强配筋，以保证楼板满足温度作用下的安全要求。

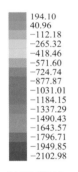
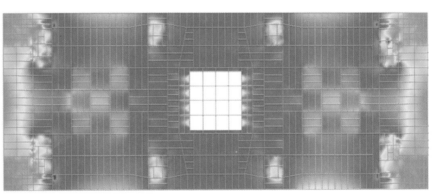

图 2.4-5　温升工况下屋面楼板面内主应力图（kN/m²）

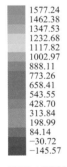
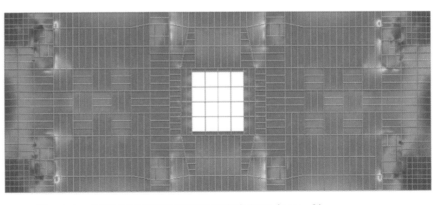

图 2.4-6　温降工况下屋面楼板面内主应力图（kN/m²）

由于受温度作用的影响，楼层钢梁在温度作用下的轴力也会相应增大，因此钢梁设计时不应忽略温度作用的影响。

4. 大跨度楼盖舒适度验算

大跨度楼盖由于其具有跨度大、阻尼小、柔性较大、竖向自振频率较低的特点，在人员行走、跑动、跳跃等人行激励下容易产生较为明显的竖向振动，给使用者造成不安和心理恐慌。因此，大跨度楼盖结构不仅要满足正常使用荷载作用下的承载力和竖向变形的要求，其竖向振动舒适度控制的要求也越来越受到人们的重视。根据《高层建筑混凝土结构技术规程》JGJ 3—2010 第 3.7.7 条规定，楼盖结构的舒适度控制标准主要是限制楼盖竖向振动频率不宜小于 3Hz，竖向振动加速度值不大于 0.15m/s²。

本工程 4~6 层建筑功能为标准展厅，最大楼盖跨度为 27m×27m。楼盖采用钢梁与现浇钢筋桁架混凝土楼板形成的组合楼板体系，27m 柱网间大跨度框架梁采用变截面箱型钢梁 GL1，截面□2000/1500×500×30×50，GL1 之间井字形布置 4 道 H 型钢梁 GL2，截面 H1500×500×30×50，GL2 与 GL1 之间连接均为刚接，中间交替 90°布置铰接 H 型钢梁 H600×200×12×20，钢梁间距 3m，钢筋桁架混凝土楼板板厚 130mm，混凝土强度等级 C30。楼面附加恒荷载值取建筑面层荷载 3kN/m²，有效均布活荷载 0.2kN/m²，钢-混凝土组合楼盖的阻尼比取 0.02，混凝土弹性模量放大 1.35 倍。

楼盖舒适度分析采用 SATWE 软件建立整体有限元分析模型。根据模态分析结果（图 2.4-7），楼盖的最不利振动点位于楼盖中部，竖向第一自振频率为 3.197Hz 大于 3Hz，满足《高层建筑混凝土结构技术规程》JGJ 3—2010 规定。由于楼盖使用功能为展厅，为保证楼盖具有足够的舒适度要求，在最不利振动点处进一步采用时程分析法计算得到楼盖在行走激励下的竖向振动加速度峰值 0.0263m/s² 远小于规范限值 0.15m/s²，可见展厅大跨度楼盖满足规范的舒适度要求。行走激励荷载曲线见图 2.4-8。

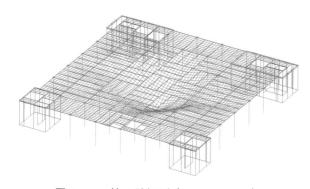

图 2.4-7　第 1 阶振型（f_1 = 3.197Hz）

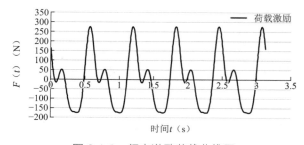

图 2.4-8　行走激励荷载曲线图

5. 耐久性设计

为满足主体结构耐久性年限 100 年的要求，结构设计主要采取以下措施：

（1）按《混凝土结构设计规范》GB 50010—2010（2015 年版）表 8.2.1 规定，混凝土结构构件保护层厚度按设计使用年限 50 年的厚度的 1.4 倍取值。梁、柱、墙中纵向钢筋保护层厚度超过 50mm 时，在保护层内配置防裂防剥落钢筋网。

（2）控制混凝土中的最大氯离子含量为 0.06%。

（3）宜使用非碱活性骨料。当使用碱活性骨料时，混凝土中的最大碱含量为 $3.0kg/m^3$。

（4）钢结构应在设定的正常荷载条件和环境条件下使用，避免腐蚀源。施工单位应控制防腐涂料的施工质量，构件、节点均应涂装到位，现场补涂的位置应达到防腐设计要求，业主应在使用过程中对钢结构的涂装层和锈蚀情况进行定期检验和维护，必要时进行重涂。

（5）箱形钢构件设计和施工安装时，构件端部设置封口板，焊缝均应封闭，以使箱形构件内部与外环境隔离，避免水汽进入箱体内部后造成腐蚀。

6. 对超长结构采取的措施

本工程地下室结构平面尺寸约 201m×75m，由于难以设置结构缝，结构长度超过规范规定较多。为解决结构超长问题，结构设计采取如下措施：

（1）结构主体按《高层建筑混凝土结构技术规程》JGJ 3—2010 要求设置多道收缩后浇带，收缩后浇带主要用于减小施工期间混凝土硬化收缩及初期温度应力，应在其两侧混凝土龄期达到 60d 后封闭，封闭用混凝土应采用高一等级微膨胀混凝土，控制后浇带浇筑温度不超过 10～15℃。

（2）加强温度变化较大部位结构构件配筋，配筋方式采用细而密的钢筋。

（3）施工时应注意采取减少水泥用量和水灰比、掺入合适的外加剂、改善水泥和骨料质量、降低混凝土终凝温度、加强振捣、确保混凝土密实性、加强保温及高湿度养护等措施。

五、结　语

（1）本工程结合建筑特点，结构体系采用型钢混凝土框架-钢筋混凝土剪力墙，结构构件布置合理，荷载传递清晰，结构措施明确。

（2）采用概念设计和加强措施相结合的方法，解决了结构设计中存在的扭转不规则、楼板不连续、穿层柱等问题。

（3）为减少超长结构楼板受到温度效应的不利影响，除采用设置收缩后浇带、加强混凝土构件养护等措施外，针对楼板由于温度作用效应产生的拉应力加强楼板配筋，是避免楼板开裂的重要措施。

（4）对展厅大跨度楼盖舒适度的分析表明楼盖竖向振动频率大于 3Hz，竖向振动加速度值小于 $0.15m/s^2$，楼盖结构满足舒适度要求。

（5）通过多种软件计算分析，结构在多遇地震作用下的扭转周期比、层间位移角、扭转位移比等指标均满足规范要求。在罕遇地震作用下，结构满足大震不倒的设计目标，结构抗震性能良好，结构体系安全可靠。

项目获奖情况

2021 年十四届中国钢结构金奖工程

2022—2023 年度中国建设工程鲁班奖

2023 年"北京市优秀工程勘察设计成果评价"建筑工程设计综合成果评价（公共建筑）一等奖

2023 年"北京市优秀工程勘察设计成果评价"建筑结构与抗震设计专项成果评价（建筑结构）二等奖

2023 年"北京市优秀工程勘察设计成果评价"女建筑师优秀设计单项成果评价一等奖

参考文献

[1] 王双, 高悦, 吴小波, 等. 中国工艺美术馆中国非物质文化遗产馆项目设计综述[J]. 建筑科学, 2022, 38(5): 20-25.

[2] 王利民, 林猛, 郝卫清, 等. 中国工艺美术馆工程结构设计综述[J]. 建筑科学, 2022, 38(5): 48-53.

[3] 王利民, 郝卫清, 林猛, 等. 中国工艺美术馆工程结构设计难点及措施[J]. 建筑科学, 2022, 38(5): 54-60.

[4] 中华人民共和国住房和城乡建设部. 建筑抗震设计规范: GB 50011—2010(2016 年版)[S]. 北京: 中国建筑工业出版社, 2016.

[5] 中华人民共和国住房和城乡建设部. 高层建筑混凝土结构技术规程: JGJ 3—2010[S]. 北京: 中国建筑工业出版社, 2011.

[6] 中华人民共和国住房和城乡建设部. 建筑结构荷载规范: GB 50009—2012[S]. 北京: 中国建筑工业出版社, 2012.

[7] 中华人民共和国住房和城乡建设部. 混凝土结构设计规范: GB 50010—2010(2015 年版)[S]. 北京: 中国建筑工业出版社, 2016.

[8] 中华人民共和国住房和城乡建设部. 钢结构设计标准: GB 50017—2017[S]. 北京:中国建筑工业出版社, 2018.

[9] 中华人民共和国住房和城乡建设部. 组合结构设计规范: JGJ 138—2016[S]. 北京: 中国建筑工业出版社, 2016.

[10] 徐培福, 傅学怡, 王翠坤, 等. 复杂高层建筑结构设计[M]. 北京: 中国建筑工业出版社, 2005.

3

黄河国家博物馆结构设计

结构设计单位：中国建筑科学研究院有限公司

结构设计团队：王利民，赵鹏飞，孙建超，凌沛春，方　伟，张　强，马　明，
　　　　　　　杨金明，陆宜倩，郭鹏飞，王奕博，刘嘉磊，孔祥宇

执　笔　人：凌沛春，王利民

一、工程概况

本工程位于河南省郑州市惠济区新城街道办事处常庄村，文化路以东、花园口村以西、规划 S312 以北、黄河大堤以南区域。规划地块总用地面积 90062m²，总建筑面积 102050m²，其中地上建筑面积 72050m²，地下建筑面积 30000m²。

博物馆建筑地下 1 层，地上 1～3 层，局部 4 层，房屋结构高度 28.65m。整体建筑平面呈 Z 形，见图 3.1-1。

图 3.1-1　方案效果图

博物馆地下 1 层，层高 6m。地下室中区为纯地下结构，主要功能为设备用房，地基顶板覆土厚度不超过 2m，且有水系通过；北区主要功能为藏品库房；南区主要功能为地下车库，局部为甲类核 6 级人防区域。

地上 1 层主要为公共区、展厅和业务用房、会议室、多功能学术厅等；2 层、3 层主要功能为展厅。

博物馆北区立面造型从西向东呈台阶状逐渐增高，出屋面机房结构高度最大 39.65m。框架柱典型跨度为 9m 和 18m，局部屋面由于建筑空间需要框架柱最大跨度为 25m。

博物馆南区立面造型从东向西呈台阶状逐渐增高，出屋面机房结构高度最大 39.65m。框架柱典型跨度为 9m 和 18m，多功能厅柱跨 36m，3 层由于建筑空间需要，部分柱跨度为 45m。南侧入口 3～4 层有 3.5～24.5m 的悬挑空间。

博物馆地上的中区为无柱空间，建筑平面尺寸为 75m×71m，通过两层通高钢桁架支撑在两侧混凝土核心筒上，与两侧展厅连成整体，建筑高度 30m。

二、设计条件

1. 自然条件

1）工程地质条件

拟建场地地貌单元属黄河冲积平原地带，场地较平坦。工程场地空旷，现状为林地。勘察期间实测各勘探孔孔口标高 92.62～93.81m。场地勘探深度内按其成因类型、岩性及工程地质特性将其划分为 11 个工程地质单元层和若干个亚层：第①层填土（Q4ml），第②层粉土（Q4al），第②₁层粉质黏土，第④层粉土（Q4al），第⑤₁层粉土（Q4al），第⑥层粉土（Q4al），第⑦层细砂（Q4al），第⑧层细砂（Q4al），第⑨层细砂（Q4al），第⑨₁层粉土（Q4al），第⑩层细砂（Q4al），第⑪层粉质黏土（Q3al），第⑪₁层细砂（Q3al）。

勘察期间，场地实测地下水位埋深 6.2～8.4m（标高 85.13～86.81m），水位年变幅 2.0m左右，近 3～5 年地下水位埋深 4.0～5.0m（标高约 88.00m），历史最高地下水位为现地表以下约 1.0m（标高约 92.00m）。本场地地下水、土对混凝土具微腐蚀性，对混凝土中钢筋具微腐蚀性。

根据建设单位 2021 年 7 月 20 日提供的《黄河国家物馆项目抗浮水位专家论证会会议纪要》意见，根据建筑物的使用功能、抗浮设计等级、周边环境可能发生的变化及勘察报告的建议，综合考虑各种因素，建议抗浮设防水位绝对标高为 95.00m，相对于设计标高−2.7m。

本场地土等效剪切波速 250m/s ≥ V_{se} > 150m/s、覆盖层厚度大于 50.0m，本场地建筑类别为Ⅲ类，特征周期 0.55s。本场地为中等液化场地，液化土层为②层粉土、④层粉土、⑤₁层粉土及⑥层粉土。

在场地内及其附近不存在对工程安全有影响的诸如岩溶、滑坡、崩塌、塌陷、采空区、地面沉降、地裂等不良地质作用；也不存在影响地基稳定性的古河道、沟浜、防空洞、孤石等不良地质现象。同时该场区地形平坦，地貌类型较单一，地层结构较简单，物理力学性质均匀。综合考虑，判别为较稳定场地，适宜建筑。

2）风荷载

（1）基本风压（50 年重现期）0.45kN/m²；

（2）基本风压（100 年重现期）0.50kN/m²；

（3）地面粗糙度 B 类。

3）雪荷载

基本雪压（100 年重现期）0.45kN/m²。

4）温度作用

根据荷载规范，郑州基本气温最高 36℃，最低−8℃。

预估施工阶段结构合龙时气温为−15～10℃，结构最高平均温度 $T_{s,max}$ 取基本最高气温 36℃计算，结构最低平均温度 $T_{s,min}$ 取基本最低气温−8℃计算。

最大升温工况的均匀温度作用标准值 $\Delta T_{k1} = 36 - 10 = 26℃$，

最大降温工况的均匀温度作用标准值$\Delta T_{k2} = -8 - 15 = -23℃$。

2. 设计要求

1）结构设计标准
（1）结构设计使用年限：50 年。
（2）结构耐久性年限：100 年。
（3）建筑规模类别：特大型博物馆。
（4）建筑结构安全等级：一级。
（5）地基基础设计等级：甲级。
（6）建筑桩基设计等级：甲级。
（7）建筑物耐火等级：一级。
（8）地下工程的防水等级：一级。
（9）人防地下室的设计类别和抗力级别：甲类核 6 级。
（10）混凝土构件的环境类别地上室内干燥环境一类；室内潮湿环境二 a 类，室外与水或土壤接触环境、露天环境为二 b 类。

2）建筑抗震设防烈度及设防类别
（1）抗震设防类别重点设防类：乙类。
（2）抗震设防烈度：7 度。
（3）设计基本地震加速度：0.15g。
（4）水平地震影响系数最大值：
多遇地震（小震）0.12；
偶遇地震（中震）0.34；
罕遇地震（大震）0.72。
（5）设计地震分组：第二组。
（6）场地类别：Ⅲ类。
（7）场地特征周期值：小震 0.55s；大震 0.60s。
（8）结构阻尼比：小震，钢 0.02，混凝土 0.05；大震，0.06。

三、结构体系

1. 结构体系与布置

1）地下室结构
地下室结构典型柱网 9m×9m，整体采用全现浇钢筋混凝土框架-剪力墙结构。地下室顶板采用钢筋混凝土梁板结构，覆土区域板厚 300mm，其余楼板厚度 180mm。除地上结构延伸至基础的矩形钢管混凝土框架柱和型钢混凝土柱外，其余地下室柱均为钢筋混凝土柱。地下室混凝土墙除地上延伸至基础的钢板剪力墙外，其余均为现浇钢筋混凝土墙体。

2）上部主体结构
上部结构平面呈 Z 形，主体结构不设置结构缝，嵌固端为首层楼板。结构地上 1～3

层，局部 4 层为机房层。结构层高分别为首层 10m、2 层 9m、3 层 9.5m、机房层 10m，室内外高差 0.15m，结构房屋高度 28.65m。结构整体三维模型见图 3.3-1。

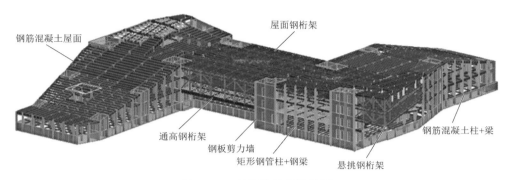

图 3.3-1　结构整体三维模型

结构平面分为北区、中区和南区三部分，见图 3.3-2。结构类型采用钢筋混凝土框架-剪力墙结构体系。周边根据建筑交通核和设备房间的墙体设置多道混凝土剪力墙形成筒体，与框架柱形成结构主要的抗侧刚度。框架柱主要为钢筋混凝土柱，由于部分柱跨达到 25m、36m 和 45m，为实现和钢桁架和钢梁的有效连接，相应框架柱采用矩形钢管混凝土柱或型钢混凝土柱。各层结构平面见图 3.3-3～图 3.3-5。

图 3.3-2　结构平面分区示意

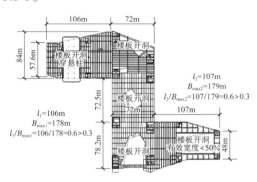

图 3.3-3　结构二层平面

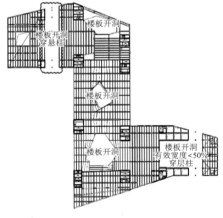

图 3.3-4　结构三层平面

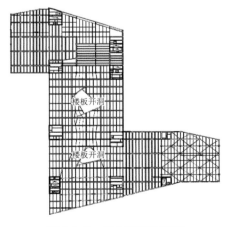

图 3.3-5　结构屋面层平面

3）北区主体结构

北区结构典型柱网为 9m×9m，9m×18m。竖向构件主要为钢筋混凝土框架柱和剪力墙，楼盖采用钢筋混凝土梁板。平面最大长宽尺寸为 178m×84m，立面造型从西向东呈坡状逐渐增高，房屋主屋面高度 28.65m，出屋面机房最大高度约 39.65m。

结构特点：

（1）由于局部结构屋面为坡屋面，因此在 2 层（10m 标高）和 3 层（19m 标高）处楼板局部不连续，并伴有穿层柱。

（2）2 层、3 层由于建筑功能大空间需要，局部柱跨最大 25m，相应结构采用钢桁架 + 型钢混凝土柱。

（3）屋面布有绿植，为减小景观覆土厚度，钢筋混凝土结构屋面呈阶梯状。

4）南区主体结构

南区结构典型柱网为 9m×9m，9m×18m。竖向构件为框架柱和剪力墙，其中框架柱根据楼盖结构相应采用矩形钢管混凝土框架柱、钢筋混凝土柱和型钢混凝土柱。楼盖结构根据柱跨采用钢梁、钢桁架和钢筋混凝土梁 + 钢筋混凝土楼承板或钢筋混凝土板。南区结构平面最大长宽尺寸为 177m×80m，立面造型从东向西呈坡状逐渐增高，房屋主屋面高度 28.65m，出屋面机房最大高度约 39.65m。

结构特点：

（1）由于局部结构屋面为坡屋面，因此在 2 层（10m 标高）和 3 层（19m 标高）处楼板局部不连续，并伴有穿层柱。

（2）结构南侧 2 层楼板开大洞，布置有连廊，连廊采用钢梁 + 钢筋桁架楼承板，与两侧剪力墙铰接连接。

（3）首层多功能厅处柱跨为 36m，框架柱采用型钢混凝土柱，相应屋面结构采用钢桁架 + 钢筋混凝土板，为减小景观覆土厚度，钢筋混凝土结构屋面呈阶梯状。

（4）南侧 3 层部分柱跨为 45m，框架柱采用矩形钢管混凝土柱，屋面结构采用钢桁架 + 钢筋混凝土板。

（5）博物馆南侧入口处 3 层至屋面局部有 3.5～24.5m 的悬挑空间，悬挑部位采用通高钢桁架结构支撑于钢筋混凝土核心筒或钢管混凝土柱上。为支撑屋面景观框架，钢桁架上设有梁上柱。

南区入口处 3 层至屋面层建筑均为悬挑区域，西侧最大悬挑长度 24.5m，东侧最大悬挑长度 3.5m，如图 3.3-6 所示。利用局部凸出屋面的结构，在两侧钢筋混凝土核心筒上布置 2 榀南北向两层通高悬挑桁架，在通高桁架与东侧悬挑桁架间布置各层楼面钢梁和钢桁架，形成整体的受力体系。

5）中区主体结构

中区结构 1～3 层均为无柱空间，结构平面尺寸为 72m×72.5m，整个区域结构通过两层通高钢桁架支撑在两侧的钢板混凝土剪力墙上，与两侧展厅连成整体。具体为在东西两侧核心筒间各布置 2 榀南北向两层通高钢桁架支承在四角的钢筋混凝土核心筒上，在 4 榀通高桁架间布置各层楼面钢梁和钢桁架，从而形成整体的受力体系（图 3.3-7）。主屋面顶结构标高 28.5m。

结构特点：

（1）首层无柱，2 层至屋面钢桁架跨度大；南北向 66m，东西向 45m；

（2）2 层至屋面楼板中间开洞；

（3）屋面荷载大，建筑面层以上的景观附加荷载为 700～1500mm 的等效土重。

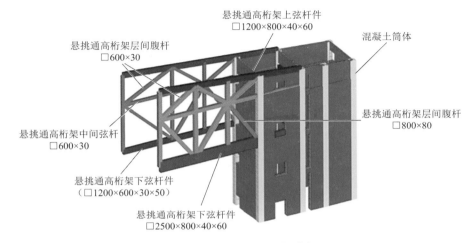

图 3.3-6　南区悬挑桁架构件布置

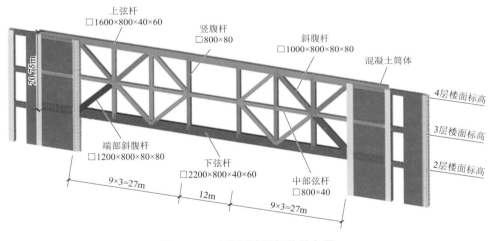

图 3.3-7　中区通高桁架构件布置

6）楼盖体系

（1）一般楼盖采用现浇钢筋混凝土梁板。

（2）钢结构区域采用钢梁（钢桁架）＋钢筋桁架楼承板，局部板下设水平支撑。

（3）坡屋面采用阶梯状钢筋混凝土板。

7）上部结构嵌固端分析

本工程上部结构嵌固端取首层结构楼板。

（1）首层楼盖采用现浇钢筋混凝土梁板，整个楼板没有开大洞。无覆土区域楼板板厚

180mm，有覆土区域板厚 300mm，梁板混凝土强度等级 C35，楼板双层双向配筋，且每层每个方向的配筋率不小于 0.3%，满足《高层建筑混凝土结构技术规程》JGJ 3—2010 第 3.6.3 条和《建筑抗震设计规范》GB 50011—2010（2016 年版）第 6.1.14 条规定。

（2）中区地下室顶板与两侧首层楼板高差 1.85m，小于地下室层高的 1/3。为了满足上部结构在地下室顶板嵌固的条件，在垂直于深梁方向的地下室楼面梁的端部采取竖向加腋的措施，如图 3.3-8 所示，既保证地下室周圈覆土对主体结构的约束作用，也加强加腋部位水平截面的抗剪承载力，保证上部结构底部地震剪力向地下的传递。

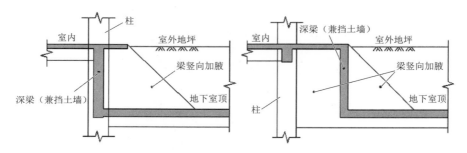

图 3.3-8　地下室顶板竖向加腋做法

2. 地基及基础设计

1）基础方案概述

根据地勘报告建议及拟建建筑物特征，结合场地地层分布情况及周围环境条件，基础采用钻孔灌注桩基础＋平板式筏基。桩基设计等级为甲级。根据场地工程地质条件，选择第 8 层和第 9 层细砂层作为桩端持力层，有效桩长分别为 30m 和 38m。

结构荷载主要由桩基础承担，筏板自重及上覆荷载由天然地基承载。

基础底板下部土层主要为第②层粉土（f_{ak} = 120kPa）、第②$_1$ 层粉质黏土（f_{ak} = 100kPa）和第③层粉土（f_{ak} = 140kPa）。②层液化土层粉土挖除换填后承载力标准值不小于 120kPa。

钻孔灌注桩基础 1000mm 和 800mm 直径的灌注桩承载力竖向抗压承载力特征值分别为 6600kN、3800kN。800mm 直径的灌注桩承载力竖向抗拔承载力特征值 1200kN。

对筏板下地基和桩基进行平时工况和地震工况下的承载力验算均满足设计要求。

2）地基液化处理

根据勘察报告，综合判定本场地为中等液化场地，液化土层为②层粉土、④层粉土、⑤$_1$ 层粉土及⑥层粉土。针对中等液化场地采取的措施：

（1）根据《建筑抗震设计规范》GB 50011—2010（2016 年版）第 4.3.6 条，不宜将未经处理的液化土层作为天然地基持力层。由于本工程基底标高主要为−6.7m（绝对标高 91m）和−8.7m（绝对标高 89m），基础底板下部土层主要为第②层粉土（f_{ak} = 120kPa）、第②$_1$ 层粉质黏土（f_{ak} = 100kPa）和第③层粉土（f_{ak} = 150kPa）。由于②层粉土为液化土层，因此将筏板和承台底部②层粉土全部挖除，挖除深度不小于 1.5m 或进入③层粉土内不小于 300mm，挖除宽度为肥槽外边缘，挖除区域采用级配砂石换填并分层夯实加固，压实系数不小于0.95，承载力标准值不小于120kPa。

（2）本工程基础采用钻孔灌注桩桩基础，桩端伸入非液化稳定土层中细砂层的长度10～20m。

（3）根据勘察报告，液化土的桩周摩阻力进行折减，其中第④层粉土桩基设计参数折减系数为1/3、第⑤₁层粉土桩基设计参数折减系数为1/3、第⑥层粉土桩基设计参数折减系数为2/3。

（4）灌注桩桩身纵筋全长配筋。自桩顶至液化深度以下2m深度范围内的箍筋直径不小于10mm，间距不大于100mm。

（5）增加上覆非液化土层的厚度。建筑周边场地原场地土进行夯实，待地下室结构肥槽回填后完成后进行场地土回填。填土厚度约5m。填土建议采用含水量低的黏性土、石料或性能稳定的矿渣、煤渣等工业废料，不得使用淤泥、耕土、冻土、膨胀性土，对含有生活垃圾或有机质废料的填土，未经处理不得采用。

（6）基础底板采用平板式筏形基础，加强基础的整体性和刚度。

3）基础沉降验算

由于上部结构柱间荷载差异大，较易产生差异沉降。根据勘察报告建议以及承载力需求，采用变刚度调平设计，尽量减小差异沉降。根据JCCAD桩筏及筏板有限元计算分析结果，单桩最大沉降量约28.85mm，相邻柱基的最大沉降差17.3mm小于0.0013L（L为相邻柱基的中心距离，单位mm），满足《建筑地基基础设计规范》GB 50007—2011表5.3.4地基变形允许值要求。

4）抗浮设计

地下室抗浮水位：绝对高程为95.0m。中区地下车库一层，框架结构，层高6000mm，顶板厚度300mm，上覆水沟，基础为平板式筏基加下反承台桩基，筏板厚度600mm，基底埋深−8.900m。

（1）地下室水浮力计算

设水的浮力为F（单位kN/m²），取水的重度γ为10kN/m³，则：$F = \gamma h = 10 \times (8.9 - 1) = 79$kN/m²

（2）抗浮荷载计算

结构自重为G（单位kN/m²），取土重度为16kN/m³，钢筋混凝土重度为25kN/m³，则：$G = 22.889 + 20.398 = 43.287$kN/m²，$G/F = 43.287/79 = 0.55 < 1.1$，不满足抗浮要求。

（3）抗浮措施

地下室抗浮措施采用抗拔桩，单桩抗拔承载力特征值为1200kN；地下车库的典型柱跨距离为9m×9m，每方跨范围内布置的抗拔桩数$n = (79 \times 1.1 - 43.587) \times 9 \times 9/1200 = 2.9$。所以每9m×9m/跨布置3根抗拔桩。抗拔桩也兼做抗压桩。

3. 结构超限判定及加强措施

本工程结构5项不规则如下：

（1）结构扭转不规则，3层X向最大扭转位移比1.24 > 1.2。

（2）凹凸不规则，1 层平面凹凸尺寸大于相应边长 60%，超过 30%。

（3）楼板不连续，2 层、3 层局部洞口楼板有效宽度小于 50%。

（4）尺寸突变，南侧 3 层、4 层悬挑桁架悬挑长度 3.5～24.5m，超 10%和 4m。

（5）局部不规则，1 层、2 层局部有穿层柱，4 层局部有转换柱。

根据《超限高层建筑工程抗震设防专项审查技术要点》（建质〔2015〕67 号）规定，本工程属于特别不规则超限结构。

1）结构扭转不规则、偏心的加强措施

（1）增大结构整体抗扭刚度，实现结构第一阶、第二阶振型均为平动，控制结构扭转基本周期和第一基本平动周期的比值小于 0.85。

（2）控制考虑偶然偏心影响规定水平地震作用下楼层的最大层间位移与该楼层两端层间位移平均值之比小于 1.4。

（3）结构构件配筋计算时计入扭转影响，考虑偶然偏心、双向地震，加强角部及周边构件配筋。

2）结构平面凹凸不规则、楼板不连续的加强措施

（1）开大洞与薄弱连接处楼板采用弹性膜假定，考虑楼板平面内实际刚度，根据楼板实际计算应力配筋。

（2）楼板板厚不小于 150mm，楼板配筋双层双向贯通布置，每层每向配筋率不小于0.3%。

（3）楼板增设水平支撑。

3）悬挑钢桁架的加强措施

（1）南区大悬挑钢桁架及其竖向支撑剪力墙设为关键构件，按大震不屈服进行设计。

（2）支撑大悬挑钢桁架的剪力墙抗震等级取特一级。

（3）悬挑通高桁架间，在上、中、下弦间布置水平支撑，以提高桁架体系的整体稳定性。

（4）悬挑区域，钢结构强度设计时，偏安全不考虑楼板刚度；同时在考虑楼板刚度下，楼板按平面内实际刚度的弹性楼板假定分析楼板应力并加强配筋，板厚 150mm 和 250mm，配筋每层每方向贯通布置，配筋率不小于 0.3%。

4）局部穿层柱的加强措施

（1）穿层柱性能目标：中震抗弯不屈服、抗剪弹性，大震满足抗剪不屈服要求；

（2）穿层柱小震剪力采用同层周边普通框架柱剪力，箍筋全高加密；

（3）对穿层柱进行屈曲分析验算。

5）大跨度钢桁架的加强措施

（1）中区大跨度通高钢桁架和其竖向支撑矩形钢管混凝土柱设为关键构件，按大震不屈服进行设计。

（2）支撑通高钢桁架的剪力墙抗震等级取特一级。

（3）相邻的两榀通高桁架间，在上、中、下弦间布置水平支撑，同时在两榀桁架间竖平面内布置斜撑，以提高桁架体系的整体稳定性。

（4）大跨度钢桁架，钢结构强度设计时，偏安全不考虑楼板刚度；同时在考虑楼板刚

度下，楼板按平面内实际刚度的弹性楼板假定分析楼板应力并加强配筋，板厚 150mm 和 250mm，配筋每层每方向贯通布置，配筋率不小于 0.3%。

6）结构构件抗震性能目标

本工程设防烈度为 7 度 0.15g，抗震设防类别为乙类，抗震措施提高 1 度，按 8 度 0.2g 设防烈度进行结构设计。结构主体关键竖向构件为支承通高钢桁架和悬挑钢桁架的剪力墙、穿层柱、转换柱。关键水平构件为大跨度钢桁架、悬挑钢桁架、转换梁。除关键竖向构件以外的其他竖向构件均为普通竖向构件，除关键水平构件以外的框架梁、连梁为耗能构件。

根据《高层建筑混凝土结构技术规程》JGJ 3—2010 第 3.11.1 条，结合本工程的抗震设防类别、设防烈度、场地条件、结构特点，确定设计使用年限 50 年内结构构件的抗震性能目标设定为 C 级：即多遇地震下完好、设防地震下轻度损坏、罕遇地震下中度损坏。设计使用年限 50 年内各类结构构件抗震性能目标如表 3.3-1 所示。

各类结构构件抗震性能目标　　　　　　　　　　　　　　　　表 3.3-1

地震水准		多遇地震（小震）	设防烈度地震（中震）	预估的罕遇地震（大震）
层间位移角限值		1/800	—	1/100
关键构件	支承通高钢桁架和悬挑钢桁架的剪力墙	弹性	弹性	不屈服
	通高钢桁架、悬挑钢桁架			
	穿层柱、转换柱、转换梁	弹性	抗剪弹性、抗弯不屈服	抗剪不屈服
普通竖向构件	普通剪力墙	弹性	抗剪不屈服	控制变形
	框架柱	弹性	抗剪不屈服	抗剪截面满足
耗能构件	框架梁	弹性	抗剪截面控制	允许部分构件轻度损坏
	连梁	弹性	允许部分构件轻度损坏	允许部分构件中度损坏

4. 整体弹性分析

1）多软件弹性计算结果对比

为确保整体指标计算及强度计算模型的准确性，本工程采用 SATWE（V5.2）与 ETABS（2019）两个程序分别进行整体指标比较。

（1）结构质量对比：两个软件计算的质量误差为 1.5%，吻合较好（表 3.3-2）。

结构质量分布（t）　　　　　　　　　　　　　　　　　表 3.3-2

PKPM-SATWE	ETABS	ETABS/PKPM-SATWE
400190.89	394175.40	98.50%

（2）动力特性对比：满足《高层建筑混凝土结构技术规程》JGJ 3—2010 第 3.4.5 条中关于周期比的要求，周期合理，扭转耦联较小，扭转周期与第一平动周期比小于 0.85，振型质量参与系数大于 90%。

从表 3.3-3～表 3.3-5 的分析可以看出，两个软件计算的模型周期误差均在 6%以内，振型质量参与系数 X、Y、Z 三个方向均达到 90%以上，两个模型水平、竖向的前三阶振型一致。结构各振型见图 3.3-9～图 3.3-12。

结构周期结果　　　　　　　　　　　　　　　　表 3.3-3

周期	振型说明	PKPM-SATWE	ETABS	ETABS/PKPM-SATWE
T_1	Y向一阶平动	0.50	0.47	94.00%
T_2	X向一阶平动	0.45	0.43	95.56%
T_3	一阶扭转	0.42	0.40	95.24%
一阶扭转T_3/一阶平动T_1		$0.42/0.50 = 0.84 < 0.85$	$0.40/0.47 = 0.85 = 0.85$	——

结构竖向周期结果　　　　　　　　　　　　　　表 3.3-4

周期	振型说明	PKPM-SATWE	ETABS	ETABS/PKPM-SATWE
T_1	中区通高桁架	0.49	0.50	102.04%
T_2	南区悬挑钢结构	0.49	0.49	100.00%
T_3	南区屋盖	0.41	0.41	100.00%

振型质量参与系数　　　　　　　　　　　　　　表 3.3-5

计算振型数	70 阶	PKPM-SATWE	ETABS
X向质量参与系数		95%	98%
Y向质量参与系数		95%	98%
Z向质量参与系数		95%	95%

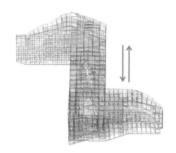 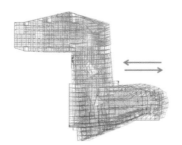 

(a) $T_1 = 0.50$s　　　　　　(b) $T_2 = 0.45$s　　　　　　(c) $T_3 = 0.42$s

图 3.3-9　PKPM 模型前三阶振型

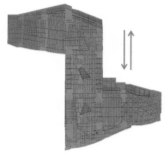 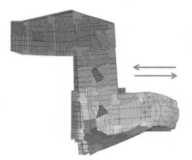 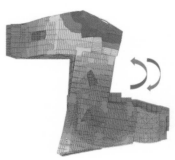

(a) $T_1 = 0.47$s　　　　　　(b) $T_2 = 0.43$s　　　　　　(c) $T_3 = 0.40$s

图 3.3-10　ETABS 模型前三阶振型

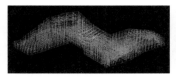 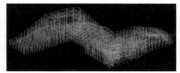 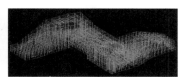

(a) 中区通高桁架区域　　　　　　(b) 南区悬挑钢结构区域　　　　　　(c) 南区屋面

图 3.3-11　SATWE 模型前三阶竖向振型

(a) 中区通高桁架区域　　　　　　(b) 南区悬挑钢结构区域　　　　　　(c) 南区屋面

图 3.3-12　ETABS 模型前三阶竖向振型

（3）楼层剪力

从表 3.3-6 分析可以看出，两个软件计算得到的结构基底剪力误差在 5%以内。

多遇地震结构基底剪力对比　　　　　　　　　　　　表 3.3-6

	PKPM-SATWE（kN）	ETABS（kN）	误差
X向	329402.03	312179.75	5%
Y向	329840.31	322434.80	2%

（4）层间位移角

两个软件计算得到的层间位移角曲线如图 3.3-13 所示，曲线吻合较好。

 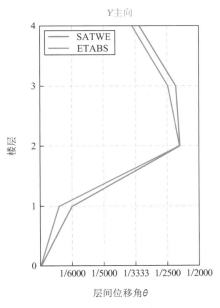

图 3.3-13　PKPM 和 ETABS 模型楼层最大层间位移角曲线对比

（5）小结

通过以上 PKPM 和 ETABS 两种软件计算模型的总质量、周期及振型、基底剪力、层间位移角的对比表明，两个软件的计算模型结果吻合良好。因此，在设计中使用 SATWE 软件的分析结果是可靠的。

2）小震弹性反应谱分析

（1）层间位移角

根据《高层建筑混凝土结构技术规程》JGJ 3—2010 第 3.7.3 条规定：对于高度不大于 150m 的框剪结构，按弹性方法计算的风荷载或多遇地震标准值作用下的楼层层间最大水平位移与层高之比 $\Delta u/h$ 不宜大于 1/800。本工程结构，小震作用和风荷载作用 X 向最大层间位移角 1/2417（2 层），Y 向最大层间位移角 1/2267（2 层）均小于 1/800，均满足规范的限值要求。

（2）扭转位移比（计算模型采用全楼刚性板假定）

根据《高层建筑混凝土结构技术规程》JGJ 3—2010 第 3.4.5 条规定：结构在考虑偶然偏心影响的规定水平地震作用下，楼层竖向构件最大的水平位移和层间位移，A 级高度高层建筑不宜大于该楼层平均值的 1.2 倍，不应大于该楼层平均值的 1.5 倍。本工程水平地震作用下结构的最大扭转位移比大于 1.2，但小于 1.5。结构平面属于扭转不规则类型。

（3）楼层剪力及剪重比

根据《建筑抗震设计规范》GB 50011—2010（2016 年版）第 5.2.5 条规定，7 度（0.15g）设防地区，水平地震影响系数最大值为 0.12，楼层剪重比不应小于 2.40%。SATWE 结构剪重比汇总表见表 3.3-7。

SATWE 结构剪重比汇总表　　　　　　　　　　　　表 3.3-7

层号	X 向		Y 向	
	楼层剪力	剪重比	楼层剪力	剪重比
F4	54467.6	16.32%	56386.0	16.89%
F3	2.3e+5	13.31%	2.4e+5	14.05%
F2	2.9e+5	11.88%	3.0e+5	12.31%
F1	3.2e+5	10.24%	3.3e+5	10.51%
B1	3.3e+5	8.22%	3.4e+5	8.43%

（4）楼层受剪承载力

《高层建筑混凝土结构技术规程》JGJ 3—2010 第 3.5.3 条规定：A 级高度高层建筑的楼层抗侧力结构的层间受剪承载力不宜小于其相邻上一层受剪承载力的 80%，不应小于其相邻上一层受剪承载力的 65%。各楼层受剪承载力及承载力比值见表 3.3-8，均大于 0.8 的限值，不存在薄弱层。

各楼层受剪承载力及承载力比值　　　　　　　　　表 3.3-8

层号	V_x（kN）	V_y（kN）	V_x/V_{xp}	V_y/V_{yp}	比值判断
5	5.02e+5	5.49e+5	1.00	1.00	满足
4	1.53e+6	2.13e+6	3.05	3.87	满足
3	1.80e+6	2.38e+6	1.17	1.12	满足
2	1.88e+6	2.33e+6	1.05	0.98	满足
1	2.11e+6	2.66e+6	1.12	1.14	满足

（5）楼层刚度比（楼层剪力/层间位移）

《高层建筑混凝土结构技术规程》JGJ 3—2010 第 3.5.2 条规定：对非框架结构，楼层与其相邻上层的侧向刚度比，本层与相邻上层的比值不宜小于 0.9；对结构底部嵌固层，该比值不宜小于 1.5。结构并无侧向刚度不规则的情况。楼层与其相邻上层的侧向刚度比见表 3.3-9，比值均大于 0.9，结构无侧向刚度不规则的情况。

楼层刚度比 表 3.3-9

层号	Ratx2	Raty2	Rat2（限值）
5	1.00	1.00	1.00
4	3.08	2.36	0.90
3	1.25	1.23	0.90
2	1.34	1.41	0.90
1	3.76	4.12	0.90

3）小震弹性时程补充分析

（1）地震波选取

根据《高层建筑混凝土结构技术规程》JGJ 3—2010 第 4.3.4 条、4.3.5 条的有关要求，本工程选取 5 条天然波和两条人工波进行弹性时程分析。天然波选取时考虑天然波记录场地特征与本工程场地特征相符的特性，选波时以Ⅲ类场地波为主，并考虑多组时程曲线的平均地震影响系数和阵型分解反应谱法计算采用的地震影响系数在统计意义上相符。计算时依据规范要求将主方向加速度峰值调整为 $55cm/s^2$，次方向和竖向加速度分别按主方向的 0.85 和 0.65 取值，并通过反复计算对比规范要求筛选。最终所选的部分地震波反应谱与规范反应谱对比如图 3.3-14 所示。

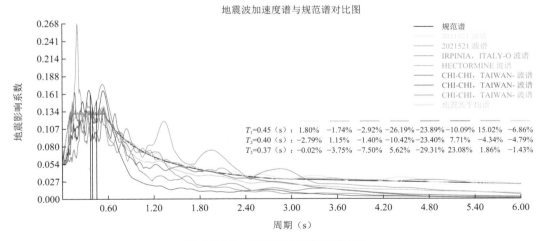

图 3.3-14 规范谱与反应谱对比图

多条时程曲线的平均谱和规范反应谱在主要周期点上偏差小于 20%，满足统计意义上相符的要求。各地震波对应的编号按照顺序依次如下：User1～User7，其中 User1～User2 为人工波，User3～User7 为天然波。

（2）时程分析结果

楼弹性时程分析表计算结果汇总表　　　　表 3.3-10

地震波名称	底部剪力	
	X方向	Y方向
User1	324000	331000
User2	334000	325000
User3	321000	307000
User4	296000	237000
User5	253000	247000
User6	267000	239000
User7	285000	224000
平均值	297000	273000
CQC 法计算	306000	300000
根据安评报告计算	304900	277000
时程最小值/安评计算值	0.83	0.82
时程最大值/安评计算值	1.09	1.19
时程平均值/安评计算值	0.97	0.98
时程最小值/CQC 计算值	0.83	0.75
时程最大值/CQC 计算值	1.09	1.02
时程平均值/CQC 计算值	0.97	0.91

从表 3.3-10 比较结果可以看出：

①所选取 7 条地震波计算所得的结构底部剪力均不小于 CQC 法求得的底部剪力的 65%，结构底部剪力的平均值大于 CQC 法求得的底部剪力的 80%，所选地震波满足规范要求。

②弹性时程分析计算的层间位移角，均满足规范要求。

③CQC 法计算得到的楼层基底剪力大于结构弹性时程分析得出的平均值，也大于根据安评报告提供的反应谱计算的基底剪力，根据计算规范"计算结果可取时程法的平均值和振型分解反应谱法的较大值"，因此在设计中取反应谱结果进行设计。

5. 性能化构件验算

1）基本原则：

本工程抗震性能目标为 C 级，具体如下：

（1）设防烈度地震和罕遇地震下结构计算参数（表 3.3-11）。

结构计算参数　　　　表 3.3-11

设计参数	设防烈度地震		罕遇地震
	不屈服	弹性	不屈服
水平地震影响系数最大值	0.34	0.34	0.72
场地特征周期值（s）	0.55	0.55	0.60
周期折减系数	0.90	0.90	1.00
阻尼比	0.05	0.05	0.06
连梁刚度折减系数	0.50	0.50	0.30

续表

设计参数	设防烈度地震		罕遇地震
	不屈服	弹性	不屈服
材料强度	标准值	设计值	标准值
荷载分项系数	1.0	考虑	1.0
承载力抗震调整系数	1.0	考虑	1.0
考虑双向地震	考虑	考虑	考虑

（2）竖向构件性能目标（表3.3-12）

竖向构件性能目标 表3.3-12

	构件	性能目标
关键竖向构件	支承通高钢桁架和悬挑钢桁架的剪力墙	大震不屈服
关键竖向构件	穿层柱、转换柱	中震抗剪弹性、抗弯不屈服、大震抗剪截面满足
普通竖向构件	普通剪力墙、框架柱	中震抗剪不屈服、大震抗剪截面满足

2）支承通高钢桁架的剪力墙验算（以N1筒体为例）

（1）底部加强区剪力墙性能验算

支撑通过桁架的剪力墙底部加强区满足"小震抗弯弹性、抗剪弹性"及"中震抗弯不屈服、抗剪弹性"的设计要求。同时对支承通高钢桁架的剪力墙及端柱进行"大震不屈服"正截面承载力验算，构件材料强度采用标准值，验算结果如图3.3-15、图3.3-16所示，均满足构件性能目标要求。

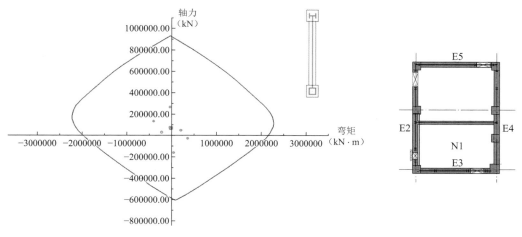

图3.3-15　大震不屈服正截面承载力验算N1区域

图3.3-16　核心筒N1剪力墙编号

（2）剪压比验算

剪力墙受剪截面（剪压比）根据《高层建筑混凝土结构技术规程》JGJ 3—2010第3.11.3条，受剪截面（即剪压比）验算公式为：

$$(V_{GE} + V_{Ek}^{*})/f_{ck}bh_0 \leqslant 0.15 \tag{3.3-1}$$

$$[(V_{GE} + V_{Ek}^{*}) - (0.25f_{ak}A_a + 0.5f_{pk}A_p)]/(f_{ck}bh_0) \leqslant 0.15 \tag{3.3-2}$$

式中：V_{GE}——重力荷载代表值的构件剪力；

$\qquad V_{Ek}^*$——地震作用标准值的构件剪力，不需要乘以与抗震等级有关的增大系数；

$\qquad f_{ak}$——剪力墙端部暗柱中型钢的强度标准值；

$\qquad A_a$——剪力墙端部暗柱中型钢截面面积；

$\qquad f_{pk}$——剪力墙墙内钢板的强度标准值；

$\qquad A_p$——剪力墙墙内钢板的横截面面积。

本结构最不利楼层为首层。剪力墙大震剪压比验算结果见表 3.3-13。结果表明，底部加强区所验算墙肢，均满足大震抗剪截面要求。

剪力墙大震剪压比验算（核心筒 N1）　　　　　　　　　表 3.3-13

核心筒 N1				
墙号	E2	E3	E4	E5
厚度（mm）	800	800	800	800
有效高度（mm）	11850	7500	12000	1000
大震剪力（kN）	689	3044	18235	32061
f_{ck}（MPa）	32.4	32.4	32.4	32.4
剪压比 $V/f_{ck}bh_0$	0.00	0.01	0.06	0.08
规范限值	0.15	0.15	0.15	0.15

（3）中震墙肢拉应力验算

根据《超限高层建筑工程抗震设防专项审查技术要点》（建质〔2015〕67 号）中第四章第十二条所述：中震时双向水平地震下墙肢全截面由轴向力产生的平均名义拉应力超过混凝土抗拉强度标准值时宜设置型钢承担拉力，且平均名义拉应力不宜超过两倍混凝土抗拉强度标准值（可按弹性模量换算考虑型钢和钢板的作用），全截面型钢和钢板的含钢率超过2.5%时可按比例适当放松。

中震下墙肢拉应力验算见表 3.3-14，结果表明在中震下墙肢拉应力应满足相关要求。

墙肢拉应力验算（CORE-N1）　　　　　　　　　表 3.3-14

组号	E			
墙号	E2	E3	E4	E5
墙厚（mm）	800	800	800	800
墙长（mm）	10300	8500	15650	9100
双向地震组合下轴拉力 N（kN）	26909	13682	33146	30634
含钢率	3.62%	3.86%	3.24%	3.77%
平均名义拉应力与混凝土抗拉强度标准值 f_{tk} 的比值	2.90	3.09	3.02	3.53
考虑折算型钢后名义拉应力与混凝土抗拉强度标准值 f_{tk} 的比值	1.05	0.64	0.86	1.34

3）支承悬挑钢桁架的剪力墙验算（以 S3 筒体为例）

（1）底部加强区剪力墙性能验算

支承悬挑钢桁架的剪力墙，底部加强区墙体满足"小震抗弯弹性、抗剪弹性"及"中震抗弯不屈服、抗剪弹性""大震抗剪不屈服"。

同时，对支承悬挑钢桁架的剪力墙及端柱进行"大震不屈服"正截面承载力验算，构件材料强度采用标准值, 验算结果如图 3.3-17、图 3.3-18 所示, 均满足构件性能目标要求。

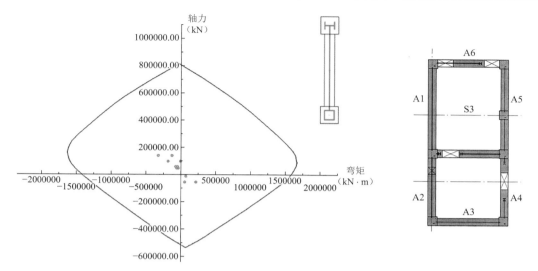

图 3.3-17 大震不屈服正截面承载力验算

图 3.3-18 核心筒 S3 剪力墙编号

（2）剪压比验算

本结构最不利楼层为首层。剪力墙大震剪压比验算结果见表 3.3-15。结果表明, 底部加强区所验算墙肢, 均满足大震抗剪截面要求。

剪力墙大震剪压比验算（核心筒 S3）　　　　　表 3.3-15

核心筒 S3							
墙号	A1	A2	A3	A4	A5	A6	A7
厚度 b（mm）	1000	1000	1000	1000	1000	1000	1000
有效高度 h_0（mm）	8269	9632	7513	3802	3183	8266	7013
大震剪力 V（kN）	1239	10510	19122	1254	3095	958	16152
混凝土强度等级 f_{ck}（MPa）	32.4	32.4	32.4	32.4	32.4	32.4	32.4
剪压比 $V/f_{ck}bh_0$	0.00	0.04	0.08	0.01	0.00	0.00	0.08
规范限值	0.25	0.15	0.15	0.15	0.25	0.25	0.15

（3）中震墙肢拉应力验算

中震下墙肢拉应力验算见表 3.3-16, 表明在中震下墙肢拉应力应满足相关要求。

墙肢拉应力验算（CORE-S3）　　　　　表 3.3-16

组号	A					
墙号	A1	A2	A3	A4	A5	A6
墙厚（mm）	1000	1000	1000	1000	1000	1000
墙长（mm）	14135	6065	9400	3600	13800	4200
双向地震组合下轴拉力 N（kN）	58426	21202	28802	11587	35352	31271
含钢率	2.65%	3.52%	2.98%	4.57%	2.67%	4.20%
平均名义拉应力与混凝土抗拉强度标准值 f_{tk} 的比值	2.12	2.82	2.38	3.65	2.14	3.36
考虑折算型钢后名义拉应力与混凝土抗拉强度标准值 f_{tk} 的比值	1.38	1.13	1.01	0.99	0.85	2.3

4）普通墙体中震墙肢拉应力验算（以 N8 筒体为例）（图 3.3-19、表 3.3-17）

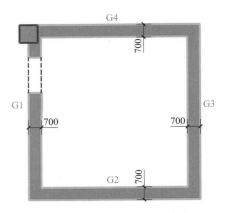

图 3.3-19 核心筒 N8 剪力墙编号

墙肢拉应力验算（CORE-N8） 表 3.3-17

组号	G			
墙号	G1	G2	G3	G4
墙厚（mm）	700	700	700	700
墙长（mm）	6050	9450	9950	9900
双向地震组合下轴拉力 N（kN）	9353	16766	0	0
含钢率	2.9%	2.9%	2.9%	2.9%
平均名义拉应力与混凝土抗拉强度标准值 f_{tk} 的比值	2.00	2.00	2.00	2.00
考虑折算型钢后名义拉应力与混凝土抗拉强度标准值 f_{tk} 的比值	0.67	0.79	0	0

5）穿层柱屈曲验算

东北角穿层柱位置如图 3.3-20 所示，其截面形式为十字形型钢混凝土圆柱，直径为 1.6m，钢材等级为 Q355，混凝土强度等级为 C50。

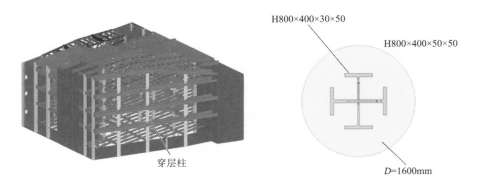

图 3.3-20 东北角穿层柱位置示意图

对其进行屈曲分析，分析工况采用 1.0×恒荷载＋1.0×活荷载。如不考虑楼板刚度，其屈曲形式如图 3.3-21（a）所示，屈曲因子为 34，计算得到其计算长度为 14m。如考虑楼板刚度，其屈曲形式如图 3.3-21（b）所示，屈曲因子为 83，计算得到其计算长度为 9m。

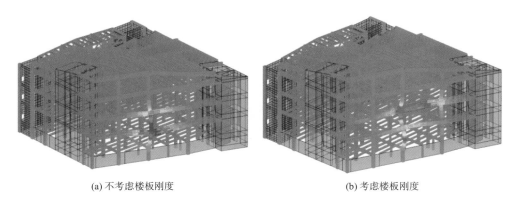

(a) 不考虑楼板刚度 (b) 考虑楼板刚度

图 3.3-21 穿层柱屈曲形式

四、专项设计

1. 中部展廊大跨度钢结构专项分析

1）结构体系概述

中区展廊大跨度钢结构平面尺寸为 75m×69m，内部不设柱，中心位置洞口尺寸约为 16m×26m。在结构 2 层和 3 层东、西两侧设置 4 榀南北向通高桁架，在通高桁架间设置各层楼面梁和楼面桁架，形成整体受力体系，将南、北两区展厅连接成一体。结构方案如图 3.4-1 所示。

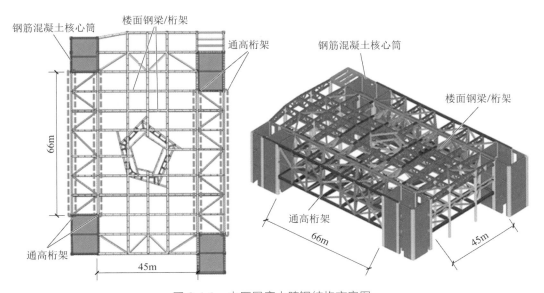

图 3.4-1 中区展廊大跨钢结构方案图

通高桁架支承在中区角部的钢筋混凝土筒体上，总高为 20.6m，跨度为 66m。通高桁架受力较大，杆件采用 Q460GJ 级钢材以满足结构受力需求。单榀通高桁架结构布置如图 3.4-2 所示。

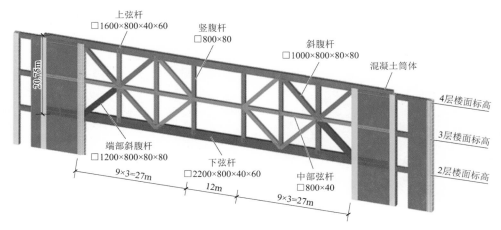

图 3.4-2　通高桁架结构布置示意图

中区展廊各层楼面结构布置如图 3.4-3～图 3.4-5 所示，图中次梁未显示。

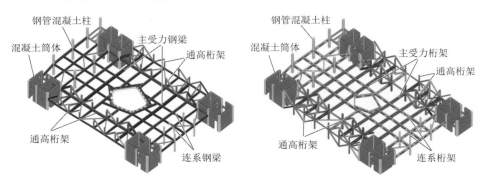

图 3.4-3　中区 2 层楼面布置示意　　　　　图 3.4-4　中区 3 层楼面布置示意图

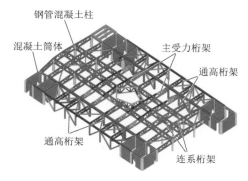

图 3.4-5　中区 4 层楼面布置示意图

2 层楼面采用钢梁＋钢筋桁架楼承板，其中钢梁高 2.2m。3 层楼面采用钢桁架＋钢筋桁架楼承板，其中钢桁架高 2.5m。4 层楼面采用变高度钢桁架＋钢筋桁架楼承板，其中钢桁架在东西两侧高度为 3.05m，在中部高 4.5m。各层钢梁/钢桁架布置基本一致，东西向钢梁/钢桁架为主受力方向，沿南北向布置连系钢梁/钢桁架。各层钢梁/钢桁架与通高桁架连接关系如图 3.4-6 所示。

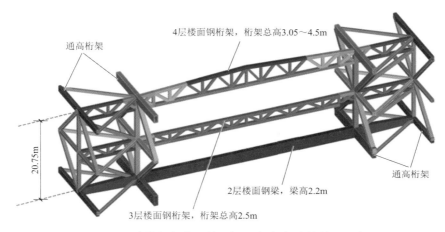

图 3.4-6 通高桁架与各层楼面钢梁/钢桁架连接关系示意图

中区展廊大跨度钢结构传力路径如图 3.4-7 所示。各层楼面荷载由各层东西向主受力钢梁/钢桁架传递给东、西两侧通高桁架，进而传递给中区角部的钢筋混凝土筒体。传力路径清晰简洁，传力效率较高。

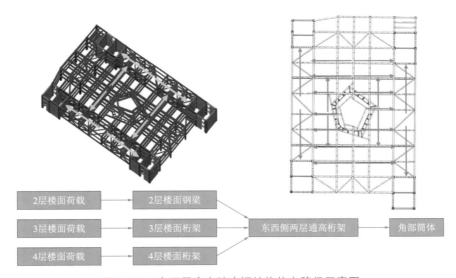

图 3.4-7 中区展廊大跨度钢结构传力路径示意图

2）钢结构验算

为了更为真实地模拟中区展廊大跨度钢结构的支承条件，采用 SAP2000 建立博物馆整体计算模型进行分析计算，中区展廊大跨度钢结构区域计算模型如图 3.4-8 所示。

不考虑混凝土板的刚度贡献，对结构进行正常使用极限状态下变形分析，中区展廊大跨度钢结构变形如图 3.4-9（a）所示。在恒、活荷载标准组合下，通高桁架中部最大竖向变形为 54mm，为其跨度 66m 的 1/1222 < 1/400，满足规范要求；楼面最大竖向变形为 137mm，发生在中心洞

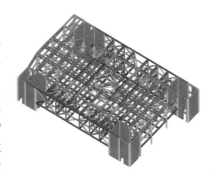

图 3.4-8 中区展廊区域计算模型图

口边缘，相对于通高桁架的变形为 98mm，为该处东西向钢梁跨度 45m 的 1/459，满足规范 1/400 的要求。

如考虑混凝土板的刚度，在恒、活荷载标准组合下，结构变形如图 3.4-9（b）所示。通高桁架中部最大竖向变形为 44mm，为其跨度 66m 的 1/1500＜1/400，满足规范要求；楼面最大竖向变形为 126mm，发生在中心洞口边缘，相对于通高桁架的变形为 94mm，为该处东西向钢梁跨度 45m 的 1/478＜1/400，满足规范要求。

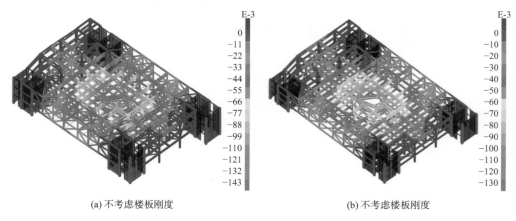

(a) 不考虑楼板刚度　　　　　　　　　　　　　　　　(b) 不考虑楼板刚度

图 3.4-9　中区展廊大跨钢结构标准组合变形图

中区展廊大跨度钢结构在 X 向地震变形如图 3.4-10（a）所示，X 向最大水平变形为 22mm，为结构 Y 向跨度 66m 的 1/3000；结构在 Y 向地震下的变形如图 3.4-10（b）所示，Y 向最大水平变形为 19mm，为结构 X 向跨度 45m 的 1/2368。

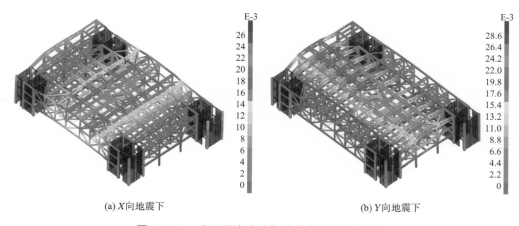

(a) X 向地震下　　　　　　　　　　　　　　　　(b) Y 向地震下

图 3.4-10　中区展廊大跨钢结构水平地震变形图

中区展廊大跨度钢结构在竖向地震变形如图 3.4-11 所示，最大竖向变形为 15mm，为结构跨度 66m 的 1/4400。

综上，中区展廊大跨度钢结构变形可满足正常使用极限状态的要求。

进行承载能力极限状态分析时，偏保守地不考虑混凝土板的有利作用。恒、活荷载基本组合下，结构杆件轴力如图 3.4-12 所示，与图 3.4-7 中分析的传力路径基本吻合。

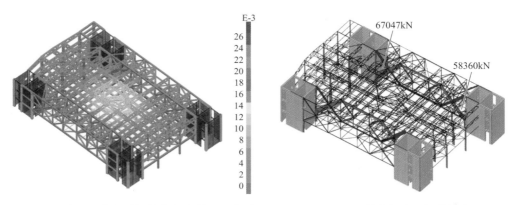

图 3.4-11 中区展廊大跨钢结构竖向地震下变形图 　　图 3.4-12 基本组合下杆件轴力图

在荷载基本组合（含小震）作用下，中区展廊大跨度钢结构杆件各杆件最大应力比为0.897，小于应力比控制目标 0.9，通高桁架杆件最大应力比为 0.848，小于应力比控制目标0.85，满足结构受力需求。

中震不屈服组合作用下，中区展廊大跨度钢结构通高桁架杆件的应力比小于 1，满足中震抗剪弹性、抗弯不屈服的性能目标。

大震不屈服组合作用下，中区展廊大跨度钢结构通高桁架杆件的应力比比小于 1，满足大震不屈服的性能目标。

综上，中区展廊大跨度钢结构可以满足承载能力极限状态的要求。

3）防连续倒塌分析

根据《建筑结构抗倒塌设计标准》T/CECS 392—2021，采用拆除构件法对中区展廊大跨度钢结构进行防连续倒塌分析。采用 SAP2000 软件建立三维计算模型，考虑材料非线性和 P-Δ 效应，偏保守地不考虑混凝土板的拉结作用，拆除通高桁架根部斜腹杆，如图 3.4-13所示，对剩余结构进行非线性动力分析。计算时采用剩余结构的 Rayleigh 阻尼，阻尼比 0.04，积分步长为 0.005s，分析工况为 1.0 恒荷载 + 0.5 活荷载。

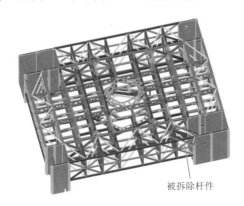

被拆除杆件

图 3.4-13 被拆除杆件示意图

拆除斜腹杆前，结构变形如图 3.4-14 所示。拆除斜腹杆结构稳定后，结构变形如图 3.4-15 所示。从图中可以看出拆杆前后，结构整体变形未发生明显变化，仅拆除杆件附近区域结构变形变化较为显著。拆除斜腹杆前，该节点位移为 15mm，拆除斜腹杆后，该节点最大位移为 30mm，稳定后该节点位移为 28mm。

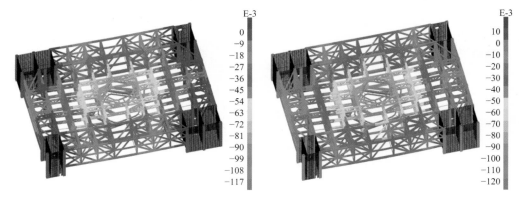

图 3.4-14 拆斜腹杆前结构变形图　　　图 3.4-15 拆斜腹杆稳定后结构变形图

由图 3.4-16 可以看出，拆除下部斜腹杆后，荷载主要转由上部斜腹杆承担。最大轴力为 56140kN，稳定后轴力为 51184kN，动力放大系数为 1.1。

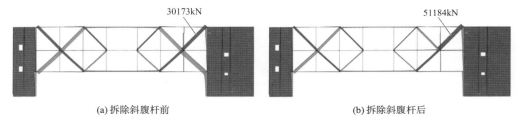

(a) 拆除斜腹杆前　　　　　　　　　　　　　　　(b) 拆除斜腹杆后

图 3.4-16 拆除斜腹杆前、后通高桁架杆件轴力图

剩余结构在整个拆杆过程中，与被拆除杆件直接相连的杆件及附近区域内的杆件的应力比（采用材料设计值）均小于 1.0，最大为 0.941，杆件均处于弹性，结构未发生连续倒塌。

4）楼盖舒适度分析

《建筑楼盖结构振动舒适度技术标准》JGJ/T 441—2019 第 4.2.1 条规定：以行走激励为主的楼盖结构，第一阶竖向自振频率不宜低于 3Hz，公共交通等候大厅、商场、餐厅、剧场、展览厅等竖向振动峰值加速度不宜大于 0.150m/s²。综上，黄河博物馆中区展廊楼盖的竖向振动峰值加速度限值为 0.15m/s²。

采用有限元法计算楼盖峰值加速度，考虑楼盖高阶模态的影响。楼板为 150mm 厚钢筋混凝土楼板，屋面板厚度 250mm，混凝土强度 C35，混凝土的弹性模量根据《建筑楼盖结构振动舒适度技术标准》JGJ/T 441—2019 第 3.1.3 条规定放大至《混凝土结构设计规范》GB 50010—2010 中规定数值的 1.2 倍。楼面恒荷载 8kN/m²（含混凝土板），屋面附加恒荷载 24～38kN/m²（根据屋面覆土厚度确定），根据《建筑楼盖结构振动舒适度技术标准》JGJ/T 441—2019 第 3.2.5 条，用于舒适度计算的活荷载取 0.2kN/m²。对模型进行自振特性计算，考虑 1.0 倍恒荷载 + 0.2kN/m² 活荷载作为质量源，计算得到：中区展廊大跨度钢结构区域第一阶竖向自振频率为 2.04Hz，小于 3Hz 的要求。

对中区展廊施加行走激励荷载进行时程分析，加载点如图 3.4-17 所示，计算楼盖竖向振动的峰值加速度。

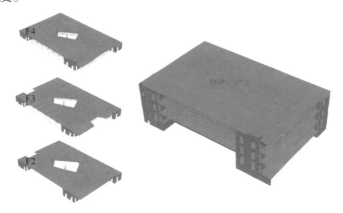

图 3.4-17　中区展廊人行荷载激励作用位置图

根据《建筑楼盖结构振动舒适度技术标准》JGJ/T 441—2019 第 5.2.1 条规定，本结构的行走激励荷载为：

$$F(t) = 0.35\cos(4\pi t) + 0.14\cos(8\pi t + \pi/2) + 0.07\cos(12\pi t + \pi/2)(\text{kN}) \qquad (3.4\text{-}1)$$

根据《建筑楼盖结构振动舒适度技术标准》JGJ/T 441—2019 第 5.3.4 条规定，采用时程分析法，荷载函数时长不宜小于 15s。积分时间步长，对于竖向振动不宜大于 $1/(72f_1)$。本工程积分时间步长取 0.006s，荷载函数时长取 15s。行走激励荷载时程曲线如图 3.4-18 所示。

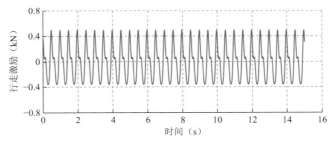

图 3.4-18　行走激励荷载时程曲线

对以上区域施加行走激励荷载进行时程分析，计算楼盖竖向振动的峰值加速度。计算得到竖向振动加速度时程曲线如图 3.4-19 所示，竖向振动的峰值加速度为 0.018m/s²，按规范折减 50% 为 0.009m/s²，小于限值 0.150m/s²，舒适度满足要求。

5）楼板内力分析

计算模型中考虑实际楼板刚度，各层楼板与钢结构协同受力，各层楼板在恒、活荷载设计组合作用下内力如图 3.4-20～图 3.4-22 所示。

从图中可以看出，由于楼板与钢结构协同受力，在通高桁架下弦跨中附近区域内的楼板，即 2 层中部楼板所受 Y 向拉力较大。根据计算结果，在原配筋的基础上，该区域需在板顶、板底增设钢筋φ12@200 以满足楼板抗拉需求。同时，宜采取增设后浇带、优化各楼层混凝土浇筑次序、分段跳仓浇筑楼板等施工措施尽可能减小该处楼板受拉状况。

此外，在 3 层楼面桁架与通高桁架连接处附近区域的楼板在X向也呈现出一定程度的受拉，在该区域内同样需在板顶、板底增设钢筋φ10@200 以满足楼板抗拉需求。

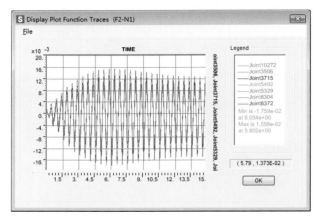

图 3.4-19　楼盖竖向加速度时程曲线图

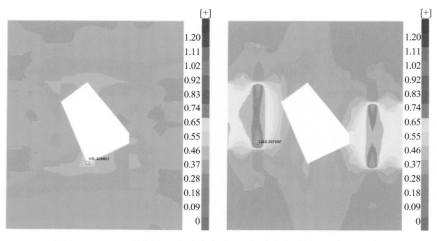

图 3.4-20　2 层楼板 X 向（左）和 Y 向（右）内力图（kN/m）

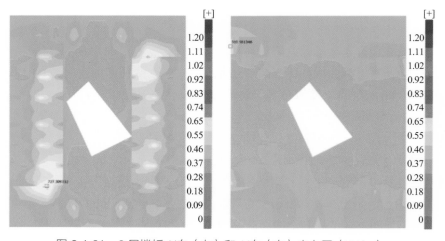

图 3.4-21　3 层楼板 X 向（左）和 Y 向（右）内力图（kN/m）

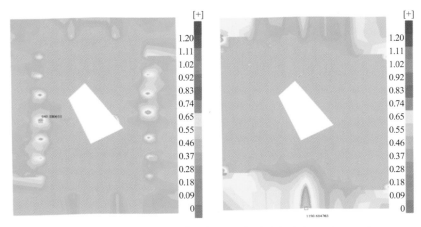

图 3.4-22　4 层楼板 X 向（左）和 Y 向（右）内力图（kN/m）

2. 通高桁架支承剪力墙应力分析

1）大跨度通高桁架支承剪力墙

选取与中区展廊大跨度钢结构内侧通高桁架相连的剪力墙作为分析对象，剪力墙布置如图 3.4-23 所示。剪力墙端部和中部设置型钢混凝土端柱，与内伸进入剪力墙的型钢混凝土暗梁形成框架；同时，墙内设置 40mm 的钢板，共同保证剪力墙的受力，以为大跨度通高桁架提供有效支承。

恒、活荷载基本组合下，支承通高桁架的剪力墙端柱最大轴力为 53962kN，最大剪力为 10015kN，最大弯矩为 15459kN·m。

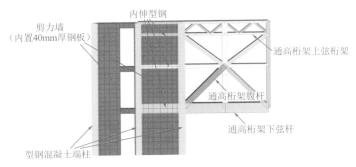

图 3.4-23　大跨通高桁架支承剪力墙布置图

恒、活荷载基本组合下，支承通高桁架的剪力墙墙体内力如图 3.4-24 所示，应力如图 3.4-25 所示。在墙体内设置了 40mm 厚钢板，如考虑墙体拉力全部由钢板承担，钢板应力为 260MPa。

2）悬挑通高桁架支撑剪力墙

选取与南区悬挑钢结构内侧通高桁架相连的剪力墙作为分析对象（图 3.4-26）。剪力墙端部和中部设置型钢混凝土端柱，与内伸进入剪力墙的型钢混凝土暗梁形成框架；同时墙内设置 40mm 的钢板，共同保证剪力墙的受力，以为大跨度通高桁架提供有效支承。

恒、活荷载基本组合下，支承通高桁架的剪力墙端柱最大轴力为 37789kN，最大剪力为 3251kN，最大弯矩为 3453kN·m。

恒、活荷载基本组合下，支承通高桁架的剪力墙墙体内力如图 3.4-27 所示，应力如图 3.4-28 所示。在墙体内设置了 40mm 厚钢板，如考虑墙体拉力全部由钢板承担，钢板应力为 290MPa。

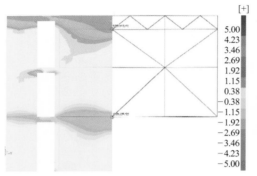

图 3.4-24　剪力墙墙体内力图（kN/m）　　　图 3.4-25　剪力墙墙体应力图（MPa）

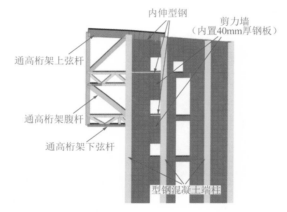

图 3.4-26　悬挑通高桁架支承剪力墙布置图

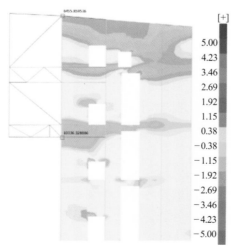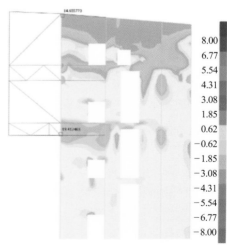

图 3.4-27　剪力墙墙体内力图（kN/m）　　　图 3.4-28　剪力墙墙体应力图（MPa）

五、结　语

本工程结构存在扭转不规则、凹凸不规则、楼板不连续、尺寸突变和局部穿层柱、转换柱共 5 项不规则类型，属于特别不规则性超限结构。

在设计中应用概念设计和抗震性能化设计方法，采用多种计算软件对比分析，通过本报告的结构超限可行性分析，得出如下结论：

（1）针对项目的复杂性，采用 SATWE 和 ETABS 两种软件的计算结果表明，结构在竖向荷载、风荷载和多遇地震作用下的总质量、周期及振型、基底剪力、层间位移角等各项指标满足规范要求，且计算结果相互较为吻合。结构构件的配筋信息总体正常，表明构件承载力能基本满足规范要求。

（2）除进行常规设计外，还进行了一些补充计算，主要包括：

①弹性时程分析，时程计算结果和反应谱计算结果对比能满足规范要求；

②针对本项目的大跨度、长悬挑钢结构，进行了防连续倒塌、楼盖舒适度、考虑施工顺序影响的楼板内力、复杂节点有限元等专项分析；

③竖向关键构件的剪压比验算和中震下墙肢拉应力验算。

④针对本项目的结构超长情况，进行了温度作用和小、中震下的楼板应力分析。

⑤穿层柱的屈曲分析。

综上，本工程结构抗震性能目标要求合理，整体结构设计满足规范要求，安全可行。

参考文献

[1] 中华人民共和国住房和城乡建设部. 高层建筑混凝土结构技术规程: JGJ 3—2010[S]. 北京: 中国建筑工业出版社, 2011.

[2] 中华人民共和国住房和城乡建设部. 建筑抗震设计规范: GB 50011—2010(2016 年版)[S]. 北京: 中国建筑工业出版社, 2016.

[3] 中华人民共和国住房和城乡建设部. 建筑地基基础设计规范: GB 50007—2011[S]. 北京: 中国计划出版社, 2012.

[4] 中国工程建设标准化协会标准. 建筑结构抗倒塌设计标准: T/CECS 392—2021[S]. 北京: 中国计划出版社, 2022.

[5] 中华人民共和国住房和城乡建设部. 建筑楼盖结构振动舒适度技术标准: JGJ/T 441—2019[S]. 北京: 中国建筑工业出版社, 2020.

4

成都来福士广场工程结构设计

结构设计单位：中国建筑科学研究院有限公司

结构顾问单位：中建研科技股份有限公司

结构设计团队：孙建超，王 杨，齐国红，岳丽婕，赵彦革，杜文博，方 伟，
姚 勇，郝卫清，安日新，夏荣茂，陈 莹，王华辉，任建伟，
潘 宁

结构顾问团队：肖从真，刘军进，储德文，徐自国，林 祥，冯丽娟，耿娜娜，
陈才华，常兆中，韩 雪，罗海林

执 笔 人：孙建超，王 杨

一、工程概况

成都来福士广场（Raffles City Chengdu）（图 4.1-1）位于四川省成都市一环路与人民南路交界处，总建筑面积约 31.2 万 m²，其中地下部分约 11.6 万 m²。项目由 5 座呈半围合形不等高的塔楼（T1～T5）、裙房以及 4 层地下室组成（图 4.1-2）。塔楼建筑功能不同，T1 和T2 为办公楼，结构主屋面高度为 119m；T3 和 T4 为酒店，结构主屋面高度分别为 118m，112m；T5 为公寓，结构主屋面高度为 109m；地下室功能为商业、车库及设备用房。

图 4.1-1 整体实景图

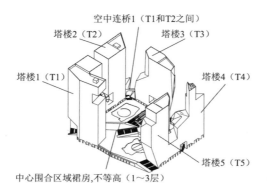

图 4.1-2 总体布置示意图

该项目建筑方案设计由美国著名建筑师 Steven Holl（斯蒂芬·霍尔）先生主持完成，方案以三峡风光为设计灵感，为保证整个建筑的"通透性"，建筑师根据光源照射，对各个塔楼进行了专门的"切割"（塔楼的建筑体型是根据日照分析反推而成的），用极富艺术的"光雕建筑"和高色泽要求的饰面清水混凝土塑造了建筑灵魂的升华。中国建筑科学研究院完成了结构专业全过程以及建筑、机电专业施工图的设计工作。

典型的建筑平面见图 4.1-3～图 4.1-6。

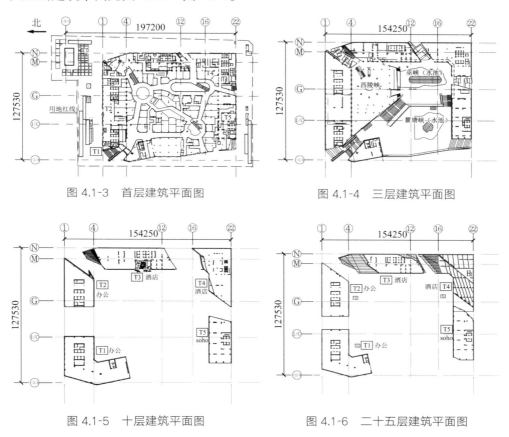

图 4.1-3 首层建筑平面图

图 4.1-4 三层建筑平面图

图 4.1-5 十层建筑平面图

图 4.1-6 二十五层建筑平面图

二、设计条件

1. 自然条件

1）拟建场区的工程地质条件

拟建场地地貌单元属岷江Ⅱ级阶地，地貌单一，地形平坦，无特殊不良地质作用。地表下方由浅至深主要分布土层有：填土层（杂填土及素填土）、粉质黏土及粉土层、砂及卵石层、强风化及中风化泥岩层。泥岩属极软岩，岩体较完整，岩体基本质量等级为 V 类，中风化泥岩力学性质较好，强度较高。

塔楼基础底相对标高为 −22.100m，采用天然地基，持力层为中风化泥岩，地基承载力特征值 $f_a = 800$kPa。裙楼及地下室部分基础底相对标高为 −20.500m，采用天然地基，持力层为强风化泥岩或中风化泥岩，地基承载力特征值$f_a = 350$kPa（强风化）或 800kPa（中风化）。

场地地下水主要属第四系孔隙潜水，砂卵石层为主要含水层，场地抗浮设计水位采用年最高水位。底板埋深较深，裙房及纯地下室部位建筑物的重量不足以平衡不利状态下的水浮力，在这些部位通过设置抗拔锚杆来解决抗浮问题。

2）风荷载

基本风压：0.35kN/m^2；

地面粗糙度类别：C 类。

3）雪荷载

基本雪压：0.10kN/m^2。

4）地震参数

抗震设防烈度：7 度；

基本地震加速度：0.1g；

设计地震分组：第三组；

场地类别：Ⅱ 类；

特征周期：0.45s。

5）正负零

本工程的 ±0.000 相当于绝对标高 499.000m。

6）抗浮水位

抗浮设计水位为 494.2m，相对设计标高为−4.80m。

2. 建筑设计特点

本项目建筑设计特点是空间造型复杂和清水混凝土立面效果，在抗震超限项目中要实现以上目标，给结构设计带来了极大的困难和挑战。

1）丰富的立面造型

该工程空间造型的突出特点包括：突出悬挑、斜向悬挑、立面开大洞、立面收进、竖向构件不连续、空中连桥等（图 4.2-1）。

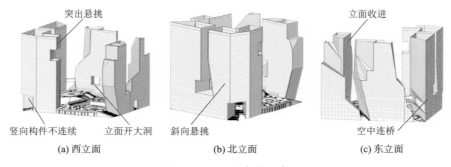

(a) 西立面　　　　　　　　(b) 北立面　　　　　　　　(c) 东立面

图 4.2-1　工程立面示意

2）清水混凝土立面

建筑物主要外立面（柱、梁及斜撑外表面）采用浅色清水混凝土，清水混凝土面积约为

6 万 m²。外立面的复杂性主要表现在如下几方面：浅色清水混凝土表面不设置对拉螺杆孔眼及明缝；清水混凝土强度等级高，10 层以下竖向构件多为 C60；构件形式多样、复杂；节点复杂（尤其是型钢混凝土结构）给清水混凝土的浇筑带来极大难度；部分构件（大悬挑及转换桁架）清水混凝土的浇筑需要延迟施工。根据当时所掌握的资料，国内尚无此先例。

3. 结构设计标准

建筑结构设计使用年限：50 年；

结构设计基准期：50 年；

建筑结构安全等级：二级；

结构重要性系数：1.0；

抗震设防类别：塔楼结构为丙类，裙房商业（包括相关楼层的塔楼）为乙类；

地基基础设计等级：甲级；

地下室防水等级：一级；

建筑防火分类等级：一类；

耐火等级：一级；

人防等级：6 级。

三、结构体系

1. 结构体系的研究与形成

根据工程特点，塔楼结构主体形式为钢筋混凝土带斜撑的密柱框架-剪力墙结构，部分特殊部位（如大跨转换桁架、幕墙后斜撑、T3 东南幕墙后方结构、T4 突出小塔楼等）采用钢结构。塔楼结构竖向荷载主要由内部混凝土筒体、外圈带斜撑的密排柱框架结构以及部分内部剪力墙和柱承担。

对于塔楼，其纵向抗侧力主要由纵向混凝土墙和带斜撑的密柱框架承担（图 4.3-1），其横向抗侧力主要依靠筒体、横向剪力墙、钢桁架、框架或带斜撑的框架中的两种或数种提供（图 4.3-2）。

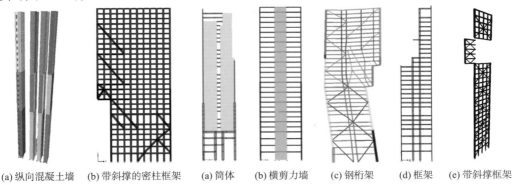

(a) 纵向混凝土墙　(b) 带斜撑的密柱框架　　(a) 筒体　(b) 横剪力墙　(c) 钢桁架　(d) 框架　(e) 带斜撑框架

图 4.3-1　纵向抗侧力结构示意　　　　图 4.3-2　几种横向抗侧力结构示意

采用钢筋混凝土梁板体系，综合考虑板跨、层高、荷载、舒适度、建筑隔声等因素，T1，T2 楼板厚度一般取 130mm，T3，T4 楼板厚度一般取 150mm，T5 楼板厚度取 140mm；转换部位、立面开洞部位、立面收进、悬挑以及由于体型复杂带来的楼板受拉等部位的楼板厚度取 180～200mm；首层（嵌固部位）及地下一层楼板厚度取 200mm。根据受力需要（特别是需要承受拉力部位），多处楼层框架梁采用型钢混凝土梁。

通过以上工作，形成各塔楼相对独立的结构体系，各塔楼计算模型如图 4.3-3 所示，其中 T2 计算模型见图 4.3-13（a）。

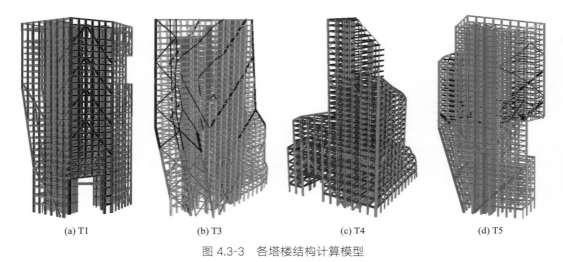

(a) T1   (b) T3   (c) T4   (d) T5

图 4.3-3 各塔楼结构计算模型

2. 主要复杂造型的体系研究

1）高位悬挑

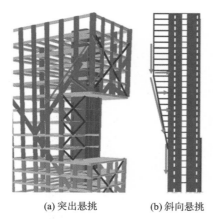

(a) 突出悬挑 (b) 斜向悬挑

图 4.3-4 竖向荷载传力途径

在高位突出悬挑的端立面及侧立面上设置交叉钢斜撑，交叉钢斜撑与部分楼层水平梁在立面上形成内桁架，内桁架数层高，具有良好的刚度。悬挑区内的楼面梁将楼面竖向荷载向落地墙柱以及悬挑端立面上的桁架传递。悬挑端立面上的桁架再将竖向荷载传递给两侧的侧立面框架，传力途径如图 4.3-4（a）所示。

对于斜向悬挑，斜柱上端传递下来的竖向荷载会使斜柱产生一个外倾的趋势，需依靠楼面内梁将其拉结，在上部竖柱与斜柱转折点位置，楼面梁内的拉力最大，为关键部位。斜向悬挑竖向荷载的传力途径示意见图 4.3-4（b）。

2）竖向构件不连续

部分竖向构件不连续，比如 T1 因主入口洞口的存在，导致西北主立面上有 5 根柱不落地、楼内部有 2 根柱不落地、东南主立面上有 3 根柱不落地（图 4.3-5）。

对于内部 2 根被转换柱，沿南北方向设置了一道 2 层高的转换钢桁架，其立面见图 4.3-6（a），桁架跨度约 25m；为增加传力途径，沿东西向设另一道 1 层高的钢桁架，其立面见图 4.3-6（b），桁架跨度约 20m，为 HJ1 提供面外支承，并在洞口上方连接洞口两侧的主体结构。

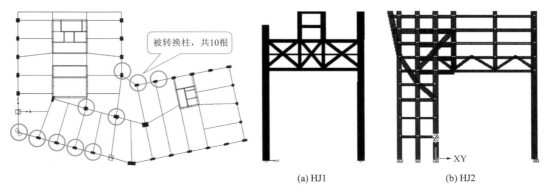

图 4.3-5　T1 被托换柱的位置示意（9 层）　　　图 4.3-6　转换桁架

塔楼内立面洞口为三折线组成，其中一边依靠带斜撑的密柱框架实现 5m 悬挑；另一边依靠带斜撑的主立面密柱框架实现 10m 悬挑；中间为梁相连，利用空间整体受力实现转换（图 4.3-7）。

塔楼外立面洞口为 2 折线组成，依靠竖向两折面带斜撑的密柱框架，使空间整体受力实现跨度 5 + 25 = 30m 的跨越（图 4.3-8）。为增加结构竖向传力途径，在 6～8 层主立面上的混凝土梁、柱、斜撑中设置型钢，构造出一个 3 层高转换桁架（图 4.3-9、图 4.3-10）。为避免该 3 层高桁架上清水混凝土过早开裂，初期仅施工该 3 层高钢桁架，待主体结构施工到顶后，再做桁架外包的清水混凝土。

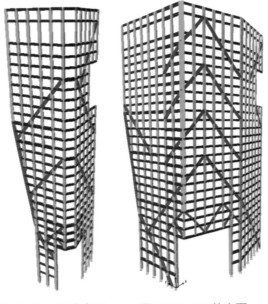

图 4.3-7　T1 内立面　　　图 4.3-8　T1 外立面

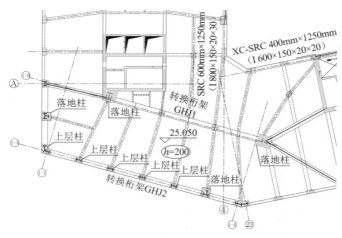

图 4.3-9　T1 外立面转换桁架平面布置图　　　　图 4.3-10　折形型钢混凝土转换桁架

3）立面开大洞

针对立面开大洞的情况，在主立面上设置斜撑（图 4.3-11），斜撑和洞口上方框架梁柱共同受力，实现整体结构受力的转换。

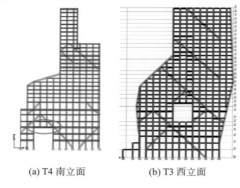

(a) T4 南立面　　　　　　(b) T3 西立面

图 4.3-11　立面开大洞

图 4.3-12　T4 立面收进

4）立面收进

针对部分塔楼（如 T4）结构顶部收进过多（图 4.3-12），引起抗侧刚度急剧减小，地震中易出现鞭梢效应，使结构破坏。因此采取以下措施：①提高竖向构件性能目标；②收进楼层采用钢柱或型钢混凝土柱以及钢梁，提高结构承载和变形能力；③与建筑协调，采取增设框架梁、斜撑等措施，尽量增大收进楼层刚度。

5）突出块体

T2 东南立面有突出块体 [图 4.3-13（a）中圈起部分]，最大突出厚度 16m，突出块体中间两层通高，布置为报告厅。这部分对主体结构抗震性能影响相对较小，但其自身造型及内部空间特殊，结构相对复杂 [图 4.3-13（b）]，故对该部位结构以及相关的主体结构单独予以详细分析。

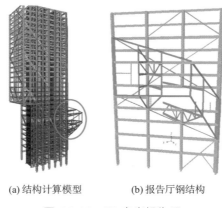

(a) 结构计算模型　(b) 报告厅钢结构

图 4.3-13　T2 突出报告厅

突出块体为钢桁架结构，采用 SAP2000 软件建立局部模型进行补充计算，按中震弹性进行设计并控制杆件应力比，并进行整体稳定性分析及关键杆件失效分析。

6）空中连桥

T2、T3 以及 T3、T4 之间的连桥一端支座为铰接连接，另一端为橡胶隔震支座。采用无铅芯橡胶隔震支座 GZP400，其竖向承载力大于1500kN，竖向刚度大于 1100kN/mm，抗拉极限强度大于 1.5MPa，设计最大位移大于 220mm。图 4.3-14 为连桥立面及节点详图。

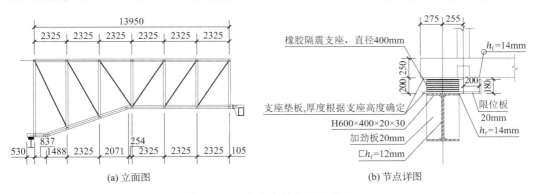

(a) 立面图　(b) 节点详图

图 4.3-14　空中连桥立面及节点

7）防震缝的设置

如上所述，项目建筑外形较为复杂，通过防震缝使得地上部分塔楼与中心围合区域、塔楼相互之间两两分开，避免成为大底盘多塔楼结构，各分塔及裙房结构在地下连为一体。在 ±0.000 以上通过防震缝将 5 个高层、中心区域裙房、电影院分割成 7 个独立结构体。防震缝布置位置示意见图 4.3-15。

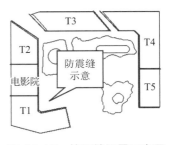

图 4.3-15　抗震缝设置示意图

3. 抗震性能化设计

本工程结构存在多项超限或抗震不利特征，为了实现建筑造型，并保证本结构具有足够的抗震安全储备，设计采用了基于性能的抗震设计思想，经过向超限审查专家组咨询并进行了多次讨论，明确了结构各构件抗震性能目标（表4.3-1）。经与弹塑性时程分析结果对照，通过控制核心筒连梁、楼层普通框架梁在中震、大震作用下逐渐进入塑性，同时确保剪力墙、柱、斜柱、斜柱拉梁、转换结构及大跨悬挑结构、与转换和悬挑相关的斜撑等重要构件在中震、大震下的相应抗震性能，实现了各独立塔楼整体结构具备多道设防和耗能机制的设计原则，可以实现大震不倒的性能目标。

　　1）性能目标

塔楼结构抗震性能设计目标　　　　　　　　　　　　　　表 4.3-1

构件或部位	小震	中震	大震
剪力墙、柱、斜柱、斜柱拉梁、转换和大跨悬挑结构、重要斜撑（与转换和悬挑有关）	弹性	正截面承载力中震弹性；受剪承载力中震弹性	正截面承载力大震不屈服；满足截面剪应力控制要求
一般部位斜撑	弹性	正截面承载力中震不屈服；受剪承载力中震弹性	满足截面剪应力控制要求
墙肢连梁、框架梁	弹性	满足截面剪应力控制要求	—

　　2）结构主要抗震措施

（1）部分关键柱抗震等级提高为一级，柱轴压比限值为 0.75（二级），0.70（一级）。

（2）明确抗侧力结构，控制扭转周期与第一平动周期比值、扭转位移比均 < 1.4。

（3）关键构件配置型钢，特殊部位采用钢结构，提高承载和变形能力。

（4）加强对结构的分析：①采用两种软件计算，对其结果进行对比分析；②对大悬挑、大转换结构进行竖向地震作用下分析；③对结构进行 7 度罕遇地震作用下的动力弹塑性时程分析。

（5）对复杂塔楼进行振动台模型抗震性能试验。

（6）施工过程中，对结构进行变形及应力监控。

（7）倾斜悬挑垂直方向楼板钢筋采用双层单向连续配筋（如 T1 东肢东西向、T3 南北向、T5 东西向）。

（8）弱化纵向清水混凝土梁高和斜撑，调匀结构纵、横双向刚度。

　　3）结构各部位的抗震等级

根据总体性能目标及各塔楼特殊部位的不同,确定各塔楼结构构件的抗震等级（表 4.3-2）。

结构各楼抗震等级　　　　　　　　　　　　　　表 4.3-2

高度范围（按建筑楼层）	T1		
	剪力墙	框架柱	框架梁
9～29 层	二级	二级	二级
B2～8 层	一级	一级	二级
B3～B4	三级	三级	三级
高度范围（按建筑楼层）	T2		
	剪力墙	框架柱	框架梁
16～29 层	二级	二级	二级

续表

高度范围 （按建筑楼层）	T2		
	剪力墙	框架柱	框架梁
B2～15 层	一级	一级	二级
B3～B4	三级	三级	三级
高度范围 （按建筑楼层）	T3		
	剪力墙	框架柱	框架梁
25～35 层	二级	二级	二级
B2～24 层	一级	一级	二级
B3～B4	三级	三级	三级
高度范围 （按建筑楼层）	T4		
	剪力墙	框架柱	框架梁
B2～屋顶	一级	一级	二级
B3～B4	三级	三级	三级
高度范围 （按建筑楼层）	T1		
	剪力墙	框架柱	框架梁
21～34 层	二级	二级	二级
B2～30 层	一级	一级	二级
B3～B4	三级	三级	三级
高度范围 （按建筑楼层）	T1～T2		
	框架柱	框架梁	
B2～6 层	一级	二级	
B3～B4	三级	三级	
高度范围 （按建筑楼层）	裙房、纯地下室		
	剪力墙	框架柱	框架梁
B2～屋顶	二级	二级	二级
B3～B4	三级	三级	三级

4. 结构分析

1）基本参数

根据本工程设计条件，确定的参数如下：地震计算周期折减系数：T1 和 T2 取 0.9；T3～T5 取 0.8。阻尼比：T1，T2，T5 取 0.05；T3，T4 取 0.04。小震计算时抗震等级：框架二级（局部框架柱抗震等级为一级），混凝土墙二级（局部调整为一级）。中震和大震时抗震等级取为四级。

由于本项目多个塔楼存在质量和刚度不对称的情况，参照项目设计时尚未发布的《高层建筑混凝土结构技术规程》JGJ 3—2010（简称《高规》）第 4.3.2 条，经与超限审查专家沟通，在中震和大震计算时考虑双向地震，不考虑偶然偏心。由于中震和大震计算时地震作用已经放大，则不再考虑 $0.2Q_0$（结构底部总地震剪力）调整。

安全性评价报告（简称《安评报告》）与《建筑抗震设计规范》GB 50011—2010（2016年版）（简称《抗规》）关于地震作用计算参数的对比见表 4.3-3。由表 4.3-2 可知：在地震作用计算参数的确定上二者有一定差异。在本项目设计时，小震、中震、大震作用计算均按安评报告所给建议值选用。

安评报告与抗规关于地震作用计算参数的对比

表 4.3-3

地震作用（7度）		多遇地震	设防烈度	罕遇地震
50 年设计基准期超越概率		63%	10%	2%
α_{max}	抗规	0.080	0.229	0.500
	安评报告	0.084	0.250	0.439
地面设计峰值加速度（g）	抗规	0.035	0.100	0.220
	安评报告	0.035	0.104	0.183
场地特征周期 T_g（s）	抗规	0.35	−0.45	−（计算取 0.45）
	安评报告	0.45	0.45	0.45

注：α_{max} 为水平地震影响系数最大值；括号中数值为汶川大地震后修订值。

2）计算分析软件

整体结构的弹性分析以软件 SATWE 及 PMSAP 为主、软件 ETABS 及 midas 为辅；特殊部位采用 ETABS 或 SAP2000 软件进行更为详细的补充分析计算；局部节点分析采用软件 ANSYS；弹塑性分析采用软件 ABAQUS。

3）小震（中震）弹性计算分析

（1）各塔楼整体结构小震弹性计算分析中，主要考察了以下指标：各振型及周期、扭转与平动周期比值、位移、层间位移角、楼层位移比、楼层刚度比、基底剪力及倾覆力矩、楼层剪力及倾覆力矩分配情况、楼层质心与刚心关系、整体稳定及抗倾覆验算情况等。针对各塔楼的特殊体型，特别验算了中震作用下各塔楼首层以上抗倾覆情况，结果表明，基底均未出现零应力区。

（2）由于在结构布置及设计中进行了有针对性的措施，结构的扭转及刚度变化情况等基本得到了有效的控制。比如针对层高加倍带来的楼层刚度比控制，通过在外立面或内部增设斜撑、加大框架梁梁高、与建筑协商调整层高等措施来调整楼层刚度比以满足《抗规》的要求。

（3）《高规》规定：8 度、9 度区水平长悬臂结构设计时需考虑竖向地震作用。本项目为 7 度区，鉴于项目的复杂性，T1，T2，T5 设计时考虑竖向地震作用。软件 SATWE 中竖向地震按 $0.75 \times 0.65 \times 0.084$（水平地震影响系数最大值）= 4.1% 考虑，当竖向地震作用对大跨悬挑以及大洞口上方构件内力和位移影响幅度超过 4.1% 时，通过放大竖向地震作用的荷载组合分项系数予以补足。

（4）由于转换桁架弦杆、悬挑部位楼面拉梁中均有可能出现轴力，为充分计算出相应区域拉梁或桁架弦杆中轴力，对转换桁架区域、斜向悬挑区域、突出悬挑区域的楼板的计算厚度设为 0。全楼按弹性楼板，采用 SATWE 计算软件进行弹性设计。

（5）特殊部位增加防线，如 T1 主入口洞口上方外立面折形桁架为本工程一项难点部位。将计算模型中主入口 3 层桁架上方斜撑全部删除，上方梁均改为铰接（即不考虑主入口上方结构空间整体作用），在（1.0× 恒荷载 + 0.5× 活荷载）工况下对 3 层桁架进行设计，目的是使得主入口上方的 3 层桁架可以作为防倒塌中的二道防线。

计算中同时进行了竖向地震作用对主入口上方结构的影响分析。塔楼 T1 主入口洞口跨度为 5 + 25 = 30m。对整体模型进行竖向时程和竖向反应谱下的计算分析（竖向地震时程加速度峰值与反应谱中地震影响系数最大值均按水平地震作用下参数取值的 65% 选用），将竖向地震作用下的结构反应与（1.0× 恒荷载 + 0.5× 活荷载）下的结构反应进行对比，分析竖向地震对入口 3 层高桁架结构的影响。

对于其他大悬挑区域、立面开大洞区域等也采取了类似的处理方法。

4）小震弹性时程分析

安评报告中给出的 3 条人工波时程曲线见图 4.3-16。

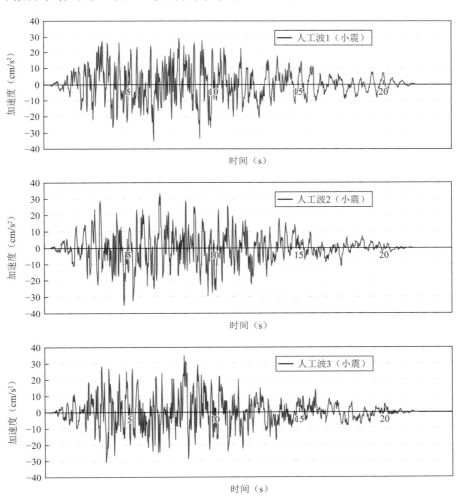

图 4.3-16 安全性评价报告给出的 3 条 7 度小震人工波

《高规》要求弹性时程分析应按建筑场地类别和设计地震分组选用不少于 2 组实际地震记录和 1 组人工模拟的加速度时程曲线，其平均地震影响系数曲线应与振型分解反应谱法所采用的地震影响系数曲线在统计意义上相符。安评报告给出的 3 条人工波的地震影响系数曲线与规范反应谱对比见图 4.3-17。由图可见，3 条人工波的地震影响系数曲线十分接近，任选一条即可。

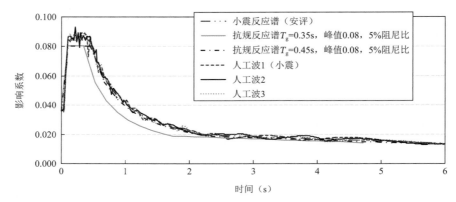

图 4.3-17　人工波地震影响系数曲线与抗震规范反应谱对比

两组场地波 Taft 波和 EL Centro 波的地震影响系数曲线与规范反应谱对比见图 4.3-18。

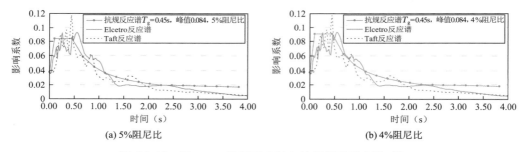

图 4.3-18　Elcentro 波和 Taft 波与抗震规范反应谱对比

本工程选用 Taft 波、EL Centro 波两组实测地震记录及安评报告给出的人工波 1 进行时程分析。

5）大震弹塑性分析

通过对大震作用下结构的弹塑性响应进行分析，论证结构是否满足大震作用下的抗震性能目标。通过弹塑性分析，拟达到以下目的：

（1）分析结构在大震作用下的非线性性能，研究结构在上述大震作用下的变形形态、构件的塑性及其损伤情况以及整体结构的弹塑性行为，具体的研究指标包括最大顶点位移、最大层间位移及最大基底剪力等；

（2）研究结构关键部位、关键构件的变形形态和破坏情况；

（3）论证整体结构在大震作用下的抗震性能，寻找结构的薄弱层及薄弱部位。

计算分析采用大型通用有限元分析软件 ABAQUS。钢筋混凝土梁柱单元采用了中国建筑科学研究院开发的混凝土材料用户子程序进行模拟。

在结构的弹塑性分析过程中，考虑了以下非线性因素：

（4）几何非线性：结构的平衡方程建立在结构变形后的几何状态上，P-Δ大变形效应（主体结构产生水平位移Δ后，在竖向荷载P作用下，P和Δ联合作用会使结构进一步增加侧移值和附加内力。这种使结构产生几何非线性的效应，或称之为重力二阶效应。）、p-δ二阶效应（指由于构件在轴向压力p作用下，自身发生挠曲引起的附加效应δ，即构件挠曲二阶效应）、非线性屈曲效应等都得到全面考虑；

（5）材料非线性：直接采用材料非线性应力-应变本构关系模拟钢筋、钢材及混凝土的弹塑性特性，可以有效模拟构件的弹塑性发生、发展以及破坏的全过程；

（6）施工过程非线性：分析中考虑整个工程的建造过程，总共分为数个施工阶段，采用"单元生死"技术进行模拟。

需要指出的是，上述所有非线性因素在计算分析开始时即被引入，且贯穿整个分析的全过程。

大震动力弹塑性分析选用的地震波与小震分析时选用的波一致，选用两条天然波（EL Centro 波和 Taft 波）及一条人工波，分水平X和竖向Y两个方向给出。由于结构中存在大的转换及悬挑结构，同时也考虑了竖向地震。计算过程中，各波均采用反应谱值较大的分量作为主方向输入，主、次方向以及竖向地震波峰值加速度比为 1∶0.85∶0.65，峰值加速度取 0.22g（罕遇地震），地震波持续时间取 20s。

5. 地基基础设计

考虑到本工程基础的复杂性与重要性，进行了地基基础的沉降协调分析，把上部结构、基础与地基看成是一个彼此协调工作的整体，在连接点和接触点处满足变形协调的条件下求解整个系统的变形与内力。通过筏板厚度来调整地基刚度，从而在满足承载力前提下，通过对基础差异沉降尽量调平，降低上部结构次内力，降低基础内力，增加基础的安全储备并显著减少工程造价。

四、专项设计

1. 立面斜撑的优化

原方案中，建筑师在立面上设置了较多斜撑（方案2），经结构计算和分析表明，对于三种不同的斜撑布置方案，相同侧向力作用下的顶点位移相对比为 1∶0.65∶0.8（图 4.4-1），因此对斜撑数量进行了优化。

通过优化，可以得到以下几点：①原建筑方案主立面上的超过 50% 的斜撑可以去除；②斜撑宜布设在主立面洞口上方、体型收进、层高加倍、悬挑部位、扭转指标超限等部位。③在塔楼结构平面布置方案基本确定后，采取"去除所有主立面上的斜撑，在结构计算所需部位设置斜撑"的方法，以达到尽可能减少主立面上斜撑数量的目的。④建筑根据结构斜撑的需要从美观的角度再进行优化。

经过优化，主要实现了以下目标：

（1）减小主外立面的抗侧刚度，相应使得纵横两方向刚度差异减小；

（2）减小刚心和质心的差异，相应减小结构扭转效应；

（3）减少竖向荷载下承受拉力的斜撑数量，相应减少清水混凝土的裂缝。

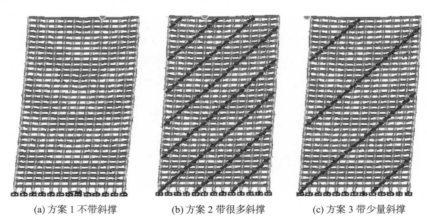

（a）方案 1 不带斜撑   （b）方案 2 带很多斜撑   （c）方案 3 带少量斜撑

图 4.4-1   不同立面斜撑方案的比较

2. 局部复杂立面方案的确定

局部复杂立面如 T3 东南立面建筑造型复杂，且向外悬挑，其侧向刚度对塔楼扭转有一定作用，对 T3 东南立面 1～18 层的三种结构方案（图 4.4-2）进行分析比较，选择相对较优的一种方案作为实施方案。

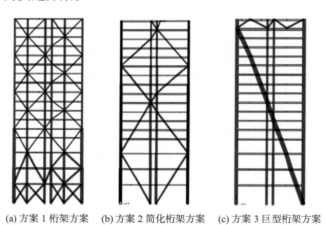

（a）方案 1 桁架方案   （b）方案 2 简化桁架方案   （c）方案 3 巨型桁架方案

图 4.4-2   T3 东南立面 1～18 层结构方案

方案 1 平面内桁架抗侧能力较佳，但对建筑影响最大，同时材料用量也较大。方案 2 的结构形式相对简单，对建筑造型影响较小，为桁架整体受力形式，材料用量适中。方案 3 和建筑造型配合最佳，由于巨型斜撑上部水平横梁刚度不足，仅一侧角柱和斜撑对抗侧能力贡献显著，另一侧角柱发挥作用较弱，材料用量较大，同时巨型斜撑与角部混凝土柱连接节点设计和施工困难。经综合比较，选用了方案 2。

3. 清水混凝土立面要求及结构刚度的处理

根据建筑师要求，清水混凝土主立面上柱宽 1250mm，柱中心间距为 5m，清水混凝土梁高度为 1250mm。经计算后发现，清水混凝土构件纵向的刚度通常会明显大于结构横向刚度。为避免塔楼结构纵横两向刚度差异过大，需将清水混凝土建筑主要外立面上的框架梁的刚度削弱处理，为此，在主立面上的框架梁外观高度 1250mm 保持不变的前提，将梁截面削弱，削弱后的梁截面形式为非常规的异形截面（图 4.4-3）。

为尽可能减小上反突出部分对结构主体梁的影响，采用了图 4.4-4 配筋形式。为减小清水混凝土梁表面产生裂缝的可能性，采取了腰筋加密、设置了诱导缝等措施。

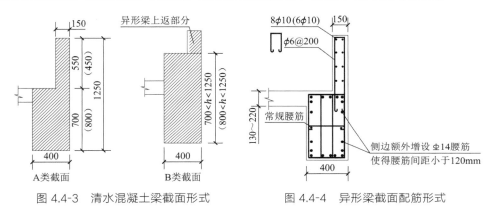

图 4.4-3　清水混凝土梁截面形式　　　图 4.4-4　异形梁截面配筋形式

4. 型钢混凝土的应用

根据以上结构抗震性能目标，从承载力和延性两方面考虑，各塔楼多处采用了型钢混凝土组合结构，主要包括底部剪力墙暗柱、底部柱、斜柱、斜柱拉梁、转换及大跨悬挑结构、重要斜撑（与转换及悬挑有关），图 4.4-5 为 T1 外立面及内立面展开图，图中示意了型钢混凝土构件。

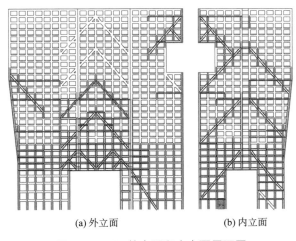

(a)外立面　　　(b)内立面

图 4.4-5　T1 外立面和内立面展开图

5. 组合结构节点设计与研究

如上所述，由于本工程柱、梁、斜撑等构件存在大量型钢混凝土组合构件，且存在大量型钢混凝土构件多向相交的复杂节点，形成了许多米字形、K 字形等复杂节点，还存在有直柱上起斜柱，斜柱上起直柱以及多杆件的空间斜交等情况，节点处钢筋与型钢连接、钢筋与钢筋穿插关系异常复杂，因此组合结构节点的设计与施工是本工程的一大难点。

基于对清水混凝土构件视觉效果的考虑，本工程外立面构件标准截面尺寸为400mm×1250mm，对外立面截面宽度超过 400mm 的构件均进行了切角处理，构件内的型钢也设置在未切角的 400mm 范围以内，型钢距离清水混凝土构件外表面距离一般为125mm，如图 4.4-6 所示。

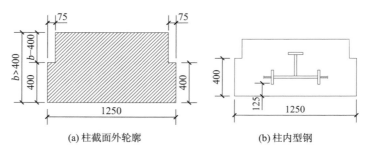

(a) 柱截面外轮廓　　　　　　(b) 柱内型钢

图 4.4-6　构件典型截面（b 为柱宽）

在节点的处理上，设计中进行了不断的演化。常规的节点方案一在以上各限制条件下会导致斜撑钢筋很难在节点区通过，即便通过多向弯折勉强通过，也会在节点区造成几乎没有混凝土下料及振捣的空间，清水混凝土浇筑质量无法保证。

第二种节点方案是在斜撑的非节点区与节点区之间增设过渡区，在过渡区内加大斜撑型钢翼缘截面，并设置鱼腹式的连接板，使得斜撑钢筋在过渡区内通过与构件内型钢焊接连接将力传递给型钢（图 4.4-7）。节点区内加大型钢截面，由过渡区型钢传递所有斜撑应力至节点，过渡区内仅设置构造钢筋进入节点区域。这一方案解决了节点区域多向杆件钢筋穿插的问题，降低了现场的施工难度。然而在设置的过渡区域内斜撑型钢需多次改变截面形式，对钢结构深化、制作精度要求高，将会大大影响现场的施工效率。

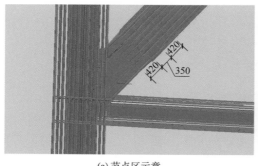
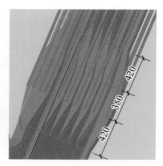

(a) 节点区示意　　　　　　　(b) 斜撑型钢过渡区（局部放大）

图 4.4-7　节点方案二

第三种节点方案是加大斜撑型钢截面，致使斜撑所有应力均由型钢承担，整个斜撑仅设置构造钢筋。该方案避免了方案二中型钢截面变化给钢结构深化设计、加工、现场施工带来的困难。但这一方案存在的主要问题：一方面外立面要求是清水混凝土，很难保证混凝土不参与受力，即使采取后浇筑混凝土或者留置诱导缝等方法，也很难保证与清水外立面的建筑拼缝一致；另一方面钢结构用量会因此增大很多。

第四种节点方案是适当增大斜撑、梁型钢截面，增加型钢高度，加厚腹板厚度，由型钢承受更多应力，以减少斜撑、梁纵向钢筋数量，减小斜撑、梁钢筋直径，节点区仍然由型钢和钢筋共同受力。同时将影响斜撑钢筋穿插的柱侧面钢筋与柱角钢筋并筋形成钢筋束，为钢筋穿插留出更大空间（图 4.4-8）。综合来讲，该方案实施性强，经济性也较好，因此最终采用了这一节点方案。实践证明，该节点方案取得了很好的应用效果。

图 4.4-8 节点方案四（实施方案）

五、试验研究

1. 振动台试验研究

图 4.5-1 T4 试验模型

鉴于结构的复杂性，本工程对其中的 T3、T4 进行了 1∶20 的模拟地震振动台模型试验（图 4.5-1）。

1）结构自振特性

地震输入之前测得结构的初始自振特性。模型的实测频率、按相似比推算至原型的频率与原型的计算结果列于表 4.5-1 中。模型测试结果的自振形态与原型结构基本符合。

模型与原型频率（Hz）对比　　　　　　　　　　　　　　　表 4.5-1

振型	模型 试验值	试验推算 原型值	原型 计算值	计算/试验 推算
第一振型 （57°方向平动）	3.060	0.684	0.751	1.097
第二振型 （147°方向平动）	3.920	0.877	0.953	1.088

2）试验过程及主要现象

试验模型经历了相当于从 7 度小震到 8 度大震的地震波输入过程。

7 度小震过程中，整体结构振动幅度小，模型结构其他反应亦不明显，模型结构构件未见裂缝及损坏，各方向频率变化较小，小震作用下结构整体完好，达到了小震不坏的要求。

7 度中震试验过程中，模型结构振动幅度有所增大，但整体结构动力响应不剧烈，结构内部发出响声有构件发生损伤。结构中上部立面收进处柱根部位节点区出现裂缝，南立面及北立面局部框架端开裂，西立面 F 轴剪力墙测点处墙底部开裂。其中除东立面角柱与斜撑相交的 11 层出现梁端裂缝及柱横向贯通裂缝损伤较严重外，柱及斜撑基本完好，结构其他部位损伤也较小，整体完好，达到了主要构件中震弹性的设计目标。

7 度大震过程中，模型结构振动幅度显著增大，位移以整体平动为主，扭转效应不明显，塔楼顶部收近部分地震反应明显增大。输入结束后，部分斜撑出现受拉破坏的通缝，转换梁出现少量微小裂缝，框架梁端及西立面 F 轴剪力墙测点处墙底部裂缝都有所增加，其中东立面 11 层角柱节点区出现较严重损伤，沿斜撑受力方向外侧出现碎裂。模型结构自振频率进一步下降，其中一阶降低 16.3%、二阶降低 20.4%。说明整体结构损伤增加，但结构仍保持良好的整体性，这说明结构具有良好的延性和耗能能力，不仅达到了抗震规范要求的"大震不倒"的设防要求，而且也实现了主要构件大震不屈服的抗震设防目标。

8 度大震过程中，模型整体结构振动强烈，塔楼收进顶部反应剧烈，顶部结构构件损坏较严重，构件的损坏导致顶部个别加载铁块下落。柱及斜撑出现较多受拉横向通缝；框架梁端裂缝大量出现；转换梁在跨中有少量裂缝，损伤不严重；剪力墙除西立面 F 处裂缝增加较多外，其他部位未观察到明显损伤。模型结构自振频率进一步下降，模型结构虽损伤较大，但仍保持了整体性未倒塌，这说明结构有一定的抗震储备能力。

3）结构加速度及位移反应

加速度测试结果表明，23 层以下各层加速度峰值及动力放大系数呈缓慢增长，23 层以上塔楼第三次收进后加速度峰值及动力放大系数开始迅速增加，动力系数最大值均出现在顶层，这与结构上部抗侧刚度减小及顶部突出三角形小塔楼出现鞭梢效应有关。顶部 Y 向的鞭梢效应大于 X 向。随着地震波输入的增大，结构加速度反应不断增大，结构损伤不断累积，动力系数总体上呈下降趋势。Y 向输入下动力系数沿高度的变化如图 4.5-2 所示，X 向反应类似。

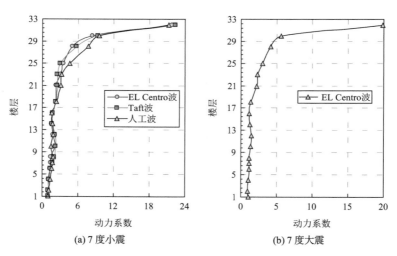

(a) 7 度小震　　　　　　　　(b) 7 度大震

图 4.5-2　Y 向输入下动力系数沿高度的变化

三条地震波作用下，结构位移反应相当，随着地震波输入的增大，各测点位移反应也不断增大。各层位移反应整体沿层高变化较平缓，在 23 层以下塔楼第三次收进前，各层位移的最大值沿高度基本上呈线性形分布，23 层以后位移增加略加快，28 层以上位移迅速增加，说明塔楼顶部的刚度下降较多且鞭梢效应明显。Y向输入下位移沿高度的变化如图 4.5-3 所示，与X向反应类似。

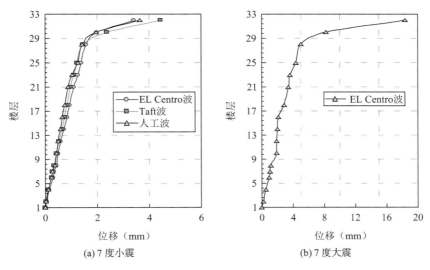

(a) 7 度小震　　　　　　　　　　(b) 7 度大震

图 4.5-3　Y向位移最大值沿楼层分布图

7 度小震作用下，X方向及Y方向模型层间位移角均在顶部较大。单向和三向地震波输入作用下，X向三条地震波作用下平均最大层间位移角分别为 1/1388、1/1288；Y方向三条地震波作用下平均最大层间位移角分别为 1/1086、1/1138。7 度小震作用下模型层间位移角均小于 1/800，符合规范要求。7 度大震作用下，X方向及Y方向模型层间位移角均在顶部较大。三向地震波输入作用下，X向 28 层最大层间位移角为 1/213；Y向 28 层最大层间位移角为 1/182。7 度大震作用下模型层间位移角小于 1/100，符合规范要求。

4）结构不规则性的影响

（1）立面收进

T4 在立面存在三次明显的收进，位于第 8 层、16 层及 22 层，收进形状复杂。下部的两次收进屋顶呈坡形，收进连续数层，刚度变化较缓；结构顶部收进过多，小塔楼建筑平面尺寸很小，抗侧刚度急剧减小。针对立面收进，在设计中采取了以下措施：①全楼竖向构件中震弹性设计；②L23 层以上幕墙后面柱采用钢柱或型钢混凝土柱，幕墙后方采用钢梁，提高小塔楼的承载和变形能力。③在小塔楼上增设边柱，并增设框架梁，增大刚度。

由试验结果可见，22 层以上结构的加速度放大系数明显增大，顶端达到 10～15。顶部的位移也明显增大。图 4.5-4 给出了 7 度大震作用下的层间位移角沿高度分布，可见在每个收进位置上方，层间位移角均有明显增

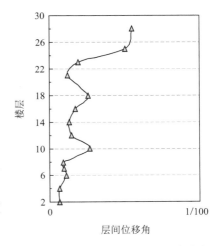

图 4.5-4　7 度大震作用下层间位移角
沿楼层分布图

大，在顶部收进位置，层间位移角增大最多，说明立面收进对结构刚度有明显的影响。

从结构的破坏情况看，结构中上部立面收进处柱根部位节点区出现裂缝较早，且开裂情况比较严重，如图 4.5-5 所示。

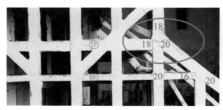 

(a) 东立面第一次收进位置　　　　　　　　(b) 南立面第二次收进处节点

图 4.5-5　收进位置的破坏情况

从试验数据和现象看，立面收进对抗震性能有较大的影响。设计中采取加强措施后，在试验中模型的变形和破坏特征虽然受到立面收进的影响，但整体指标仍可以满足设计的性能要求。针对收进位置柱根节点的破坏，建议采取一定的局部加强措施。

（2）竖向构件不连续

结构中存在部分竖向构件不连续的情况，设计中主要采取以下措施避免其不利影响：①主立面上设有斜撑，和洞口上方框架梁柱共同受力，实现转换；②关键部位转换梁中震弹性设计。从试验结果看，以上措施取得了明显效果，竖向构件不连续位置未出现明显破坏。转换梁、柱在大震下才出现轻微裂缝。但是立面上大量斜撑的使用带来了新的问题：斜撑与梁柱构件的节点在地震作用下易出现破坏，尤其是单斜撑与柱的交点，在地震作用下斜撑的轴力使节点发生破坏。图 4.5-6 为典型的破坏形式。针对这一问题，采取了以下措施：该节点所在角柱内的型钢加强，在该角柱相连两根框架梁内加入型钢，并加强该节点周围的楼板，以增强斜撑水平力传递途径，避免节点破坏。

图 4.5-6　斜撑与柱连接节点区的破坏情况

（3）扭转不规则

本结构平面布置不规则，部分楼层的计算扭转位移比超过 1.4。设计中采取了以下加强措施：①通过提高结构抗扭刚度，减少刚心和质心偏差，减少结构的扭转效应；②对全楼竖向构件按 7 度中震弹性设计，提高性能化目标，提高结构的抗震能力；③南端 600mm 厚剪力墙内设带斜撑的钢框架，形成型钢混凝土剪力墙，提高其承载和变形能力。通过以上措施，有效地控制了结构的扭转反应。试验过程中结构以平动为主，扭转反应较小。

5）根据观察的试验现象及测量的试验数据，经过分析，得出以下结论：

（1）结构虽然有几项不规则，但在采取了合适的抗震加强措施后，主要指标满足设计规范要求，结构总体可达到预设的抗震性能目标。

（2）斜撑转换可以有效地解决竖向构件不连续的问题，避免了截面巨大的转换梁柱。

（3）各项不规则性对结构抗震性能有明显影响，结构顶部鞭梢效应较明显，立面收进、转换结构仍是地震作用下较易破坏的部位。虽然可以采取各种抗震加强措施使其满足要求，但在设计中仍应该避免采用这种形式。对于收进部位转折处的节点，设计中应进行加强，避免地震作用下其产生破坏。

（4）框架-斜撑结构中单斜撑与柱节点处，斜撑的水平分力应有可靠的传力途径，避免其对柱产生剪切破坏。

2. 风洞试验研究及风环境下数值模拟分析

复杂的建筑外形、高低错落的广场、四通八达的走廊，将使风产生流动的分离、涡的脱落、振荡和回旋，使得建筑物表面的风压分布趋于复杂，无论是对单塔楼的整体结构分析，还是体型各异的单块幕墙的设计，风荷载的取值都是个难点，风洞刚性模型测压试验是解决这一问题的最好手段。本工程风洞测压模型在中国建筑科学研究院大气边界层风洞实验室完成（图 4.5-7），对复杂高层建筑群体的风荷载及风环境进行了分析（图 4.5-8、图 4.5-9），通过风洞试验和数值模拟的技术手段，得到了用于结构设计的建筑物表面的平均风压和极值风压分布，同时对各区域行人高度风环境分布进行分析，对建筑设计和广场景观设计提出建议。

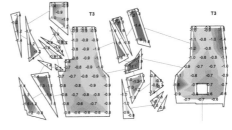

图 4.5-7　模型在风洞中的照片　　　　　图 4.5-8　典型塔楼表面围护结构风荷载取值图

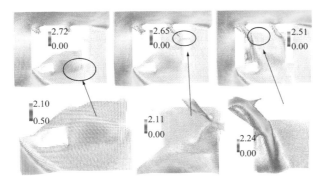

图 4.5-9　各区域风速矢量分布图（自左至右为 8.5m、13.8m、19.1m 行人活动区域）

主要结论如下：

（1）由于建筑立面的形体复杂，这些区域会产生较强流动分离，在局部的风荷载体型系数可达−2.5，对此类建筑的围护结构设计风荷载建议基于风洞试验进行取值。

（2）高层建筑的女儿墙双面受风，特定风向下可产生外表面受正风压、内表面受负风压的情形，其合压力体型系数可达2.6，需要引起重视。

（3）整体而言，成都来福士广场的建筑设计基本满足行人高度舒适性要求，仅局部位置，如建筑角区、通道端部等，在一定风向时风速比较高，建议建筑师在这些位置尽量不要设置休息设施，使行人减少逗留时间，以避开不舒适的区域。一些局部的高风速区域，如因结构物棱角处气流分离引起的风速较大区域等，应避免在这些区域设置行人出入口以及行人通道，以避开局部恶劣风环境的影响。

（4）此工程项目在近年的高层建筑设计中具有一定代表性，国外建筑师大量采用非常规立面，使得建筑物表面风压分布很难确定，给结构设计带来很大难题，通过刚性模型风洞测压试验能够得到各区域不同风向下建筑物表面的平均风压和极值风压分布；建筑设计中大量的通道阶梯、空中连廊、行人活动区域的高低错落，使得建筑群落的行人区域风速分布趋于复杂，通过数值模拟分析，能够方便地获取不同风向角下各行人活动区域的行人高度风速分布，再结合国内相关规定，可对建筑群的风环境进行评价。这种研究方法在相关高层建筑群的设计中值得参考。

3. 浅色清水饰面混凝土试验研究

图 4.5-10　白色饰面清水混凝土小样板

根据建筑师要求，项目朝向城市及中心广场方向的外立面为清水混凝土效果，设计会同施工单位进行了清水混凝土的试验研究（图 4.5-10），本项目主要难点是：

1）型钢混凝土构件的钢筋和型钢配置密集，振捣难度大，浇筑时间长，部分结构须采用自密实混凝土。

2）耐久性要求高：如何通过科学的材料选择、配合比优化设计、精心的生产施工过程控制和成品保护，切实有效地满足本工程提出的耐久性能要求，保证清水混凝土的"长寿命"。

3）表观颜色要求高：建筑最初要求的是白色饰面清水混凝土，国内尚无"白色"要求的清水混凝土施工经验可循。

4）高强清水混凝土的裂缝控制要求高：本工程10层以下混凝土强度为C60，10～20层混凝土强度为C50，清水混凝土强度等级高，混凝土的自收缩裂缝控制是一大难点。

研究历时两年多，主要进行了白水泥的工作性能、力学性能、耐久性能的试验，包括减水剂、掺合料、胶凝材料等对其性能的影响，以及混凝土泵送、浇筑振捣等施工可行性研究。

试验取得了丰硕的成果，混凝土的工作性能、力学性能、耐久性能均满足设计要求。但由于供货难度，最初建筑师坚持的"白色"清水混凝土难以实现，最终采用了浅色清水混凝土方案，表观颜色通过氟碳保护剂微调后达到潘通色卡 Cool Gray 1C 要求，最终实现接近设计要求的浅色饰面清水混凝土效果。

4. 施工模拟与施工过程监测

1）施工模拟分析

对大跨桁架、突出悬挑、大开洞等部位，要求在施工过程中设置刚性支撑，待转换结构受力体系完成后，方可拆除下方临时刚性支撑，使结构荷载整体一次性加载于悬挑转换结构上，然后进行上部结构的施工，对此要进行施工模拟分析。施工过程中施工单位要根据现场条件及施工进度设计刚性支撑，这可能会与结构设计时考虑的施工过程有一定差异，为了解转换结构在施工阶段的实际初始应力状态，施工单位要补充进行施工过程模拟计算。

支撑体系卸载时，上部结构数百吨荷载由支撑体系承担转化为由结构自身承担。在卸载过程中必须严格控制结构的应力重分布，控制悬挑部分结构变形。

2）施工过程监测

针对该建筑的特殊结构形式及本身的复杂性，要求进行施工过程监测，施工监测涵盖了施工过程中的基础沉降监测，上部特殊结构变形监测，关键构件应力监测以及特殊楼层的舒适度监测四个方面。

工程于 2011 年 8 月全面封顶，2012 年底竣工投入使用，根据监测结果，塔楼区域沉降值较大，T2 最大沉降值 10mm，T3 最大沉降值 8mm。裙房区域沉降值相对较小，沉降值约在 3.5mm 以内。不均匀沉降在塔楼和裙房之间十分明显，塔楼之间的不均沉降较小。按照《建筑地基基础设计规范》GB 50007—2011 对不均沉降的限制，整个基础的不均匀沉降值满足规范要求，可保证建筑使用的安全性。

通过对上部结构变形、关键构件应力以及舒适度等方面的监测，可知：

（1）上部结构变形幅度较小，悬挑区域的变形最大，约为跨度的 1/450，满足《高规》规范要求。

（2）构件应力监测值小于构件强度设计值，有较好的安全储备。

（3）高位悬挑及大开洞区域楼板自振频率高于《高规》允许值，舒适度能够得到保证。

六、结语

本工程塔楼建筑造型新颖，几乎涵盖了所有的不规则类型，形成多重复杂的结构，是当时国内造型最复杂的建筑。

设计采用了基于性能的抗震设计思想，并进行了详尽的结构分析和试验研究，保证了结构具有足够的安全储备，完美实现了建筑功能和空间造型效果。

1. 创新性的结构体系

工程造型上的主要特点包括：突出悬挑、斜向悬挑、立面开大洞、立面收进、竖向构件不连续、空中连桥等，在对各特殊部位分别进行研究分析的基础上，确定塔楼结构主体形式为钢筋混凝土带斜撑的密柱框架-剪力墙结构，部分特殊部位（如大跨转换桁架、幕墙后斜撑、T3 东南幕墙后方结构、T4 突出小塔楼等）采用钢结构。

2. 基于性能的抗震设计思想

结构存在多项超限或抗震不利特征，为了实现建筑造型，并保证结构具有足够的抗震安全储备，设计过程中采用了基于性能的抗震设计思想。并针对结构各部位重要性不同，通过提高其抗震性能目标、结构详细的弹性、弹塑性计算分析以及构件、节点的分析、部分塔楼的振动台试验研究、建筑群体的风洞试验研究、施工过程的模拟分析、施工全过程的监测等，保证结构的可实施性及安全性。

3. 设计及施工的全过程优化

在复杂结构的设计中，需要保证结构体系的受力清晰、传力可靠，通过结构斜撑布置、转换桁架形式、组合结构节点等多方面的对比分析及优化，确保了结构的安全性。并在施工过程中，对清水混凝土施工、型钢混凝土构件施工等进行细致的研究，保证了建筑理念的可实施性以及高完成度。

4. 复杂结构的清水混凝土技术

设计单位与施工单位合作，完成了清水混凝土饰面效果的课题研究，C60 浅色饰面清水混凝土面积超过 5.3 万 m^2，清水混凝土施工技术达到国际领先水平，研究成果获得了四川省科学技术进步三等奖，扩展了饰面清水混凝土的应用范围。

本项目在保证结构安全性的前提下，充分地实现了建筑功能与效果，成为结构成就建筑之美的工程典范。本工程于 2007 年底开始基坑开挖，2008 年底开始基础及主体结构施工，2011 年 8 月结构全面封顶，2012 年底竣工投入使用。

■— 项目获奖情况 —■

2013 年度第八届全国优秀建筑结构设计一等奖

2013 年世界都市高层建筑学会最佳高层建筑入围奖

2013 年四川省科学技术进步三等奖

2015 年度四川省工程勘察设计优秀奖

2015 年全国工程勘察设计建筑工程一等奖

2015 年全国工程勘察设计建筑结构一等奖

2015 年北京市第十八届优秀工程设计奖综合奖（公共建筑）一等奖

2015 年北京市第十八届优秀工程设计奖结构专项一等奖

参考文献

[1]　徐培福, 傅学怡, 王翠坤, 等. 复杂高层建筑结构设计[M]. 北京: 中国建筑工业出版社, 2005.

[2]　中华人民共和国住房和城乡建设部. 建筑抗震设计规范: GB 50011—2010(2016 年版)[S]. 北京: 中国建筑工业出版社, 2016.

[3]　中华人民共和国住房和城乡建设部. 高层建筑混凝土结构技术规程: JGJ 3—2010[S]. 北京: 中国建筑工业出版社, 2011.

[4]　中华人民共和国住房和城乡建设部. 建筑地基基础设计规范: GB 50007—2011[S]. 北京: 中国计划出版社, 2012.

[5]　何连华, 陈凯, 符龙彪, 等. 成都来福士广场风洞试验及风环境数值模拟研究[J]. 建筑结构, 2015, 45(13): 5.

5

武汉泰康金融中心工程结构设计

结构设计单位：中国建筑科学研究院有限公司

结构顾问单位：中建研科技股份有限公司

结构设计团队：肖从真，孙建超，齐国红，方　伟，林　猛，凌沛春，郝卫清，
　　　　　　　陈琳琳，邵　楠，江宇航，王奕博，孔祥宇，王世方，李军辉

结构顾问团队：肖从真，储德文，陈才华，熊羽豪，程卫红，马宏睿，毛彦喆，
　　　　　　　李义龙，王　雨，潘玉华，陆宜倩，陈家丰，董　皓，龚少炜，
　　　　　　　徐自国，廖宇飚

执　笔　人：方　伟，齐国红

一、工程概况

本项目位于湖北省武汉市汉口二七商务区第 22 号地块，毗邻解放大道，沿江大道，整个项目为集办公、酒店、公寓为一体的综合性建筑。建筑高度（塔冠顶）270.5m，结构大屋面高度 233.0m，地上 54 层，地下 3 层，地上总建筑面积 21.6 万 m²，地下总建筑面积 4.88 万 m²。基础埋深−18.500m。

泰康金融中心项目旨在打造一个全新的地标式超高层建筑，项目的造型及设计灵感源于大自然景观中涟漪波纹的曲线；卵石形曲线和花瓣绽放的布局形式，形成一座具有武汉地方感的建筑。建筑及其景观对周边的城市环境，紧邻流过的长江，沿江观景带以及南侧的中央公园作出回应。三座塔楼由一系列不同高度的空中连桥连接成整体，形成一个垂直城市综合体。泰康金融中心效果图见图 5.1-1。

图 5.1-1　泰康金融中心效果图

二、设计条件

1. 自然条件

1）拟建场区的工程地质条件

根据中机三勘岩土工程有限公司于 2018 年 6 月提供的《新建商业服务设施项目（武汉

泰康在线总部大厦）岩土工程勘察报告》，拟建场地位于武汉市口滨江二七商务区中山大道与北路交汇处东，地形有一定起伏、地势呈中间高、四周低，孔口标高地面程在 25.86～29.86m 之间。场地距离长江最近约 360m，地貌上属于长江一级阶地。

根据该报告，本场地在勘探深度（70.5m）范围内所分布的地层除表层厚度较大的杂填土及素土外，其下均为第四系全新统冲积成因的黏性土层、黏性土、粉土、粉砂互层及砂夹砾卵石层，按地岩性及其物理力学数据指标，划分为 6 个大层及亚层。灌注桩主要持力层为：④₃ 细砂层；⑥₂ 中风化泥质粉砂岩层或⑥₂ₐ 极破碎中风化泥质粉砂岩层。

武汉市抗震设防烈度为 6 度，设计基本地震加速值为 0.05g，设计地震分组为第一组。本工程根据波速测试报告，地表下 20m 深度范围内各土层等效剪切波速值为 181～195m/s，场地土类型属中软土，覆盖层厚度在 49.15～55.28m 之间，按不利条件考虑拟建工程筑场地类别为Ⅲ类，因此取特征周期 $T_g = 0.45s$。本场地属于对建筑抗震的一般地段。

本场地下水可分为三种类型，分别为赋存于上部填土层中的上层滞水、砂性土层中的孔隙承压水和基岩中的基岩裂隙水。

本场地下水和地基土对地下混凝及钢筋结构中的具微腐蚀性。

场地抗浮设计水位按室外坪标高；最低设计水位取 11.47m；抗渗水位采用使阶段室外场坪标高加 0.5m。

2）风荷载

（1）基本风压

位移计算基本风压：0.35kN/m²（50 年一遇）；

承载力设计基本风压：1.1×0.35 = 0.385kN/m²；

舒适度计算基本风压：0.25kN/m²（10 年一遇）。

（2）风洞试验（图 5.2-1、图 5.2-2）

图 5.2-1　风洞试验模型

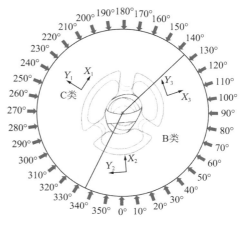

图 5.2-2　风向角示意图

根据对周边地貌的分析，并于规范进行比较，将不同风向下的地貌划分为以下两种类型（表 5.2-1）：

本项目所处的地貌类别　　　　　　　　　　　表 5.2-1

地貌类别	风向角
B 类	1°～130°以及 340°～350°
C 类	140°～330°

风洞试验的基底剪力以及倾覆弯矩如表 5.2-2 所示，每个塔均有一组最不利的风向角以及风荷载数据，计算整体指标以及构件设计时同时施加这 3 组风荷载。

塔楼总体基底力最不利值　　　　　　　　　　表 5.2-2

塔楼	底部倾覆弯矩		底部总剪力	
	M_x（N·m）	M_x（N·m）	F_x（N）	F_y（N）
按 T1 塔楼局部坐标计算	3.77e + 09	2.84e + 09	1.93e + 07	2.51e + 07
按 T2 塔楼局部坐标计算	2.26e + 07	3.95e + 07	2.65e + 07	1.63e + 07
按 T3 塔楼局部坐标计算	1.71e + 07	2.78e + 07	2.46e + 07	1.14e + 07

3）雪荷载

基本雪压：0.50kN/m²（50 年一遇）。

4）本工程的 ±0.000 相当于绝对标高 27.500m。

2. 设计要求

1）结构设计标准

（1）建筑结构设计使用年限：50 年。

（2）结构设计基准期为 50 年。

（3）建筑结构安全等级：关键构件为一级，结构重要性系数：1.1。
　　　　　　　　　　　　其余构件为二级，结构重要性系数：1.0。

（4）建筑地基基础等级为甲级；基础设计安全等级为一级。

（5）建筑物耐火等级为一级。

（6）地下工程的防水等级为一级。

（7）人防等级：常 6 核 6（二等人员掩蔽所），常 5 核 5（固定电站）

2）抗震设防烈度和设防类别

（1）基本烈度：6 度，设计基本地震加速度值为 0.05g，设计地震分组为第一组。

（2）结构设计基准期为 50 年。

（3）场地类别为Ⅲ类，特征周期 T_g =0.45s。

（4）建筑抗震设防类别：重点设防类（乙类）。

（5）抗震等级（表 5.2-3）

结构抗震等级　　　　　　　　　　　　　　　表 5.2-3

	主楼部分			
	钢管混凝土柱	钢筋混凝土墙	钢结构框架梁	钢筋混凝土框架
地上部分	一级	一级	三级	—
地下一层	—	一级	—	一级

续表

	主楼部分			
	钢管混凝土柱	钢筋混凝土墙	钢结构框架梁	钢筋混凝土框架
地下二层	—	二级	—	二级
地下三层	—	三级	—	三级

3）工程场地地震安全性评价的相关要求

根据 2021 年 9 月 22 日召开的超限专家会的专家意见并根据《超限高层建筑工程抗震设防专项审查技术要点》（建质〔2015〕67 号）第十二条的要求，小震地面峰值加速度按《泰康金融中心工程场地地震安全性评价报告》取值，中震和大震加速度峰值按小震加速度放大倍数进行调整。反应谱形状按《建筑抗震设计规范》GB 50011—2010（2016 年版）采用，如图 5.2-3 所示，不同水准地震作用参数如表 5.2-4 所示。

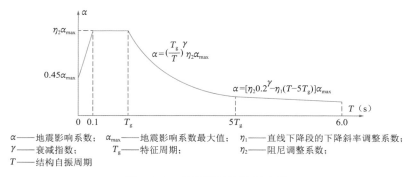

α——地震影响系数；α_{max}——地震影响系数最大值；η_1——直线下降段的下降斜率调整系数；
γ——衰减指数；T_g——特征周期；η_2——阻尼调整系数；
T——结构自振周期

图 5.2-3　地震影响系数反应谱

不同水准地震作用参数　　　　　　　　　　表 5.2-4

参数	多遇地震	设防地震	罕遇地震
50 年设计基准期超越概率	63%	10%	2%
重现期（年）	50	475	2475
地面峰值加速度（cm/s²）	27.0	$50 \times 1.5 = 75.0$	$125 \times 1.5 = 187.5$
地震影响系数最大值	0.06	$0.12 \times 1.5 = 0.18$	$0.28 \times 1.5 = 0.42$
场地特征周期（s）	0.45	0.45	0.50
周期折减系数	0.85	0.95	1.00
阻尼比	4%	5%	6%
连梁折减系数	0.7	0.5	0.3

注：小震地面峰值加速度按抗震规范取值为 18cm/s²，按安全性评价报告取值为 27cm/s²，放大系数 1.5。

三、结构体系

1. 结构体系与布置

1）结构体系概述

本结构为大底盘多塔连体结构，底部 1～6 层为带裙房大底盘，上部结构分为三座单塔，每个单塔采用筒体-单侧弧形框架结构体系，混凝土筒体偏于内侧，框架柱及楼面体系布置于筒体外侧。从表 5.3-1 可以看出，各单塔的高宽比以及核心筒高宽比较大，因此，借助避难层在第 17 层（相对标高 80.1m）、第 28 层（相对标高 127.8m）、第 39 层（相对标高 175.5m）设置三道连桥将三个单塔联结为一个整体，形成"钢管混凝土柱钢梁框架 + 混凝土筒体 + 连接体桁架"的结构体系。连接体桁架用于协调三塔在竖向荷载以及水平荷载下的变形，保证三塔共同受力，桁架部分斜腹杆采用屈曲约束支撑，在小震及正常使用工况下保持弹性，在中、大震下屈服耗能。图 5.3-1 为结构体系示意图。

各塔楼基本信息　　　　　　　　　　　　　　表 5.3-1

建筑名称	结构类型	层数	建筑高度（m）	结构高度（m）	单塔高宽比	核心筒高宽比
塔一	框架-筒体	54	270.5	233.0	13.8	17.2
塔二	框架-筒体	48	238.3	206.4	12.2	18.5
塔三	框架-筒体	51	261.4	218.9	12.5	18.1

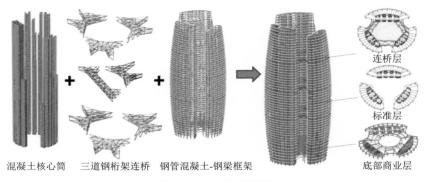

混凝土核心筒　　　三道钢桁架连桥　　　钢管混凝土-钢梁框架　　　连桥层　　标准层　　底部商业层

图 5.3-1　结构示意图

2）连桥

连桥均设置在避难层，为四面带斜腹杆钢桁架结构，桁架高 5.7m（一层高）。第一道连桥设置在 17 层（标高 78.5～84m），将三塔两两相连，连桥最大跨度为 30m；第二道连桥设置在标高 28 层（标高 126～131.5m），连接塔一与塔二，连桥最大跨度为 60m；第三道连桥设置在第 39 层（标高 173.5～179m），将三塔两两相连，连桥最大跨度为 30m。连桥桁架延伸至核心筒腹墙内，部分连桥边榀桁架与框架柱相连，为增加连桥受力的可靠性，连桥桁架继续向内延伸一跨，与对边框架柱相连，详见图 5.3-2、图 5.3-3。

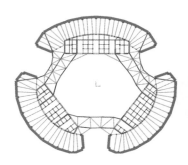

图 5.3-2　第一道桁架（17 层）　　　　图 5.3-3　第一道连桥边桁架连接示意图

由于连接体桁架需协调三塔在水平荷载下的变形，当水平荷载较大时，连桥受力较大，截面难以设计。连桥跨中斜腹杆拟采用交叉布置的屈曲约束支撑，如图 5.3-4 所示布置，在小震以及正常使用工况下保持弹性；在中、大震下率先屈服耗能，降低连接体桁架的刚度，成为有限刚度的桁架，从而减小桁架弦杆在中、大震下的受力，便于设计。

图 5.3-4　连桥桁架 BRB 布置示意

使用屈曲约束支撑替换局部普通支撑后，整体连桥应力有明显降低，见表 5.3-2。

连桥普通支撑与屈曲约束支撑方案比较　　　　表 5.3-2

连桥编号	弦杆最大应力比	
	普通支撑方案	屈曲约束支撑方案
LQ1	1.19	0.89
LQ2	1.11	0.96
LQ3	1.16	0.75
LQ4	0.71	0.69
LQ5	1.18	0.99
LQ6	1.17	0.96
LQ7	1.13	0.94
LQ8	1.02	0.90

3）塔冠

本项目塔一、塔二、塔三的结构大屋面高度分别为 233.0m、206.4m、218.9m，塔冠顶最高高度分别为 270.5m、238.3m、261.4m。塔冠建筑示意图以及结构模型示意图如图 5.3-5 所示，以 T1 为例，塔冠的结构布置图如图 5.3-6 所示。

图 5.3-5　塔冠结构模型图

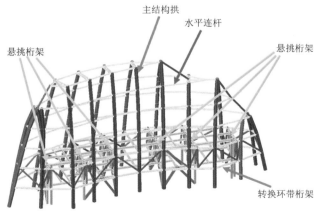

图 5.3-6　T1 塔冠结构布置图

结构大屋面以上的核心筒由混凝土核心筒转变为钢框架支撑筒,钢柱向下延伸至下一层剪力墙中。为了更贴近建筑外形,塔冠结构采用钢结构拱作为主受力构件,各拱之间布置水平杆件拉结,主结构拱沿放射线布置,外圈拱脚支承于外框柱上,由于核心筒内侧没有框架柱,设置悬挑桁架和转换桁架作为内圈用于支承内圈拱脚。悬挑桁架和转换桁架均为5m高,转换桁架沿塔冠周围布置一圈,形成封闭桁架,有钢框架支撑筒伸出悬挑桁架,与转换桁架相交,内圈拱脚落在转换桁架上。

2. 地基基础设计

1)试桩方案

本工程试桩采用$D=800mm$和$D=600mm$的灌注桩。$D=800mm$的灌注桩持力层为⑥₂中风化泥质粉砂岩层或⑥₂ₐ极破碎中风化泥质粉砂岩层,桩长38m,进入持力层不小于3m,桩身混凝土强度等级采用C50(水下),q_{pa}统一按照⑥₂ₐ层取2500kPa计算单桩受压承载力特征值。$D=600mm$的灌注桩持力层为④₃细砂层,桩长23m,进入持力层不小于1.4m,桩身混凝土强度等级采用C35(水下)。

由于本工程采用地面试桩,未采用套管,直接读取顶处的轴力值,根据《桩身内力测试报告》扣减超灌段土的侧摩阻力。扣减之后,$D=800mm$桩采用桩身桩侧联合注浆时受压承载力特征值的平均值8641kN,不注浆的受压承载力特征值平均值为7559kN。后注浆与未注浆的检测值之比为1.14,后注浆的检测值与计算之比为1.15,未注浆的检测值与计算值之比1.30。后注浆的检测值与未注浆的计算值之比为1.49,大于1.3。

根据《桩身内力测试报告》,对于抗拔桩$D=600mm$采用桩侧后注浆时抗拔承载力特征值为1994kN,不注浆时抗拔承载力特征值为1436kN。后注浆与未注浆的检测值之比为1.39,后注浆检测值与计算值之比为1.48,不注浆的检测值与计算值之比为1.60,后注浆的检测值与未注浆计算值之比为2.2,大于1.3。

对于$D=600mm$,桩的抗压承载力特征值在采用侧后注浆时检测值的平均值为3178kN,检测值与计算之比为1.59。

根据《泰康在线总部大厦桩基础论证会专家意见》,主楼直径800mm钻孔桩改为直径900mm,桩长及单桩承载力同直径800mm的钻孔桩,桩距仍为2400mm,不再另行试桩。工程直接采用直径900mm的钻孔桩,桩身混凝土强度等级取C45(水下C55)。地下室直径600mm钻孔桩难以保证施工质量,将直径700mm的桩代替直径600mm的工程桩,不再进行试桩。

综上,对$D=900mm$桩受压承载力特征值取8000kN(桩端桩侧联合注浆),对$D=700mm$桩抗拔承载力取1800kN(桩侧后注浆),受压承载力特征值取3100kN(桩侧后注浆)。

2)基础方案

本工程地下3层,地下室建筑地坪标高-15.000m,主楼基础与地下室基础连为一体,不设永久缝且不布置沉降后浇带。

抗浮设计水位为自然地面,纯地下室区域需考虑抗浮措施采用拔桩。

经过方案比选,主楼区域拟采用桩筏基础,以第⑥₂中风化泥质粉砂岩层(局部为第⑥₂ₐ

极破碎中风化泥质粉砂岩层）作桩基持力层，成桩方法采用钻孔灌注桩方案，考虑侧端后压浆，桩直径为 900mm，有效桩长 38m，最大入岩深度为 6.85m，筏板采用 C40 混凝土，厚度为 3.5m；裙房以及纯地下室区域拟采用独立桩承台加防水板基础，第④₃细砂层作桩基持力层，成桩方法采用钻孔灌注桩方案，考虑桩侧后压浆，直径为 700mm，有效桩长 23m，防水板厚度取 1000mm。

具体基础形式详见表 5.3-3，桩基平面布置图见图 5.3-7。主塔楼沉降示意图见图 5.3-8。

各塔楼基础形式   表 5.3-3

建筑名称	结构类型	地基基础设计等级	基础形式	持力层	桩基承载力特征值（kN）	
					抗压	抗拔
T1 楼	框架-核心筒	甲级	桩筏基础	⑥₂层或⑥₂ₐ层	8000（桩端桩侧联合注浆）	—
T2 楼	框架-核心筒	甲级	桩筏基础	⑥₂层或⑥₂ₐ层	8000（桩端桩侧联合注浆）	—
T3 楼	框架-核心筒	甲级	桩筏基础	⑥₂层或⑥₂ₐ层	8000（桩端桩侧联合注浆）	—
裙房区域	框架	甲级	独立桩承台加防水板	④₃层	3100（桩侧后注浆）	1800（桩侧后注浆）
纯地下室区域	框架	甲级	独立桩承台加防水板	④₃层	3100（桩侧后注浆）	1800（桩侧后注浆）

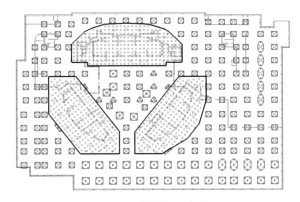

图 5.3-7 桩基平面布置图

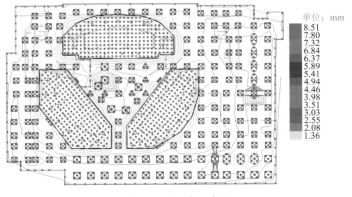

图 5.3-8 沉降示意图

3. 结构超限及设计策略

1）超限情况汇总

根据《超限高层建筑工程抗震设防专项审查技术要点》（建质〔2015〕67号），对涉及结构不规则性的条文进行逐项检查（表5.3-4～表5.3-7）。

高度超限检查　　　　　　　　　　　　　　　　　　　　表5.3-4

超限类别	规范要求	项目情况	超限情况
高度	<220m（6度区，钢管混凝土框架-钢筋混凝土核心筒）	233.0m	超高5.0%

同时具有下列三项及以上不规则的高层建筑工程　　　　表5.3-5

序号	不规则类型	简要含义	超限情况
1a	扭转不规则	考虑偶然偏心的扭转位移比大于1.2	不超限
1b	偏心布置	偏心率大于0.15或相邻层质心相差大于相应边长15%	不超限
2a	凹凸不规则	平面凹凸尺寸大于相应边长30%等	不超限
2b	组合平面	细腰形或角部重叠形	不超限
3	楼板不连续	有效宽度小于50%，开洞面积大于30%，错层大于梁高	超限
4a	刚度突变	相邻层刚度变化大于70%（按规范考虑层高修正时，数值相应调整）或连续三层变化大于80%	超限
4b	尺寸突变	竖向构件收进位置高于结构高度20%且收进大于25%，或外挑大于10%和4m，多塔	超限
5	构件间断	上下墙、柱、支撑不连续，含加强层、连体类	超限
6	承载力突变	相邻层受剪承载力变化大于80%	超限
7	局部不规则	如局部的穿层柱、斜柱、夹层、个别构件错层或转换，或个别楼层扭转位移比略大于1.2等	超限

同时具有下列2项或同时具有下表和表5.3-5中某项不规则的高层建筑工程 表5.3-6

序号	不规则类型	简要含义	超限情况
1	扭转偏大	裙房以上的较多楼层考虑偶然偏心的扭转位移比大于1.4	不超限
2	抗扭刚度弱	扭转周期比大于0.9，超过A级高度的结构扭转周期比大于0.85	不超限
3	层刚度偏小	本层侧向刚度小于相邻上层的50%	不超限
4	塔楼偏置	单塔或多塔与大底盘的质心偏心距大于底盘相应边长20%	不超限

具有下列某一项不规则的高层建筑工程　　　　　　　　表5.3-7

序号	不规则类型	简要含义	超限情况
1	高位转换	框支墙体的转换构件位置：7度超过5层，8度超过3层	不超限
2	厚板转换	7～9度设防的厚板转换结构	不超限
3	复杂连接	各部分层数、刚度、布置不同的错层，连体两端塔楼高度、体型或沿大底盘某个主轴方向的振动周期显著不同的结构	超限
4	多重复杂	结构同时具有转换层、加强层、错层、连体和多塔等复杂类型的3种	不超限

2）抗震性能目标（表 5.3-8、表 5.3-9）

结构抗震性能设防目标 表 5.3-8

性能水准		性能目标			
		A	B	C	D
地震水准	多遇地震	1	1	1	1
	设防烈度地震	1	2	3	4
	预估的罕遇地震	2	3	4	5

性能目标 表 5.3-9

地震水准		小震	中震	大震
最大层间位移角		1/534	1/267	1/134
性能水平定性描述		不损坏	可修复损坏	不倒塌
结构工作特性		弹性	允许部分次要构件屈服	允许进入塑性，控制楼层位移
关键构件	底部加强区（1～7 层）的剪力墙和框架柱，与连桥相连墙肢和柱以及其上下层墙肢和柱		弹性	不屈服
	裙房转换柱、转换梁、转换桁架		弹性	不屈服
	连桥弦杆、腹杆		弹性	不屈服
普通构件	其他剪力墙	弹性		部分允许进入塑性，符合受剪截面限制条件，控制整体结构变形
	其他框架柱		不屈服	部分允许进入塑性，符合受剪截面限制条件，控制整体结构变形
耗能构件	剪力墙连梁		允许进入塑性，斜截面不屈服	允许进入塑性，控制整体结构变形
	框架梁		允许进入塑性，斜截面不屈服	
	部分连桥斜腹杆（BRB）		允许进入塑性，斜截面不屈服	允许进入塑性

3）抗震（风）措施

（1）采取如下多种措施增强芯筒的受力性能，改善核心筒的延性：

①适当提高底部加强区高度，提高至裙房上一层，按规范要求控制墙体的轴压比在 0.5 以下；

②在底部加强区以及连桥层，在墙体的边缘约束构件内设置钢骨，以形成型钢混凝土剪力墙，提高加强区墙体的承载力与延性；

③与连桥相连墙体以及其上下层墙体抗震等级为特一级，抗震性能目标提升为大震不屈服；

④严格控制核芯筒截面的剪应力水平；

⑤对剪力墙筒体内配筋较大的连梁增加交叉斜筋或者型钢。

（2）针对连体结构及加强层的加强措施

连体结构对应楼层受力复杂，加强层的设置将引起局部抗侧刚度突变和应力集中，形成潜在的薄弱层。在强震作用下，该区域的受力机理将相当复杂，难以分析精确。

①设计中按薄弱层将刚度突变层地震内力进行放大，严格控制钢构件应力比，留有一定的安全赘余度；

②与连桥构件相连的核心筒墙肢内设置型钢柱以及钢斜撑形成带钢斜撑剪力墙，同时增加配筋配筋；

③连桥钢桁架与混凝土筒体连接时，弦杆及腹杆与墙中预埋型钢相连，并延伸至混凝土筒体内；连桥与钢管混凝土柱相连时，其腹杆向楼层内延伸；

④在设计连桥桁架时按考虑楼板和不考虑楼板两种情况进行包络。

（3）针对框架柱的加强措施

①采用抗震性能较好、技术成熟可靠的钢管混凝土柱；

②对连桥层其上下各一层的框架柱的抗震等级提高至特一级；

③对正负零处室内外有较大高差处的框架柱的抗震等级提高至特一级。

（4）其他相关措施

①采用动力时程考虑其高阶振型和薄弱层对结构整体的不利影响，结构自振周期较长，在加速度反应谱的基础上，采用动力时程反应充分考虑其高阶振型对结构整体的不利影响，相应提高结构薄弱部位的设计内力水平，满足相应设计标准；

②设计时取多方向角水平力包络结果。

4. 弹性分析结果

由于三塔各自的主轴方向不同，通过计算多角地震下结构基底剪力取最大地震方向为整体结构主轴。根据计算结果，以塔一长向方为X向主轴，与之垂直方向为Y向主轴（图 5.3-9）。

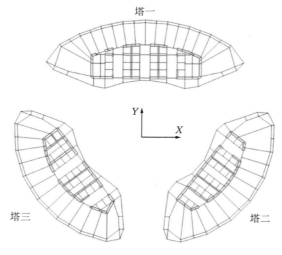

图 5.3-9　坐标系说明

1）多模型对比（表 5.3-10）

结构不同计算软件模型指标对比　　　表 5.3-10

计算结果			SATWE	ETABS	规范要求	满足情况
结构地上总质量（t）			358806	359094	—	—
结构自振周期		T_1	5.02	5.13	—	—
		T_2	4.77	4.97	—	—
		T_3	3.86	4.25	—	—
		T_3/T_1	0.77	0.83	< 0.85	满足
水平地震作用	X向	有效质量系数	99%	99%	> 90%	满足
		基底剪力（kN）	33439	33602	—	—
		最大层间位移角	1/1300	1/1237	< 1/542	满足
	Y向	有效质量系数	99%	99%	> 90%	满足
		基底剪力（kN）	30645	31042	—	—
		最大层间位移角	1/1142	1/1198	< 1/542	满足
风荷载作用	X向	基底剪力（kN）	19293	19293	—	—
		最大层间位移角	1/2034	1/2131	< 1/542	满足
	Y向	基底剪力（kN）	23300	23300	—	—
		最大层间位移角	1/1544	1/1403	< 1/542	满足

从以上数据对比可看出，两个程序计算结果较接近靠。

2）周期与振型（表 5.3-11）

结构周期及振型特征　　　表 5.3-11

振型号	周期（s）	振型特征	振型号	周期（s）	振型特征
1	5.02	一阶整体平动（Y向）	4	1.62	二阶整体平动（Y向）
2	4.77	一阶整体平动（Y向）	5	1.49	二阶整体平动（X向）
3	3.86	一阶整体扭转	6	1.42	二阶整体扭转

结构的前六阶模态均为整体振型，可以看出三个单塔由连桥连为一体之后，有很强的整体性。结构第一扭转周期与第一平动周期比值为 0.77，小于规范 0.85，说明结构抗扭刚度较大。

3）多方向角地震作用对比

由于三塔各自的主轴方向夹角较大，为了查找最不利的地震作用方向，对结构每隔 15° 输入地震作用，查看在整体坐标系下各角度的基底剪力，详见表 5.3-12。可以看出，单向地震作用最大的方向均为整体坐标系主轴方向。

不同方向地震作用对比　　　表 5.3-12

方向角（°）	F_x（kN）	F_y（kN）	方向角（°）	F_x（kN）	F_y（kN）
0	31504	6974	15	30182	11502
30	26923	17663	45	22000	23229

方向角（°）	F_x（kN）	F_y（kN）	方向角（°）	F_x（kN）	F_y（kN）
60	15904	27461	75	9673	29968
90	6974	30544	105	11408	29142
120	17784	25876	135	23604	21022
150	28075	15080	165	30782	9135

4）弹性时程分析

对本结构进行弹性时程分析，根据抗震规范要求在波形的数量上采用了 5 组天然波和 2 组人工波，每组包含三个方向的分量（图 5.3-10）。

对于有效峰值，按安全性评价报告参数取 27cm/s²。以下各时程波均为原始状态，在实际计算中则将根据规范峰值对各点进行等比例调整。

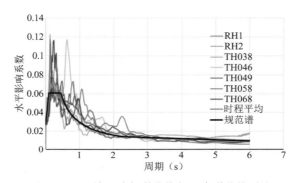

图 5.3-10　地震波频谱曲线与反应谱曲线对比

各组地震波进行时程分析后的楼层剪力及其平均值与按剪重比调整之后的反应谱楼层剪力比较（图 5.3-11）。可以看出在 39 层以上，时程分析的剪力平均值要大于反应谱结果，两个方向平均值与反应谱最大的比分别为 1.25 和 1.21，存在一定的顶部鞭梢效应，但是处于合理范围之内，需要用反谱结果进行构件验算时，对结果进行放大。

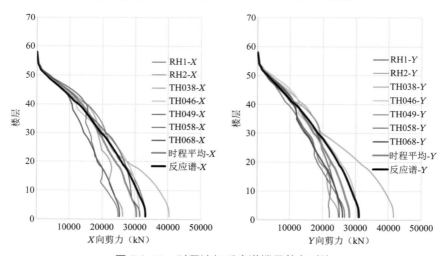

图 5.3-11　时程波与反应谱楼层剪力对比

各组地震波进行时程分析后的楼层层间位移角（图 5.3-12）。可以看出，时程分析的结构最大层间位移角均小于 1/542，满足规范要求。

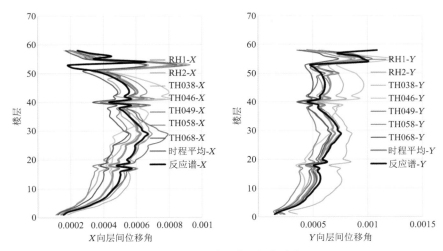

图 5.3-12　时程波层间位移角

5. 动力弹塑性分析结果

本报告计算分析采用 ABAQUS 有限元软件，该软件被工业界和学术研究广泛应用，是非线性分析领域的常软件。

根据设计单位提供的地震动记录，其中三组（包含三向分量）地震记录、采用主次方向输入法（即 X、Y 方向依次作为主、次方向）作为塔楼结构的动力弹塑性分析的输入，其中三向输入峰值比依次为 1∶0.85∶0.65（主方向∶次方向∶竖向），主方向波加速度峰值取为 187.5Gal。

1）基底剪力响应（图 5.3-13）

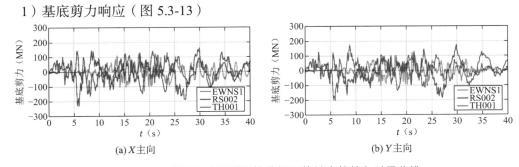

(a) X 主向　　　　　　　　　　　　(b) Y 主向

图 5.3-13　结构在大震弹塑性分析下的基底总剪力时程曲线

基底剪力峰值及其剪重比统计结果如表 5.3-13 显示，各个工况输入下，结构地震反应剪重比为 3.39%～6.21%。

大震时程分析底部剪力对比				表 5.3-13
	X 为输入主方向		Y 为输入主方向	
	V_x（kN）	剪重比	V_y（kN）	剪重比
EWNS1	130612.6	3.57%	124036.3	3.39%

	X为输入主方向		Y为输入主方向	
	V_x（kN）	剪重比	V_y（kN）	剪重比
RS002	188463.3	5.15%	186218.4	5.09%
TH001	227262.5	6.21%	202013.4	5.52%
包络值	227262.5	6.21%	202013.4	5.52%

2）楼层位移及层间位移角响应

在 T1、T2 和 T3 塔楼主体结构每层框柱位置取 12 个参考点 PA1～PA4、PB1～PB4 和 PC1～PC4，T1 高度取到 58 层（标高 263.9m）位置，T2 高度取到 52 层（标高 233.9m）位置，T3 高度取到 57 层（标高 258.9m）位置（图 5.3-14）。根据各参考点位移的时程输出可求得层位移以及层间位移角（表 5.3-14～表 5.3-16）。

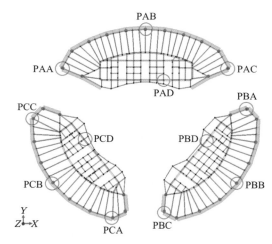

图 5.3-14 结构位移参考点平面位置示意图

大震弹塑性分析 T1 顶点最大位移及最大层间位移角 表 5.3-14

		EWNS1	RS002	TH001	包络值
X主向	顶点最大位移（m）	0.436	0.610	0.614	0.614
	最大层间位移角	0.00309	0.00318	0.00360	0.00360
		1/324	1/314	1/278	1/278
		story39	story27	story37	story37
Y主向	顶点最大位移（m）	0.599	0.845	0.883	0.883
	最大层间位移角	0.00481	0.00542	0.00701	0.00701
		1/208	1/184	1/143	1/143
		story42	story50	story42	story42

大震弹塑性分析 T2 顶点最大位移及最大层间位移角 表 5.3-15

		EWNS1	RS002	TH001	包络值
X主向	顶点最大位移（m）	0.506	0.600	0.626	0.626
	最大层间位移角	0.00355	0.00408	0.00435	0.00435
		1/282	1/245	1/230	1/230
		story42	story43	story42	story42

续表

		EWNS1	RS002	TH001	包络值
Y主向	顶点最大位移（m）	0.462	0.671	0.595	0.671
	最大层间位移角	0.00323	0.00485	0.00384	0.00485
		1/310	1/206	1/261	1/206
		story38	story22	story26	story22

大震弹塑性分析 T3 顶点最大位移及最大层间位移角　　表 5.3-16

		EWNS1	RS002	TH001	包络值
X主向	顶点最大位移（m）	0.631	0.621	0.713	0.713
	最大层间位移角	0.00427	0.00454	0.00577	0.00577
		1/234	1/220	1/173	1/173
		story38	story26	story43	story43
Y主向	顶点最大位移（m）	0.584	0.744	0.736	0.744
	最大层间位移角	0.00418	0.00446	0.00524	0.00524
		1/239	1/224	1/191	1/191
		story29	story38	story29	story29

3）剪力墙损伤情况

剪力墙受压损伤发展情况如图 5.3-15 所示。可见结构剪力墙连梁首先破坏、屈服耗能，随后上部剪力墙局部出现轻微的受压损伤，最后大部分连梁破坏、上部剪力墙个别位置出现一定范围损伤。

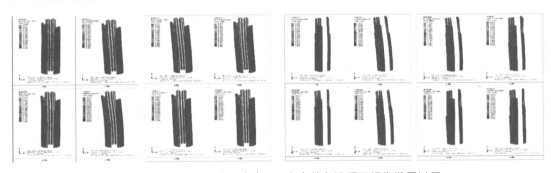

图 5.3-15　TH001 波 X 主向、Y 主向剪力墙受压损伤发展过程

4）结论

（1）在选取的各组记录、三向作用的弹塑性时程分析下，各组波包络的主体结构最大层间位移角未超过 1/134，满足规范"大震不倒"的要求。其中：

X 为输入主方向，主体结构各组波包络最大层间位移角为 1/173（T3 第 43 层）。

Y 为输入主方向，主体结构各组波包络最大层间位移角为 1/143（T1 第 42 层）。

（2）分析结果显示，结构大部分剪力墙混凝土受压损伤因子较小（混凝土应力均未超过峰值强度）。T1 塔 Y1 轴线剪力墙 40 层连体层上部相邻位置，T3 塔 YX5 轴线剪力墙与 18 层连桥相连部位，剪力墙出现一定的受压损伤，属于轻中度损坏。在后续设计将增加损伤部位剪力墙中的型钢截面以及配筋率，对损伤部位进行加强。

（3）结果显示，结构剪力墙内钢筋绝大多数处于弹性，仅个别位置出现较小塑性应变，处于基本完好的状态。

（4）分析结果显示，结构剪力墙内斜撑型钢绝大多数处于弹性，仅个别位置出现较小塑性应变。

（5）分析表明，部分连梁破坏，损伤因子大于 0.6，说明在罕遇地震作用下，连梁形成了铰机制，符合屈服耗能的抗震工程学概念。超过 50% 的连梁受压损伤因子小于 0.6，处于中度损坏及以下，基本满足性能水准 4 中的耗能部件"部分比较严重损坏"的要求。在跨中布置外部框架梁的连梁中布置钢板，可有效的减轻该部分连梁的损伤情况。

（6）结果显示，钢管混凝土柱内型钢绝大部分位置未出现塑性变形，仅个别位置出现轻微塑性变形；外框柱处于弹性工作状态，满足性能目标要求。

（7）结果显示，连桥弦杆、竖腹杆均未出现塑性应变，处于弹性工作状态，满足性能目标要求。

（8）结果显示，钢结构塔冠位移角未超出最大层间位移角为 1/50 的限值，型钢构件未出现塑性变形。

5）建议

通过以上结构在各组波作用下的动力弹塑性分析结果可知：

（1）T1 塔 Y1 轴线剪力墙 40 层连体层上部相邻位置，剪力墙出现较大的受压损伤。建议在 T1 塔 Y1 轴、Y6 轴第 41～50 层剪力墙增设型钢斜撑与型钢暗柱，可通过减小含钢率（配筋率）的形式逐渐过渡。

（2）T3 塔 YX5 轴线第 18 剪力墙与层连桥相连部位，出现较大的受压损伤。建议与连桥相连的剪力墙与其相邻楼层的剪力墙增设型钢斜撑与型钢暗柱。

（3）T1 塔 X03 轴、T2 塔 TBXY02 轴、T3 塔 Y03 轴部分连梁跨度中布置外部框架梁，对连梁造成了较大的损坏。建议将跨度中布置外部框架梁的连梁内设置钢板。

四、专项设计

1. 连桥作用分析

1）连桥方案比选

在整个结构体系中，连桥为保证结构整体性的最关键构件，为了进一步研究连桥作用，建立了 9 个模型进行对比分析。计算模型包括无连桥，一层连桥模型、两层连桥模型以及三层连桥模型，连桥均布置在避难层（17/28/39 层），除 3-2-3 模型的第二层连桥为两道之外，其余模型每层的连桥均为三道连桥。模型以连桥数量命名，例如 3-2-3 代表第 17 层有三道连桥，第 28 层有两道连桥，第 39 层有三道连桥。各模型计算结果见表 5.4-1，其中，相对刚度是以风荷载下层间位移角为指标，各方案相对于 3-2-3 方案的比值。

不同连桥模型下的主要分析结果

表 5.4-1

模型	周期（s）			层间位移角				局部振型	相对刚度	
	T1	T2	T3	E_x	E_y	W_x	W_y		X向	Y向
无连桥	7.60	6.88	6.36	1/1112	1/1167	1/426	1/322	第 1 阶	33%	38%
3-0-0	6.15	4.76	4.43	1/1182	1/1192	1/558	1/395	第 1 阶	43%	47%
0-3-0	5.19	4.92	3.90	1/1617	1/1326	1/836	1/532	第 4 阶	65%	63%
0-0-3	5.06	4.77	3.87	1/1856	1/1760	1/1271	1/803	第 4 阶	98%	95%
3-3-0	5.09	4.82	3.83	1/1635	1/1340	1/858	1/546	第 4 阶	66%	65%
3-0-3	4.93	4.67	3.80	1/1923	1/1700	1/1273	1/805	第 7 阶	99%	96%
0-3-3	4.85	4.65	3.78	1/2089	1/1759	1/1378	1/837	第 7 阶	107%	100%
3-2-3	4.80	4.64	3.75	1/2085	1/1716	1/1716	1/841	第 7 阶	100%	100%
3-3-3	4.76	4.57	3.72	1/2096	1/1746	1/1746	1/851	第 7 阶	108%	101%

从以上模型计算结果对比可看出，连桥的布置构整体性及刚度影响很大。总体上来说，连桥的布置的位置越靠上，结构的整体性越好，刚度越大。当 3 层（17/28/39）均各自布置 3 道连桥时（模型 3-3-3），结构刚度最大，层间位移角最大为 1/851，仅为无连桥模型的 38%，出现局部振型的阶数也由第 1 阶变为第 7 阶，结构整体性有很大提高。除此之外，其他模型中，当布置 2 层或 3 层连桥，且其中一层在第 39 层时，结构的周期以及位移与模型 3-3-3 基本接近，局部振型也均出现在第 7 阶，说明只要在第 17 层以及 39 层布置了三道连桥将三塔两两相连，结构的刚度以及整体性均能达到要求。因此，结合建筑方案选择了 3-2-3 的连桥布置形式。

2）3-2-3 连桥方案与无连桥方案对比

（1）竖向荷载作用下墙肢压应力改善

由于各单塔立面呈弧形，平面从下到上先外扩后内收，并且各单塔混凝土筒体偏置于内侧，导致各塔在竖向荷载下有向外倾斜的趋势。在竖向荷载作用下会产生附加弯矩，使得靠外侧剪力墙轴力增大，靠内侧剪力墙轴力减小；而用连桥将三塔拉结到一起之后，结构在竖向荷载下达自平衡的状态减小外倾斜趋势。三塔底部墙肢轴压比较为接近，压应力水平比较均匀，墙身最大轴压比较小。并且无连桥方案外框柱的轴压比明显大于有连桥方案的结果。

（2）中震下墙肢名义拉应力改善

中震不屈服工况下，无连桥时，结构墙肢名义拉应力较大，最大值超过 2 倍 f_{tk}；而有连桥时，底部墙肢没有出现拉应力。当无连桥相连时，各塔由自身的局部弯曲来抵抗水平力倾覆弯矩，力臂较小，墙肢拉力较大；而增加连桥之后，各单塔靠整体的弯曲来抵抗水平力倾覆弯矩，力臂较大。

（3）风荷载下基底剪力改善

三塔由于连桥协同作用，在 X 方向上，T1 帮助 T2 和 T3 分担了部分剪力；而在 Y 方向，T2 和 T3 帮助 T1 分担了部分剪力。风荷载在各塔引起的剪力通过连桥进行了重分配，各塔的基底剪力分布更为均匀，受力更加合理。各塔有连桥及无连桥情况下指标对比见表5.4-2。

各塔有连桥及无连桥情况下指标对比   表 5.4-2

单塔		靠外侧剪力墙轴压比	靠内侧剪力墙轴压比	外框柱轴压比	中震不屈服墙肢名义拉应力（f_{tk}）	风荷载下基底剪力（kN）	
						X向	Y向
T1	无连桥	0.51	0.35	0.44	2.76	7052	23647
	有连桥	0.39	0.39	0.38	—	12477	17937
T2	无连桥	0.53	0.27	0.53	2.28	14274	11613
	有连桥	0.40	0.36	0.47	—	11647	13843
T3	无连桥	0.51	0.26	0.53	1.76	15906	12997
	有连桥	0.39	0.36	0.48	—	11660	13859

2. 塔冠结构分析

1）模型概述

采用SAP2000有限元分析程序对塔冠进行单独建模计算，模型取结构大屋面以上的部分。塔冠独立模型中，主结构拱与主结构外框柱连接处设置刚接支座，悬挑桁架与核心筒连接处设置铰支座，如图5.4-1所示。风荷载由洞试验提供体型系数，风振系数取1.6。考虑鞭梢放大效应，地震水平最影响系数取规范值的3倍。

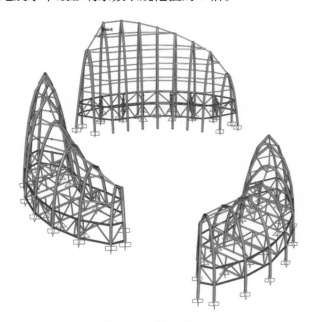

图 5.4-1　塔冠模型图

2）计算结果

各塔冠前三阶振型与周期如表5.4-3所示。塔冠在竖向荷载、风荷载和地震作用下的变形如表5.4-4所示。

塔冠前三阶周期与振型   表 5.4-3

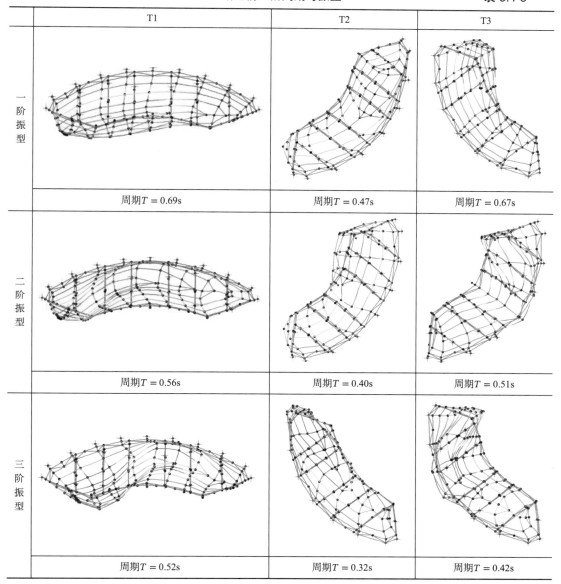

	T1	T2	T3
一阶振型	周期$T = 0.69$s	周期$T = 0.47$s	周期$T = 0.67$s
二阶振型	周期$T = 0.56$s	周期$T = 0.40$s	周期$T = 0.51$s
三阶振型	周期$T = 0.52$s	周期$T = 0.32$s	周期$T = 0.42$s

塔冠变形   表 5.4-4

	恒荷载 + 活荷载	X向风荷载	Y向风荷载	X向地震作用	Y向地震作用
水平变形（mm）	28	49	70	22	28
位移角	1/1390	1/795	1/557	1/1772	1/1392

对主结构拱进行设计之前需得到拱的计算长度，通过特征值屈曲分析来反算拱的计算长度。以结构高度最大的 T1 为例，在恒荷载 + 活荷载工况下的第一阶屈曲模态如图 5.4-2所示。屈曲特征值系数为 95.5，在恒荷载 + 活荷载工况下，变形最大位置处拱的轴力为689kN，可计算得计算长度为：

$$L = \sqrt{\frac{\pi^2 EI}{P_{cr}}} = \sqrt{\frac{\pi^2 \times 2.06 \times 10^5 \times 1.35 \times 10^{10}}{95.5 \times 689000}} = 20.4\text{m}$$

其他塔主结构拱的计算长度均按最不利考虑，取 20.4m 进行计算。

主要构件应力比如图 5.4-2 所示。最大应力比为 0.75，均小于 1.0。

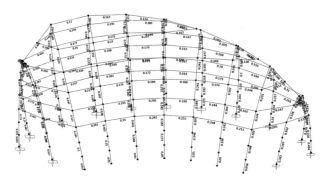

图 5.4-2 塔冠主框架应力比（T1 为例）

3. 施工模拟及非荷载效应分析

本超高层结构高度 228.9m，地上 52 层，由三栋塔楼和彼此间的连桥连接而成一个整体，属于复杂高层，应格外关注其施工次序以及混凝土收缩、徐变等非荷载效应的对结构的影响，为结构设计、施工和正常使用提供参考。

1）施工进度和模拟时长假定

施工速度为 6d 一层，每 4～6 层为一个施工阶段，连桥的连接在施工超出连桥所在楼层 4 层后进行，每层连桥连接时间为 7d，主体结构施工完成共经历 369d，之后施加附加恒荷载和活荷载，并继续向后模拟 1 年和 5 年。

2）收缩徐变模型

本工程的收缩徐变模型分析采用 CEB-FIP（1990）规范（图 5.4-3），计算公式如下：

徐变系数：$\varphi_c(t, t_0) = \varphi_0(\infty, t_0) \cdot \beta_c(t - t_0)$ (5.4-1)

收缩应变：$\varepsilon_{cs}(t, t_s) = \varepsilon_{cs0} \cdot \beta_s(t - t_s)$ (5.4-2)

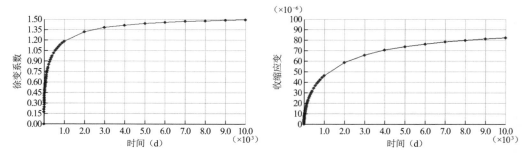

图 5.4-3 混凝土徐变系数、收缩应变随时间变化曲线

3）分析结果

三座塔楼中，T1 的高度最高，因此以图中位置处的外框柱、核心筒墙为例，提取每一层的构件变形和内力，进行对比分析，如图 5.4-4 所示。

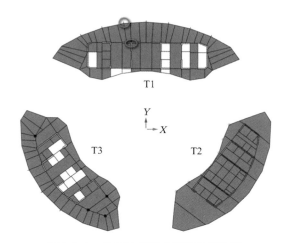

图 5.4-4　外框柱与核心筒墙位置示意

（1）构件竖向变形结果

以 T1 的墙柱为例，图 5.4-5 给出了结构竣工后，不同时刻的墙和外框柱的竖向变形曲线，可知竣工时，对于墙和外框柱，不考虑徐变和收缩时的最大弹性竖向变形分别为 26mm 和 41mm，考虑徐变和收缩后的最大竖向变形最大分别为 35mm 和 48mm；随时间的推移，墙和外框柱的竖向变形继续增大，竣工一年时最大竖向变形分别为 53mm 和 61mm，竣工五年时最大竖向变形分别为 72mm 和 71mm。

核心筒墙体和外框柱的总变形中，弹性变形的占比均最大，其次为徐变变形，收缩变形的占比最小。以总竖向变形最大的楼层（第 25 层）为例，核心筒的弹性变形占总变形的59.6%，徐变变形占总变形的 32.9%，收缩变形占 7.5%；外框柱的弹性变形占总变形的72.8%，徐变变形占总变形的 23.1%，收缩变形占总变形的 4.1%。

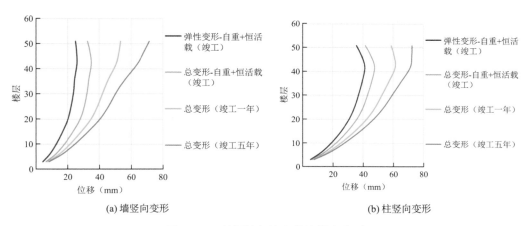

图 5.4-5　外框柱与核心筒墙竖向变形

在竖向荷载下，外框柱和核心筒的变形存差异在竖向荷载下，这种变形差会导致各构件的内力分配发生变化，从而影响构件的实际尺寸和配筋。此外在使用过程中竖向形差发展还可能导致楼面不平和楼板开裂，因此需要关注徐变收缩对外框柱核心筒的竖向形差异影响。

外框柱的弹性变形大于核心筒墙体变形，内外变形差差可达 13mm，但考虑收缩徐变后，内外形差缩小，且随着时间的推移越来越小。在结构使用阶段，徐变和收缩对于缓解楼面的内外变形差是有利的。

（2）结构水平变形结果

以 T1 为例，在结构竣工和之后的使用阶段，考虑结构在竖向荷载下的水平位移，如图 5.4-6 所示，在考虑收缩和徐变的情况下，竣工五年之后，结构最大水平位移比竣工时增加了约 44mm，但是总体来看，增加的水平变形仅为结构高度的 1/5180，因此可认为结构在施工和使用过程中是安全可靠的。

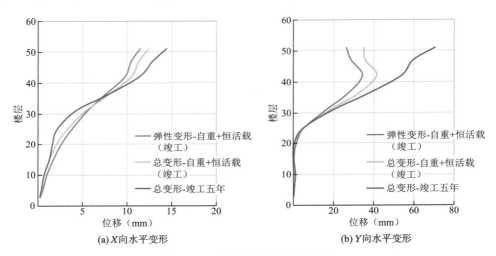

图 5.4-6　竖向荷载下的水平变形

除了使用阶段的水平位移，在施工过程中，各阶段的连桥未接之前，三栋塔楼间联系较弱，此时需关注结构在风荷载下的水平位移。通过计算在 10 年一遇的风荷载下，每一段连桥即将安装之前的结构楼层最大水平位移和最大层间位移角，可知结构在施工过程的楼层水平位移不超 80mm，仅为结构高度的 1/2861，最大层间位移角为 1/2222，满足规范要求。

（3）构件内力结果

在竖向荷载作用下统计各楼层墙和柱轴力曲线，如图 5.4-7 所示，可知对于墙，考虑徐变和收缩后，低区和中区楼层的墙体轴力变化较小，高区楼层墙的轴力有所减小，竣工五年后，各楼层墙轴力比刚竣工时最大增加值约 250kN，比不考虑徐变收缩情况增加约 650kN，增加量约为底层墙肢轴力的 2%；对于外框柱，考虑徐变和收缩后，各层外框柱的轴力均增加，施工过程中的轴力增加很小，竣工五年后，轴力比不考虑徐变收缩时最大增加约 2100kN，约占底层柱轴力的 5%。

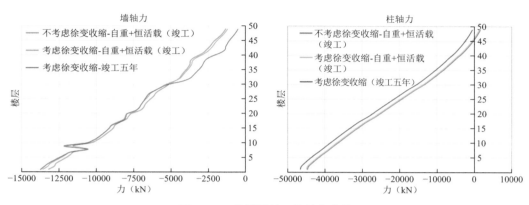

图 5.4-7 各楼层墙、柱轴力曲线

以连桥中轴力较大的三根斜腹杆和弦杆为例，给出了在竖向荷载作用下，考虑徐变和收缩后各个杆件的轴力变化情况，如图 5.4-8、图 5.4-9 所示。可知结构的徐变和收缩对连桥腹杆的轴力影响不大，但弦杆的轴力有所增加，分析其原因是塔楼间水平相对变形导致，最大增加量为 2000kN 左右，约为轴力的 8%。

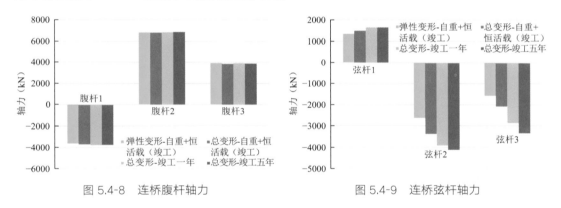

图 5.4-8 连桥腹杆轴力   图 5.4-9 连桥弦杆轴力

4）结论

按照假设的施工次序以及材料收缩徐变性能，分析了施工次序和材料收缩徐变对结构性能的影响，主要结论如下：

（1）对于竖向变形，在结构施工阶段，核心筒墙体和外框柱的总变形中，弹性变形的占比均最大，其次为徐变变形，收缩变形的占比最小；徐变和收缩变形之和可占总变形的25%～40%。

（2）对于竖向变形，结构竣工后，随时间的推移墙和外框柱的竖向变形均继续增大，但内外形差缩小，说明在结构使用阶段，徐变和收缩对于缓解楼面的内外变形差是有利的。

（3）对于竖向荷载下的水平变形，在结构竣工五年后，徐变和收缩会导致各塔的水平变形增大，最大值约为 44mm，为结构高度的 1/5180。

（4）对于施工阶段风荷载影响下的结构水平变形，在 10 年一遇的风荷载下，楼层最大位移不超过 80mm，仅为结构高度的 1/2861，最大层间位移角为 1/2222。

（5）对于墙内力，考虑徐变和收缩后，中低区墙轴力有所增加，高区楼层墙的轴力略有减小。竣工五年后，墙轴力的最大增幅在 2% 左右。

（6）对于外框柱内力，考虑徐变和收缩后，各层外框柱的轴力均增加，竣工五年后，柱轴力最大增幅在 5% 左右。

（7）徐变和收缩对连桥腹杆的轴力影响不大，但弦杆轴力有所增加，增加量约为 8%。

4. 防连续倒塌分析

结构的连续倒塌是由于意外荷载造成结构的局部破坏，并引发连锁反应，导致破坏向结构的其他部分扩散，最终使结构主体丧失承载力，造成结构的大范围坍塌。

本项目为大底盘多塔连体结构，底部 1~7 层为带裙房大底盘，上部结构三座单塔，借助避难层在第 17 层、28 层、39 层设置三道连桥将三个单塔联结为一个整体。应结合结构的受力分析及建筑布置特点，确定结构损伤部位。

连桥结构为协调三塔结构的最为关键的受力构件。三道连桥中受力最重要的是设置在第 39 层的第三道连桥。本计算将第三道连桥中连接塔一和塔三的连桥作为受损研究对象之一进行研究。

本结构单塔采用筒体–单侧弧形框架结构体系混凝土筒体偏于内侧，框架柱及楼面体系布置于筒体外侧，框架跨度大。因此，拟定选取三座塔中最高塔一的最底层的中柱作为受损研究对象。

综上，本次计算主要考虑塔楼两种破坏情形：

（1）第 39 层连桥中部破坏；

（2）塔一中柱（钢管混凝土柱）底层破坏。

按照《高层建筑混凝土结构技术规程》JGJ 3—2010 第 3.12.3 条规定，拆除受损结构后，采用弹性静力方法分析剩余结构的内力，计算剩余结构的应力情况，分析其是否满足要求。

1）第 39 层连桥中部破坏

拆除第 39 层连桥中部，该连桥结构变为悬挑结构，悬挑根部分别连接在塔一和塔三的核心筒，荷载通过悬挑结构传递至塔一和塔三的核心筒。此时连桥已经不能协调塔一和塔三在竖向荷载以及水平荷载下的变形（图 5.4-10）。

在连续倒塌的变形分析工况（1.0×恒荷载 + 0.5×活荷载）下，结构的最大竖向位移出现在连桥悬挑端的角部，位移最大为 34.81mm，连桥中部拆除后悬挑长度约为 14m，挠跨比约为 1/402。拆除连桥中部后，水平位移最大的位置在连桥与塔一的斜柱相交的位置，X 向水平位移最大值为 29.69mm，Y 向水平位移最大值为 57.1mm，该点距地面约 175.4m，位移角约为 1/2725，结构仍能保持稳定。

与拆除构件直接相连的剩余结构的应力比，剩余结构的最大应力比为 0.99，小于 1.39（按非中部水平构件计算），说明结构稳定、应力重分布后，结构能够承受倒塌工况的荷载，结构未发生连续倒塌。

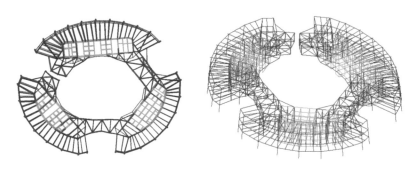

图 5.4-10   拆除第 39 层连桥中部的结构变形图

2）塔一底层中柱（钢管混凝土柱）破坏

拆除塔一底层中柱（钢管混凝土），相邻框架跨度变为原的 2 倍，楼面荷载传递至相邻跨的钢管混凝土柱和核心筒（图 5.4-11）。

拆除塔一底层中柱后，在连续倒塌的变形分析工况（$1.0 \times$ 恒荷载 $+ 0.5 \times$ 活荷载）下，结构仍能保持稳定，结构的最大位移出现在拆除中柱对应的部位，位移最大为 0.081m。拆除构件后，该跨度由原来的 7.9m 变为 15.8m，挠跨比约为 1/195。

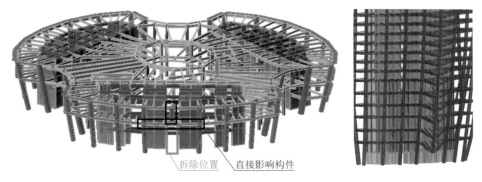

拆除位置   直接影响构件

图 5.4-11   拆除塔一底层中柱影响区域及拆除后变形情况

与拆除构件直接相连的剩余结斜柱验算果，即使采用材料的设计强度，计算结果仍能满足设要求。与拆除构件直接相连的剩余结梁的应力比，最大为 5.74，远大于 1.39（按非中部水平构件计），说明拆除塔一底层中柱不满足结构抗连续倒塌设计要求。

与拆除构件非直接相连的柱类的最大应力比 2.32 大于 1.39（按非中部水平构件计）和 2.07（按中部水平构件计）。

与拆除构件非直接相连的墙柱类构件的校核结果，即使采用材料的设计强度算仍能满足设计要求。

由于底层框架柱是结构的主要受力件，通过拆除构件的静力计算验算剩余结构构件的方法不满足防连续倒塌的设计要求。因此按照按《高层建筑混凝土结构技术规程》JGJ 3—2010 第 3.12.6 条规定计算偶然作用对塔一底层中柱的效应。塔一底层中柱截面为 $\phi 1400\text{mm} \times 50\text{mm}$，根据规范要求在该构件表面施加 80kN/m^2 的偶然荷载作用设计值。在 $1.0 \times$ 恒荷载 $+ 0.6 \times$ 活荷载 $+ 1.0 \times$ 偶然荷载的荷载组合下，该柱的验算满足规范要求，不会发生连续倒塌。

五、结语

1. 弱塔楼连接体结构体系的工程实践

本项目的显著特点在于三个塔楼的侧向刚度均比较薄弱，独立的塔楼在水平荷载下难以成立，因此结构设计通过在第 17 层、28 层、39 层三个避难层设置钢桁架连桥将塔楼两两相连，形成一个强有力的连体结构，共同抵抗竖向荷载及水平荷载作用，保证三塔协同受力。同时连桥又兼具绿化及观景的功能，实现了建筑上垂直城市的理念。

连桥为保证结构整体性的最关键构件，通过对连接体道数、设置部位比选及研究，确定了合理的连桥布置，加强结构的整体性。

采用连桥跨中斜腹杆由单斜屈曲约束支撑代替普通支撑，控制杆件在大震作用下率先屈服耗能，降低连桥刚度从而减小连桥整体受力。达到消耗地震能量，保护连桥整体安全的效果。

2. 拱形塔冠分析研究

三个单塔屋顶塔冠高度在 32～42m 之间，采用钢结构拱作为主要受力构件，各拱水平拉结。塔冠屋顶造型复杂，风荷载通过风洞试验确定，地震效应考虑鞭梢放大效应。通过对主拱进行特征值屈曲分析，反算主拱计算长度，确定各拱架满足计算要求。

3. 施工模拟及非荷载效应分析

混凝土收缩、徐变等非荷载效应的对与超高层结构影响较为明显，本项目三栋塔楼通过连桥彼此连接形成整体，受力复杂，连桥起着分配各塔楼内力的作用。通过对施工次序以及材料收缩徐变性能的模拟，分析了结构在各施工阶段，以及竣工后的核心筒墙体、外框柱的弹性变形、徐变变形、收缩变形，从而得到各墙体、核心筒、连桥等内力变化情况，为结构设计、施工和正常使用提供参考。

4. 防连续倒塌分析

为避免塔楼结构的局部破坏，引发连锁反应，导致结构主体丧失承载力，对塔楼的关键构件：钢桁架连接体、塔楼底层外框柱采用拆除重要构件的方法，按《高层建筑混凝土结构技术规程》JGJ 3—2010 提供的方法分析剩余结构的内力及应力情况。对于不满足的情况，采用了附加侧向偶然荷载在关键构件上的方法，进行了加强验算。确定结构整体冗余度满足规范防连续倒塌要求。

◀■ 参考文献 ■▶

[1] 储德文, 陈才华. 新建商业服务业设施项目(泰康金融中心)超限高层建筑工程抗震设防可行性论证报

告[R]. 北京: 中建研科技股份有限公司, 2022.

[2] 中华人民共和国住房和城乡建设部. 建筑抗震设计规范: GB 50011—2010(2016 年版)[S]. 北京: 中国建筑工业出版社, 2016.

[3] 中华人民共和国住房和城乡建设部. 高层建筑混凝土结构技术规程: JGJ 3—2010[S]. 北京: 中国建筑工业出版社, 2011.

[4] 熊羽豪, 肖从真, 储德文, 等. 泰康金融中心项目复杂连体结构设计关键问题研究[J]. 建筑结构学报, 2024, 45(6): 39-49.

6

京东集团西南总部大厦工程
结构设计

结构设计单位：中国建筑科学研究院有限公司（初步设计及施工图），施莱希工程设计咨询有限公司（方案阶段）

结构设计团队：孙建超，王　杨，李　毅，杜文博，赵建国，王华辉，张伟威，杨晓蒙，金晓鹏，刘　浩，邱一桐

执　笔　人：王　杨，张伟威，杨晓蒙

一、工程概况

京东集团西南总部大厦位于四川省成都市武侯区西三环外，武清东四路与潮音路口西南。项目总用地面积 3.97 万 m²，总建筑面积 25.51 万 m²，其中地上建筑面积约 12.41 万 m²，地下建筑面积约 13.10 万 m²，是一座集工业用房、办公、科研为一体的大型总部基地。

地下建筑共 4 层，地下室层高自下而上为 4m、4m、6m、6.2m，主要功能为人防、停车库、设备用房、报告厅、餐厅等。地上建筑共 11 层，主要功能为工业用房、办公等，建筑高度 55.90m（结构高度 55.20m），首层层高 6.1m，其余标准层层高 4.9m。结构平面尺寸东西向 142m，南北向 150m，未设置结构缝。

建筑平面共九个筒体，三行三列布置，每个标准层由两个角部重叠的回字形组成，四个回字形平面每隔数层交错布置，建筑总平面图见图 6.1-1。

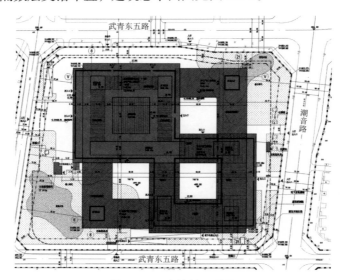

图 6.1-1　建筑总平面图

本工程 2018 年 7 月 1 日开工，2020 年 12 月 28 日竣工。建成的京东集团西南总部大厦见图 6.1-2。

图 6.1-2　建成的京东集团西南总部大厦

二、设计条件

1. 自然条件

1）拟建场区的工程地质条件

根据四川省川建勘察设计院提供的《京东集团西南基地一期项目岩土工程勘察报告》（2017 年 6 月），拟建场地原始地貌为岷江水系Ⅰ级阶地，场地无断裂构造，无特殊不良地质作用，地形较平坦，场地和地基整体稳定，适宜建筑。

本工程采用天然地基及筏板基础，基础埋深约 22m，持力层为第⑤$_2$稍密卵石层，承载力特征值 320kPa。

场地地下水类型主要为第四系孔隙潜水。砂卵石层为主要含水层，属强透水层，其补给源为上游地下水及大气降水。据收集附近水文地质资料，场地历年最高水位标高约为504.00m，可作为抗浮设计水位。

该场地抗震设防烈度为 7 度，设计基本地震加速度值 0.10g，反应谱特征周期为 0.45s，设计地震分组为第三组。土层等效剪切波速为 308.5m/s，场地覆盖层厚度大于 5m，属Ⅱ类建筑场地。

该场地分布的粉土可不考虑液化影响；细砂属轻微液化土，属于开挖范围，本场地对液化土挖除后可按建筑抗震一般地段考虑。

根据该报告，场地地下水对混凝土结构及钢筋混凝土结构中的钢筋具微腐蚀性；场地土对混凝土结构和钢筋混凝土结构中的钢筋具微腐蚀性。

本工程基坑开挖深度较大，基坑开挖自稳性差，基础施工时应采取有效的支护措施以保证施工安全。

2）风荷载

基本风压：0.30kN/m^2；

地面粗糙度类别：C 类。

3）雪荷载

基本雪压：0.10kN/m^2。

4）地震参数

抗震设防烈度：7 度；

基本地震加速度：0.10g；

设计地震分组：第三组；

场地类别：Ⅱ类；特征周期：0.45s。

5）正负零

本工程的±0.000 相当于绝对标高 506.000m。

6）抗浮水位

抗浮设计水位为 504.00m，相对设计标高为−2.00m。

2. 设计要求

1）建筑特点

（1）"矩阵式"核心筒及三段式 8 字形平面旋转的横纵布局

特殊的建筑造型带来了平面凹凸不规则和扭转效应，8 字形的平面在中央部位形成狭窄部分，是典型的角部重叠，在凹角部分形成应力集中。建筑造型生成逻辑见图 6.2-1。

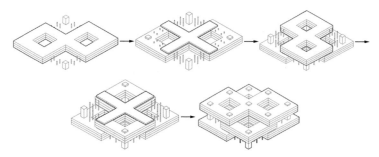

图 6.2-1　建筑造型生成逻辑

（2）平面尺度大，结构无法分缝

图 6.2-2 为建筑各层平面尺度，东西方向最大 160m，南北方向最大 150m，平面尺度大，温度作用显著，但结构筒体三乘三的布局与建筑整体造型相适应，局部的回字形平面必须由四个筒构成，中间筒体为结构通高共用，结构无法分缝。

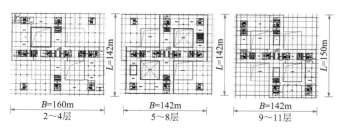

图 6.2-2　建筑平面尺度

（3）超大体量的大悬挑吊挂体系

南北两侧顶部办公楼层悬挑 10.5m，追求与下部标准楼层同样的使用净高、外立面同样的通透效果。考虑采用悬吊体系，在屋顶设置悬挑钢桁架，端部沿幕墙边的钢拉杆吊起下方 2 层或 3 层结构。塔楼北侧悬挑示意见图 6.2-3。

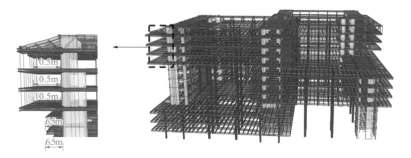

图 6.2-3　塔楼北侧悬挑示意

（4）水平延伸的高层建筑，横纵两瞰的空中花园，穿层柱穿插其中

设计遵循水平和垂直方向流动空间体系的理念，创造了室内外空间的交替变化。利用"8"字形平面每四层翻转，在每四层屋顶设置空中花园，四层通高的穿层柱穿插其中，大型乔木与开花树木相互交错，形成花园式办公园区。穿层柱与屋顶花园见图 6.2-4。

图 6.2-4　穿层柱与屋顶花园

2）结构设计标准

建筑结构设计使用年限：50 年；

结构设计基准期：50 年；

建筑结构安全等级：一级；结构重要性系数：1.1；

抗震设防类别：乙类；

结构抗震等级：框架一级，剪力墙一级；

地基基础设计等级：甲级；

地下室防水等级：二级（电气用房及地下室种植顶板防水等级为一级）；

建筑防火分类等级：一类；耐火等级：一级；

人防等级：6 级。

3）装配式要求

本项目报审阶段仍执行成都市预制装配率 30%的要求，采用预制叠合板，开工后四川省颁布了新的评价标准，与国家装配式评价标准类似，要求装配率 50%，且金属楼承板认定为装配式技术得分项。因此，地上除核心筒之外均改为金属楼承板，更体现钢结构安装优势。装配率主体结构得分 50，装配率达到 63.4%。

三、结构体系

1. 结构体系与布置

1）地上结构

地上结构平面尺寸东西向 142m，南北向 150m，未设置结构缝。首层层高 6.1m，其余标准层层高 4.9m。考虑地下室相关范围结构进行计算，上部结构嵌固部位取首层楼面。主体结构类型为框架-剪力墙结构。剪力墙内置型钢，框架柱为钢管混凝土柱，框架梁为钢梁，地上楼板主要采用钢筋桁架楼承板。

本工程采用"8"字形平面旋转而成的空间体型，每隔 4 层营造出超过 20m 高的室外空中花园。周边悬挑较多，主要悬挑梁长度 6.2m，9～11 层南北侧悬挑长度 10.5m，通过屋顶设置 2.2m 高钢桁架 + 钢拉杆 + 悬挑楼面梁组成的悬吊体系，控制大跨度悬挑部位的标准层梁高及悬挑端变形。

2）地下结构

地下室采用钢筋混凝土梁板结构，首层楼板厚度为 180mm。地下四层及地下三层局部为六级人防区域，地下一层局部自行车库采用无梁楼盖，报告厅顶板采用钢梁 + 压型钢板组合楼板，钢梁采用 H800 × 300 × 20 × 35，两端与周边混凝土梁铰接，其余区域为混凝土梁板体系。除地上结构延伸至地下室的钢管混凝土柱外，地下室框架柱均为混凝土柱，截面大多为 800mm × 800mm。图 6.3-1 为地下二层结构平面图。

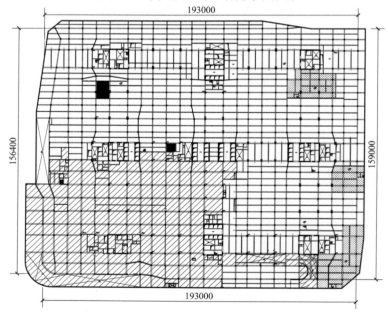

图 6.3-1　地下二层结构平面图

3）基础设计

本工程根据结构布置、楼层与荷载情况，并结合地质勘察报告数据，采用天然地基及筏形基础，基础埋深约 22m，持力层为第⑤₂稍密卵石层，承载力特征值 320kPa，纯地下室筏板厚度为 1.0m，塔楼下筏板厚度为 1.3～2.0m，局部下反柱墩。图 6.3-2 为基础平面布置图。

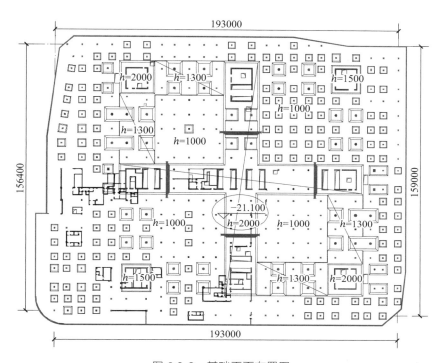

图 6.3-2　基础平面布置图

由于地下水位较高，抗浮设计水位为 504m（±0.000 标高 506m），采用抗浮锚杆解决地下室的抗浮问题。由于地上结构楼层数的不同，设计抗浮力在不同区域差异较大，因此将结构划分为五个分区，根据每个分区的设计抗浮力，依据《岩土锚杆与喷射混凝土支护工程技术规范》GB 50086—2015 计算锚杆长度及间距，计算结果见表 6.3-1，锚杆平面布置见图 6.3-3。

锚杆设计结果统计表　　　　　　　　　　　　　　　表 6.3-1

项目区域	设计抗浮力标准值 F_k（kN/m²）	锚杆间距（m）	单根锚杆拉力设计值N_d（kN）	单根锚杆配置Ⅲ级螺纹钢筋	锚固长度（m）	锚杆直径（mm）	锚杆数量
一区	30	2.4	173	760（2 根 22）	5.1	150	860
二区	70	2.0	280	1232（2 根 28）	8.0	150	922
三区	100	1.6	256	1473（3 根 25）	8.0	150	1414
四区	125	1.7	361	1608（2 根 32）	12.5	150	6399
五区	150	1.6	384	1847（3 根 28）	14.0	150	1250

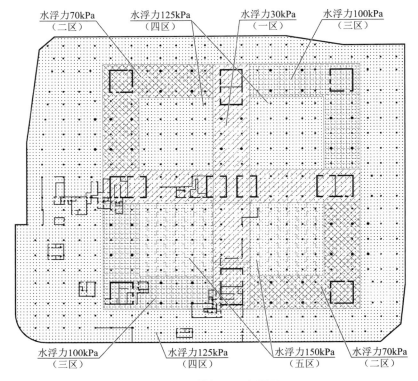

图 6.3-3　锚杆平面布置图

使用 JCCAD 软件进行基础验算，给出基底反力、底板沉降、弯矩及配筋量。沉降计算结果如图 6.3-4 所示。

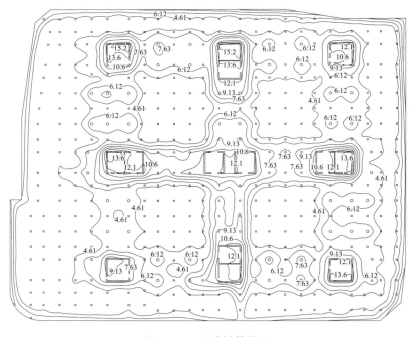

图 6.3-4　沉降计算结果

2. 抗震超限分析

1）超限内容

根据《四川省抗震设防超限高层建筑工程界定标准》DB51/T 5058—2020，本工程属于具有四项不规则的特别不规则超限高层建筑工程。超限判定见表6.3-2。

超限判定
表6.3-2

项次		本工程参数	规范或标准要求		是否超限
结构体系		框架-剪力墙			
结构总高度（m）		55.20（11层）	A级	120	否
			B级	140	
地下室埋深（m）		22.00	1/15 房屋高度		否
高宽比		55.20/142 = 0.39	6		否
长宽比		160/142 = 1.13	5		否
周期比		1.138/1.383 = 0.823	≤0.85		否
平面规则性	扭转	1.38（10层）	≤1.2		是
	凹凸	角部重叠	≥50%边尺寸		是
	楼板不连续	无	有效宽度≥50%典型宽度 开洞≤30%楼面面积		否
竖向规则性	侧向刚度比	0.95（6层）	≥90%相邻上一楼层		否
	楼层承载力比	0.71（8层）	≥0.8		是
	上部楼层外挑	6.2m悬挑梁端部无竖向构件，10.5m悬挑梁通过吊柱实现	悬挑端存在抗侧力构件时，外挑尺寸小于下部楼层1.1倍及4m		否
局部穿层柱		5层通高28.5m			是

2）性能目标

按照《高层建筑混凝土结构技术规程》JGJ 3—2010 第 3.11.1 条规定及条文说明，抗震设防性能目标主要通过"两阶段三水准"的设计方法和采取有关措施实现。对于本工程，抗震设防性能目标参照《高层建筑混凝土结构技术规程》JGJ 3—2010 第 3.11 条的性能目标 C（小震时性能水准 1，中震时性能水准 3，大震时性能水准 4），对关键构件的性能水准进行了提高。根据结构的体型特点，将以下构件指定为关键构件：四角核心筒、穿层柱、底部加强区主要墙肢、长悬挑。抗震设防性能目标细化见表6.3-3。

抗震设防性能目标
表6.3-3

地震烈度（参考级别）	小震（频遇地震）	中震（设防地震）	大震（罕遇地震）
性能水平定性描述	不损坏	可修复损坏	不倒塌
结构工作特性	弹性	允许部分次要构件屈服	允许进入塑性，控制薄弱层位移
层间位移限值	h/800	—	h/100

地震烈度（参考级别）		小震（频遇地震）	中震（设防地震）	大震（罕遇地震）
构件性能	剪力墙	按规范要求设计，保持弹性（性能水准 1）	四角筒体主要墙肢抗弯弹性（性能水准 2）；其他筒体抗弯不屈服，抗剪弹性（性能水准 3）	四角筒体底部加强区主要墙肢抗剪不屈服（性能水准 3）；其他筒体底部加强区主要墙肢满足抗剪截面控制条件（性能水准 4）
	框架柱	按规范要求设计，保持弹性（性能水准 1）	穿层柱抗弯弹性（性能水准 2）；其他柱抗弯不屈服，抗剪弹性（性能水准 3）	穿层柱抗剪不屈服（性能水准 3）
	悬挑梁	按规范要求设计，保持弹性（性能水准 1）	弹性（考虑竖向地震）（性能水准 2）	抗剪不屈服（考虑竖向地震）（性能水准 3）
	框架梁	按规范要求设计，保持弹性（性能水准 1）	—	—
	连梁	按规范要求设计，保持弹性（性能水准 1）	—	—

（1）在小震作用下，结构满足弹性设计要求，根据构件的抗震构造措施等级要求，采用荷载作用设计值、材料强度设计值和抗震承载力调整系数，进行小震阶段的设计。

（2）在中震作用下，剪力墙、框架柱进行中震弹性及中震不屈服设计，以满足性能化设计的要求。对于底部加强区的墙体，进行中震作用下的拉应力验算。

（3）对于底部加强区的墙体，进行大震作用下的抗剪截面验算。中震及大震参数见表 6.3-4。

中震及大震参数   表 6.3-4

项目	中震数值	大震数值
抗震设防烈度	7 度	7 度
基本地震加速度	0.10g	0.10g
水平地震影响系数最大值	0.23	0.45
设计地震分组	第三组	第三组
场地类别	Ⅱ类	Ⅱ类
场地特征周期	0.45s	0.50s
结构抗震等级	四级	四级
周期折减系数	0.95	1.00
连梁刚度折减系数	0.40	0.30
阻尼比	钢 0.03，混凝土 0.06	钢 0.04，混凝土 0.07

3）抗震措施

（1）采用抗震性能化设计，对结构关键部位进行中震及大震设计。

（2）筒体的外围墙肢，全高设置约束边缘构件。

（3）底部剪力墙中震拉应力较大的墙肢处设置型钢，以提高剪力墙的承载力及延性，对拉应力超过f_{tk}的墙肢，设置型钢承担全部拉应力，并保证名义拉应力小于$2f_{tk}$。

（4）筒体外墙水平和竖向分布筋配筋率提高至 0.6%。

（5）提高四角筒体的性能水准至中震弹性，其余筒体为中震不屈服。

（6）大跨悬挑梁考虑中震作用下的竖向地震，性能水准为中震弹性。

（7）楼板局部开洞位置，为保证地震作用传递，增加洞口周围一跨楼板厚度至 150mm，双层双向配筋，截面每个方向单侧配筋率不小于 0.25%。并且在洞口悬挑侧的楼板下设置水平角钢支撑。

（8）穿层柱在设计时大震剪力按邻近的普通柱采用，轴力按自身采用，考虑穿层柱的自身计算长度进行验算。

（9）穿层柱上端楼板双层双向配筋，截面每个方向单侧配筋率不小于 0.25%。

（10）结构嵌固位置取负一层，配筋取嵌固在首层和负一层包络结果。

（11）配筋取原设计与 45°方向地震作用包络结果。

3. 结构方案研究

1）屋顶长悬挑形式对比

钢管混凝土柱在局部形成类似单跨框架的两侧悬挑体系，主要悬挑梁长度 6.2m，9～11 层南北侧悬挑长度 10.5m，建筑要求室内空间净高与其他楼层一致且不能加柱子或斜杆。因此，屋面设计有大跨度悬挑钢桁架悬挂结构体系，下部楼层则采用吊柱与下部楼层悬挑梁端部连接。悬挑示意如图 6.3-5、图 6.3-6 所示。

主要对比了型钢混凝土悬挑梁和钢桁架，型钢混凝土悬挑梁端部截面高度 1000mm，根部则达到 2200mm，结构自重占总的荷载效应成分大，特别是竖向地震为主的工况，构件受力效率低。对其设定的中震和大震下的性能目标不易达到，且纵筋配筋大，节点钢筋密集，施工质量难以保障。而结合建筑屋面造型设置钢桁架，可充分发挥钢桁架刚度大、自重轻的优越性能，有效控制截面，减少用钢量，同时避免节点的复杂连接。

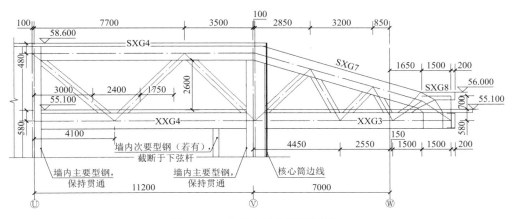

图 6.3-5　北侧大悬挑部位剖面图

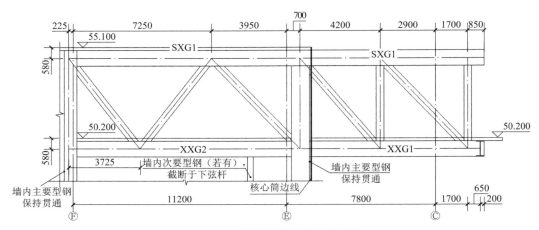

图 6.3-6　南侧大悬挑部位剖面图

2）框架柱形式对比

主要对比了型钢混凝土柱和钢管混凝土柱，结构楼面梁以钢梁为主，采用钢管混凝土柱可使节点连接简单，柱不需要支模绑筋，缩短工期，而型钢混凝土柱节点深化排筋以及现场施工都会增加很多工作量。

另根据装配式建筑要求，采用型钢混凝土柱的结构体系，竖向构件预制率须达到 35%。型钢柱和带型钢剪力墙的预制难度极大，且没有可靠的案例，质量难以保障。而采用钢管混凝土柱后，按照国家标准，竖向构件混凝土部分不参与评价，从而可避免这一问题。

钢管混凝土柱受力合理，通过合理的设计方法及构造，可降低结构造价。柱外表有建筑装修层，因此防火涂料带来的外观问题也可以解决。通过以上对比，项目最终采用钢管混凝土柱。

4. 结构分析

1）小震弹性分析

首先进行整体结构小震弹性分析，采用 SATWE 程序进行计算，计算模型见图 6.3-7。

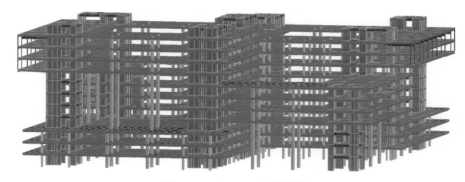

图 6.3-7　SATWE 计算模型

根据计算结果，结构总质量约为 21.1 万 t，主要周期及振型见表 6.3-5，结构周期比为 0.82，满足《高层建筑混凝土结构技术规程》JGJ 3—2010 第 3.4.5 条限值 0.85 的要求。

主要周期振型参数 表 6.3-5

振型号	周期（s）	平动系数（X向 + Y向）	扭转系数
1	1.3834	0.11 + 0.78	0.11
2	1.3206	0.63 + 0.21	0.16
3	1.1378	0.29 + 0.03	0.68
4	0.4054	0.16 + 0.69	0.15
5	0.3892	0.64 + 0.27	0.09
6	0.3311	0.22 + 0.05	0.73

多遇地震作用下，楼层剪力见图 6.3-8，可以看出，3 层和 7 层剪力发生突变，是由于这两层是回字形转换层。层间位移角见图 6.3-9，结构 X 向和 Y 向最大层间位移角均出现在 6 层，分别为 1/1707 和 1/1698，均小于《高层建筑混凝土结构技术规程》JGJ 3—2010 第 3.7.3 条限值 1/800。

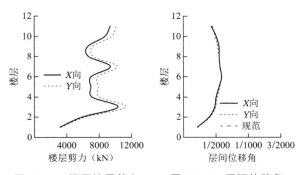

图 6.3-8 楼层地震剪力   图 6.3-9 层间位移角

多遇地震作用下，框架承担的楼层剪力与基底剪力的比值见图 6.3-10。可以看出，框架承担的楼层剪力与基底剪力的比值最大值大于 10%，满足《建筑抗震设计规范》GB 50011—2010（2016 年版）的要求，且全部楼层均大于 7%，满足超限结构的基本要求。

结构层间刚度比计算结果如图 6.3-11 所示，根据《高层建筑混凝土结构技术规程》JGJ 3—2010 第 3.5.2 条规定"对框架-剪力墙结构，楼层与其相邻上层的侧向刚度比不宜小于 0.9，对结构底部嵌固层，该比值不宜小于 1.5"，层间刚度比均满足规范要求。

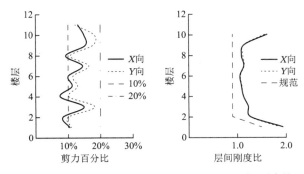

图 6.3-10 框架剪力百分比   图 6.3-11 层间刚度比

2）两套软件对比

采用 ETABS（2016 版）进行第二套软件的计算，得到的结构总质量与 SATWE 结果仅相差 1.9%，前三阶振型完全一致，周期差异最大值为 3.6%。多遇地震作用下，基底剪力、弯矩的对比见表 6.3-6，结构位移对比见表 6.3-7。可以看出，两种软件计算结果基本一致，且均满足规范要求。

基底剪力弯矩对比 表 6.3-6

软件	SATWE		ETABS		ETABS/SATWE	
方向	X	Y	X	Y	X	Y
基底总剪力（kN）	50621	55512	49042	53723	0.969	0.968
基底剪重比	2.40%	2.63%	2.42%	2.65%	1.008	1.008
基底总倾覆弯矩（kN·m）	1987749	2179795	1885996	2067715	0.949	0.949

结构位移对比 表 6.3-7

软件	SATWE		ETABS		ETABS/SATWE	
方向	X	Y	X	Y	X	Y
最大层间位移角	1/1707	1/1698	1/1750	1/1765	0.975	0.962
所在楼层	6 层	6 层	6 层	6 层	—	—
顶点最大位移（mm）	25.39	26.04	24.54	29.00	0.967	1.114

3）弹性时程分析

采用中国建筑科学研究院编制的 PKPM 系列软件 SATWE 进行了动力弹性时程分析计算。根据场地安评报告，选取 3 条地震波，包括 1 条人工波，2 条天然波，分别为：人工波 RH2TG045，天然波 TH002TG045，天然波 TH3TG045，分别从 X、Y 向进行输入，峰值加速度取 35cm/s^2。时程曲线见图 6.3-12。

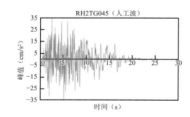 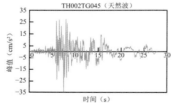 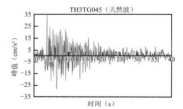

图 6.3-12 地震加速度时程曲线

经过时程分析计算，三条波中每一条的基底剪力都大于反应谱法基底剪力的 65%，平均基底剪力大于反应谱法基底剪力的 80%，满足规范对时程分析地震波的要求，详见表 6.3-8。

基底剪力及最大层间位移角 表 6.3-8

		反应谱法	人工波 RH2TG045	天然波 TH002TG045	天然波 TH3TG045	平均值
X向	基底剪力（kN）	50621.8	50252.1	52152.9	49405.8	50603.6
	比值	100%	99.3%	103.0%	97.6%	100.0%
	最大层间位移角	1/1707	1/1340	1/1715	1/1938	—

续表

		反应谱法	人工波 RH2TG045	天然波 TH002TG045	天然波 TH3TG045	平均值
Y向	基底剪力（kN）	55512.6	59100.1	56623.4	56690.2	57471.2
	比值	100%	106.5%	102.0%	102.1%	103.5%
	最大层间位移角	1/1698	1/1427	1/1424	1/1731	—

楼层剪力计算结果见图 6.3-13，可以看出，X 方向和 Y 方向在部分楼层部分地震波的时程分析计算结果大于完全二次振型组合方法（Complete Quadratic Combination，简称 CQC）计算结果，在进行小震 CQC 计算时，对各方向地震作用按相应比例放大进行设计，放大系数 X 方向在 1.01～1.29，Y 方向在 1.00～1.46。

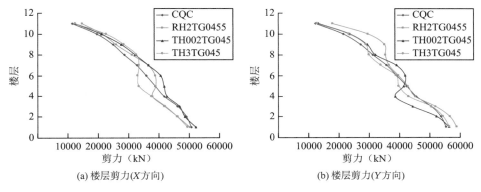

(a) 楼层剪力(X方向)　　　　　　　(b) 楼层剪力(Y方向)

图 6.3-13　时程分析楼层剪力

4）舒适度分析

地上各层结构周边均为悬挑且跨度较大，主要悬挑跨度为 6.2m，因此需要对悬挑结构进行舒适度验算。通过对结构进行模态分析得出固有振动频率，通过固有振动模态查找薄弱部位，在薄弱部位施加人行荷载，采用动力时程分析计算人行荷载激励下的楼板竖向振动加速度。

选取典型楼层（2 层），进行模态分析及人行荷载激励下的竖向加速度分析。经计算，悬挑区域前 10 阶振型的固有频率在 3.20～3.56Hz 之间，均满足《高层建筑混凝土结构技术规程》JGJ 3—2010 第 3.7.7 条不宜小于 3Hz 的要求，其中 2 层主要模态分析结果见图 6.3-14。

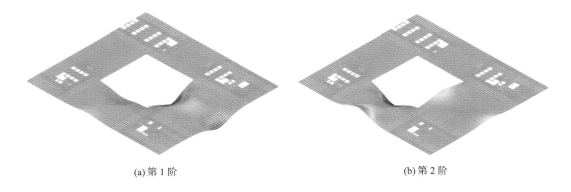

(a) 第1阶　　　　　　　　　　　　　(b) 第2阶

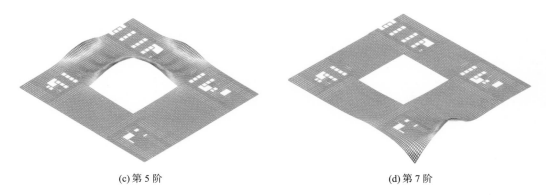

(c) 第 5 阶   (d) 第 7 阶

图 6.3-14 模态分析结果

图 6.3-15 为人行荷载轨迹示意（图中箭头代表人行轨迹方向）。结构外围为大跨度悬挑，人行荷载作用在结构外侧时为最不利情况，其中工况 1 为人沿结构角部通过，工况 2 为人沿结构侧边通过，这两种工况可以代表所有最不利情况。工况 1 和工况 2 下 2 层楼板的最大加速度节点位置如图 6.3-16 所示，在不同的人行荷载激励下，楼板竖向振动加速度最大值为 0.050m/s^2，根据《高层建筑混凝土结构技术规程》JGJ 3—2010 第 3.7.7 条，按结构最大竖向自振频率 3.56Hz 计算，加速度限值为 0.054m/s^2，计算结果小于规范限值，结构具有良好的使用条件，满足舒适度要求。

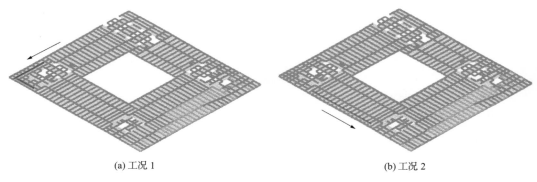

(a) 工况 1   (b) 工况 2

图 6.3-15 人行荷载轨迹示意

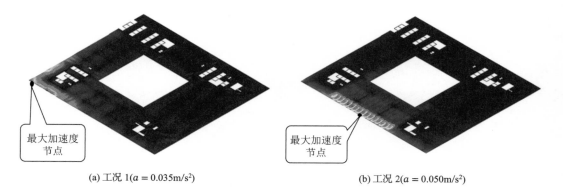

(a) 工况 1($a = 0.035\text{m/s}^2$)   (b) 工况 2($a = 0.050\text{m/s}^2$)

图 6.3-16 加速度计算结果

5）穿层柱稳定分析

（1）分析依据

对于穿层柱，由于构件约束条件相对比较特殊，在部分楼层不受约束，部分楼层受到有限约束，而且构件自由长度一般较长，如果盲目按照规范公式进行计算，没有考虑结构侧移或者不从结构整体来考察构件的计算长度，有时会不够经济，构件截面过大，而有时又会带来不安全的结果。

（2）屈曲分析的计算方法

采用欧拉公式推算构件计算长度。

欧拉承载力公式：

$$P_{cr} = \frac{\pi^2 EI}{(\mu L)^2} \tag{6.3-1}$$

计算长度公式：

$$L_e = \mu L = \sqrt{\frac{\pi^2 EI}{P_{cr}}} \tag{6.3-2}$$

根据以上计算公式可知，求解构件的计算长度，主要的问题是如何得到构件的临界屈曲荷载。目前工程中临界屈曲承载力的计算方法主要有以下几种：整体法、局部法、独立构件法等。对于一般的工程项目采用整体法求解临界屈曲荷载。

整体法是通过整体屈曲分析确定穿层柱计算长度的分析方法。它是采用结构整体模型进行屈曲分析，以得到构件的欧拉临界力和屈曲系数。整体模型的屈曲分析具有较为直观的屈曲模态，可充分考虑其余构件对该构件的约束和影响，接近于构件真实的受力模式，相对来说是比较准确的方法。

（3）midas 屈曲分析求解原理

midas Civil 的线性屈曲分析（Linear Buckling Analysis）功能主要用于求解由桁架、梁单元或者板单元构成的结构临界荷载系数（Critical Load Factor）和分析对应的屈曲模态（Buckling Mode Shape）。在一定变形状态下的结构的静力平衡方程式可以写成下列形式：

$$[K]\{U\} + [K_G]\{U\} = \{P\} \tag{6.3-3}$$

式中：$[K]$——结构的弹性刚度矩阵；

$[K_G]$——结构的几何刚度矩阵；

$\{U\}$——结构的整体位移向量；

$\{P\}$——结构的外力向量。

若结构处于不稳定状态的话，其平衡方程必须有特殊解，即等价刚度矩阵的行列式等于 0 时，发生屈曲（失稳）。

$$|[K] + \lambda_i[K_G]| = 0 \tag{6.3-4}$$

式中：λ_i——特征值（临界荷载）。

这种问题可以用"特征值分析"的方法来求解。

通过特征值分析求得的解有特征值和特征向量，特征值就是临界荷载，特征向量是对应于临界荷载的屈曲模态。临界荷载可以用已知的初始值和临界荷载的乘积计算得到。临界荷载和屈曲模态意味着所输入的临界荷载作用到结构时，结构就发生与屈曲模态相同形态的屈曲。

（4）midas 屈曲分析求解结果

本项目主要存在三类穿层柱，见表 6.3-9：

穿层柱概况　　　　　　　　　　　　　表 6.3-9

编组	截面（mm）	穿越楼层	穿越层数（层）	负载层数（层）	自由段长（m）
第①组	$\phi1400$（$t=30$）	4~8	5	4	24.5
第②组	$\phi1400$（$t=30$）	1~4	4	4	20.8
第③组	$\phi1400$（$t=30$）	B1~4	5	4	28.5
第④组	$\phi1400$（$t=30$）	4~8	5	3	24.5

分组平面位置如图 6.3-17 所示。

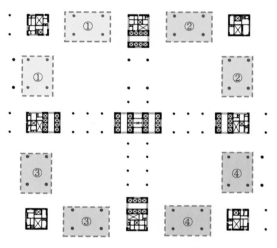

图 6.3-17　穿层柱分组平面

由于第②组柱受力条件和大小接近第③组，且第③组自由段长度更长，包络分析仅考察第③组。第④组柱受力条件和自由段长度接近第①组，且第①组多负荷一层荷载，包络分析仅考察第①组。

midas 屈曲分析所得结果如图 6.3-18、图 6.3-19 所示。

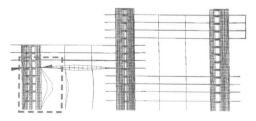

图 6.3-18　模态 2：第③组柱 Y 向屈曲
（右视图，特征值为 48.1）

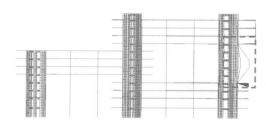

图 6.3-19　模态 6：第①组柱 Y 向屈曲
（右视图，特征值为 49.4）

穿层柱计算长度系数的计算结果见表 6.3-10。可见穿层柱在竖向荷载和水平荷载作用下，完全满足结构的受力要求，安全可靠。

穿层柱计算长度系数 表 6.3-10

柱子组别	恒荷载＋活荷载下该组柱最小单柱轴力（kN）	特征值	屈曲临界荷载（kN）	有效计算长度（m）	计算长度系数
第①组	24882	49.4	1229171	9.79	0.40
第②组	14468	48.1	695911	13.01	0.63
第③组	14468	48.1	695911	13.01	0.46
第④组	20532	49.4	1014281	10.78	0.44

四、专项设计

1. 结构构件清水混凝土效果的实现

建筑效果非常注重外露墙柱整体清水混凝土效果，结构在 600mm 厚的筒体剪力墙之间设置清水混凝土 150mm 厚的薄墙，并在内侧与核心筒剪力墙连接部位设缝，缝深 90mm、缝宽 20mm，使薄墙根部与剪力墙仅有 60mm 厚连接，满足单排钢筋通过。同时薄墙底面与剪力墙不设缝，使其满足重力荷载承载力。采用此种设缝做法，有效避免薄墙参与结构抗震导致拉裂，同时保证了筒体外侧平整一致的观感，实现了最大跨 5 层高度达 24.5m 的整体清水混凝土筒体效果。外露的钢管混凝土柱则通过设置清水混凝土外包层及采取合理构造措施，达到外观清水混凝土装饰效果同时不影响结构刚度，最终也形成最大五层通高的清水混凝土柱效果，与筒体风格统一，相映成趣。核心筒薄墙构造见图 6.4-1，墙柱完成效果见图 6.4-2。

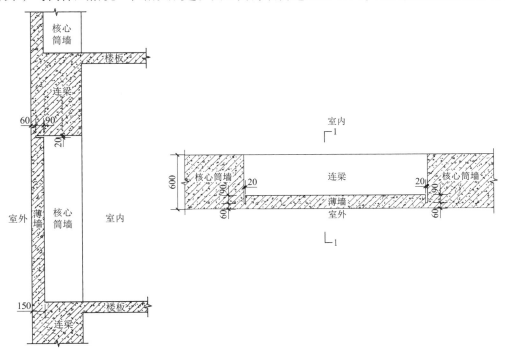

图 6.4-1 核心筒薄墙构造

图 6.4-2　墙柱完成效果

2. 型钢混凝土墙与梁连接复杂节点设计

本项目核心筒剪力墙仅 600mm 厚，在角部与钢框架梁刚接，墙内出于控制墙肢名义拉应力及钢构件连接需求在边缘构件内设置型钢；同时，边缘构件内有较为密集的纵筋和箍筋，节点形式复杂。

对于钢框架梁和墙内型钢刚接节点（图 6.4-3），采用了钢梁端部牛腿处变厚度同时形状收窄的做法，翼缘由 530mm×35mm 变为 460mm×40mm，保证了与墙内型钢连接，既减少了厚板数量，又避免了翼缘在伸入混凝土墙内过宽而阻挡纵筋穿过。有效解决型钢混凝土墙和钢梁连接复杂节点设计，保证了承载能力和延性要求。

对于型钢混凝土框架梁和墙连接节点（图 6.4-4），通过"穿、并、绕"等合理排筋方式，在设计阶段给出复杂节点排筋示意图，同时进行有限元分析加以论证（图 6.4-5）。为钢结构深化和土建实施阶段提供有效参考，有效解决型钢混凝土墙和型钢混凝土梁复杂连接节点设计难题。

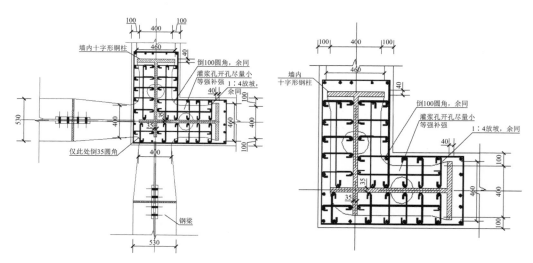

图 6.4-3　钢框梁与核心筒连接节点

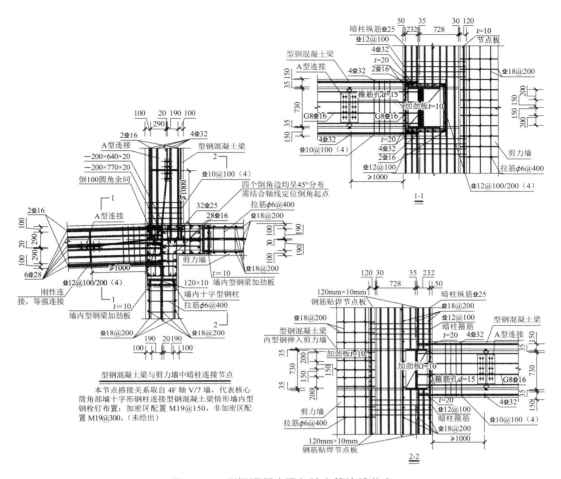

图 6.4-4　型钢混凝土梁与核心筒连接节点

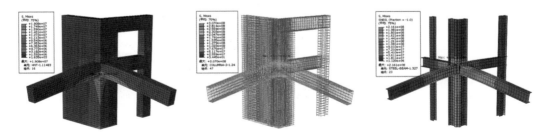

图 6.4-5　型钢混凝土梁与核心筒连接节点-混凝土、钢筋、型钢应力

3. 吊柱节点形式（图 6.4-6）

对于悬挂体系顶层节点，拉杆采用螺母＋推力关节轴承形式与桁架端部竖杆相连。对于悬挂体系中间层节点，采用连接套连接上层拉杆和下层拉杆，悬挑楼层梁端部设置圆管节点，拉杆穿过楼层梁，连接下层拉杆。对悬挂体系底层节点，拉杆仍然穿过悬挑楼层梁，穿过后采用大螺母锁紧。拉杆在钢结构深化阶段由专业钢拉杆厂家进一步细化，最终实现拉杆纤细与幕墙融为一体的建筑效果（图 6.4-7）。

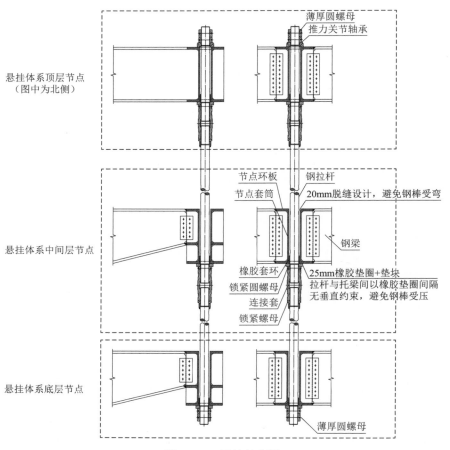

图 6.4-6　吊柱节点图

图 6.4-7　吊柱实施效果

4. 悬吊楼层施工方案

项目屋面具有大跨度悬挑钢桁架悬挂结构，单榀桁架长 10.5m，重 16.95t，传统的"逆作法"施工技术，需等主体结构封顶完成后才能施工，将增加 60 余天的施工工期，且吊装施工需穿过已安装的构件，施工难度大且安全风险高。

项目采用的大跨度悬挑钢桁架悬挂结构体系技术,创造性地提出了"顺作法"施工方法,通过设置临时钢拉杆(图6.4-8),进行大跨度悬挑钢梁的安装固定,自下而上,与主体结构同步施工,并建立钢结构模型,进行节点深化,有效控制施工安装精度,为高精度的悬挑构件的空间拼装提供了技术保障。悬吊楼层施工过程模拟见图6.4-9。

图 6.4-8　临时钢拉杆施工过程　　　　　图 6.4-9　悬吊楼层施工过程模拟

5. 信息化助力复杂空间协同设计

项目采用智慧建造技术,对项目全寿命周期进行精细化管理,从设计模型到施工的更新与完善。辅助深化设计、施工方案模拟,施工进度模拟、质量安全等多方面展开,探索建筑信息模型(Building Information Modeling,简称 BIM)应用于全生命周期的工作流程。

全程参与的 BIM 技术为设计和施工保驾护航,实现钢结构布置优化、管综与结构关系动态调整、指导钢结构安装等目标。BIM 模型如图 6.4-10 所示。

图 6.4-10　BIM 模型

五、结语

无穷无尽、生生不息的建筑理念,给这座互联网企业办公大厦带来了崭新的景象。同样,建筑创意的无止境也一直在给结构工程师带来挑战和机遇,我们只能逢山开路、遇水叠桥，本着结构安全、经济合理的原则，从大的结构体系到小的节点设计，最终实现结构布置与建筑功能完美契合、与建筑效果和谐统一。

（1）结构筒体与柱布局清晰精炼

选取矩阵式布局的建筑交通核形成钢筋混凝土筒体，作为主要的竖向承重及抗侧构件，其均匀的布局有效控制了结构整体的扭转。筒体间钢管混凝土柱及钢梁组成的框架体系作为抗侧力体系的补充。框架柱距 16.8m×11.2m，数量极为精简，充分发挥了钢管混凝土柱强大的抗压能力，两侧采用悬挑框架梁，构建出室内开阔的大跨度空间，实现了幕墙边纯净无柱的建筑外轮廓效果。

（2）超限结构抗震性能化设计

项目体型复杂，存在多项抗震不规则，体型上的角部重叠形成凹凸不规则，荷载分布的不均匀带来楼层承载力比超限等。对于关键部位，针对性提高其抗震性能，结构冗余度较高，在多遇地震及设防地震和罕遇地震下均具有优越的性能。核心筒内置型钢提高了结构的变形能力和延性，确保结构整体的抗震性能。

（3）纯净的清水混凝土效果与抗侧结构刚度需求的内在统一

建筑造型理念要求外露墙柱均为清水混凝土，且外表面完整、纯净、一次成型，不接受后装饰清水饰面，结构设计必须解决纯净的清水混凝土效果与抗侧结构刚度需求的内在统一。筒体墙上的洞口如全部采用厚度一致的结构墙，其过大的刚度将吸收极大的地震能量，所谓过犹不及。因此，墙体洞口处采用在内侧设非贯通诱导缝的薄墙做法，在地震作用下首先开裂，不参与抗侧。外露的钢管混凝土柱设置清水混凝土外包层，采用合理的厚度和连接构造，使其不影响结构刚度。

（4）大跨度悬吊体系

顶部大跨度悬挑部位的两个关键问题是屋顶结构的经济性以及吊柱的节点形式。经过多角度对比，采用屋顶钢桁架方案，优化了结构造价，减小了施工难度。对屋顶钢桁架＋钢拉杆＋悬挑楼面梁组成的悬吊体系，详细分析施工各步骤加载、卸载过程中的内力和变形，确保了施工安装过程结构反应与设计意图的一致。选择精巧的钢拉杆节点形式，使其基本隐藏于吊顶高度内，观感简洁轻盈，实现了与普通楼层几乎一致的空间视觉效果。

（5）组合构件性能与施工可行性的协调统一

筒体的性能水准为中震弹性或中震不屈服，同时底部剪力墙中震拉应力较大，设置型钢以提高剪力墙的承载力及延性。精细处理暗柱内的型钢形式，用窄翼缘来保证钢筋连接和施工浇筑的可行性，确保组合墙体的整体性能。在机电管线集中区域严格控制梁高，局部变截面以满足受力要求，大跨度钢梁与筒体连接时改变截面与暗柱内型钢协调一致，解决与筒体内型钢的连接难点。

（6）装配式设计和全过程 BIM

解决了钢管混凝土柱清水混凝土表面的构造问题，水平构件采用钢梁和钢筋桁架楼承板，装配式结构体系得到满分的分值。采用全过程 BIM 设计，进行场地日照分析、风环境模拟、建筑热辐射分析等，同时对空间关系复杂的部位通过联动交互的专业协同，全过程助力钢梁截面及相交节点的优化，并指导钢结构安装，实现施工完成度与设计意图的高度一致。

■ 项目获奖情况 ■

2021 年度第十四届第二批中国钢结构金奖

2023 年亚洲建筑师协会建筑奖；公共设施：商业建筑金奖

2019 年度北京市工程建设 BIM 成果证书一类成果

2021 年度四川省建设工程天府杯金奖

2023 年"北京市优秀工程勘察设计成果评价"建筑工程设计综合成果评价（公共建筑）一等成果

2023 年"北京市优秀工程勘察设计成果评价"建筑结构与抗震设计专项成果评价（建筑结构）二等成果

2023 年"北京市优秀工程勘察设计成果评价"女建筑师优秀设计单项成果评价二等成果

2023 年"北京市优秀工程勘察设计成果评价"数字科技应用单项成果评价三等成果

第七届龙图杯全国 BIM 大赛设计组二等奖

2018 年首届"优路杯"全国 BIM 技术大赛优秀奖

■ 参考文献 ■

[1]　中华人民共和国住房和城乡建设部. 建筑抗震设计规范: GB 50011—2010(2016 年版)[S]. 北京: 中国建筑工业出版社, 2016.

[2]　四川省住房和城乡建设厅. 四川省抗震设防超限高层建筑工程界定标准: DB51/T 5058—2020[S]. 成都: 西南交通大学出版社, 2021.

[3]　徐培福, 傅学怡, 王翠坤, 等. 复杂高层建筑结构设计[M]. 北京: 中国建筑工业出版社, 2005.

[4]　中华人民共和国住房和城乡建设部. 高层建筑混凝土结构技术规程: JGJ 3—2010[S]. 北京: 中国计划出版社, 2011.

[5]　杨晓蒙, 张伟威, 李毅, 等. 京东集团西南总部大厦结构超限设计[J]. 建筑结构, 2019, 49(13): 48-52.

7

中投证券大厦项目
（中金大厦）工程结构设计

结构设计单位：中国建筑科学研究院有限公司

结构设计团队：肖从真，孙建超，高　杰，韩　雪，胡心一，杨金明，董晓岚，
　　　　　　　张小雪，李玥穆，杜文博，江浩然，索明月

执　笔　人：高　杰

一、工程概况

　　本项目位于深圳市后海中心区，东临科苑大道、南临逸湖六街、西临逸景三路、北临海德三道。项目建设用地面积为 4336.83m²，总建筑面积为 78302m²，地上建筑面积为 57442m²，地下建筑面积为20860m²。主楼建筑高度为 144.00m，塔冠幕墙顶标高为 153.00m，结构高度为 144.00m，地下 5 层，地上 30 层，建筑功能包含办公、商业、数据中心、餐厅、厨房等。具体情况见图 7.1-1～图 7.1-3。

图 7.1-1　建筑整体效果图

图 7.1-2　顶部挑空区建筑效果图

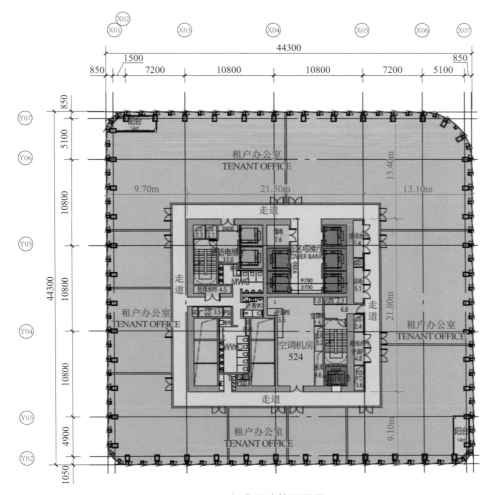

图 7.1-3 标准层建筑平面图

二、设计条件

1. 场地条件

拟建场地位于深圳市南山区后海海德三道与科苑大道交汇处西南角。场地原始地貌为海漫滩，现场地堆填有杂填土，上覆植被。场地内地层自上而下依次为：第四系人工填土层（Qml）、第四系海陆交互相沉积层（Qmc）、第四系残积层（Qel）、下伏基岩为燕山晚期侵入岩（γ_5^{3-1}）。根据场地特点及地勘报告建议，宜选择中⑥层、微风化层⑦作为持力层，其承载力特征值 f_{ak} 分别为 2500kPa 和 4000kPa。其中⑥层中风化岩较薄且起伏大，因此选用⑦层微风化岩为桩端持力层。

该场地地表水和地下水水质对混凝土结构具弱腐蚀性；对钢筋混凝土结构中的钢筋具中等腐蚀性。场地地下水水位以上的地层土对混凝土结构具微腐蚀性，对钢筋混凝土结构中的钢筋和钢结构具微腐蚀性。

根据地勘报告建议结合深圳地区经验、场地周边地表水情况及以上统计结果等，考虑设计年限为 50 年，期间地下水位可能大幅波动（如暴雨、台风季节等），地下室抗浮设防水位建议按设计室外地坪标高以下 1.0m（黄海高程 4.50m）取值。

2. 地震作用

抗震设计烈度：7 度；
设计基本地震加速度：0.10g；
设防地震分组：第一组；
场地类别：Ⅱ类；
场地特征周期：0.35s；

3. 风荷载

基本风压 0.75kN/m²，地面粗糙度 C 类，根据项目特点需要进行风洞试验。

4. 基本雪压

基本雪压：0.00kN/m²。

5. 设计参数（表 7.2-1）

设计参数 表 7.2-1

参数项		内容
设计基准期		50 年
结构设计使用年限		50 年
耐久性设计年限		50 年
建筑抗震设防类别		丙类（数据机房及下为乙类）
建筑结构安全等级		二级（数据机房以下为一级）
结构重要性系数		1.0（六层转换层及以下楼层取 1.1）
结构体系		钢管混凝土框架/钢框架-钢筋混凝土核心筒
地基基础设计等级		甲级
地基基础安全等级		一级
抗震设防烈度		7 度
设计基本地震加速度峰值		0.10g
设防地震分组		第一组
场地类别		Ⅱ类
场地特征周期 T_g	多遇地震	0.35s
	罕遇地震	0.40s
活荷载重力荷载代表值系数		0.5
周期折减系数		0.85

续表

参数项		内容
地震作用阻尼比	弹性	0.04（混合结构）
	弹塑性	0.05
层间位移角限值	弹性	1/800
	弹塑性	1/100
地面粗超度类别		C 类（并与风洞试验结果进行包络）
风荷载阻尼比	承载力	0.04
	舒适度	0.015
基本风压	$R = 10$	0.45kN/m²（用于计算舒适度）
	$R = 50$	0.75kN/m²（用于计算位移相关指标） 0.825kN/m²（用于计算承载力）
抗震等级	钢框架	三级（数据机房及下为二级）
	钢管混凝土外框柱	一级
	核心筒剪力墙	特一级
结构抗震性能目标		C 级

三、结构体系

1. 结构抗侧力体系

主体结构采用钢框架-钢筋混凝土核心筒结构体系，1～5 层为钢管混凝土框柱，6 层以上转换为方钢管密柱外框柱，地下室范围楼面梁钢筋混凝土梁，钢筋混凝土楼板，地面以上楼面梁均为钢梁，楼板为组合楼板。具体布置情况见图 7.3-1～图 7.3-3。

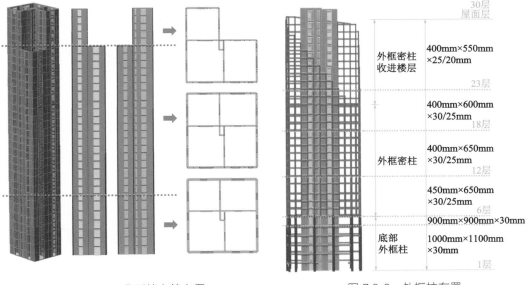

图 7.3-1　典型核心筒布置　　　　　图 7.3-2　外框柱布置

首层平面尺寸为 66.15m×58.95m，标准层平面尺寸为 44.3m×44.3m，核心筒平面尺寸为 19.95m×21.6m，核心筒标准层面积占比 21.95%，整体高宽比 3.25，核心筒高宽比 7.22。

主体结构角部范围在 21～28 层存在挑空区，在 21 层以上建筑外轮廓收进，同时由于建筑使用功能要求，在顶部 27～28 层设有会议室，对应核心筒筒体在 27 层以上约 1/4 范围内收进（图 7.3-4）。

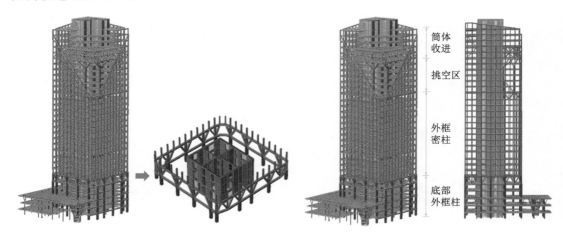

图 7.3-3　转换桁架布置　　　　　　　　图 7.3-4　结构整体布置情况

2. 结构重力体系

重力荷载经楼板传递给核心筒和外框架结构。核心筒为钢筋混凝土现浇结构体系，筒外采用钢梁和组合楼板，典型楼板厚度 120mm。外框架柱在竖向连续，竖向力可连续传递至基础。由于本项目 21～28 层索网幕墙的存在，因此树状柱也会传递一部分悬挑会议室竖向力及幕墙索网的一部分索拉力。转换层以上典型楼面布置详见图 7.3-5，典型楼层核心筒外楼面梁跨度为 8.45～14.00m，钢梁典型间距为 3.6m，大部分钢梁两端均采用铰接连接形式，并考虑钢梁和楼板的共同工作组合效应。

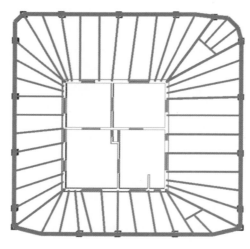

图 7.3-5　标准层

3. 地基基础

结构屋面高度 144.00m，基础埋深 24m，埋深为 1/6，满足规范 1/18 要求。经多方案比选，最终确定基础形式为桩筏基础，底板厚度 1.8m。桩采用旋挖灌注桩，桩径为 1200mm、1800mm、2000mm，有效桩长 17～28m，以⑦层微风化岩为桩端持力层，桩端进⑦层微风化岩不小于 0.5m。

4. 结构整体计算分析

1）质量与动力特性

（1）结构质量

两个软件的主体结构质量统计对比情况见表 7.3-1。对比结果表明，两个模型的质量基本一致。

两个模型结构质量统计对比情况　　　　　　　　　　　　表 7.3-1

模型	恒荷载（t）	活荷载（t）	总质量（t）	每平方米重（t/m²）
PKPM	74201.09	15278.16	89479.26	1.558
ETABS	74400.35	15271.52	89671.87	1.561
误差	0.27%	0.04%	0.21%	0.21%

（2）结构动力特性

表 7.3-2 给出两个模型的前六阶动力特性分析对比结果。

结构动力特性对比结果　　　　　　　　　　　　表 7.3-2

振型	模型	周期	振型特性	平动及扭转比例系数			误差
				X向	Y向	扭转	
1	PKPM	3.398	一阶X向平动	0.98	0.02	0.00	2.02%
	ETABS	3.468		0.98	0.02	0.00	
2	PKPM	3.204	一阶Y向平动	0.02	0.98	0.00	1.90%
	ETABS	3.266		0.02	0.97	0.01	
3	PKPM	2.579	一阶扭转	0.03	0.02	0.95	0.77%
	ETABS	2.599		0.00	0.00	0.99	
4	PKPM	1.014	二阶X向平动	0.96	0.01	0.04	3.34%
	ETABS	1.049		0.98	0.00	0.02	
5	PKPM	0.953	二阶Y向平动	0.00	0.99	0.01	2.76%
	ETABS	0.980		0.01	0.99	0.01	
6	PKPM	0.854	二阶扭转	0.05	0.03	0.91	2.06%
	ETABS	0.872		0.01	0.01	0.98	

2）楼层剪力

水平地震和风荷载工况作用下的各层楼层剪力如图 7.3-6 所示，小震工况下风荷载基本起控制作用。

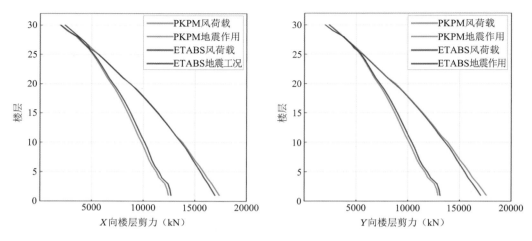

图 7.3-6　水平地震及风荷载作用下的楼层剪力对比图

3）剪重比

根据《建筑抗震设计规范》GB 50011—2010（2016 年版）规定，在水平地震作用下的楼层剪力应满足规范剪重比的要求，对应本工程最小剪力系数为 0.016。根据计算结果，X 向和 Y 向小震剪重比均仅在底部 1～6 层小于规范 0.016 的限值要求，按照规范规定进行整楼调整。各层剪重比及调整系数如图 7.3-7 所示。

4）外框承担剪力

计算结果表明，除底部个别楼层、避难层及顶部外框柱收进楼层外，本结构除了高区以外的楼层的框架柱地震剪力分担比均大于 8%，仅个别楼层和顶部楼层小于 8%，个别楼层小于 5%，基本满足多道设防的设计要求。外框架剪力分担比例见图 7.3-8。

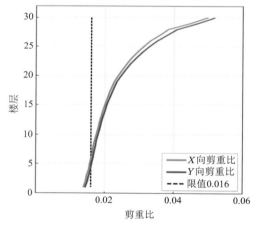

图 7.3-7　剪重比及其调整系数

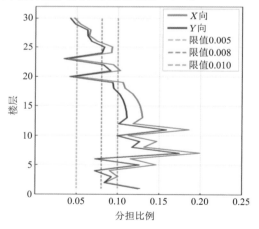

图 7.3-8　外框架剪力分担比例

5）刚重比

结构 X 向刚重比 2.76，Y 向刚重比 2.97，满足要求。

6）层间位移角

小震及风荷载作用下层间位移角曲线如图 7.3-9 所示，均小于规范限值。

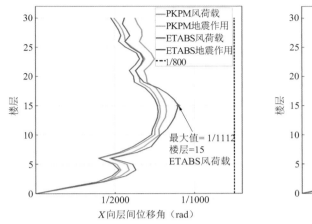 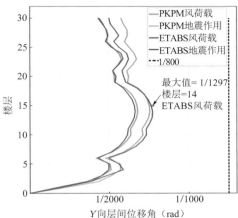

图 7.3-9　水平地震及风荷载作用下的层间位移角对比图

7）关键构件验算

（1）核心筒

根据本项目的抗震性能化设计目标，核心筒剪力墙底部加强区及高区收进楼层及上下层范围内的墙肢拉弯/压弯承载力设计目标为中震不屈服，非关键构件的墙肢承载力设计目标为中震不屈服。

典型墙肢承载力复核详见表 7.3-3。

典型墙肢承载力复核　　　　　　　　　　　　　　表 7.3-3

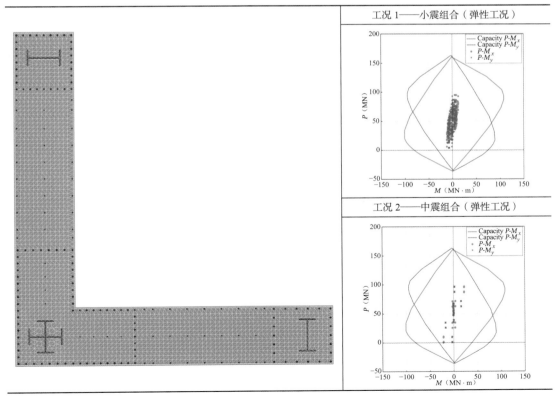

（2）转换桁架

转换层上部方钢管密柱的标准柱距为 3.6m，转换层以下楼层的方钢管外框柱的典型柱距为 10.8m 和 7.2m，转换支撑的采取人字形斜撑形式，计算结果显示，转换桁架构件在风荷载、多遇地震及设防地震作用下均为弹性工作状态，满足中震弹性的抗震性能目标。转换桁架及上下层竖向构件示意图见图 7.3-10，转换桁架应力比见表 7.3-4。

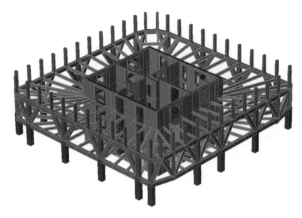

图 7.3-10　转换桁架及上下层竖向构件示意图

转换桁架应力比（利用率）　　　　　　　　表 7.3-4

构件位置	构件尺寸（mm）	风荷载	多遇地震	设防地震弹性
上弦	$700 \times 900 \times 40 \times 40$	0.75（max）	0.69（max）	0.56（max）
下弦	$700 \times 900 \times 40 \times 40$	0.51（max）	0.38（max）	0.41（max）
斜腹杆 1	$700 \times 700 \times 30 \times 30$（人字撑）	0.35～0.71	0.29～0.46	0.35～0.52
斜腹杆 2	$700 \times 900 \times 35 \times 35$（单斜撑）	0.42～0.73	0.31～0.46	0.42～0.59

（3）挑空区树状柱

挑空区树状柱支撑于 20 层核心筒东北位置的转换支撑（图 7.3-11），并对 27 层、28 层的会议室悬挑结构起到支撑的作用。计算结果显示（图 7.3-12），树状柱在风荷载、多遇地震及设防地震作用下均为弹性工作状态，且满足中震弹性的抗震性能目标。

图 7.3-11　树状柱建筑效果图

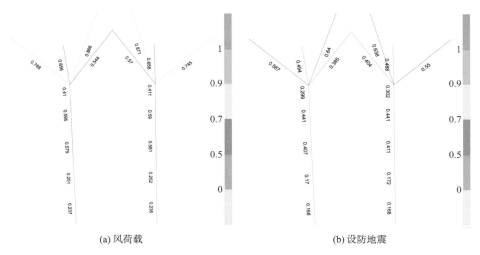

(a) 风荷载　　　　　　　　　　　(b) 设防地震

图 7.3-12　树状柱计算结果

8）施工模拟分析

结合工程经验和实际工程计划考虑施工模拟（图 7.3-13、图 7.3-14）。

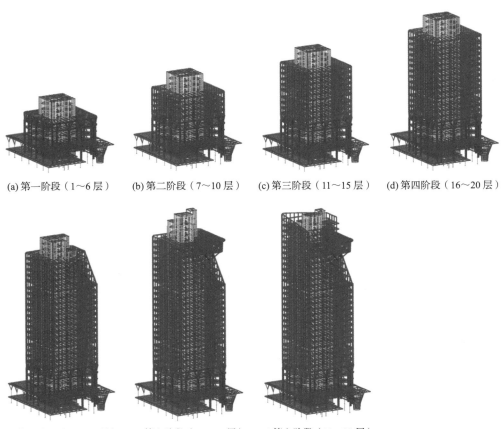

(a) 第一阶段（1～6 层）　　(b) 第二阶段（7～10 层）　　(c) 第三阶段（11～15 层）　　(d) 第四阶段（16～20 层）

(e) 第五阶段（21～25 层）　　(f) 第六阶段（26～28 层）　　(g) 第七阶段（29～32 层）

图 7.3-13　施工顺序初步方案

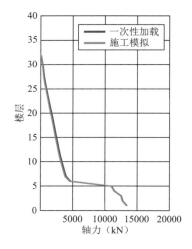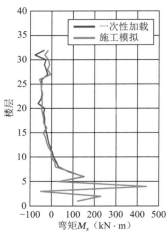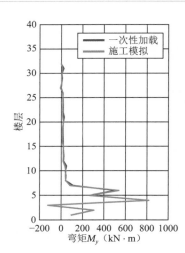

图 7.3-14　外框柱内力对比图

四、专项设计

体现结构设计的亮点、难点和关键技术等，例如复杂节点设计、钢板剪力墙的应用、振动舒适度、超长超限结构、地基沉降控制等。

1. 转换层及挑空区楼板应力分析

楼板应力分析位置主要针对 6 层转换层、10 层避难层、20 层避难层以及会议室楼层的顶、底楼板，为保证这些楼层水平力的传递，对这些楼层的楼板受力进行分析。

设防地震作用下，楼板剪应力分析结果如图 7.4-1 所示。图中也给出了 6 层转换层的顶底楼板、20 层转换层的底板和顶板和挑空区会议室相关楼层的楼板。由计算结果可以看出，在多遇地震作用下，楼板基本满足抗剪弹性要求。

风荷载作用下的楼板拉应力分析结果如图 7.4-2 所示。大部分楼板均能满足拉应力小于 1 倍 f_t（混凝土抗拉强度）的要求。

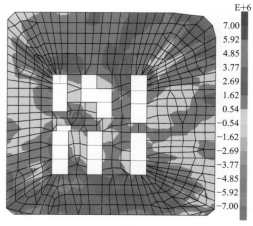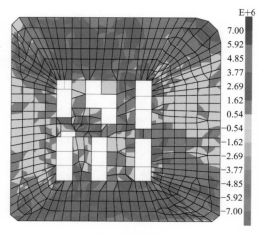

(a) 6 层（6 层转换层底板）　　　　　　　　　(b) 7 层（6 层转换层顶板）

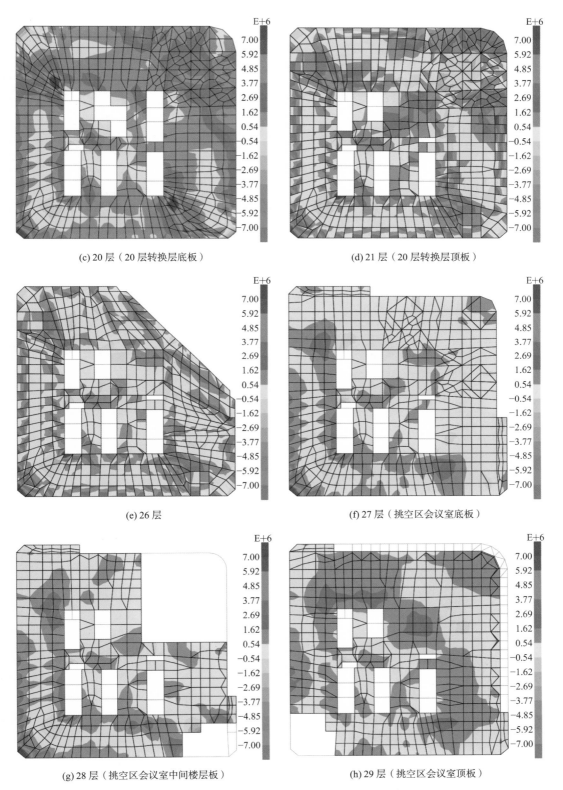

(c) 20 层（20 层转换层底板）　　　　　　(d) 21 层（20 层转换层顶板）

(e) 26 层　　　　　　　　(f) 27 层（挑空区会议室底板）

(g) 28 层（挑空区会议室中间楼层板）　　　(h) 29 层（挑空区会议室顶板）

图 7.4-1　风荷载组合工况下楼板剪应力（Pa）

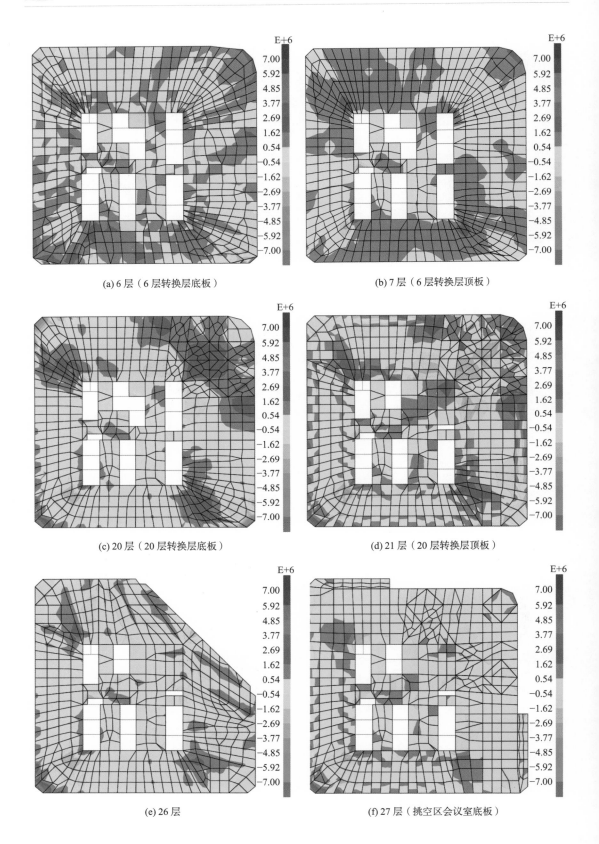

(a) 6 层（6 层转换层底板）

(b) 7 层（6 层转换层顶板）

(c) 20 层（20 层转换层底板）

(d) 21 层（20 层转换层顶板）

(e) 26 层

(f) 27 层（挑空区会议室底板）

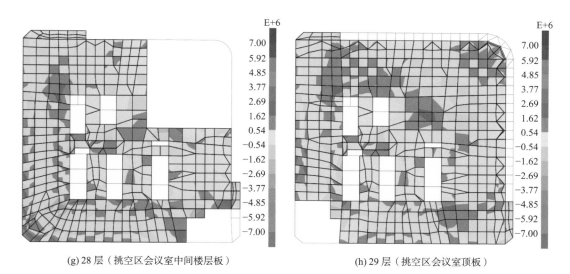

(g) 28 层（挑空区会议室中间楼层板）　　　　(h) 29 层（挑空区会议室顶板）

图 7.4-2　设防地震组合工况下楼板剪应力（Pa）

2. 楼面舒适度分析

1）评价标准

《高层建筑混凝土结构技术规程》JGJ 3—2010 第 3.7.7 条规定：楼盖结构的竖向振动频率不宜小于 3Hz，竖向振动加速度峰值不应超过表 7.4-1 中的限值。

楼盖竖向振动加速度限值　　　　　　　　　　表 7.4-1

人员活动环境	峰值加速度限值（m/s²）	
	竖向自振频率不大于 2Hz	竖向自振频率不大于 4Hz
住宅、办公	0.07	0.05
商场及室内连廊	0.22	0.15

注：楼盖结构竖向自振频率为 2～4Hz 时，峰值加速度限值可按线性插值选取。

《建筑楼盖结构振动舒适度技术标准》JGJ/T 441—2019 第 42.1 条规定：以行走激励为主的楼盖结构，第一阶竖向自振频率不宜低于 3Hz，竖向振动峰值加速度不应大于表 7.4-2 中的限值。

竖向振动峰值加速度限值　　　　　　　　　　表 7.4-2

楼盖使用类别	峰值加速度限值（m/s²）
手术室	0.025
住宅、医院病房、办公室、会议室、医院门诊室等	0.050
商场、餐厅、公共交通等候大厅、剧场、影院等	0.150

2）楼面动力特性

表 7.4-3 中列出了 15 层标准层楼板前六阶动力特性信息，图 7.4-3 中则给出了对应的振型图。从模态分析结果来看，楼板的第一阶竖向自振频率大于 3Hz。

标准层前 6 阶动力特性　　　　　　　　　　　表 7.4-3

阶数	周期（s）	频率（Hz）	Z向模态参与质量（%）	Z向模态参与质量合计（%）
1	0.250	3.996	0.141	0.141
2	0.243	4.111	0.135	0.275
3	0.235	4.261	0.000	0.276
4	0.225	4.451	0.139	0.414
5	0.216	4.636	0.016	0.431
6	0.212	4.713	0.010	0.440

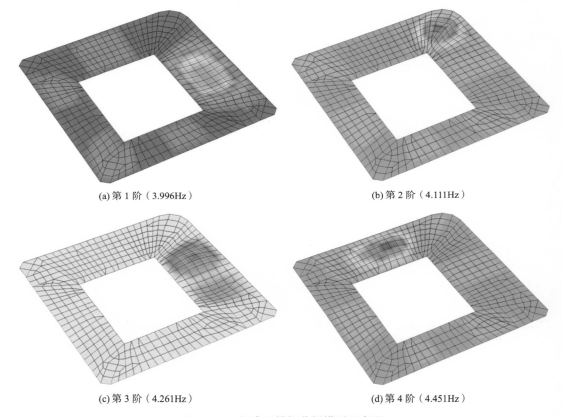

(a) 第 1 阶（3.996Hz）　　　　　　　　　　(b) 第 2 阶（4.111Hz）

(c) 第 3 阶（4.261Hz）　　　　　　　　　　(d) 第 4 阶（4.451Hz）

图 7.4-3　标准层楼板分析模型示意图

3）人群荷载模拟

　　正常使用条件下结构往往承受一定量人群的同时作用，因此需要研究大量人群产生的步行力。限于试验设备的局限性，对于人群产生的步行力直接测试不易实现。实际工程中，一般都是将单人步行力按照一定的方式叠加得到多人甚至人群步行力。由于行人间步行不一致，不同人的步行力相互抵消，按照荷载等效原则，人数为 n 的人群荷载可折减为 N_p 个步调一致的行人产生的荷载，二者的比值称为同步概率：

$$p_s = N_p/n \tag{7.4-1}$$

式中：n——人群总人数，下同。

4）楼板振动响应及舒适度分析（图7.4-4）

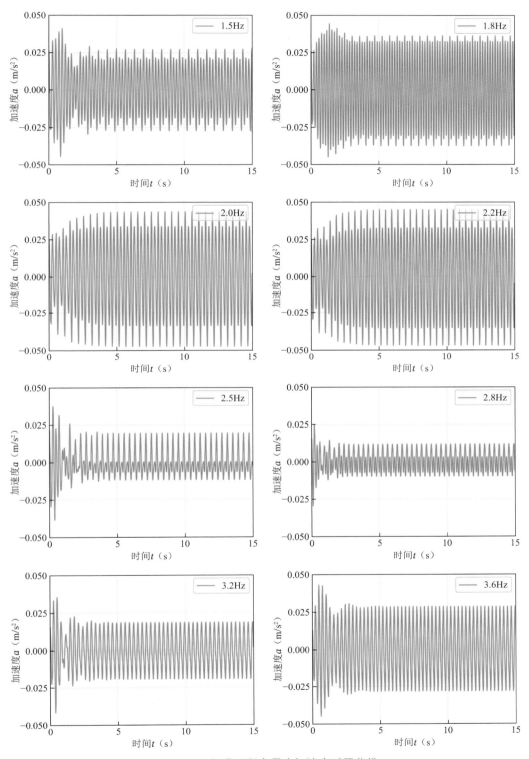

图7.4-4 标准层竖向最大加速度时程曲线

通过对典型及重点关注楼板的动力特性分析，标准层楼板和挑空区会议室 27 层和 29 层楼板的第一频率均大于 3Hz，满足规范要求。

通过对标准层楼板、悬挑区楼板的人行振动响应分析，楼板最大的加速度响应为对应 2.0Hz 的 0.047m/s²，小于规范规定的办公室 0.05m/s² 的加速度限值。

5）主体结构与拉索共同受力分析

本结构在 20～28 层东北部位的挑空区存在单向单层索网幕墙，因此拉索索力将会对主体结构产生受力作用及分析影响。

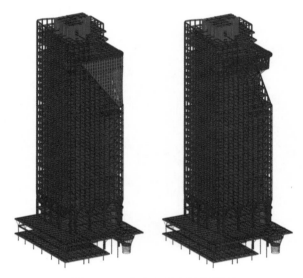

图 7.4-5 有索与无索计算模型

（1）基本频率对比

表 7.4-4 列举了两个模型前 6 阶振型和有索模型中提取的拉索局部前 6 阶振型，可以看出前 6 阶振型基本上吻合良好。图 7.4-6 为拉索局部第 7 阶、第 8 阶振型。

两个模型基本频率对比情况　　　　　　　　　　　　　表 7.4-4

周期	有索模型	无索模型	有索模型/无索模型	振型描述
T_1（s）	3.24	3.29	98%	X 向一阶平动
T_2（s）	3.03	3.10	98%	Y 向一阶平动
T_3（s）	2.36	2.46	96%	一阶扭转
T_4（s）	0.98	0.99	99%	X 向二阶平动
T_5（s）	0.92	0.93	99%	Y 向二阶平动
T_6（s）	0.81	0.84	96%	二阶扭转

（2）构件应力比

选择挑空区树状柱以及 27 层和 28 层之间的桁架作为主要的分析对象，主体结构与拉索共同受力情况下的各杆件的应力比均满足设计要求，具体见表 7.4-5。可以观察到有索模型的树状柱的应力比相较于无索模型稍大，相关构件的应力比与无索模型接近。

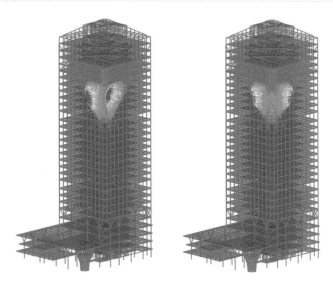

(a) $T_7 = 0.60\text{s}$（拉索局部一阶振型）   (b) $T_8 = 0.59\text{s}$（拉索局部二阶振型）

图 7.4-6 拉索局部第 7 阶、第 8 阶振型

各杆件的应力比 表 7.4-5

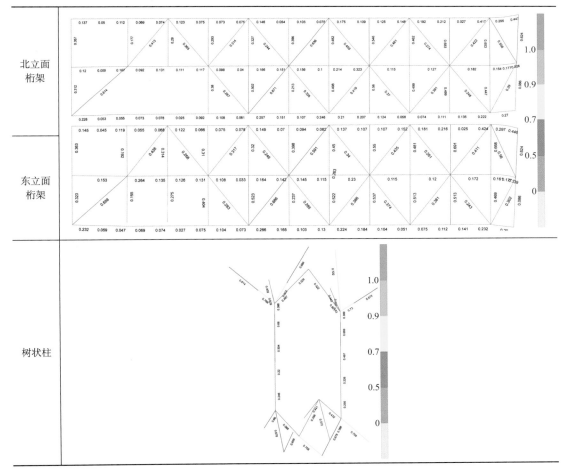

（3）索两端竖向位移

此部分对比对索两端竖向位移以及竖向位移差的影响。通过对比三组因素，提供索两端上下节点位移时程及位移差的时程结果，共计 16 组数据，主要结果见图 7.4-7。

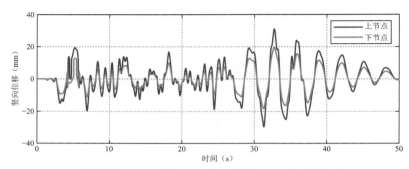

(a) 有索模型、X 为主方向、考虑竖向地震动，上下节点位移时程

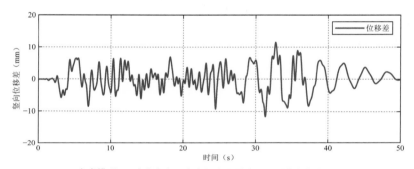

(b) 有索模型、X 为主方向、考虑竖向地震动，上下节点位移差时程

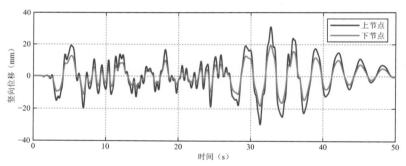

(c) 有索模型、X 为主方向、不考虑竖向地震动，上下节点位移时程

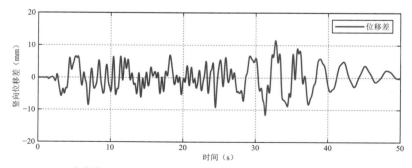

(d) 有索模型、X 为主方向、不考虑竖向地震动，上下节点位移差时程

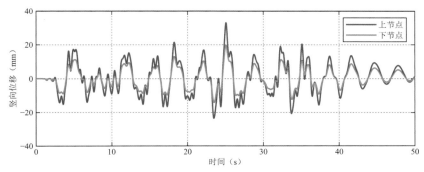

(e) 有索模型、Y为主方向、考虑竖向地震动，上下节点位移时程

图 7.4-7　两个模型基本频率对比情况

通过数据对比，可以看出：

①竖向地震动引起的竖向位移占比较小，占总竖向位移 5%以内。竖向位移以弯曲变形引起的位移差为主。

②有索模型的位移差比无索模型的位移差小 28%左右。

③X、Y向地震动作用下的上下节点的位移幅值相差不大，较为接近。

3. 节点分析

1）挑空区树状柱分杈处节点

该分析节点对应挑空区树状柱分杈处（图 7.4-8）。

图 7.4-8　树状柱分杈处节点模型

柱顶轴力和弯矩最大的工况为恒荷载、活荷载、温度作用、索力、风荷载，荷载值如图 7.4-9、图 7.4-10 所示。

斜撑根部肋板处的应力较大，斜撑的应力较大，斜撑底部为 190MPa，斜撑和肋板连接处应力为 240MPa，无明显塑性应变，整个节点处于弹性状态。

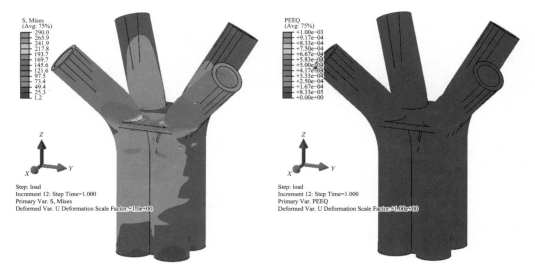

图 7.4-9　应力图　　　　　　　　图 7.4-10　塑性应变图

2）挑空区树状柱柱底节点

该分析节点对应挑空区树状柱柱底转换处节点（图 7.4-11）。荷载值如图 7.4-12、图 7.4-13 所示。

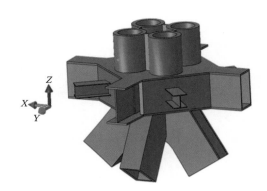

图 7.4-11　树状柱柱底转换处节点模型

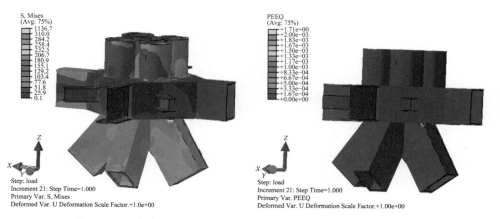

图 7.4-12　应力图　　　　　　　　图 7.4-13　塑性应变图

对于本分析工况，斜撑根部的应力较大，最大应力出现在斜撑的根部，为305MPa，梁根部最大应力为190MPa，柱根部最大应力为240MPa。在斜撑根部局部位置出现了轻微的塑性应变，最大塑性应变值为2×10^{-3}，整个节点基本处于弹性状态。

3）6层转换桁架节点

该分析节点对应6层转换层上部外框密柱与转换桁架连接节点（图7.4-14）。荷载值如图7.4-15、图7.4-16所示。

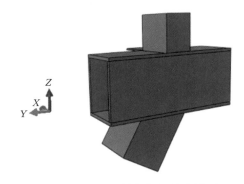

图7.4-14　6层转换桁架节点模型

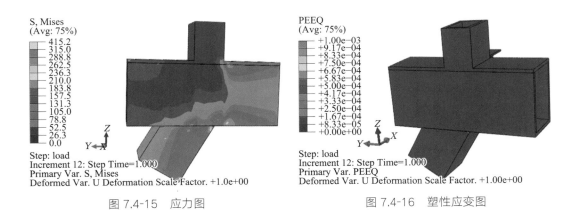

图7.4-15　应力图　　　　　　　　　图7.4-16　塑性应变图

斜撑根部的应力较大，最大应力290MPa，梁的最大应力为170MPa，无明显塑性应变，整个节点处于弹性状态。

五、结　语

深圳市中金大厦，主体结构采用钢管混凝土框架/钢框架-钢筋混凝土核心筒的双重抗侧力体系。考虑到本结构重要性，本结构的抗震设防类别为丙类，并在6层及以下提至乙级。核心筒抗震等级为特一级，6层转换层以下的外框柱的抗震等级为一级。在抗震设计中引入性能化的设计思想，确定了合理的抗震性能目标，提高关键构件（底部加强区剪力墙、框架柱、转换桁架、树状柱及其转换支撑以及会议室等）的抗震性能目标，保证结构具有多道防线，并提高了整体结构的抗震性能。

　本报告主要的分析内容包括：

（1）采用 PKPM 软件进行了结构静力分析；

（2）采用 ETABS 软件进行了静力分析校核，并进行了多遇地震弹性时程分析；

（3）进行了多遇地震、设防地震及罕遇地震作用下的结构性能化分析，验算了关键构件在不同水准地震作用下的性能目标；

（4）验算了剪力墙墙肢的拉应力情况，满足设防地震工况下不大于 $2f_{tk}$ 的要求；

（5）对整体结构进行了预设屈服模型的抗震分析；

（6）进行了罕遇地震弹塑性时程分析，结构满足规范"大震不倒"的要求；

（7）进行了多项专项分析，譬如关键节点分析、楼板应力分析、楼面梁受拉分析、穿层柱计算长度、楼板舒适度分析以及主体结构与拉索整体分析等，以满足计算及性能目标的要求。

　经过计算分析验证，并根据相应的性能目标要求对结构进行有针对性的加强设计，中金大厦分析结果表明其可满足相关的现行国家设计规范及《超限高层建筑工程抗震设防专项审查技术要点》（建质〔2015〕67号）的要求，能够达到预期的抗震性能化设计目标。

8

中国电建科技创新产业园
工程结构设计

结构设计单位：中国建筑科学研究院有限公司
结构顾问单位：中建研科技股份有限公司
结构设计团队：孙建超，王华辉，李　毅，刘妍琦，邱一桐，王　娜，胡文建，
　　　　　　　杨晓蒙
结构顾问团队：康　钊，王　雨
执　笔　人：王华辉，刘妍琦

一、工程概况

中国电建科技创新产业园项目为电建企业总部办公，位于北京市海淀区玲珑巷低区，东至北洼路，南至裕惠大厦，西至蓝靛厂南路，北至玲珑路。用地西侧为昆玉河，与其隔河而望的是玲珑公园。

本工程包括地上 7 栋单体建筑及四层地下室，总建筑面积 209205m²。其中，地上建筑面积 129400m²；地下建筑面积 79805m²。地上建筑分为 A、B、C、D 及 E 座，E 座为 U 形布置，E 座南楼与东楼、西楼在地上设缝分开，分为三个建筑单体。地上建筑主要功能为办公，E 座局部位置是还建社区医疗、还建邮政所等；D 座为报告厅；地下为 4 层，主要功能为汽车库、设备用房、食堂、商业，（地下 4 层部分汽车库兼作战时人防工程）。A、B、C 座地上 15 层，总高度 60.20m；D 座为多层报告厅，地上 4 层，总高度 17.45m；E 座南楼地上 15 层，局部 9 层，总高度 35.50～59.10m；E 座西楼地上 9 层，其北侧分别在 3 层、8 层退台，总高度 35.50m；E 座东楼地上 11 层，总高度 43.20m；在 A 座与 B 座间、A 座与 C 座间、B 座与 D 座间、E 座东西间、E 座东与 D 座间均有连桥相连，连桥与主体结构为弱连接。

本工程于 2022 年 3 月开工，2023 年 12 月竣工。本工程具体情况如图 8.1-1～图 8.1-5 所示。

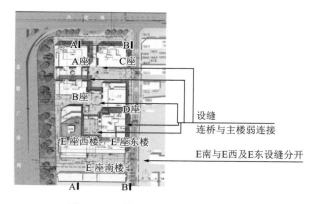

图 8.1-1　总平面图及结构设缝示意

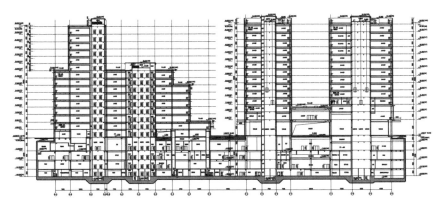

图 8.1-2 A-A 剖面图

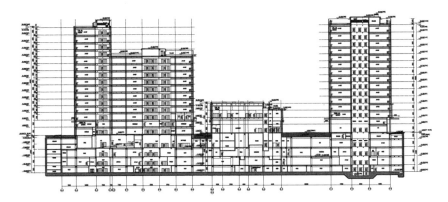

图 8.1-3 B-B 剖面图

图 8.1-4 鸟瞰效果图

图 8.1-5 竣工立面

二、设计条件

1. 自然条件

1）拟建场区的工程地质条件

根据机械工业勘察设计研究院有限公司于 2021 年 4 月提供的《西八里庄项目 652 地块岩土工程勘察报告》，本工程拟建场区地形基本平坦，地貌单元上属古金钩河冲积扇的中上部，地面标高为 55.43～56.88m。地基持力层为卵石⑥层及细中砂⑤$_1$层，地基承载力标准值综合考虑为 300kPa。

根据该报告，本场地土对混凝土结构及其中的钢筋具微腐蚀性。拟建场地地下水以上浅层土对混凝土结构及钢筋混凝土结构中钢筋均具微腐蚀性。

综合考虑本场区历年最高水位、勘察时量测的地下水位，以及地下水位的动态变化，按最不利条件分析，报告建议本工程抗浮设计水位标高为 47.00m。

拟建场区抗震设防烈度为 8 度，场地类别为 Ⅱ 类，设计基本地震加速度值为 0.20g，设计地震分组为第二组，反应谱特征周期为 0.40s。当地震烈度为 8 度且地下水位按历史最高考虑时，本场地 20m 深度内天然沉积的地基土不会发生地震液化。

本工程基础范围大，基础埋深较深，高层建筑物与周边纯地下车库位于同一基础底板上，各建筑部分基底压力分布差异较大，因此在荷载差异较大的部位采取设置沉降后浇带等设计措施，确保本工程各建筑部分沉降及差异沉降满足规范及设计要求。

2）风荷载

（1）基本风压（50 年重现期）：0.45kN/m²，大于 60m 的高层建筑，承载力设计时按 1.1 倍的基本风压采用。

（2）地面粗糙度类别：C 类。

3）雪荷载

基本雪压：0.4kN/m²。

4）本工程场地地基土标准冻结深度：0.80m。

5）本工程的 ±0.000 相当于绝对标高 55.500m。

2. 设计要求

1）结构设计标准

（1）建筑结构设计工作年限：50 年

（2）建筑结构安全等级为二级，结构重要性系数：1.0。

（3）建筑地基基础设计等级为一级。

（4）建筑物耐火等级为一级。

（5）地下工程的防水等级为一级。

（6）人防等级：核 5、常 5 级及核 6、常 6 级。

2）抗震设防烈度和设防类别

（1）设防烈度：8度，设计基本地震加速度值为0.2g，设计地震分组为第二组。

（2）场地类别为Ⅱ类，特征周期$T_g = 0.40s$。

（3）建筑抗震设防类别：丙类。

3. 抗震等级

A、B座主体结构高度60.20m（15层），地下1层至顶层框架抗震等级为二级。

C座主体结构高度60.20m（15层），地下2层至顶层框架抗震等级为二级。

D座主体结构高度17.45m（4层），地下1层至顶层框架抗震等级为三级。

E座南楼主体结构高度59.10m（15层，局部9层），地下2层至顶层框架抗震等级为二级。

E座西楼主体结构高度35.50m（9层，北侧分别在3层、8层退台），E座东楼主体结构高度43.20m（11层，局部10层），地下1层至顶层框架抗震等级为三级。

地下室主楼相关范围抗震等级为二级。

三、结构体系

1. 结构体系概述

1）结构体系

本工程地上主体采用钢结构，除了D座采用钢框架结构外，A、B、C、E座均采用钢框架-屈曲约束支撑结构体系；楼盖采用钢筋桁架楼承板。地下室采用框架-剪力墙结构，楼盖采用钢筋混凝土梁板结构，首层及地下3层楼面（人防顶板）采用大板形式，地下2层、地下1层楼面采用双次梁形式。地基基础采用天然地基，钢筋混凝土筏板基础，对局部抗浮不满足规范要求的区域，采用抗浮锚杆，以满足抗浮要求。

按保留各塔楼相关范围内地下室平面布置，地下1层与首层X及Y方向层剪切刚度比值均大于规范限值2的要求，因此上部结构嵌固部位可取首层楼面。但由于C座西侧及E座南楼南侧在首层设有大台阶及坡道，首层楼板局部大开洞无法传递水平力，因此C座及E座南楼嵌固部位取至地下一层楼面。

本工程各建筑单体之间在3层通过多处连桥、展厅、会议室相连，A座与B座之间展厅跨度21m，A座与C座之间会议室跨度15m，B座与D座之间连桥跨度21m，D座与E座东楼之间连桥跨度11m，E座西楼与E座东楼之间连桥跨度33m。连桥与主体结构间设置抗震缝，通过在主体结构上设置牛腿，连桥构件与牛腿相连，一端简支，一端滑动，A、B座之间，A、C座之间，D、E座之间连桥采用梁板结构，B、D座之间，E座东西楼之间连桥采用桁架结构。标准层平面图如图8.3-1～图8.3-7所示。剖面图如图8.3-8和图8.3-9所示。连桥支座节点如图8.3-10所示。

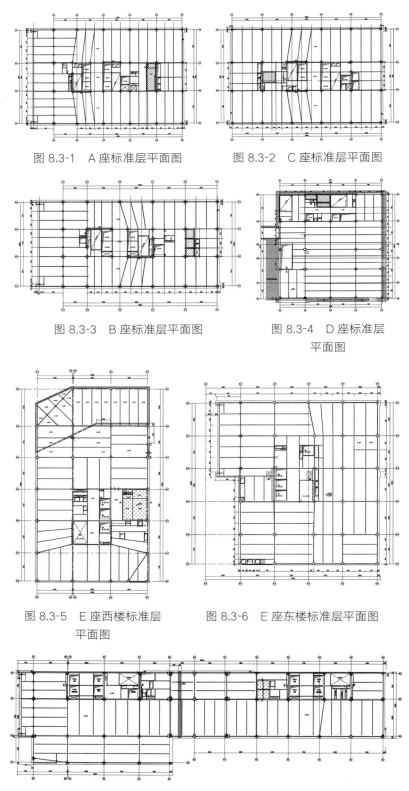

图 8.3-1　A 座标准层平面图　　　　图 8.3-2　C 座标准层平面图

图 8.3-3　B 座标准层平面图　　　　图 8.3-4　D 座标准层
　　　　　　　　　　　　　　　　　　　　平面图

图 8.3-5　E 座西楼标准层　　　　图 8.3-6　E 座东楼标准层平面图
　　　　　平面图

图 8.3-7　E 座南楼标准层平面图

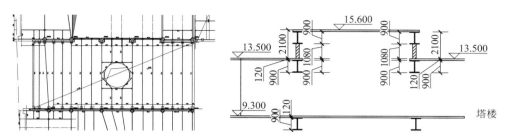

图 8.3-8　A 座与 B 座之间展厅平面及剖面图

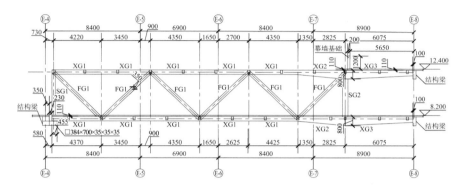

图 8.3-9　E 座东西楼之间连桥剖面图

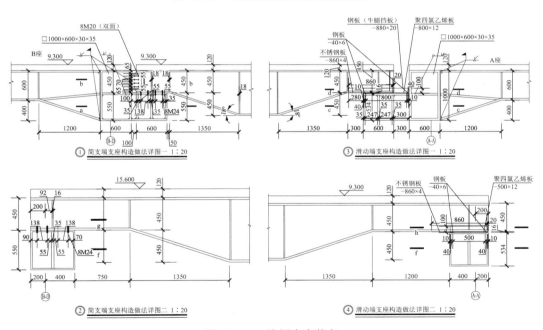

图 8.3-10　连桥支座节点

2）梁下净高要求

由于标准层层高为 3.850m，要求吊顶下净高保证 2.8m，吊顶、建筑地面高度分别为 50mm 和 100mm，留给结构梁＋板的高度仅为 450＋110＝560mm，对于局部大悬挑位置，采用了梁上开洞的方式（图 8.3-11），管道从梁中间穿过，从而保证净高要求。

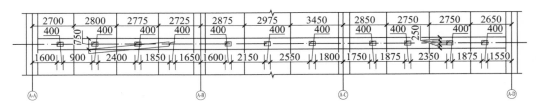

图 8.3-11 钢梁开洞立面

2. 结构方案对比

1）地基基础方案对比

（1）纯地下室地基基础方案及抗浮措施对比

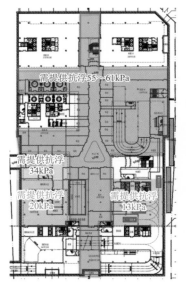

图 8.3-12 抗浮承载力平面图

本工程抗浮设计水位为 47.0m，基底标高约 33.5m，抗浮承载力见图 8.3-12。

基础形式考虑以下四种方案（图 8.3-13、表 8.3-1），均按 8.7m × 8.7m 标准跨进行计算分析：

方案 A1：独立柱基 + 防水板 + 抗拔桩（间距 2900mm）

根据地勘报告中位于场地中心的 23 号钻孔地层数据，第⑥层卵石层极限桩侧阻力 $q_{sik} = 160$kPa，第⑦层卵石层极限桩侧阻力 $q_{sik} = 165$kPa，计算抗拔桩所需桩长为 7.00m。桩在板跨中间间距 2900mm，柱轴线间距 4350mm，共计 165 根桩。考虑人防荷载，独立基础形式底板人防荷载 50kPa。

单根抗拔桩极限承载力标准值 $Q_{uk} = 712$kN，抗浮标准组合最大桩反力 614.7kN。

方案 A2：独立柱基 + 防水板 + 抗浮锚杆（间距 1740mm）

根据地勘报告中位于场地中心的 23 号钻孔地层数据，第⑥层卵石层锚固体与土层间粘结强度标准值 $q_{sa} = 220$kPa，第⑦层卵石层锚固体与土层间粘结强度标准值 $q_{sa} = 260$kPa，计算 200mm 直径抗浮锚杆所需锚固段长为 6.0m，构造段 1.0m，总长 7.0m。锚杆板跨中间距 1740mm，柱轴线间距 2900mm，共计 356 根。考虑人防荷载，独立基础形式底板人防荷载 50kPa。

锚杆抗拔承载力特征值 $N_{ka} = 323$kN，抗浮标准组合最大锚杆反力 240.5kN。

方案 B1：筏板 + 柱墩 + 抗拔桩（间距 2900mm）

根据地勘报告数据，第⑥层卵石层极限桩侧阻力 $q_{sik} = 160$kPa，第⑦层卵石层极限桩侧阻力 $q_{sik} = 165$kPa，计算抗拔桩所需桩长为 7.0m。桩在板跨中间间距 2900mm，柱轴线间距 4350mm，共计 165 根桩。考虑人防荷载，筏板底板人防荷载 90kPa。

单根抗拔桩极限承载力标准值 $Q_{uk} = 712$kN，抗浮标准组合最大桩反力 685.7kN。

方案 B2：筏板 + 柱墩 + 抗浮锚杆（间距 1740mm）

根据地勘报告数据，第⑥层卵石层锚固体与土层间粘结强度标准值 $q_{sa} = 220$kPa，第⑦层卵石层锚固体与土层间粘结强度标准值 $q_{sa} = 260$kPa，计算 200mm 直径抗浮锚杆所需锚固段长为 7.1m，构造段 1.0m，总长 8.1m。锚杆板跨中间距 1740mm，柱轴线间距 2900mm，共计 356 根。考虑人防荷载，筏板底板人防荷载 90kPa。

锚杆抗拔承载力特征值 $N_{ka} = 323kN$，抗浮标准组合最大锚杆反力 212.3kN。

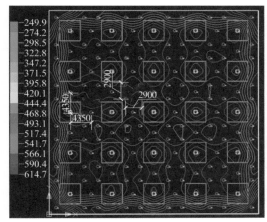

(a) 方案 A1

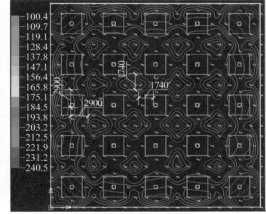

(b) 方案 A2

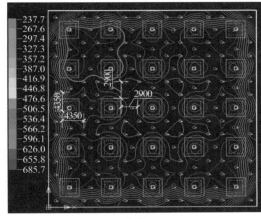

(c) 方案 B1

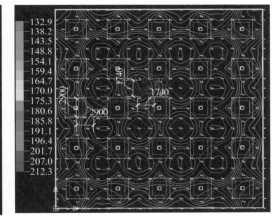

(d) 方案 B2

图 8.3-13 抗浮标准组合反力图

四种基础方案构件及造价比较　　　　　表 8.3-1

独立柱基 + 防水板	方案 A1：抗拔桩（165 根）	方案 A2：抗浮锚杆（356 根）	筏板 + 柱墩	方案 B1：抗拔桩（165 根）	方案 B2：抗浮锚杆（356 根）
直径（mm）	600	200	直径（mm）	600	200
长度（m）	7.0	7.0	长度（m）	7.0	8.1
数量	165	356	数量	165	356
抗浮稳定性系数	1.15	1.13	抗浮稳定性系数	1.14	1.13
抗浮措施混凝土用量（m³）	326.4	—	抗浮措施混凝土用量（m³）	326.4	—
防水板厚度（mm）	400	360	筏板厚度（mm）	450	400
防水板混凝土用量（m³）	756.9	681.2	筏板混凝土用量（m³）	851.5	756.9

续表

独立柱基＋防水板	方案A1: 抗拔桩 （165根）	方案A2: 抗浮锚杆 （356根）	筏板＋柱墩	方案B1: 抗拔桩 （165根）	方案B2: 抗浮锚杆 （356根）
防水板钢筋用量（t）	46.84	42.16	筏板钢筋用量（t）	83.84	69.31
独基尺寸（长×宽×高）（m）	4.3×4.3×1.0	4.3×4.3×1.0	柱墩尺寸（长×宽×高）（m）	2.8×2.8×0.6	2.96×2.96×0.7
独立基础混凝土用量（m³）	462.3	462.3	柱墩混凝土用量（m³）	230.4	269.5
独立基础钢筋用量（t）	30.58	30.29	柱墩钢筋用量（t）	27.19	32.16
总造价（万元）	226	183	总造价（万元）	250	197
每平米造价（元）	1193	967	每平米造价（元）	1321	1041

综合以上，方案A2和方案B2造价基本相当，抗浮锚杆为最经济的抗浮措施，本工程抗浮设防水位较高，且人防荷载较大，采用独立柱基＋防水板基础形式，防水板厚度并没有很大优势，独基尺寸较大。因此采用方案B2：筏板＋柱墩＋抗浮锚杆的方案，该方案综合效益最佳。

（2）E座西楼、东楼抗浮措施对比

E座西楼、东楼地上仅有9～10层，地下均为4层，主楼范围地下室顶板无覆土，存在抗浮问题，但抗浮稳定承载力相差较小，需额外增加抗浮力平均10～20kN/m²，抗浮方案可采用（表8.3-2）：

方案一：基础筏板下增设抗浮锚杆；

方案二：采用压重解决抗浮问题。

方案一和方案二造价比较 表8.3-2

	地下标准层自重（kN/m²）	地上标准层自重（kN/m²）	基础底板厚度（m）	基础总高度（m）	结构自重（kN/m²）	抗浮构件需抵抗水浮力（kPa）	抗浮锚杆间距（m）	抗浮锚杆直径（m）	锚杆长度（m）	抗浮锚杆均摊费用（元/m²）	房心回填厚度（m）	房心回填压重的措施费（元/m²）
地上9层区域	10	6	0.6	1.4	109	19.7	3.5	0.2	3.7	60	0.9	372
地上10层区域	10	6	0.6	1.4	115	13.7	4	0.2	3.4	42	0.8	101

由上述对比可知，E座西楼、东楼采用抗浮锚杆经济性较好。

2）结构主体方案

（1）地上单体结构方案比选

本工程地上有7座单体，以C座为代表进行结构方案对比，C座整体平面规整、对称，无悬挑，结构整体扭转效应相对较小。楼面梁跨度为11m，周圈柱网间距8.7m。首二层通高8.3m、三层层高4.2m，4～13层层高3.85m，14～15层层高4.05m，考虑采用常用办公楼的结构形式（图8.3-14、图8.3-15、表8.3-3）：

方案一：钢框架-屈曲约束支撑

方案二：钢框架-钢筋混凝土核心筒

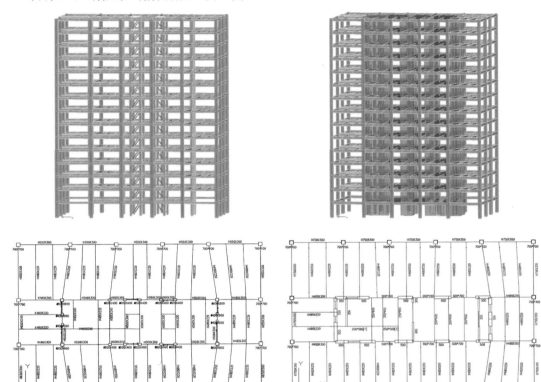

图 8.3-14　方案一模型及平面图　　　　图 8.3-15　方案二模型及平面图

两种方案结构计算结果、优劣势及造价比较　　　　表 8.3-3

	方案一：钢框架＋屈曲约束支撑	方案二：（混合结构）钢框架＋钢筋混凝土剪力墙
T_1（s）（X向平动）	2.68	1.711
T_2（s）（Y向平动）	2.63	1.567
T_3（s）（扭转）	2.38	1.484
T_3/T_1	0.887	0.867
周圈框架梁截面（mm）	$H550/650 \times 300 \times 16 \times 22$	$H750 \times 300 \times 16 \times 22$
楼面梁截面（mm）	$H480 \times 250 \times 12 \times 18$	$H480 \times 250 \times 12 \times 18$
	$H480 \times 220 \times 180 \times 8 \times 14 \times 12$	$H480 \times 220 \times 180 \times 8 \times 14 \times 12$
核心筒结构外观尺寸（mm）	$400 \sim 500$	$400 \sim 550$
模型用钢量（kg/m²）	110	68
混凝土用量（m³/m²）	0.13	0.22
钢筋用量（kg/m²）	12	30
结构成本（元/m²）	1589	1340
地上主材总价（万元）	2535	1991
工期	P	$P + 45$

	方案一：钢框架＋屈曲约束支撑	方案二：（混合结构）钢框架＋钢筋混凝土剪力墙
结构优势	①核心筒布置可较灵活、结构扭转周期比较易控制，框架梁高度较小，施工速度快；②结构自重小	结构经济性好
结构劣势	结构成本较高	①核心筒占用范围较大，首二层通高大堂范围有所减小；②周圈框架梁截面高度较高，结构扭转周期比不易控制；③结构自重较大；④施工速度较慢

对比两种结构方案，钢框架＋屈曲约束支撑结构比混合结构材料成本大，但施工速度快，综合时间成本及人工成本，钢框架＋屈曲约束支撑结构为最优方案。

（2）A、B 座悬挑方案比选

本工程 A 座、B 座西侧均有大跨度悬挑，A 座悬挑 7m，B 座悬挑 6.7m，下文以 A 座为例介绍悬挑方案的比选。考虑以下三种方案：

方案一：每层悬挑7m钢梁,结构体系采用钢框架-屈曲约束支撑体系(图 8.3-16～图 8.3-18)。

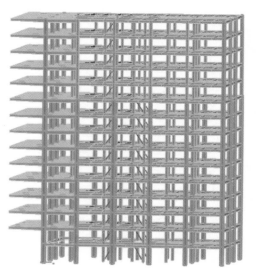

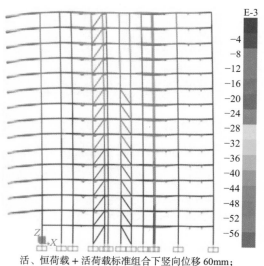

活、恒荷载＋活荷载标准组合下竖向位移 60mm；
挠跨比：1/233 ＞ 1/250（规范限值）

图 8.3-16　方案一结构模型　　　　　图 8.3-17　悬挑梁竖向变形图

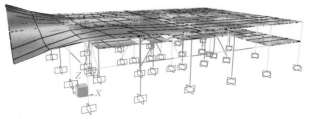

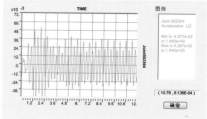

图 8.3-18　悬挑部位舒适度验算

受力特点：

①整体结构转动惯量较大，结构扭转周期与平动周期比不易控制。

②悬挑梁截面较大，结构整体用钢量较常规结构高约 15～20kg/m²。

③悬挑梁处考虑净高要求，局部机电管线需穿梁洞。

④支撑悬挑梁的框架柱竖向荷载较大，框架柱截面采用矩形钢管混凝土柱 800mm × 800mm × 50mm × 50mm。

⑤悬挑梁变形较大，悬挑梁施工需要考虑预起拱 2‰倍L（L为 2 倍悬挑长度）。

大悬挑位置楼盖舒适度验算：竖向第一阶自振频率$f_1 = 3.05Hz > 3Hz$，单人行走加速度最大值 52.87mm/s²，稳定后基本为 36mm/s²，满足规范限值 50mm/s²，频率及加速度基本满足规范要求。

方案二：首、2 层采用斜柱，结构体系采用钢框架-钢筋混凝土核心筒（图 8.3-19）。

受力特点：

①2 层顶板需要考虑平衡斜柱产生的水平分力，2 层顶板设置楼面支撑与楼板一起将此水平分力传递至核心筒抗侧构件。

②核心筒采用抗侧刚度大的钢筋混凝土核心筒。

③上部楼面悬挑长度 5m（较方案一减小 2m），悬挑梁截面 H600mm × 350mm × 14mm × 25mm，室内可获得更多净高。

④斜柱需提高性能目标，满足大震不屈服的设计。

方案三：悬挑桁架转换，结构体系采用钢框架-钢筋混凝土核心筒（图 8.3-20）。

受力特点：

①2 层顶板、4 层顶板需要考虑悬挑桁架带来的上、下弦层拉压力，2 层顶板、4 层顶板需设置楼面支撑与楼板一起将此分平分力传递至核心筒抗构件。

②核心筒采用抗侧刚度大的钢筋混凝土核心筒。

③上部楼层无悬挑，整体结构扭转相对容易控制。

④悬挑桁架需提高性能目标，满足大震不屈服的设计。

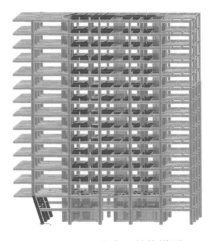

图 8.3-19 方案二结构模型

图 8.3-20 方案三结构模型

三种方案结构计算结果、优劣势及造价比较　　　　表 8.3-4

	方案一：层层悬挑	方案二：首、2 层采用斜柱	方案三：悬挑桁架转换
T_1（s）	2.58	1.73	1.5
T_2（s）	2.46	1.61	1.37
T_3（s）（扭转）	2.32	1.56	1.26
T_3/T_1	0.899	0.9	0.84
悬挑梁截面（mm）	H780×400×20×40	H600×350×14×25	□600×400×40×40
外圈框架梁截面（mm）	H550/650×300×14×20	H750×300×16×28	H750×300×16×25
核心筒结构外观尺寸（mm）	300～400	400～500	400～500
用钢量（kg/m²）	125	88	94
混凝土用量（m³/m²）	0.13	0.21	0.21
钢筋用量（kg/m²）	12	28	30
结构成本（元/m²）	1763	1560	1651
结构优势	①对建筑外立面影响最小；②施工速度最快；③室内利用率高	①结构经济性最好；②外挑长度减小，悬挑构件截面较小	结构经济性较好，转换层以上无悬挑
结构劣势	①悬挑梁及支撑框架柱截面较大，机电管线需穿梁；②结构扭转周期比较难控制，需采用钢框架＋屈曲约束支撑体系	①影响建筑首、2 层外立面；②核心筒占用范围较大，首、2 层通高大堂范围有所减小	①影响建筑3～4 层外立面；②西立面存在边框柱，影响室内效果；③核心筒占用范围较大，首、2 层通高大堂范围有所减小

对比以上三种方案（表 8.3-4），方案二和方案三经济性都较好，且结构形式合理，但斜柱以及悬挑桁架都会影响建筑立面效果，本工程最终采用方案一悬挑梁方案。

（3）E 座南楼结构方案比选

E 座南楼平面长 102.1m，宽 26.1m，长宽比较大，约 5.86。柱网 X 向间距 8.7m，柱网 Y 向间距 7m、10.4m，2 层、3 层有多处大跨转换。落地核心筒抗侧力构件水平方向间距较大约 41.7m，若采用钢框架-剪力墙结构体系则落地剪力墙间距超出规范要求。因此，E 座南楼可初步选取钢框架-屈曲约束支撑体系。

由于在外圈布置支撑会影响建筑立面效果，支撑只能布置在核心筒周边，由于此楼长宽比较大，核心筒位置偏心在建筑最北侧，需比较 X 向、Y 向设置支撑数量对结构整体指标的影响。

方案一：X 向四道 Y 向四道（$X4/Y4$）见图 8.3-21；

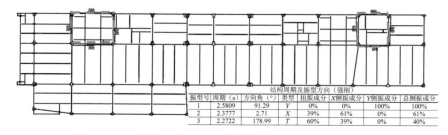

图 8.3-21　方案一（$X4/Y4$）支撑布置图及周期计算结果

方案二：仅在Y向设置四道（Y4）见图 8.3-22。

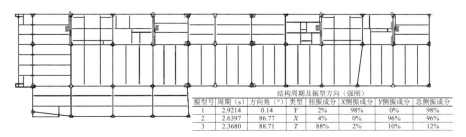

结构周期及振型方向（强刚）						
振型号	周期（s）	方向角（°）	类型	扭振成分	X侧振成分	Y侧振成分	总侧振成分
1	2.9214	0.14	Y	2%	98%	0%	98%
2	2.6397	86.77	X	4%	0%	96%	96%
3	2.3680	88.71	T	88%	2%	10%	12%

图 8.3-22　方案二（Y4）支撑布置图及周期计算结果

由计算结果对比可知，方案一（X4/Y4）模型X向支撑布置偏心，第二振型即出现较大的扭转，方案二（Y4）模型前两阶均为常规平动，且扭转与平动周期比小于0.9，因此采用方案二（Y4）的钢支撑布置方案，结构整体扭转更小，为本工程推荐方案。

E 座南楼多处位置建筑柱网需在底部楼层增大，见图 8.3-23、图 8.3-24，2 层结构平面所示区域，首层需增大柱间距，2 层及以上框架柱需进行转换，通过比较，采用梁托柱的转换方案，为减小对建筑空间的影响，13.6m 转换采用变截面转换梁□(1500～1800)×900。对于3 层转换区域，转换梁跨度为 16m，截面采用□1850×900×38×60。

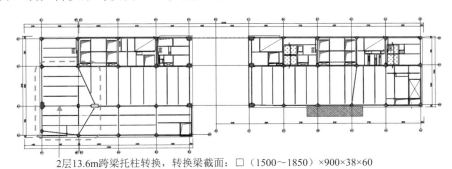

2层13.6m跨梁托柱转换，转换梁截面：□（1500～1850）×900×38×60

图 8.3-23　E 座南楼 2 层结构平面图

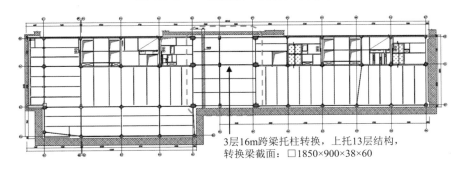

3层16m跨梁托柱转换，上托13层结构，
转换梁截面：□1850×900×38×60

图 8.3-24　E 座南楼 3 层结构平面图

典型转换节点见图 8.3-25。

E 座南楼南侧，如图 8.3-26 所示区域Y向钢梁考虑混凝土楼板和钢梁的共同作用，采用组合梁，满足了建筑的净高需求。

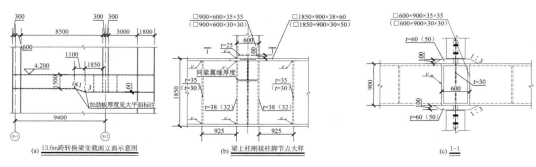

图 8.3-25　典型转换梁柱节点图

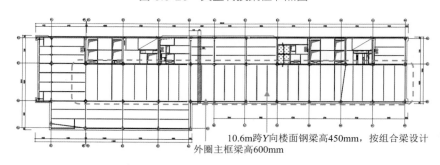

10.6m跨Y向楼面钢梁高450mm，按组合梁设计
外圈主框架梁高600mm

图 8.3-26　E 座南楼标准层结构平面图

3）E 座东楼、西楼之间连桥方案比选

E 座东楼、西楼之间连桥平面跨度约 33m，宽度 4.1m。考虑三种结构方案：

方案一：钢桁架结构；

方案二：空腹桁架结构；

方案三：大跨钢梁结构。

三种方案结构优劣势及造价比较　　　　　　　　　　表 8.3-5

	方案一：钢桁架	方案二：空腹桁架	方案三：大跨钢梁
模型			
钢梁截面	桁架上、下弦高：350mm；桁架腹杆外包尺寸：200～250mm	桁架上、下弦高：600～800mm；空腹桁架柱截面：H(600～1000)×400	钢梁高：700～1300mm
变形	竖向最大变形：34mm	竖向最大变形：71mm	竖向最大变形：162mm，需要起拱50mm
钢梁应力			

续表

	方案一：钢桁架	方案二：空腹桁架	方案三：大跨钢梁
用钢量（t）	38.36	61.20	63.25
建筑效果	①可仅在下弦支座位置设置支座；②杆件截面小，连桥整体外观轻巧；③建筑整体效果好；④不足之处：桁架斜杆需伸入E座东楼办公区域，影响此处室内空间	①需在上、下弦均设置支座，对建筑立面有一定影响；②桁架上、下弦截面较大，影响建筑立面效果，建筑效果相对较差；③不影响室内使用	①需在上、下弦均设置支座，对建筑立面有一定影响；②桁架上、下弦截面大，影响建筑立面效果，建筑效果相对较差；③不影响室内使用
施工难度	边桁架重量较小，33m跨单榀桁架重量约16t；对吊车选型要求相对较低；施工难度相对较小	边桁架重量较大，单榀桁架重量约27t，对吊车选型要求较高；施工难度相对较大	33m大跨梁单根重量约14t，起吊相对容易，整体焊接量较小；施工较容易

根据表 8.3-5 对比，钢桁架形式成本最低、施工难度较小，但由于端部钢桁架斜杆会影响建筑室内空间，所以修改此端部结构形式为空腹桁架，因此拟采用钢桁架＋空腹桁架组合结构形式。桁架上、下弦高 350mm，端部高度 600~800mm（图 8.3-27）；桁架竖向最大变形 48.5mm（图 8.3-28）；33m 跨单榀桁架重量约 21t；连桥总用钢量约 48t。

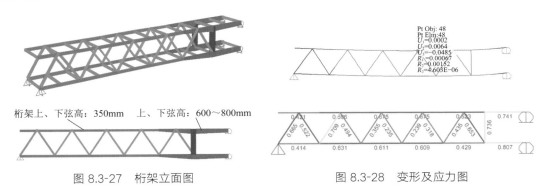

桁架上、下弦高：350mm   上、下弦高：600~800mm

图 8.3-27 桁架立面图   图 8.3-28 变形及应力图

4）三级钢 HRB400 与四级钢 HRB500 对比分析

三种方案结构优劣势及造价比较   表 8.3-6

钢筋型号	纯地下车库基础（单位：kg/m²）				主楼下筏板（kg/m²）	地下室外墙（kg/m²）				地下室楼盖（kg/m²）	
	独立柱基＋防水板		筏板＋柱墩			非人防区		人防区		普通层顶板	人防顶板
	方案A1（抗拔桩）	方案A2（抗浮锚杆）	方案B1（抗拔桩）	方案B2（抗浮锚杆）		水平钢筋	竖向钢筋	水平钢筋	竖向钢筋		
HRB400	44.49	38.62	59.94	54.83	63	15.34	23.9	20.01	35.57	24.53	81.01
HRB500	42.75	38.09	54.68	48.65	59	15.34	23.49	20.01	30.79	23.21	74.81
HRB500节省钢筋	1.73	0.53	5.27	6.19	4	0	0.41	0	4.78	1.32	6.2
用钢量节省比例	3.90%	1.38%	8.79%	11.29%	6.35%	0.00%	1.72%	0.00%	13.44%	5.38%	7.65%

根据表 8.3-6 对比分析：

①HRB500 较 HRB400 单价贵 5%，因此当 HRB500 节省钢筋用量在 5%以内时总材料价格并不经济，当 HRB500 节省钢筋用量在 5%以上可考虑采用。

②当纯地下室采用独立柱基＋防水板时，五级人防荷载为 50kPa，采用 HRB500 钢筋节省 1.38%～3.90%；当采用筏形基础，五级人防荷载为 90kPa，采用 HRB500 钢筋节省 8.79%～11.29%。

③主楼筏形基础，采用 HRB500 钢筋节省 6.35%。

④地下室外墙非人防区，主要为裂缝控制配筋，竖向钢筋 HRB500 仅节省 1.72%，水平钢筋为构造配筋、无优势。

⑤人防外墙，竖向受力钢筋 HRB500 节省 13.44%，水平筋为构造配筋无优势。

⑥人防顶板，HRB500 钢筋节省 7.65%。

⑦普通地下室楼板，HRB500 钢筋节省约 5.38%。

因此，可用 HRB500 区域：主楼筏板基础、人防外墙（竖向受力钢筋）、人防顶板（包括人防梁）。

四、专项设计

1）屈曲约束支撑的应用

在高层钢框架结构设计中，虽然纯框架结构具有很好的延性，但是抗侧刚度较小，水平力作用下结构的水平位移较大，因此抗侧力构件的选取和设计非常重要。普通支撑框架弹性阶段刚度较大，延性较小，而且在水平力作用下，支撑容易受压屈曲使结构丧失承载力。屈曲约束支撑可以克服普通支撑受压屈曲的问题，经过合理的设计，屈曲约束支撑不仅可以增强框架的刚度，而且能够保证支撑在罕遇地震下率先屈服，防止主体结构遭到破坏，从而提高整体结构的抗震性能。

屈曲约束支撑与普通支撑相比特点：

①承载力与刚度分离

屈曲约束支撑的优点是其自身的承载力与刚度的分离。普通支撑因需要考虑其自身的稳定性，使构件截面和支撑截面过大，从而导致结构的刚度过大，地震作用过大，形成了不可避免的恶性循环。选用屈曲约束支撑，可有效减小构件截面，减小地震作用，在不增加结构刚度的情况下满足结构对于承载力的要求。

②承载力高

③延性与滞回性能好

屈曲约束支撑在弹性阶段工作时，就如同普通支撑可为结构提供抗侧刚度，可用于抵抗小震以及风荷载的作用。屈曲约束支撑在弹塑性阶段工作时，变形能力强、滞回性能好，就如同一个性能优良的耗能阻尼器，可用于结构抵御强烈地震作用。

④保护主体结构

屈曲约束支撑具有明确的屈服承载力，在大震下可起到"保险丝"的作用，用于保护主体结构在大震下不屈服或者不严重破坏，并且大震后，经核查，可以方便地更换损坏的支撑。

以 A 座为例，在建筑外框设置支撑对结构整体抗扭刚度有较大提高，但是在外框设置支撑会影响建筑立面效果，所以结合建筑功能及布置，在每层核心筒周边设置四道防屈曲支撑，X向和Y向各两道，Y向右侧支撑在 4 层转换一次，支撑按一字、人字形布置。支撑布置平面见图 8.4-1～图 8.4-3。

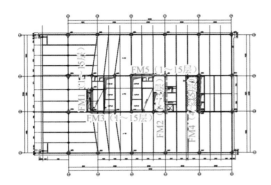

图 8.4-1　A 座屈曲约束支撑平面图

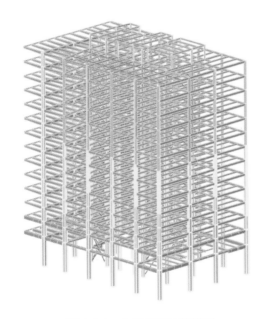

图 8.4-2　A 座结构计算模型

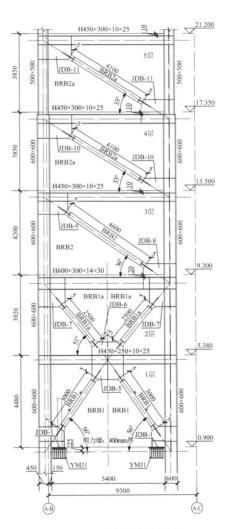

图 8.4-3　支撑局部剖面图

采用 SAUSAGE 软件对模型进行罕遇地震作用下非线性时程分析，选取 7 组地震波，包括 2 组人工波、5 组天然波，分别为：人工波 RH4、RH3，天然波 TH052、TH023、TH002、TH017、TH036。根据选出的 7 组（包含三方向分量）地震记录，采用主次方向输入法（即 X、Y 方向依次作为主、次方向），其中三方向输入峰值比依次为 1∶0.85∶0.65（主方向∶次方向∶竖向），主方向波峰值取为 400Gal。

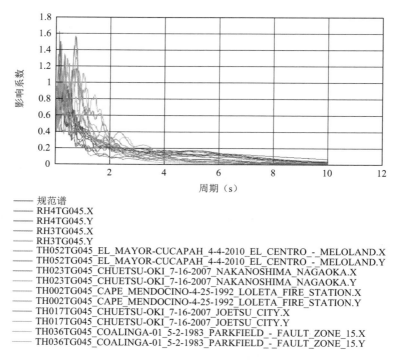

图 8.4-4　各地震波地震动波谱图

　　7 组地震波进行三向输入并调换主方向总计 14 个工况的罕遇地震弹塑性分析，楼层剪力、楼层层间位移角与楼层位移基本结果如图 8.4-5、图 8.4-6 和表 8.4-1、表 8.4-2 所示：

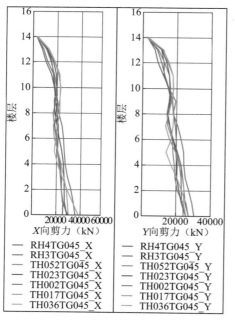

图 8.4-5　各地震波作用下剪力曲线

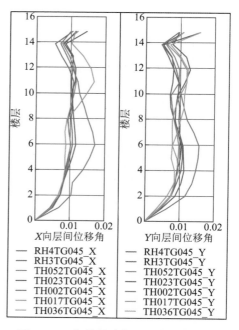

图 8.4-6　各地震波作用下位移角曲线

每条地震波作用下基底剪力与振型分解反应谱法基底剪力结果   表 8.4-1

工况	X向基底剪力（kN）	βix	Y向基底剪力（kN）	βiy	是否满足要求	备注
振型分解法	32256.4	100%	30747.9	100%	—	—
RH3TG045	25054.3	78%	39811	129%	满足	人工波
RH4TG045	26156.6	81%	35059.9	114%	满足	人工波
TH002TG045	34247.1	106%	29684	97%	满足	天然波
TH036TG045	29778	92%	25119.9	82%	满足	天然波
TH017TG045	31047	96%	33859.8	110%	满足	天然波
TH052TG045	27583.6	86%	30580.3	99%	满足	天然波
TH023TG045	33297.1	103%	36108.8	117%	满足	天然波
平均	29594.8	92%	32889.1	107%	满足	—

注：βix、βiy分别为X向、Y向各地震波的基底剪力与CQC基底剪力的比值。

每条地震波作用下最大顶点位移与最大层间位移角结果   表 8.4-2

工况	主方向	最大顶点位移（mm）	最大层间位移角
RH4TG045_X	X主向	0.384	1/74
RH3TG045_X	X主向	0.412	1/100
TH052TG045_X	X主向	0.407	1/90
TH023TG045_X	X主向	0.474	1/93
TH002TG045_X	X主向	0.638	1/63
TH017TG045_X	X主向	0.412	1/64
TH036TG045_X	X主向	0.442	1/65
平均	X主向	—	1/76
RH4TG045_Y	Y主向	0.373	1/66
RH3TG045_Y	Y主向	0.432	1/95
TH052TG045_Y	Y主向	0.384	1/96
TH023TG045_Y	Y主向	0.378	1/80
TH002TG045_Y	Y主向	0.588	1/66
TH017TG045_Y	Y主向	0.318	1/86
TH036TG045_Y	Y主向	0.348	1/65
平均	Y主向	—	1/77

在罕遇地震作用下，框架柱及框架梁的性能分布见图 8.4-7 和图 8.4-8。

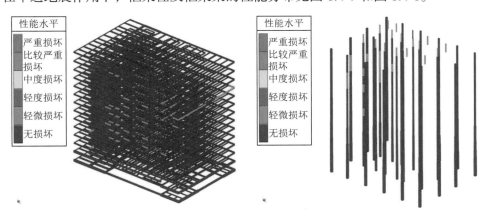

图 8.4-7 平均框架梁性能指标   图 8.4-8 平均框架柱性能指标

选取 7 条地震波中的 1 条人工波 RH3TG045 和 1 条天然波 TH036TG045 作用下，结构能量图结果如图 8.4-9 所示。

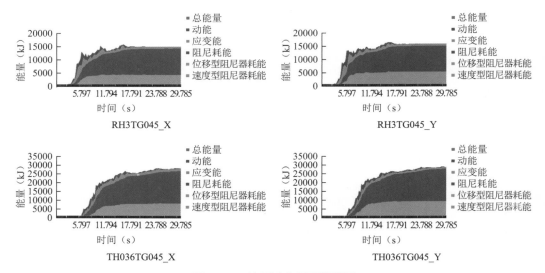

RH3TG045_X

RH3TG045_Y

TH036TG045_X

TH036TG045_Y

图 8.4-9　地震波作用下能量图

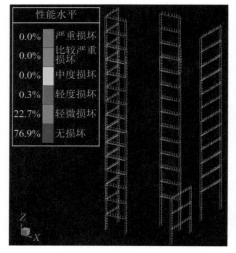

图 8.4-10　平均消能子结构性能指标

在罕遇地震作用下，与屈曲约束支撑相连的框架梁、柱为消能子结构，其性能平均水平如图 8.4-10 所示。

通过罕遇地震弹塑性分析结果可知：

①在考虑重力二阶效应及大变形的条件下，罕遇地震作用下，X 向钢结构层间位移角为 1/76；Y 向钢结构层间位移角为 1/77，满足规范要求（< 1/50）。

②损坏分析表明，在罕遇地震作用下，框架梁损伤不明显，仅小部分出现轻微损伤；框架柱损伤轻微，小部分框架柱出现轻度损伤，大部分框架柱处于无损坏和轻微损坏状态。

③能量结果分析表明，X 向为主震方向的双向地震波作用下结构弹塑性耗能附加阻尼比的均值为 0.31%，位移型阻尼器（屈曲约束支撑）耗能附加阻尼比的平均值为 2.04%；Y 向为主震方向的双向地震波作用下结构弹塑性耗能附加阻尼比的均值为 0.30%，位移型阻尼器（屈曲约束支撑）耗能附加阻尼比的平均值为 2.67%；位移型阻尼器（屈曲约束支撑）在结构罕遇地震作用下发挥了耗能作用，结构非线性发展并不明显。

④消能子结构性能水平分析表明，绝大部分消能子结构处于无损状态（76.9%）和轻微损坏（22.7%），个别轻度损坏（0.3%）。依据性能评价标准，中度损伤状态下，钢材塑性应变与屈服应变的比值 $\varepsilon_p/\varepsilon_y = 3 \sim 6$。对应钢材应力 $\sigma = 408 \sim 461\text{MPa} < 470\text{MPa}$（Q355 钢材极限强度），满足规范要求。

五、结　语

（1）合理的基础形式和抗浮设计

本工程体量较大，地下部分为超长结构，抗浮设防水位较高，设计中合理设置沉降及伸缩后浇带，综合比较了独基＋防水板基础与筏板基础两种基础形式，以及抗拔桩与抗浮锚杆两种抗浮措施，选用了筏板＋抗浮锚杆形式，在保证安全的情况下，取得了良好的经济效益。

（2）钢框架＋屈曲约束支撑体系的应用

地上部分建筑单体较多，设计中对钢框架＋屈曲约束支撑体系和钢框架＋钢筋混凝土核心筒体系（混合结构）进行了详细的比较，综合考虑结构整体计算指标、建筑功能、施工周期以及综合经济效益选用了钢结构＋屈曲约束支撑体系，并对各楼座进行罕遇地震下弹塑性分析，验证屈曲约束支撑结构在罕遇地震作用下的抗震性能，屈曲约束支撑可为整体结构提供额外的阻尼耗能作用，减轻罕遇地震作用下主体结构的损坏程度。

地上结构单体由于层高及净高限制，采用合理的梁高及梁上开洞，保证建筑净高。另外，还存在较多的大悬挑、大跨度以及大跨度转换结构，设计中对大悬挑、大跨度位置结构承载力、变形及楼板舒适度进行了详细的验算。

（3）结构缝的合理设置

本工程地上有多栋高层塔楼，塔楼间为连桥。结构缝的设置要把握好单体结构的受力合理性、建筑表现和功能使用的平衡。结构前期设计中，对结构缝设置的数量和位置进行了详细和深入的对比分析，地下室不设缝，地上通过设缝后的合理划分，避免了 E 栋 U 形平面导致的平面不规则和南北立面收进较大问题，以及各楼座之间不设缝导致的连体问题，规避了结构超限，各结构单体受力更为合理，对建筑的影响也相对较小。

（4）大跨连桥设计

本工程各建筑单体之间共有 5 处需要在 3 层连通，建筑功能为走廊、展厅和会议室。连桥的结构形式、与塔楼的连接方式、对主体结构的影响、连桥支座的节点构造、连桥结构的抗风和抗震、人行激励下的舒适度等是连桥设计需重点关注的问题。通过对上述问题的综合分析，本工程连桥采用了梁板和桁架两种结构形式，连桥支座一端采用铰接，一端采用滑动，减小各单体结构间的相互影响。

本工程选用钢结构体系，大大缩短了施工周期，在计划时间内顺利竣工；本工程设计中多种方案经济性对比可为今后此类型办公楼设计提供借鉴。

▰ 参 考 文 献 ▰

[1] 中华人民共和国住房和城乡建设部. 建筑抗震设计规范: GB 50011—2010(2016 年版)[S]. 北京: 中国建筑工业出版社, 2016.

[2]　中华人民共和国住房和城乡建设部. 高层建筑混凝土结构技术规程: JGJ 3—2010[S]. 北京: 中国建筑工业出版社, 2011.

[3]　中华人民共和国住房和城乡建设部. 建筑结构荷载规范: GB 50009—2012[S]. 北京: 中国建筑工业出版社, 2012.

[4]　中华人民共和国住房和城乡建设部. 混凝土结构设计规范: GB 50010—2010(2015 年版)[S]. 北京: 中国建筑工业出版社, 2016.

[5]　中华人民共和国住房和城乡建设部. 钢结构设计标准: GB 50017—2017[S]. 北京:中国建筑工业出版社, 2018.

[6]　中华人民共和国住房和城乡建设部. 高层民用建筑钢结构技术规程: JGJ 99—2015[S]. 北京: 中国建筑工业出版社, 2016.

[7]　中华人民共和国住房和城乡建设部. 组合结构设计规范: JGJ 138—2016[S]. 北京: 中国建筑工业出版社, 2016.

9

中国石化自贸大厦工程结构设计

结构设计单位：中国建筑科学研究院有限公司
结构设计团队：孙建超，赵建国，詹永勤，许　瑞，张伟威，杨晓蒙，胡文建，
　　　　　　　林海鹏，夏梦菲，李酉禄，张懿斐
执　笔　人：赵建国，张伟威，胡文建，杨晓蒙

一、工程概况

本项目位于海口市江东新区起步区。海口江东新区位于海口市东海岸，地处海口市主城区与文昌木兰湾之间，距海口市中心约7km，距文昌木兰湾新区约15km。

项目总建筑面积109092m²，其中地上建筑面积78854m²，地下建筑面积30238m²。

本工程地下共3层，主要功能为停车库、设备用房、商业区域等。地上塔楼34层和地上裙房4层（含夹层），塔楼建筑高度为150.00m（结构高度149.60m），裙房建筑高度为23.42m（结构高度23.25m）。

建筑基本空间体型见图9.1-1、图9.1-2。建筑平面呈钻石形，含部分裙房。

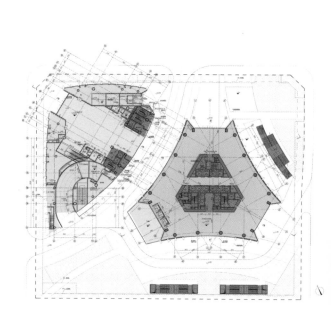

图 9.1-1　总平面图

图 9.1-2　效果图

二、设计条件

1. 自然条件

1）拟建场区的工程地质条件

拟建场地未发现岩溶、土洞及塌陷、滑坡、危岩和崩塌、泥石流、采空区和采空塌陷、地面沉降、地裂缝、活动断裂等不良地质作用，但场地存在液化砂土层，根据《城乡规划工程地质勘察规范》CJJ 57—2012 的相关规定，综合分析判定该勘察场地稳定性较差，工程建设适宜性差。钻孔未发现河道、沟滨、墓穴、防空洞、孤石等对工程不利的埋藏物。

本区抗震设防烈度为 8 度，设计基本地震动加速度值为 0.30g。设计地震分组为第二组；场地土为中软土，场区覆盖层厚度 3.0～50.0m 范围，综合确定工程场地类别为 Ⅱ 类。场地存在液化砂土层，②层细砂、③层中砂和④层粗砂为可液化砂土，液化等级为严重。根据场地地形、地貌、结合该场地各岩土层分布，判定拟建场地属对建筑抗震的不利地段。

地下水稳定水位埋深 1.90～4.80m（高程 1.03～1.39m），由于临近场地正在进行降水，短期内水位会有明显变化，抗浮设防水位可按地面标高考虑。

长期浸水条件下地下水对混凝土结构具有弱腐蚀性，对钢筋混凝土结构中的钢筋具有微腐蚀性；在干湿交替作用下，地下水对混凝土结构具有弱腐蚀性，对钢筋混凝土结构中的钢筋具有中腐蚀性；场地土对混凝土结构具微腐蚀性，对钢结构和钢筋混凝土结构中的钢筋具微腐蚀性。

2）风荷载

基本风压：$0.75kN/m^2$；

地面粗糙度类别：A 类。

3）雪荷载

基本雪压：0。

4）地震参数（表 9.2-1）

地震参数   表 9.2-1

项目	数值
抗震设防类别	丙类
抗震设防烈度	8 度
基本地震加速度	0.30g
设计地震分组	第二组
场地类别	Ⅱ 类
场地特征周期	0.40s

5）正负零：绝对标高+6.200m。

6）抗浮水位：根据地质勘察报告，抗浮设计水位按绝对高程6.2m考虑。

2. 设计要求

1）设计标准

建筑结构设计使用年限：50年；

建筑结构安全等级：二级；

结构抗震等级：核心筒特一级，外框架一级，裙楼钢框架三级；地下室主楼相关范围B1、B2层一级，其余三级。

2）风荷载与风洞试验

本项目体型复杂，进行了风洞试验以确定相关设计参数，同时与规范计算结果对比。

参考《建筑结构荷载规范》GB 50009—2012 中相似形状按体型系数计算风荷载（图9.2-1）。

规范计算结果与风洞结果对比详下述内容。

风洞试验模型如图9.2-2所示，试验10°为间隔，共36个风向角。

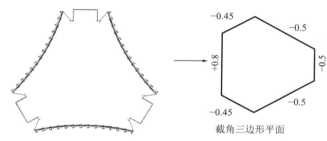

截角三边形平面

图9.2-1　荷载规范体型系数参考取值

图9.2-2　风洞试验模型

由风洞试验与规范计算结果对比，风洞试验结果大于规范计算值。构件强度验算时，取10个工况分别进行验算，进行包络设计。根据风洞试验报告，结构顶部质心位移响应如表9.2-2所示。

结构顶部质心位移响应　　　　　　　　　　　　　表9.2-2

位移（mm）		高度（m）	位移/高度	
X向	Y向		X向	Y向
55.35	78.55	153.7	1/2777	1/1957

10年重现期风压作用下结构顶层质心处最大加速度如表9.2-3所示。

10年重现期结构顶层质心处加速度响应（单位：m/s²）　　　表9.2-3

方向	X向	Y向
风向	170	0
加速度	0.03	0.05

风洞试验结果显示本项目顶部楼层加速度最大为 0.05m/s²，小于《高层建筑混凝土结构技术规程》JGJ 3—2010 限值 0.28m/s²，舒适度满足规范要求。

3）结构材料

（1）混凝土

设计中采用的混凝土级别为 C15～C60，垫层：C15。

基础底板、外墙：C35（地下室底板、外墙、与土接触的地下室顶板、人防顶板及水池采用抗渗混凝土，抗渗等级不低于 P8）。

填充墙过梁、圈梁、构造柱：C20。

柱：C40～C60；墙：C40～C60；各层梁板：C35。

（2）钢筋

钢筋材料采用 HPB300、HRB400，应符合《混凝土结构设计规范》GB 50010—2010（2015 年版）的规定。

（3）钢材

钢管混凝土柱、钢柱、钢梁及型钢混凝土构件使用 Q355、Q355GJ 钢材，伸臂桁架相关构件采用 Q460 钢材，框架梁、柱、伸臂相关构件采用 C 级钢，其余采用 B 级。对于不小于 40mm 板厚的钢板应采用厚度方向性能钢板。钢材性能应满足《钢结构设计标准》GB 50017—2017 的规定。

（4）砌体

非承重外墙重度不大于 12.0kN/m³，砌块强度不低于 MU5，砂浆强度不低于 M7.5。内墙采用轻质隔墙。

三、结构体系

1. 结构体系与布置

1）地上结构

体系概述、标准层布置及主要构件截面。

主体结构地上塔楼 34 层，塔楼建筑高度为 150.00m，结构高度 149.60m。结构体系设计根据建筑物的高度、平面布置及使用功能等要求，并从安全可靠、技术先进、经济合理、美观适用等几个方面综合考虑。

结构类型为钢管混凝土框架-核心筒结构。外框柱钢管混凝土柱，核心筒为钢筋混凝土核心筒，柱截面及核心筒墙厚由底部向顶部逐段减薄。结构竖向受力体系由外框架及核心筒构成，抗侧力体系主要由核心筒、外框柱组成，在一个避难层（23 层）设置伸臂桁架增强结构抗侧性能。

地上楼面梁采用钢梁，外框梁与框架柱为刚接，径向框梁与框架柱连接均为刚接，与核心筒连接均为铰接。楼板采用钢筋桁架楼承板。

首、二层为跃层，仅局部有楼板，总高度 14m，标准层层高 4.2m，避难层层高为 4.2m。考虑地下室相关范围结构进行计算。结构嵌固端为地下一层楼面，为满足嵌固构造要求，地下一层楼板厚度不小于 180mm。

结构典型平面如图 9.3-1 所示。

主楼和裙楼采用滑动支座脱开，关系如图 9.3-2 所示。

裙房为钢框架结构体系，共 4 层，建筑高度为 23.42m，结构高度为 23.25m，面积为 8127m²。二层结构平面图见图 9.3-3。

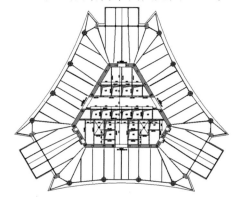

图 9.3-1　标准层结构平面图（4 层）

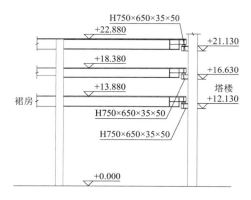

图 9.3-2　主楼裙楼关系图

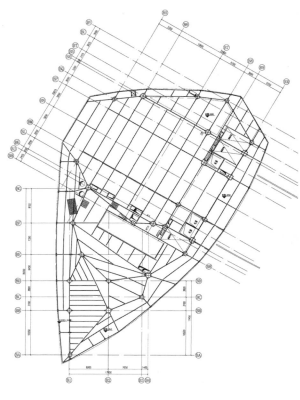

图 9.3-3　二层结构平面图

主要结构构件截面见表 9.3-1。

	主要结构构件截面　　　　　　　　　　　　　　　　　表 9.3-1
梁截面	下部、标准层典型截面如下： 框架梁 H1100×600×25×40（外框） H600×250×14×30（内框） 次梁 H600×250×14×30 悬挑梁 H600×250×12×25
柱截面	下部：圆形钢管混凝土柱 1300mm×30mm 箱形钢管混凝土柱 1400mm×1100mm×55mm 中部：圆形钢管混凝土柱 1300mm×25mm 箱形钢管混凝土柱 1400mm×900mm×25mm 上部：圆形钢管混凝土柱 1200mm×25mm 箱形钢管混凝土柱 1400mm×900mm×25mm
墙厚	外墙下部：1200mm　外墙中部：900mm　外墙上部：450mm 内墙：200～400mm

2）地下结构

地下室采用钢筋混凝土框架结构体系，楼盖采用现浇钢筋混凝土梁板体系。

上部结构钢结构柱在地下室延伸为型钢混凝土柱，落至基础地下室底板。

地下室顶板厚度为 300mm，主体结构首层板厚度为 180mm。B3 至 B1 层高分别为 4.90m、4.90m、7.00m，地下三层局部为六级人防区域，为混凝土梁板体系，除地上结构延伸至基础的型钢混凝土框架柱外，地下室柱为混凝土柱。

根据地勘报告，长期浸水/干湿交替作用分别考虑，地下水的腐蚀性环境按 Ⅱ 类环境考虑，场地土的腐蚀性环境类别按 Ⅲ 类考虑。干湿交替作用下，地下水对钢筋混凝土结构中的钢筋具有中腐蚀性。地下室混凝土材料（包括地下室底板、外墙和桩基）的基本要求应符合《工业建筑防腐蚀设计标准》GB/T 50046—2018。

在腐蚀环境下，混凝土灌注桩施工成孔不应出现负偏差，灌注桩应确保钢筋的保护层厚度满足设计要求。

本工程地下室东西长约 108m，南北长约 94m，属超长混凝土结构。通过在地下室设置后浇带、添加合适的混凝土外加剂、水泥的选择等设计措施，以及施工过程中采用降低水化热、加强养护等施工措施，来降低温度收缩的影响。

3）基础设计

由于项目邻海，根据场区地形地貌、地理位置、地下水补给、排泄条件，结合当地相关工程经验，地下室抗浮设计水位宜按市政道路标高绝对标高 6.20m（1985 国家高程）考虑。本工程地下室抗浮设防水位高于地下室底板，地下室应进行抗浮验算，当地下水浮力大于上部结构荷载（按最不利组合）时，应采取抗浮措施。抗浮措施以抗拔桩或抗浮锚杆为宜。同时考虑到项目临近海边，抗浮锚杆存在耐腐蚀的问题，采用抗拔桩为更稳妥的抗浮方案。因此，地下室拟采用钻孔灌注桩桩基础，桩同时作为抗压桩及抗拔桩。

综合上述因素，拟建的高层塔楼（带 3 层地下室）和低层裙楼采用桩基础方案，桩型为旋挖钻孔灌注桩，桩直径 1000mm，选择第⑧层粉质黏土作为桩端持力层，桩长 50m，单桩承载力特征值约为 7500kN。纯地下车库部分结合抗浮的需要，也采用桩基础方案，桩型为旋挖钻孔灌注桩，桩直径 800mm，选择第⑦层粉质黏土作为桩端持力层，桩长 25m，单桩竖向抗压承载力特征值约为 2500kN，单桩抗拔承载力特征值约为 1800kN。主楼核心筒下筏板厚度约 2500mm，外围框架柱下筏板厚度约 2000mm；裙楼及地下车库部分筏板厚度约 800mm。

根据地勘报告，场地存在液化砂土层，②层细砂、③层中砂和④层粗砂为可液化砂土，液化等级为严重。本工程地下室埋深 17.6～19.3m，基坑范围内液化土层绝大部分被挖除，且本工程主楼、裙楼及地下车库均采用桩基础，桩长较长，穿过局部残留的液化土层达 20～50m。加强桩上部纵筋配筋、箍筋加密；基坑肥槽回填采用密实灰土分层夯实或素混凝土回填。基础平面布置图见图 9.3-4。

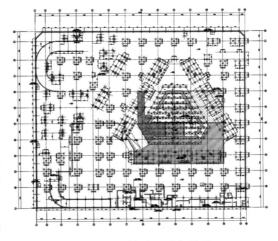

图 9.3-4　基础平面布置图

2. 抗震超限分析

1）超限内容

本工程根据《海南省超限高层建筑结构抗震设计要点（试行）》，对结构抗震超限项目进行检查。

根据《海南省超限高层建筑结构抗震设计要点（试行）》第 3.0.2 条表 1，钢管混凝土框架-钢筋混凝土筒在 8 度（0.3g）区超过 130m 即为超限高层，本工程结构高度 149.60m，高度超高。

本项目高度超限，且存在含加强层（第 23 层）、承载力突变（受剪承载力比最小 0.72）两项不规则项。根据《海南省超限高层建筑结构抗震设计要点（试行）》，本工程属于高度超限的高层建筑工程。

2）性能目标

按照《海南省超限高层建筑结构抗震设计要点（试行）》第 4.1.3 条规定，对于丙类建筑，房屋高度超过 B 级最大适用高度 20%以上或不规则项超过《高层建筑混凝土结构技术规程》JGJ 3—2010 适用范围很多时，不宜低于 C 级，不应低于弱 C 级。本工程结构高度 149.6m，超出《高层建筑混凝土结构技术规程》JGJ 3—2010 第 3.3.1 条表 3.3.1-2 规定 B 级高度限值 120m，超出比例为（149.6 − 120）/120 = 24.7% > 20%，考虑本项目形体较为规则，抗震设防性能目标采用弱 C 级。

按照《海南省超限高层建筑结构抗震设计要点（试行）》各性能水准的要求，进行细化如表 9.3-2 所示。

抗震设防性能目标 表 9.3-2

地震烈度（参考级别）		小震 （多遇地震）	中震 （设防地震）	大震 （罕遇地震）
抗震性能水准		1	3	5
性能水平定性描述		不损坏	可修复损坏	不倒塌
结构工作特性		弹性	允许部分次要构件屈服	允许进入塑性，控制薄弱层位移
层间位移角限值		h/727（地震作用） h/800（风荷载）	—	h/100（地震作用）
关键构件	底部加强区和加强层及上下层核心筒外墙	按规范要求设计，保持弹性	抗弯不屈服，抗剪弹性	抗弯抗剪不超极限强度，满足抗剪截面控制条件，允许中度损坏
	首层、加强层及上下层外框柱	按规范要求设计，保持弹性	弹性	承载力不超极限强度，抗剪不屈服，允许中度损坏
重要构件	伸臂桁架	按规范要求设计，保持弹性	不屈服	允许部分构件比较严重损坏
	长悬挑 （悬挑长度大于 2m）	按规范要求设计，保持弹性 （考虑竖向地震为主组合）	弹性 （考虑竖向地震为主组合）	不屈服 （考虑竖向地震为主组合）

续表

地震烈度（参考级别）		小震 （多遇地震）	中震 （设防地震）	大震 （罕遇地震）
普通竖向 构件	除关键剪力墙外 其他剪力墙	按规范要求设计，保持弹性	抗弯不屈服，抗剪弹性	满足抗剪截面控制条件， 允许部分构件比较严重损坏
	除关键框架柱外 其他框架柱	按规范要求设计，保持弹性	抗弯不屈服，抗剪弹性	允许部分构件比较严重损坏
普通构件	框架梁	按规范要求设计，保持弹性	不屈服	允许部分构件比较严重损坏
	节点	不先于构件破坏		
耗能构件	连梁	按规范要求设计，保持弹性	主要连梁（大洞口剪力墙 上连梁）抗剪不屈服，其他 连梁按小震弹性设计	允许比较严重损坏

注：h 为结构高度，小震层间位移角限值为参照《海南省超限高层建筑结构抗震设计要点（试行）》取用。

3）抗震措施

（1）采用抗震性能化设计，对结构关键部位进行中震及大震设计。

（2）底部加强区层数提高 1～5 层，提高筒体及底部加强区框架柱抗震等级至特一级。

（3）底部剪力墙中震拉应力较大的墙肢处设置型钢，以提高剪力墙的承载力及延性，对拉应力超过 $1.2f_{tk}$ 的墙肢，设置型钢承担全部拉应力，并保证名义拉应力小于规定限值要求。同时满足大震抗剪截面要求。

（4）首层筒体外墙水平分布筋配筋率提高至 1.0%，竖向分布筋配筋率提高至 1.0%，底部加强区其他楼层筒体外墙水平和竖向分布筋配筋率提高至 0.8%，加强层及相邻上下楼层核心筒外墙水平和竖向分布筋最小配筋率提高至 0.6%。

（5）加强层楼板厚度取值为 200mm，与之相邻上下楼层板厚取 150mm，双层双向配筋，截面每个方向单侧配筋率不小于 0.25%。

（6）计算伸臂桁架构件中震下承载力按不考虑楼板作用考虑。

（7）框架 $0.2V_0$ 调整系数取 $0.2V_0$ 及 $1.5V_{f,max}$ 的小值。

（8）核心筒四角墙肢全高设置约束边缘构件。

（9）筒体的外围墙肢，在轴压比大于 0.30 的楼层设置约束边缘构件。

其中：

①底部加强区考虑错开裙房，提高至裙房上一层；

②$1.2f_{tk}$ 为《海南省超限高层建筑结构抗震设计要点（试行）》第 4.3.1 条要求。

3. 结构方案研究

1）伸臂桁架设置楼层对比

本项目在 11 层和 23 层有两个避难层，可作为设置加强层的楼层，顶部楼层为办公，不具备设置加强层的条件。

现对 11 层及 23 层分别考虑伸臂桁架布置，并进行结果的对比分析，依据结构平面特点，对比四个方案（图 9.3-5），布置及结果对比表格见表 9.3-3。

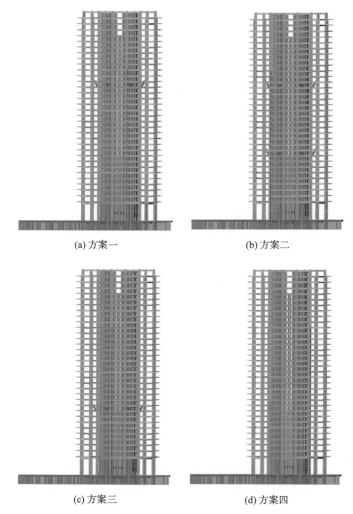

(a) 方案一　　　　　　　　　　(b) 方案二

(c) 方案三　　　　　　　　　　(d) 方案四

图 9.3-5　不同布置方案示意图

不同布置方案指标对比　　　　　　　　　表 9.3-3

		方案一（23 层）	方案二（11 层/23 层）	方案三（11 层）	方案四（无）
最大层间位移角	X	1/789	1/788	1/757	1/742
	Y	1/802	1/803	1/776	1/719
周期	T_1	2.631s	2.5437s	2.586	2.745
	T_2	2.469s	2.4044s	2.466	2.563
	T_3	1.703s	1.6837s	1.752	1.698

　　由此可见，从对结构刚度影响，按位移控制最显著排序依次为方案二 > 方案一 > 方案三 > 方案四。但方案一与方案二的最大层间位移角结果十分接近，考虑到结构设计的经济

性，最终选用方案一，即将伸臂桁架布置在 23 层，并对伸臂桁架在 23 层不同的布置方案进行对比分析。

2）伸臂桁架平面布置对比

本项目在 11 层和 23 层有两个避难层，可作为设置加强层的楼层，顶部楼层为办公，不具备设置加强层的条件。

加强层的位置及形式根据类似工程经验，按位移控制效率最高考虑，在 23 层设置一道伸臂桁架。

现对 23 层的伸臂桁架具体布置方案进行对比分析，依据结构平面特点，对比四个方案（图 9.3-6～图 9.3-9），布置依次如表 9.3-4 所示。

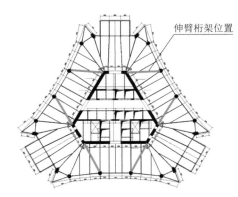

图 9.3-6　伸臂桁架布置方案一

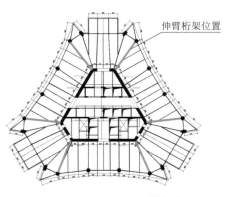

图 9.3-7　伸臂桁架布置方案二

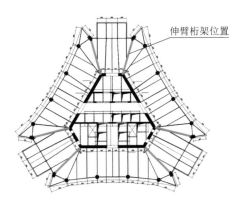

图 9.3-8　伸臂桁架布置方案三

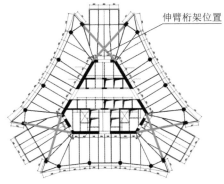

图 9.3-9　伸臂桁架布置方案四

不同布置方案指标对比　　　　　　　　　　表 9.3-4

		方案一	方案二	方案三	方案四
最大层间位移角	X	1/789	1/801	1/792	1/787
	Y	1/802	1/812	1/801	1/785
周期	T_1	2.631s	2.615s	2.627s	2.649s
	T_2	2.469s	2.447s	2.458s	2.474s
	T_3	1.703s	1.712s	1.713s	1.698s

由以上对比可见，从对结构刚度影响，按位移控制最显著排序依次为方案二＞方案三＞方案一＞方案四。但考虑伸臂与核心筒的连接，伸臂上弦杆需要贯通，伸臂的布置才成立，故伸臂桁架布置形式采用方案一，即与斜墙平行布置。

伸臂桁架立面布置及详图如图 9.3-10 所示。

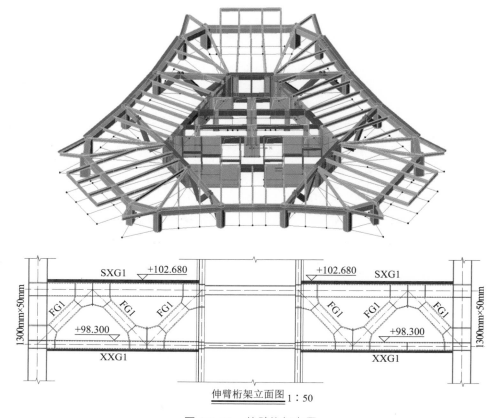

图 9.3-10　伸臂桁架布置

4. 结构分析

图 9.3-11　主楼计算模型

1）小震弹性分析

根据前面介绍的本工程超限内容，设计中采取了必要的措施，并且进行了详细的计算分析工作。主楼计算模型见图 9.3-11。计算分析主要按以下层次进行。

首先进行整体结构小震弹性分析（振型分解反应谱法），采用两套独立的程序（SATWE 和 midas）进行计算分析并对比其结果，确保整体结构的各项指标满足规范对本工程结构的要求。

采用 midas 2020 版进行第二套软件的计算，主要结果与 SATWE 对比如表 9.3-5 所示。

结构总质量对比   表 9.3-5

计算指标	计算软件	
	SATWE	midas
结构总质量（1.0×恒荷载＋0.5×活荷载）（t）	103712.9	102880.7
结构自振周期T_1（s）	2.631	2.754
结构自振周期T_2（s）	2.469	2.582
结构自振周期T_3（s）	1.703	1.8
结构剪重比（X向地震作用）	4.83%	5.00%
结构剪重比（Y向地震作用）	4.97%	5.00%
结构层间位移角（X向地震作用）	1/789	1/791
结构层间位移角（Y向地震作用）	1/802	1/771
结构楼层位移比（X向地震作用）	1.18	1.16
结构楼层位移比（Y向地震作用）	1.17	1.11

由以上 SATWE 和 midas 计算的位移结果可以看出，两种软件计算结果基本一致，结构的剪重比、最大层间位移角及位移比等整体指标均满足规范要求。

2）时程分析

本工程采用中国建筑科学研究院建筑软件研究所编制的 PKPM 系列软件 SATWE 进行了动力弹性时程分析计算。

采用 SATWE 程序进行弹性时程分析，选取 7 条地震波，包括 2 条人工波，5 条天然波，分别为：人工波 RH3TG040、人工波 RH4TG040；天然波 CHALFANTVALLEY-02_NO_549、天然波 IMPERIALVALLEY-06_NO_172、天然波 TH052TG040、天然波 TH047TG040、天然波 CHI-CHI，TAIWAN-05_NO_2937。分别从X、Y向进行输入，峰值加速度取 110cm/s²。X、Y向各条波的基底剪力都大于反应谱法基底剪力的 65%，平均基底剪力大于反应谱法基底剪力的 80%，满足规范对时程分析地震波的要求（图 9.3-12）。X方向和Y方向在部分楼层部分地震波的时程分析楼层剪力大于完全二次振型组合（Complete Quadratic Combination，简称 CQC）分析结果，在进行小震 CQC 计算时，对各方向地震作用力按相应比例放大进行设计，X向放大系数范围为 1.000～1.121，Y向放大系数范围为 1.000～1.176。

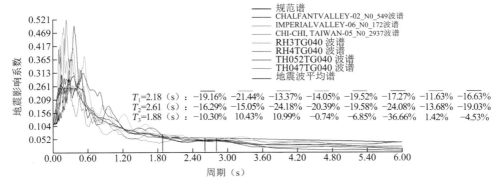

图 9.3-12   时程分析波谱曲线

　　计算结果表明，结构层间位移角均满足规范设计要求（表 9.3-6）。三组地震波，人工波基底剪力与反应谱结果比较接近，两组天然波的地震反应均小于反应谱计算结果。按照时程分析和反应谱计算结果取包络进行结构设计，对混凝土构件，按照最不利的内力进行截面设计及配筋。

各组地震波计算结果对比　　　　　　　　　　表 9.3-6

		反应谱法	天然波 CHALFAN TVALLEY-02_NO_549	天然波 IMPERIA LVALLEY-06_NO_172	天然波 TH052TG040	天然波 TH047TG040	天然波 CHI-CHI, TAIWAN-05_NO_2937	人工波 RH3TG040	人工波 RH4TG040	平均值
X 向	基底剪力（kN）	52907.5	45484.629	51553.234	41239.063	56996.586	47317.000	53903.531	60306.434	50971.497
	比值	100%	86%	97%	78%	108%	89%	102%	113%	96%
	最大层间位移角	1/789	1/867	1/828	1/1045	1/814	1/692	1/856	1/746	1/841
Y 向	基底剪力（kN）	54488.7	43275.555	43077.961	49199.609	51673.543	63100.813	64799.469	63204.313	54047.323
	比值	100%	79%	79%	90%	95%	115%	119%	116%	99.2%
	最大层间位移角	1/802	1/847	1/921	1/1072	1/786	1/761	1/878	1/814	1/868

　　3）大震弹塑性分析

　　本工程主要超限项为高度超限，承载力突变，局部有加强层。

　　动力弹塑性分析计算软件采用 SAUSAGE2020，模型接续 SATWE 的计算结果，计算考虑了钢筋。

　　大震的参数取值为：地表的水平地震峰值取 510Gal，场地特征周期为 0.45s（设计场地特征周期增加 0.05s）。

　　选取三组地震波进行分析，包括一组人工波，两组天然波，分别为：人工波 RH3TG045，天然波 TH028TG045，天然波 TH4TG045。根据选出的三组（包含两方向分量）地震记录、采用主次方向输入法（即 X、Y 方向依次作为主次方向），其中两方向输入峰值比依次为 1∶0.85（主方向∶次方向），主方向波峰值取为 510Gal。

　　核心筒与框架柱性能水平计算结果如图 9.3-13 所示。

　　通过对本工程进行的三组地震记录（每组地震记录包括两个水平分量）、双向输入并轮换主次方向，共计 6 个计算分析工况的 8 度（0.30g）罕遇地震（峰值加速度 510Gal）动力弹塑性分析，对本工程结构在 8 度（0.30g）罕遇地震（峰值加速度 510Gal）作用下的抗震性能评价如下：

　　（1）选取的三组 8 度罕遇地震（峰值加速度 510Gal）记录、双向输入作用下弹塑性时程分析结果表明，结构始终保持直立，最大层间位移角未超过 1/100 的要求，满足规范"大震不倒"的要求。

　　（2）8 度罕遇地震动力弹塑性分析结果显示，连梁大部分破坏，说明在罕遇地震作用下，连梁形成了铰机制，符合屈服耗能的抗震工程学概念。

　　（3）8 度（0.30g）罕遇地震动力弹塑性分析结果显示，核心筒主要墙肢在底部楼层角部、剪力墙开洞区域和核心筒内墙局部出现损伤，但墙肢整体基本保持完好；钢管混凝土柱在加强层局部出现塑性应变，但钢材塑性应变很小，为轻微损伤，钢管混凝土柱基本保持完好，满足本工程设定的性能目标要求。

（4）在罕遇地震（双向输入）作用下，伸臂桁架基本保持完好。

（5）8度（0.30g）罕遇地震动力弹塑性分析结果显示，楼板能够满足大震下传递水平力要求。

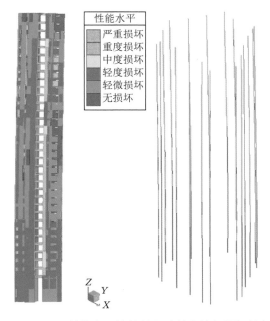

图 9.3-13　性能水平计算结果（核心筒与框架柱）

四、专项设计

1. 核心筒型钢设置

根据《海南省超限高层建筑结构抗震设计要点》的要求，需对剪力墙墙肢在中震作用下的名义拉应力进行控制。第 4.3.1 条规定：剪力墙墙肢名义拉应力验算宜采用等效弹性分析结果。中震时出现小偏心受拉的混凝土构件应采用特一级构造；中震时双向水平地震下墙肢全截面由轴向力折算的名义拉应力大于 1.2 倍混凝土抗拉强度标准值 f_{tk} 时，应在墙肢内增设型钢、并与在型钢部位或其附近设置的墙肢边缘构件纵向钢筋一起共同承担全部拉力，且墙肢全截面平均名义拉应力不宜超过 2 倍 f_{tk}（混凝土受拉截面可计入型钢按弹性模量换算的等效混凝土面积，可按实体截面剪力墙组合截面整体进行受拉计算）；墙肢全截面名义拉应力小于 1.2 倍 f_{tk} 时，可不设置型钢，但应对墙肢的竖向配筋予以加强。第 4.3.2 条规定：当全截面型钢和钢板的含钢率超过 2.5% 时，相应墙肢全截面名义拉应力水平可以根据含钢率大小适当放松，放松程度可参考表 9.4-1。

剪力墙名义拉应力与型钢含钢率的参考关系　　　　　　　　　　　表 9.4-1

名义拉应力	$2f_{tk}$	$3f_{tk}$	$4f_{tk}$	$5f_{tk}$	$6f_{tk}$
含钢率	2.5%	3.8%	5%	6.3%	7.5%

根据中震计算结果输出内力组合，计算底部加强区主要墙肢的拉应力，主要墙肢编号见图 9.4-1。首层（外墙厚 1.2m）和三层（墙变薄，外墙厚 1.0m）均有多处墙肢出现较大拉应力，且大于 $1.2f_{tk}$，通过合理布置型钢后，墙肢平均名义拉应力均满足超限审查要求。

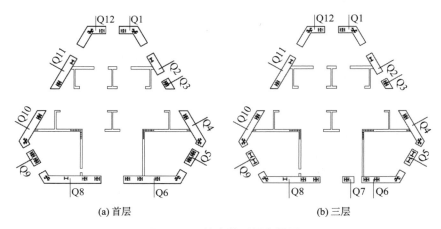

(a) 首层　　　　　　　　　　　　　　　(b) 三层

图 9.4-1　核心筒型钢布置图

随着核心筒各层墙厚、内力的变化，型钢截面也有相应变化。当相邻层剪力墙内型钢截面改变时，例如图 9.4-1 中墙肢 Q9 内型钢截面在二层与一层相同，均为十字形，到三层变为工字形，参考《多、高层民用建筑钢结构节点构造详图》16G519，节点拼接大样见图 9.4-2。

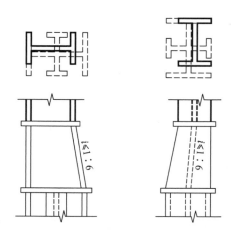

图 9.4-2　型钢变截面节点拼接大样

2. 屋顶悬停平台设计

本项目屋顶建筑高度 150m，超过 100m，为超高层建筑，根据相关规范和消防部门要求，屋顶需设置消防救援措施。本项目设置了直升机悬停平台，悬停平台从塔楼核心筒顶部升起。本工程悬停平台的设计存在以下难点：

（1）悬停平台生根条件受限

核心筒顶部呈切角三角形，而平台为一个超出核心筒范围的大圆盘，同时核心筒顶部设有多部冷却塔，冷却塔为矩形，部分核心筒墙肢无法升至平台作为可靠支座。

（2）悬停平台高出核心筒较多

冷却塔有一定散热需求，且冷却塔排风口不可向上直吹平台，设计阶段采用风管弯折的侧向排风方式，且平台需在排风口一定高度以上。设计阶段平台高出核心筒顶部达 11m。

（3）层间结构设置条件受限

较高的悬停平台，需要设置合理的层间结构以减小竖向构件计算长度，但由于冷却塔高大且分布密集，层间结构构件设置条件受限，部分为了避让冷却塔不能拉成直梁或不能设置斜撑。

（4）鞭梢效应明显

悬停平台为混凝土楼板且屋面活载大，而平台高度高处在屋顶，屋顶鞭梢效应大，特别是竖向构件底部配筋，下部核心筒剪力墙墙体内部需设置型钢承担地震作用下的拉力。

针对上述不利因素，设计阶段利用有限的竖向构件生根条件和层间结构拉结条件，对比了混凝土框架剪力墙方案和钢框架支撑方案，两种方案结构布置如图 9.4-3 所示。经对比，钢框架支撑方案可有效降低结构自重，减小底部生根核心筒剪力墙墙肢配筋，缓解鞭梢效应对悬停平台自身乃至整个塔楼底部墙体的影响。同时相比混凝土方案，简洁的布置纤细的构件也更受方案团队认可。

后在施工配合阶段，业主单位调整了冷源形式，取消了屋顶的冷却塔，悬停平台相应降低。原始设计的钢框架支撑方案由 3 层变为 1 层，只保留了悬停平台，不再设置层间拉结结构。同时由于没有冷却塔的阻挡，柱位相应调整，充分结合下部核心筒墙肢条件，使钢柱尽量生根于墙体，仅个别位置从梁上转换。修改后的悬停平台结构布置如图 9.4-4 所示。

(a) 混凝土框架剪力墙方案

(b) 钢框架支撑方案

图 9.4-3　施工图阶段悬停平台形式对比

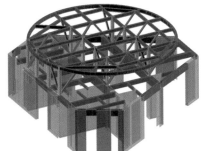

图 9.4-4　冷却塔取消后悬停平台
结构布置

此外，由于屋顶鞭梢效应仍然较为显著且本项目设防烈度为 8 度（0.30g），地震作用很大，钢柱底部地震下的拉力仍然较大。对于从剪力墙上起来的钢柱，下部剪力墙内设置型钢，与钢柱底部连接，对于从混凝土梁上转换的钢柱，则在转换梁内设置型钢与钢柱底部相连。典型的钢柱底部连接形式如图 9.4-5、图 9.4-6 所示。

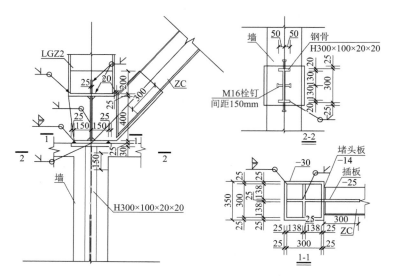

图 9.4-5　悬停平台柱脚与剪力墙连接节点

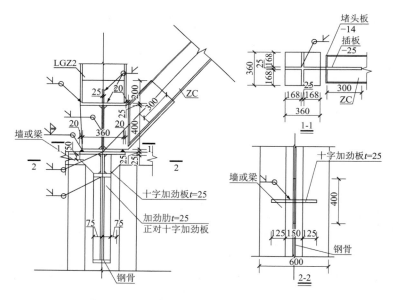

图 9.4-6　悬停平台柱脚与转换梁连接节点

3. 楼板舒适度分析

对结构进行模态分析得出的固有振动频率，通过固有振动模态查找薄弱部位，在薄弱部位施加人行荷载，采用动力时程分析计算人行荷载激励下的楼板竖向振动加速度。

两本规范《高层建筑混凝土结构技术规程》JGJ 3—2010、《建筑楼盖结构振动舒适度技术标准》JGJ/T 441—2019，《建筑楼盖结构振动舒适度技术标准》JGJ/T 441—2019 适用情况更具体、取值更严格，则舒适度控制标准即为第一阶竖向自振频率不低于 3Hz，竖向振动峰值加速度不超 0.05m/s²。

本工程各层平面相似，选取如图 9.4-7 所示典型区域（长悬挑）进行舒适度分析。

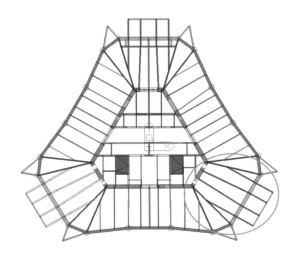

图 9.4-7　楼盖舒适度分析位置（15 层）

表 9.4-2 为 15 层悬挑区域模态分析结果。

15 层悬挑区域模态分析结果　　　　　　　　　表 9.4-2

模态阶数	固有频率（Hz）	周期（s）
1	6.8325	0.1464
2	8.0992	0.1235
3	9.9763	0.1002
4	12.0386	0.0831
5	13.6571	0.0732
6	16.6587	0.0600
7	16.7037	0.0599
8	19.6128	0.0510
9	20.1369	0.0497
10	20.6000	0.0485

图 9.4-8 为 15 层楼盖前三阶竖向自振模态。

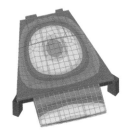 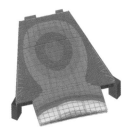 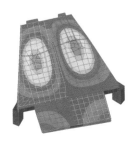

(a) 振动模态一（频率为 6.832Hz）　(b) 振动模态二（频率为 8.099Hz）　(c) 振动模态三（频率为 9.976Hz）

图 9.4-8　15 层楼盖前三阶竖向自振模态

由此可知：一阶竖向自振频率为6.83Hz远大于3Hz，满足竖向自振频率控制要求。楼盖自振频率偏离人行荷载频率较多，不再进行加速度分析。

4. 楼板应力分析

进行地震作用下楼板应力分析，考虑小震和设防地震工况对9层（标准层）和23层（加强层）进行楼板应力分析，典型计算结果如图9.4-9、图9.4-10所示。

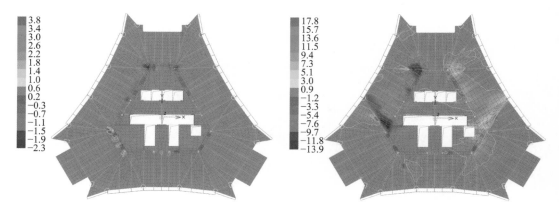

图9.4-9　X向小震作用组合
（1.2D + 0.6L + 1.3E_x + 0.33W_x）下23层楼板
应力云图

图9.4-10　X向设防地震作用组合
（1.0D + 0.5L + 1.0E_x）下23层楼板应力云图

由楼板应力云图可以看出，在小震作用下，标准层和加强层楼板均处于弹性。在设防地震作用下，标准层靠近核心筒位置局部有较大拉应力，但基本不超过混凝土的抗拉强度设计值。加强层靠近核心筒位置以及伸臂桁架处的楼板有较大的拉应力，超过混凝土的抗拉强度设计值，可通过加强本层楼板配筋率来保证楼板基本完好。

五、结　语

中国石化自贸大厦位于海口市，属于高烈度地区（8度、0.3g），又因沿海，风荷载作用显著。主楼结构地上塔楼34层，结构高度149.60m，结构体系的选择与布置充分考虑了与建筑功能及造型的适配，主体结构采用了钢管混凝土框架-混凝土核心筒结构，在避难层（23层）设置伸臂桁架增强结构抗侧性能，地上楼面梁采用钢梁，楼板采用钢筋桁架楼承板。项目通过性能化设计达到了"小震不坏、中震可修、大震不倒"的抗震设防目标。项目结构设计有以下亮点：

（1）地下工程施工是本项目的重点和难点。本项目基坑周长409m，坑底最深处达22m，由于地质较为复杂，项目采用三层圆环平面内支撑＋支护桩围护体系和三轴搅拌桩＋桩间高压旋喷桩双层止水措施来保障深基坑的安全。项目工程桩施工是重点管控内容，工程桩共756根，最大桩深70m，是上部超高层建筑的"稳定器"。

（2）本工程地下室需要进行抗浮验算，当地下水浮力大于上部结构荷载（按最不利组合）时，应采取抗浮措施。考虑到项目临近海边，抗浮锚杆存在耐腐蚀的问题。因此，采用更为稳妥的抗拔桩方案，地下室采用钻孔灌注桩桩基础，桩同时作为抗压桩及抗拔桩。

（3）本工程地下室东西长约108m，南北长约94m，属超长混凝土结构。通过在地下室设置后浇带、添加合适的混凝土外加剂、水泥的选择等设计措施，以及施工过程中采用降低水化热、加强养护等施工措施，来降低温度收缩的影响。

（4）上部结构类型为钢管混凝土框架-核心筒结构。外框柱钢管混凝土柱，核心筒为钢筋混凝土核心筒，柱截面及核心筒墙厚由底部向顶部逐段减薄。结构竖向受力体系由外框架及核心筒构成，抗侧力体系主要由核心筒、外框柱组成，通过在11层、23层两个避难层是否设置伸臂桁架进行多方案对比，最终在一个避难层（23层）设置伸臂桁架，达到最优结构抗侧性能，同时达到造价经济。

（5）本工程抗震设防烈度高，地震加速度大，核心筒底部墙肢拉应力大，通过合理调整洞口位置、调整连梁高度、暗柱内设置型钢、考虑暗柱纵筋作用，充分降低并控制墙肢拉应力，减小型钢、钢筋配置量，减少材料消耗。

本项目为超甲级办公项目，是一栋现代化的超高层建筑综合体，也是中石化在海口江东新区天际线上的新标志。该建筑钻石建筑的形状与3个略向内弯曲的主外墙相结合，创造了完美的遮阳效果，从根本上确保了绿色生态建筑的可持续性和成本效益。项目计划在2024年6月建成交付，大厦建成以后，将依托海南自贸港的政策优势和区位优势，发展国际能源贸易、金融服务、电子商务、新能源科研开发，以及国际工程项目服务等高端产业，带动中国石化绿色能源产业的转型升级，打造具有国际竞争力的离岸石化基地、石油勘探开发及新能源生产基地和能源贸易中心，拓展潜在的东南亚市场，助力海南自贸港建设。

参考文献

[1] 中华人民共和国住房和城乡建设部. 建筑抗震设计规范: GB 50011—2010 (2016年版) [S]. 北京: 中国建筑工业出版社, 2016.

[2] 中华人民共和国住房和城乡建设部. 高层建筑混凝土结构技术规程: JGJ 3—2010[S]. 北京: 中国建筑工业出版社, 2011.

[3] 徐培福, 傅学怡, 王翠坤, 等. 复杂高层建筑结构设计[M]. 北京: 中国建筑工业出版社, 2005.

[4] 中华人民共和国住房和城乡建设部. 建筑结构荷载规范: GB 50009—2012[S]. 北京: 中国建筑工业出版社, 2012.

10

深圳市前海综合交通枢纽上盖项目（T2 塔楼）结构设计

结构设计单位：中国建筑科学研究院有限公司
结构设计团队：诸火生，杨金明，孙建超，陈贤伟，李金钢，武志鑫，宋美珍
执　笔　人：武志鑫

一、工程概况

深圳市前海综合交通枢纽及上盖工程项目，建筑类型包含商业、办公、酒店、公寓、公共配套等，计容总建筑面积为 1006182m²，近期项目分为三期规划，分为一期、二期、远期。

本项目属于一期的一部分，一期地上包含 T1～T4 栋共 4 栋建筑，地上各栋建筑高度分别为 98.30m、247.0m、281.40m、281.40m。各栋地下室为整体连通，共 6 层。

本子项目为 T2 栋，其地上为 247.0m 高的商业公寓综合楼，包含商业、公寓等功能，建筑平面为细腰形，地上建筑层数 67 层，地下共 6 层。T2 塔楼立面及各层平面沿Y轴对称。

计容积率总建筑面积 114841m²，其中：商业 2470m²，公寓 111309m²，核增建筑面积 8142m²（架空 + 避难层）。

地下室共 6 层，地下 2 层至地下 1 层为地铁接驳层，主要为地铁联通口附近的配套商铺以及地铁人流中的办公人流去塔楼的电梯等候厅等空间；其余各层均为枢纽配套、设备层和地下车库等空间。

T2 塔楼属于超限高层建筑。建筑体型及外形轮廓沿立面高度变化较小，建筑造型以玻璃幕墙塑造。建筑立面效果图、典型楼层平面图及剖面图详见图 10.1-1～图 10.1-4。

图 10.1-1　建筑立面效果图（一）　　　　　图 10.1-2　建筑立面效果图（二）

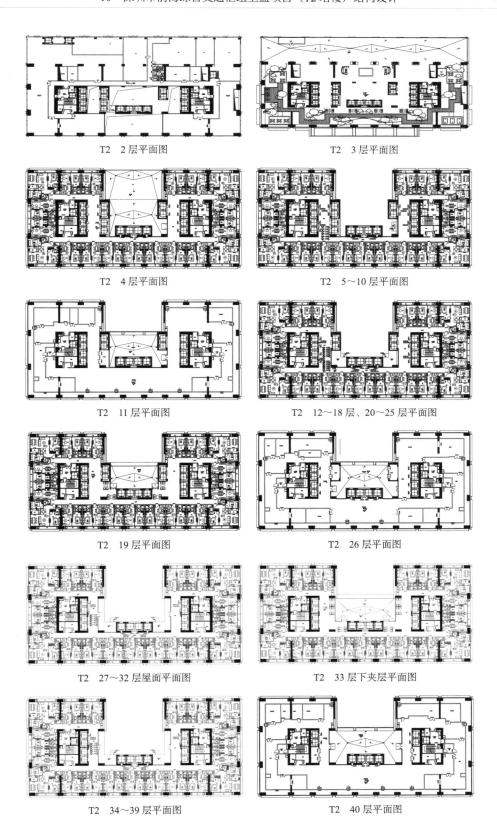

T2　2 层平面图

T2　3 层平面图

T2　4 层平面图

T2　5～10 层平面图

T2　11 层平面图

T2　12～18 层、20～25 层平面图

T2　19 层平面图

T2　26 层平面图

T2　27～32 层屋面平面图

T2　33 层下夹层平面图

T2　34～39 层平面图

T2　40 层平面图

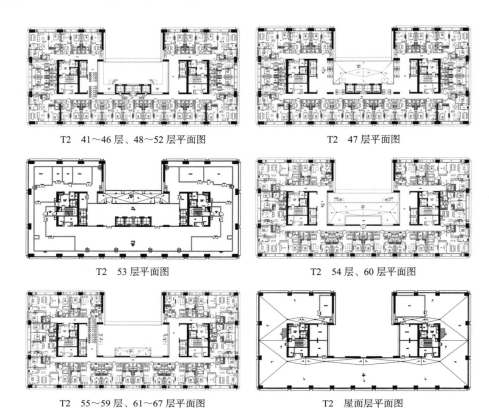

T2 41~46 层、48~52 层平面图   T2 47 层平面图

T2 53 层平面图   T2 54 层、60 层平面图

T2 55~59 层、61~67 层平面图   T2 屋面层平面图

图 10.1-3 建筑平面图

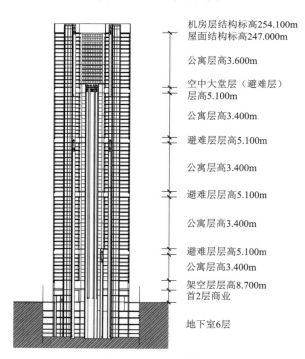

机房层结构标高254.100m
屋面结构标高247.000m

公寓层高3.600m

空中大堂层（避难层）
层高5.100m

公寓层高3.400m

避难层层高5.100m

公寓层高3.400m

避难层层高5.100m

公寓层高3.400m

避难层层高5.100m
公寓层高3.400m

架空层层高8.700m
首2层商业

地下室6层

图 10.1-4 剖面示意图

二、设计条件

1. 地震作用及分类参数

根据《建筑工程抗震设防分类标准》GB 50223—2008，该项目主要功能为商业、住宅建筑，T2 建筑面积 114841m²，不计容的避难层面积共 8142m²，其经常使用人数超过 8000人，抗震设防类别为重点准设防类（乙类）。

根据《建筑抗震设计规范》GB 50011—2010（2016 年版）及《建筑工程抗震设防分类标准》GB 50223—2008，场地地震基本烈度为 7 度，设计基本地震加速度为 0.10g，设计地震分组为第一组，场地类别为 II 类，特征周期为 0.35s。

本项目不属于需开展地震安全性评价的特殊设防类房屋建筑工程及特殊设防类城市基础设施工程，故小震、中震、大震均根据《建筑抗震设计规范》GB 50011—2010（2016 年版）选用规范反应谱。分类参数见表 10.2-1。

分类参数　　　　　　　　　　　　　　　　表 10.2-1

项目	内容	项目	内容
设计基准期	50 年（地上部分）	建筑耐火等级	一级
	100 年（地下室）	建筑防火分类	一级
设计耐久性	50 年（地上部分）	抗震设防烈度	7 度
	100 年（地下室）	抗震措施烈度	8 度
设计使用年限	50 年（地上部分）	基本地震加速度	0.10g
	100 年（地下室）	设计地震分组	第一组
结构安全等级	二级（地上部分）	场地类别	II 类
	一级（地下室）	特征周期	0.35s（规范）
抗震设防类别	重点设防类（乙类）	阻尼比	0.05
地下室防水等级	二级	周期折减	0.80（弹性） 1.00（弹塑性）

2. 风荷载

根据《建筑结构荷载规范》GB 50009—2012，深圳市风荷载根据以下参数计算：
10 年重现期基本风压（舒适度计算）：0.45kN/m²；
50 年重现期基本风压（水平位移计算）：0.75kN/m²；
承载力设计时按基本风压的 1.1 倍采用。
本项目周边地貌复杂，大致情况如下：

（1）北面和东面有较为密集的建筑，延伸至远方后地貌有一定差别；

（2）西面紧邻前海，海面宽度 40km 左右，继续延伸到对岸则是隶属中山市的沿海空旷平坦区域；

（3）南面约 8km 的城区，再往南为海面；

（4）周边 2km 附近现状是空旷的平地，远期规划为高密度高层建筑群。

表 10.2-2 为本项目所处的地貌类别。

本项目所处的地貌类别　　　　　　　　　　　　表 10.2-2

规范规定的地貌类别	风向	规范规定的地貌类别	风向
A：近海海面	200°～310°	C：城市市区	0°～160°，340°～350°
B：空旷平坦区域	170°～190°，320°～330°		

T2 栋塔楼高度为 247m，超过 200m，为超高的长周期建筑，项目处 7 度区，风荷载及其响应对塔楼结构体系起控制作用，设计风荷载取值采用风洞试验结果确定。风洞试验由中建研科技股份有限公司完成。试验结合刚体模型风洞试验的结果，进行了结构物在风荷载作用下的风致震动分析，并给出了等效静力风荷载的取值标准。风洞试验模型见图 10.2-1。

图 10.2-1　风洞试验模型

结构设计计算位移及承载力的风荷载采用详细的风洞试验风力数据进行，选择阻尼比为 0.05，风向角为 10°、70° 的层等效静力风荷载。

由于 Y 向对于结构更不利，故结构设计最终采用现状风荷载的层等效静力，对应的工况组合如表 10.2-3 所示。基底剪力对比表如表 10.2-4 所示。

结构设计采用风荷载工况　　　　　　　　　　　表 10.2-3

X向	Y向
工况 1（M_y 最大）	工况 7（M_x 最大）

注：M_x 为绕 X 轴的弯矩；M_y 为绕 Y 轴的弯矩；M_x、M_y 方向满足右手准则。

项目	T2（kN）	
	X向	Y向
风洞风	17356.7	45546.1
B 类风	22433.3	48250.6

基底剪力对比表　　　表 10.2-4

3. 结构材料

混凝土：

剪力墙 C40～C60；

框架柱 C40～C60；

梁、板 C30。

钢材及型钢材料如表 10.2-5 所示。

钢材及型钢材料　　　表 10.2-5

种类		直径（mm）	f_y（N/mm²）
钢筋	HPB300	6、8	270
	HRB400	≥10	360
	HRB500	≥16	410/435
型钢钢材	Q345B	钢板板厚 30～60	250～295

4. 性能目标（表 10.2-6、表 10.2-7）

性能目标与性能水准　　　表 10.2-6

性能目标	A	B	C	D
多遇地震	性能 1	性能 1	性能 1	性能 1
设防烈度地震	性能 1	性能 2	性能 3	性能 4
罕遇地震	性能 2	性能 3	性能 4	性能 5

结构抗震性能目标及震后性能状态　　　表 10.2-7

地震水准 抗震性能目标			多遇地震（小震） （性能 1）	设防烈度地震（中震） （性能 3）	罕遇地震（大震） （性能 4）
关键构件	底部加强区核心筒	抗弯	弹性	不屈服	部分屈服
		抗剪	弹性	弹性	满足抗剪截面
	底部加强区框架柱	抗弯	弹性	不屈服	部分屈服
		抗剪	弹性	弹性	满足抗剪截面

续表

地震水准 抗震性能目标			多遇地震（小震） （性能1）	设防烈度地震（中震） （性能3）	罕遇地震（大震） （性能4）
关键 构件	东侧最外排框架 （被凹口一分为二）	抗弯	弹性	不屈服	部分屈服
		抗剪	弹性	弹性	不屈服
	3层8.7m层高框架	抗弯	弹性	不屈服	部分屈服
		抗剪	弹性	弹性	不屈服
耗能 构件	连梁、框架梁	抗弯	弹性	部分屈服	不完全屈服
		抗剪	弹性	部分屈服	不完全屈服
	凹口周边连梁	抗弯	弹性	部分屈服	不完全屈服
		抗剪	弹性	不屈服	不完全屈服
普通 竖向 构件	非底部加强区核心筒	抗弯	弹性	不屈服	部分屈服
		抗剪	弹性	弹性	满足抗剪截面
	非底部加强区框架柱	抗弯	弹性	不屈服	部分屈服
		抗剪	弹性	弹性	满足抗剪截面
层间位移角			1/509*1 1/505*2	—	1/125（质心） 1/100（最大）
计算分析软件		SATWE/ ETABS	SATWE	SATWE	SAUSAGE

注：*1 引自《高层建筑混凝土结构技术规程》JGJ 3—2010；

　　*2 引自《高层建筑混凝土结构技术规程》DBJ/T 15-92—2021。

三、结构体系

1. 结构体系与布置

表 10.3-1 为建筑几何信息表，结合建筑平面功能、立面造型、抗震（风）性能要求、施工周期以及造价合理等因素，结构采用型钢混凝土框架-剪力墙结构体系。其中交通核组成的名义上为核心筒，但实际体系中不能完全起到核心筒的作用。框架柱采用型钢筋混凝土柱，墙体内部分采用内置钢板剪力墙，提高竖向构件承载力及抗震延性。

建筑几何信息表（标准层） 表 10.3-1

结构高度	平面尺寸	核心筒尺寸	长宽比	塔楼高宽比	核心筒高宽比
247m	68.2m×32.0m	10.60m×12.6m（2个）	2.13:1	7.72:1	19.60:1（整体） 23.43:1（单塔）
核心筒占标准层塔楼面积比				133.56×2 / 1842 = 14.50%	

2. 结构超限情况判定（表10.3-2）

框架柱构件截面尺寸及含钢率   表10.3-2

超限类别			程度与注释（规范限值）	
			判断	超限限值
高度判断		钢筋混凝土框架-剪力墙体系为超B级高度的超限高层建筑	是	247m＞150m 超B级高度约64.67%
超限判断（一）	1a 扭转不规则	考虑偶然偏心的扭转位移比大于1.2	是	超B类高度 超过1.2，不足1.4，最大值为X-偶然偏心地震作用规定水平力下的楼层最大位移比：1.33
	1b 偏心布置	偏心率大于0.15或相邻层质心相差大于相应边长15%	无	—
	2a 凹凸不规则	平面凹凸尺寸大于相应边长30%等	是	与2b不同时考虑
	2b 组合平面	细腰形或角部重叠形	是	细腰形
	3 楼板不连续	有效宽度小于50%，开洞面积大于30%，错层大于梁高	是	中部存在凹口
	4a 刚度突变	考虑层高修正后，相邻上层刚度比值小于0.9；当本层层高大于相邻上层1.5倍时该比值小于1.1	无	—
	4b 尺寸突变	竖向构件位置缩进大于25%或外凸大于10%和4.0m	无	—
	5 竖向构件不连续	上下墙、柱、支撑不连续	无	—
	6 承载力突变	本层与上层受剪承载力变化大于80%（B级高度75%）	无	—
	7 其他不规则项	穿层柱、斜柱、夹层等	是	首、2层局部穿层柱
超限判断（二）	1 扭转偏大	裙房以上30%或以上楼层数考虑偶然偏心的扭转位移比大于1.5	无	—
	2 抗扭刚度弱	扭转周期比大于0.9，混合结构扭转周期比大于0.85	无	—
	3 层刚度偏小	本层侧向刚度小于相邻上层的50%	无	—
	4 塔楼偏置	单塔或多塔与大底盘的质心偏心距大于底盘相应边长20%	无	—
超限判断（三）	5 高位转换	框支墙体的转换构件位置：7度超过5层，8度超过3层	无	—
	6 厚板转换	7～9度设防的厚板转换结构	无	—
	7 复杂连接	各部分层数、刚度、布置不同的错层，连体两端塔楼高度、体型或者沿大底盘某个主轴方向的振动周期显著不同的结构	无	—
	8 多重复杂	结构同时具有转换层、加强层、错层和连体等复杂类型的3种以上	无	—

结论：超B级高度型钢混凝土框架-剪力墙结构，超高比例为64.67%，属高度超限，存在细腰型平面、楼板不连续两项不规则项；扭转位移比超过1.2，但不超过1.4；首、2层局部穿层柱

3. 多遇地震（小震）下计算结果对比

多遇地震下的计算采用两个不同的力学模型的空间结构分析程序计算，根据结构静力与弹性动力计算结果对数据进行分析比较。原方案设计使用程序为PKPM2010 V4.3 SATWE，新方案设计使用程序为PKPM2021 V1.3 SATWE。

　　结构计算以地下 3 层楼面作为结构嵌固端。计算竖向和水平荷载工况，其中竖向荷载工况包括结构自重、附加恒荷载及活荷载，水平荷载工况包括地震作用及风荷载。小震下地震作用采用规范加速度反应谱，考虑 X、Y 向地震作用，同时考虑偶然偏心的影响。地震作用计算考虑采用扭转耦连的振型分解反应谱法，计算振型取 90。楼层风荷载采用风洞试验的等效静力风荷载，竖向荷载工况计算考虑施工模拟工况，整体结构考虑二阶效应的不利影响。

　　小震计算主要输入参数：周期折减取 0.80，连梁刚度折减系数 0.60，阻尼比 0.05，梁刚度放大系数按实际等效刚度取值。小震下计算结果对比见表 10.3-3。

小震下计算结果对比　　　　　　　　　　表 10.3-3

计算软件		SATWE	ETABS	规范限值
第 1 平动周期（平动系数）		6.0341（1.00）	6.191（1.000）	—
第 2 平动周期（平动系数）		5.4721（0.66）	5.868（0.681）	—
第 1 扭转周期（平动系数）		4.2313（0.34）	4.713（0.320）	—
第 1 扭转周期/第 1 平动周期		0.7012	0.761	0.85
有效质量系数	X	99.95%	96.91%	90%
	Y	99.68%	98.34%	90%
1 层地震作用下基底剪力（kN）	X	23285.5	23354.3318	—
	Y	27541.9	27608.6997	—
1 层风荷载下基底剪力（kN）	X	18041.0	18041.0401	—
	Y	48422.8	48422.76	—
不含地下室结构重质量（t）		239583.8	244239.9	
地上部分单位面积重度（kN/m²）		20.28031	20.16952	
剪重比	X	0.98%	0.962%	1.20%[0.96]
	Y	1.15%	1.138%	1.20%[0.96]
1 层地震下倾覆弯矩（kN·m）	X	3963956.50	4191892	—
	Y	4481561.50	4797127	—
1 层风荷载下倾覆弯矩（kN·m）（风荷载为风洞试验数据）	X	3181772.8	3183936	—
	Y	7416416.0	7400081	—
地震作用下最大层间位移角（层号）	X	1/787（41）	1/774（41）	1/509
	Y	1/745（54）	1/726（54）	1/509
地震作用下扭转位移比（层号）	X	X^+：1.27（68）X^-：1.35（68）	X：1.145（68）	1.2[1.4]
	Y	Y^+：1.17（5）Y^-：1.17（55）	Y：1.015（2）	1.2[1.4]
风荷载最大层间位移角（层号）（风荷载为风洞试验数据）	X	1/1140（40）	1/1100（40）	1/509
	Y	1/512（55）	1/519（47）	1/509
楼层侧向刚度比不宜小于相邻上层的 90%	X	1.01	1.01	0.90
	Y	1.02	1.01	0.90
抗剪承载力不应小于相邻上层的 75%	X	0.75（12）	—	0.75
	Y	0.76（41）	—	0.75

4. 设防地震（中震）下构件验算

选取图 10.3-1 的典型墙肢作为分析对象，提取其中震弹性验算下的底部加强区墙肢地震组合剪力，由表 10.3-4 可知，中震下底部加强区的剪力墙的最大剪力小于其抗剪承载力，满足中震下抗剪弹性的要求。

中震不屈服验算下，核心筒外筒剪力墙底部加强区在地震工况下未出现拉力，框架柱、筒内墙体未出现拉应力，提取中震不屈服下工况下外筒内力，详见表 10.3-5、图 10.3-2。

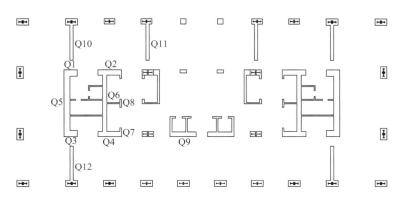

图 10.3-1 典型墙肢编号

中震弹性剪力墙抗剪承载力验算 表 10.3-4

编号	墙肢截面（m）		地震组合剪力（kN）		墙身分布筋		分布筋配筋率	墙肢抗剪承载力（kN）	判定
			VXMAX 组合	VYMAX 组合					
Q1	1.200 × 2.450	X	1836.16	−997.68	6	16@200	0.49%	64029.77	满足
		Y	755.93	−3141.67					
Q2	1.000 × 4.350	X	4463.93	−3992.02	5	16@200	0.50%	165002.54	满足
		Y	690.25	−4119.97					
Q3	1.200 × 2.450	X	2007.49	−580.22	6	16@200	0.49%	64359.50	满足
		Y	3812.35	−829.83					
Q4	1.000 × 4.350	X	4385.35	−3861.03	5	16@200	0.50%	166456.49	满足
		Y	4417.72	−624.04					

中震不屈服剪力墙抗拉承载力验算 表 10.3-5

编号	墙肢截面（m）		中震（kN）		恒荷载（kN）	活荷载（kN）	1.0×恒荷载＋0.5×活荷载（kN）	拉应力（MPa）	$2f_{tk}$（MPa）
	厚度 b	高度 h	X 向轴力	Y 向轴力					
Q1	1.20	2.45	15524.5	−19882.0	21255.8	1661.6	22086.6	0.0	5.70
Q2	1.00	4.35	−19568.5	−32553.1	39841.9	3113.7	41398.8	0.0	5.70
Q3	1.20	2.45	19505.9	21195.6	23578.8	1932.9	24545.2	0.0	5.70
Q4	1.00	4.35	−16082.1	34882.2	43487.3	3564.5	45269.5	0.0	5.70

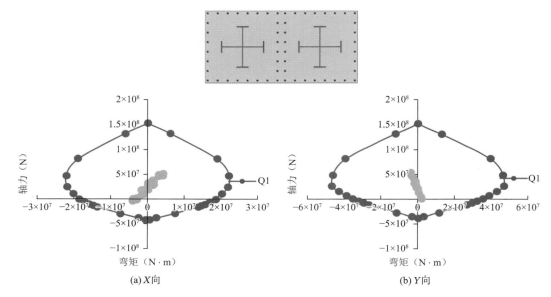

(a) X向　　　　　　　　　　　　　　　　　　(b) Y向

图 10.3-2　中震不屈服典型墙肢轴力-弯矩曲线

　　选取图 10.3-3 中的框架柱作为分析对象,提取其中震弹性验算下的柱底地震组合剪力,及中震不屈服下的柱底弯矩和轴向力。由表 10.3-6 可知,中震弹性作用下底部加强区的框架柱最大剪力远小于其抗剪承载力,满足中震下抗剪弹性要求。图 10.3-4 为中震不屈服框架柱轴力-弯矩曲线。

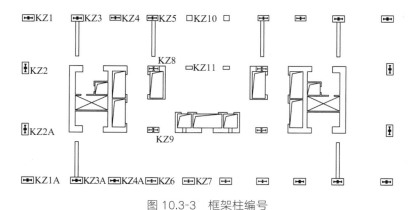

图 10.3-3　框架柱编号

中震弹性框架柱抗剪验算　　　　　　　　　　　　　　表 10.3-6

柱编号	柱截面 （mm × mm）	中震弹性 V（kN）		抗剪承载力（kN）	判定
		V_{max}	V_{min}		
Z1（1）	2200 × 1200	915.724	−1860.58	CB_XF = 18982.42	满足
		955.535	−704.565	CB_YF = 7698.2	
Z1A（1）	2200 × 1200	1451.97	−1754.57	CB_XF = 18559.71	满足
		298.663	−906.413	CB_YF = 7778.96	
Z2（1）	2200 × 1200	3215.755	−931.465	CB_XF = 7779.02	满足
		833.937	−153.627	CB_YF = 17860.96	
Z2A（1）	2200 × 1200	1673.757	−2079.07	CB_XF = 7779.02	满足
		839.708	−113.888	CB_YF = 17874.69	

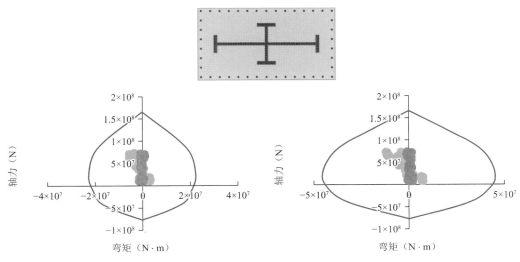

图 10.3-4 中震不屈服框架 Z1 柱轴力-弯矩曲线（根据 1 层计算结果）

5. 罕遇地震（大震）下结构损伤分析

目前常用的弹塑性分析方法从分析理论上分有静力弹塑性和动力弹塑性两类，从数值积分方法上有隐式积分和显式积分两类。本工程的弹塑性分析将采用基于显式积分的动力弹塑性分析方法。

计算软件采用由广州建研数力建筑科技有限公司的高性能结构动力弹塑性计算软件 PKPM-SAUSAGE，它运用一套新的计算方法，可以准确模拟梁、柱、支撑、剪力墙（混凝土剪力墙和带钢板剪力墙）和楼板等结构构件的非线性性能，使实际结构的大震分析具有计算效率高、模型精细、收敛性好的特点。弹塑性分析模型信息和参数见表 10.3-7。

弹塑性分析模型信息和参数　　　　　　　　　　　表 10.3-7

混凝土重度（kN/m³）	26.00
钢材重度（kN/m³）	78.00
网格特征尺寸（m）	1.50
地震烈度	7 度（0.10g）
场地类别	II 类
地震分组	第一组
模态计算振型数	15
模态计算振型数	10
恒载产生的总质量（t）	234685.14
活载产生的总质量（t）	14110.84
结构的总质量（t）	248795.97

按照抗震规范要求，罕遇地震下弹塑性时程分析在选波时满足以下条件：

①特征周期与场地特征周期接近，大震下偏安全的延长 0.5s；

②根据规范要求持续时间要大于结构第一周期的 5 倍；

③时程波对应的加速度反应谱在结构周期点上与规范反应谱尽量吻合；

④地震波最大峰值应符合规范要求，本工程为 220Gal。

根据弹性时程分析得到的层剪力曲线与反应谱层剪力曲线尽量吻合的角度，本工程选择了一组人工波和两组天然波进行弹塑性动力时程分析。并对所选的三条波进行小震弹性时程分析，得到基底剪力与完全二次振型组合（Complete Quadratic Combination，简称 CQC）反应谱基底剪力进行对比，如表 10.3-8 所示。

各地震波在小震弹性时程下的基底剪力与 CQC 反应谱基底剪力对比   表 10.3-8

PKPM-SATWE 计算结果	X为主方向		Y为主方向	
	基底剪力（kN）	基底剪力 CQC	基底剪力（kN）	基底剪力 CQC
CQC	23285.5	100.00%	27541.9	100.00%
人工波	25200.5	108.22%	24845.3	90.21%
天然波 1	25001.7	107.37%	22189.8	80.57%
天然波 2	19585.9	84.11%	24911.3	90.45%
时程平均值	23262.7	99.90%	23982.13	87.08%
时程最大值	25200.5	108.22%	24911.3	90.45%

从上面表格数据对比可以看出，与反应谱剪力曲线对比，单条地震波相差最大 20%，平均反应相差在 10% 以内，满足规范的要求。周期和质量对比表见表 10.3-9。

周期和质量对比表   表 10.3-9

软件	第一周期（s）	第二周期（s）	第三周期（s）	结构总质量（t）
PKPM-SATWE	5.6262	5.1895	4.0438	238666.46
PKPM-SAUSAGE	5.453	5.234	4.273	248795.97

注：1. 均是不考虑地下室情况的结果；

2. PKPM-SAUSAGE 中考虑了钢筋的作用，连梁采用壳梁模拟不考虑刚度折减，PKPM-SATWE 考虑了连梁刚度折减。

本工程大震弹塑性分析两组天然波和一组人工波，对结构在各组波作用下的弹塑性分析整体计算结果汇总（表 10.3-10、表 10.3-11），各组地震波均按地震主方向为 X 向和 Y 向分别计算。

各组地震波作用下弹塑性大震基底剪力和剪重比表   表 10.3-10

工况	主方向	类型	基底剪力（MN）	剪重比
CASE_1	X主向	弹塑性	114.8	4.61%
CASE_3	X主向	弹塑性	102.4	4.12%
CASE_5	X主向	弹塑性	99.2	3.99%
平均值	X主向	弹塑性	105.5	4.24%
CASE_2	Y主向	弹塑性	125.0	5.02%
CASE_4	Y主向	弹塑性	152.6	6.13%
CASE_6	Y主向	弹塑性	154.6	6.21%
平均值	Y主向	弹塑性	144.1	5.79%

各组地震波作用下弹塑性大震最大顶点位移和层间位移角表   表 10.3-11

工况	主方向	类型	最大顶点位移（m）	最大层间位移角	位移角对应层号
CASE_1	X主向	弹塑性	1.033	1/188	40
CASE_3	X主向	弹塑性	0.775	1/226	39
CASE_5	X主向	弹塑性	0.891	1/198	40
最大值	X主向	弹塑性	1.033	1/188	—
CASE_2	Y主向	弹塑性	1.042	1/154	54
CASE_4	Y主向	弹塑性	0.856	1/187	53
CASE_6	Y主向	弹塑性	0.990	1/144	60
最大值	Y主向	弹塑性	1.042	1/144	—

结构弹塑性整体计算结果评价：

①在罕遇地震作用下结构最大顶点位移X向为 1.03253m，Y向为 1.04168m，分别发生在天然波 1X主方向、天然波 1Y主方向作用下，结构最终仍能保持直立，满足"大震不倒"的设防要求；

②主体结构在人工地震波作用下的最大弹塑性层间位移角X向为 1/188（40 层）、Y向为 1/144（60 层），发生在天然波 1X、天然波 1Y主方向作用下，满足规范限值要求。

③大震弹塑性时程分析首层剪重比为 4.61%（X）、6.21%（Y）。

④由以上分析可知，分析结果与小震弹性的分析结果吻合，Y向剪重比大于X向，层间角略大于X向，位移略大于X向，取弹塑性分析结果中天然波 1X向的反应进行分析。

在弹塑性分析模型中，剪力墙边缘构件配筋采用简化集中配置。为真实反映连梁受力性能，在分析模型中将跨高比小于 5 的连梁全部用剪力墙开洞（壳单元）模拟，并将连梁顶、底钢筋简化集中配置。后续的剪力墙损伤表述中的各榀剪力墙编号如图 10.3-5 所示。剪力墙及楼板损伤三维视图见图 10.3-6。

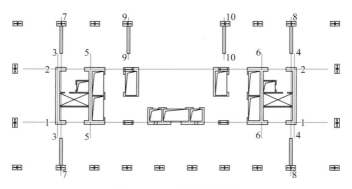

图 10.3-5 墙柱编号图

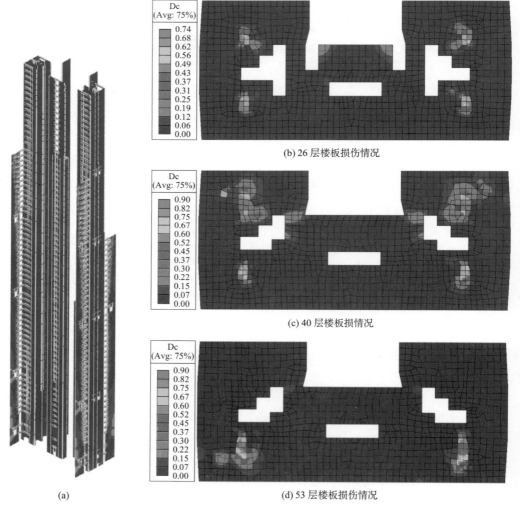

(a)

(b) 26 层楼板损伤情况

(c) 40 层楼板损情况

(d) 53 层楼板损伤情况

图 10.3-6 剪力墙及楼板损伤三维视图

　　针对外侧剪力墙收进后损伤较大的情况，对收进层以下剪力墙进行加强，增设钢板剪力墙，仍选用天然波 1X 向时程进行验算复核，加强后剪力墙损伤情况对比见图 10.3-7。

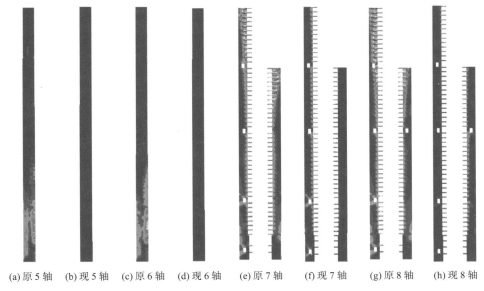

(a) 原 5 轴　(b) 现 5 轴　(c) 原 6 轴　(d) 现 6 轴　(e) 原 7 轴　(f) 现 7 轴　(g) 原 8 轴　(h) 现 8 轴

图 10.3-7　加强后剪力墙损伤情况对比

四、专项设计

1. 细腰处楼板应力分析

主要分析细腰处在风荷载、中震及大震作用下楼板应力，共 7 种工况（表 10.4-1）：整体 Y 向风荷载、单侧 Y 向风荷载、两侧反向 Y 向风荷载、整体 Y 向中震作用、单侧 Y 向中震作用、两侧反向 Y 向中震作用、两侧反向 Y 向大震作用。

各工况受力简图　　　　　　　　　　　　　　表 10.4-1

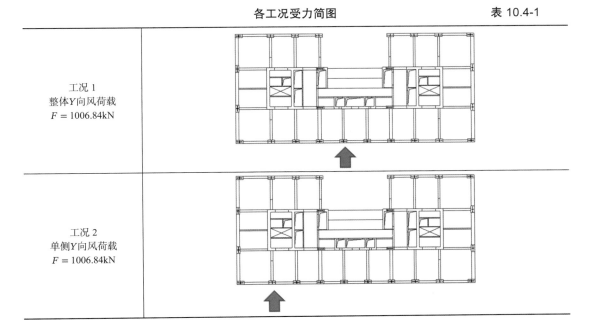

| 工况 1
整体 Y 向风荷载
$F = 1006.84\text{kN}$ | |
| 工况 2
单侧 Y 向风荷载
$F = 1006.84\text{kN}$ | |

续表

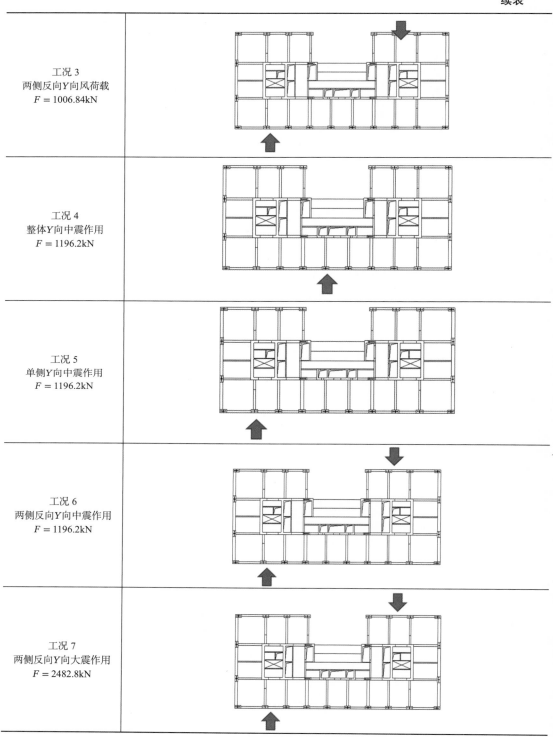

工况 3 两侧反向Y向风荷载 $F = 1006.84\text{kN}$	
工况 4 整体Y向中震作用 $F = 1196.2\text{kN}$	
工况 5 单侧Y向中震作用 $F = 1196.2\text{kN}$	
工况 6 两侧反向Y向中震作用 $F = 1196.2\text{kN}$	
工况 7 两侧反向Y向大震作用 $F = 2482.8\text{kN}$	

　　根据深圳市住房和建设局发布的《高层建筑平面凹凸不规则弱连接楼盖抗震设计方法技术指引》，对楼板细腰处明确其性能化目标。弱连接楼盖部位楼板的抗震性能目标如下：

①小震作用：水平荷载标准值作用下板面内拉应力不大于混凝土抗拉强度标准值。

②中震作用：抗剪弹性，板面内钢筋抗拉、抗弯不屈服。

③大震作用：抗剪不屈服，板面内钢筋抗拉不屈服。

以下以 40 层处楼板进行抗拉验算：

小震、风荷载控制面内钢筋抗拉、抗弯弹性：

$$S_d = \gamma_G S_{GE} + \gamma_{Eh} S^*_{Ehk} + \psi_w \gamma_w S_{wk} \tag{10.4-1}$$

式中： S_d——荷载和地震作用组合的效应设计值；

        γ_G——重力荷载分项系数，取 1.2；

        γ_{Eh}——水平地震作用分项系数，取 1.3；

        γ_w——风荷载分项系数，取 1.4；

        ψ_w——风荷载组合系数，取 0.2；

S_{GE}、S^*_{Ehk}、S_{wk}——恒荷载、地震作用、风荷载下的内力设计值。

即：

$$\begin{cases} S_d = 1.2(DD + 0.5LL) + 1.3E_X + 0.28W_X \\ S_d = 1.2(DD + 0.5LL) + 1.3E_Y + 0.28W_Y \end{cases} \tag{10.4-2}$$

式中：DD——恒荷载；

      LL——活荷载；

  E_X、E_Y——X、Y向地震作用；

  W_X、W_Y——X、Y向风荷载。

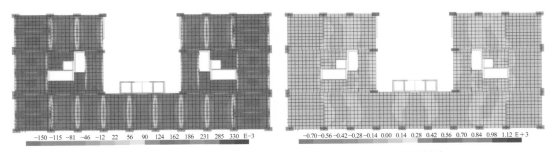

$M_{11} = 1.660 \text{kN} \cdot \text{m/m}$ $F_{11} = 0.116 \text{kN/m}$

图 10.4-1 X向小震、风荷载作用下楼板内力分布图

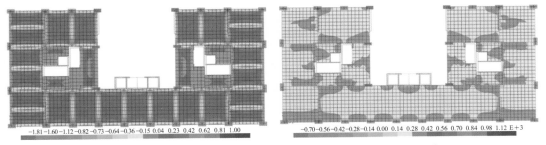

$M_{22} = 1.318 \text{kN} \cdot \text{m/m}$ $F_{22} = 0.173 \text{kN/m}$

图 10.4-2 Y向小震、风荷载作用下楼板内力分布图

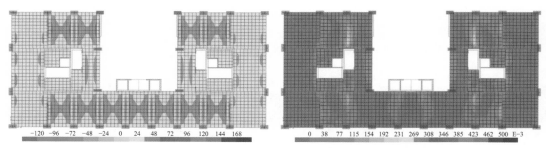

$$M_{11} = 1.393\text{kN} \cdot \text{m/m}$$ $$F_{11} = 0.147\text{kN/m}$$

图 10.4-3　X向中震不屈服作用下楼板内力分布图

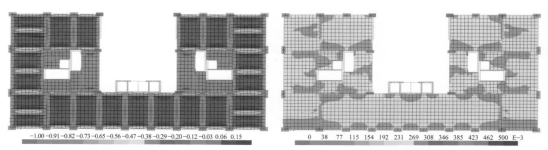

$$M_{22} = 1.318\text{kN} \cdot \text{m/m}$$ $$F_{22} = 0.151\text{kN/m}$$

图 10.4-4　Y向中震不屈服作用下楼板内力分布图

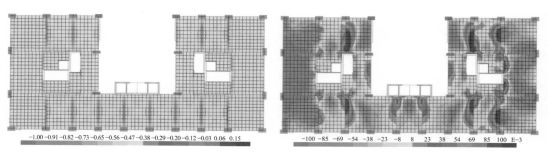

$$M_{11} = 1.394\text{kN} \cdot \text{m/m}$$ $$F_{11} = 0.159\text{kN/m}$$

图 10.4-5　X向大震不屈服作用下楼板内力分布图

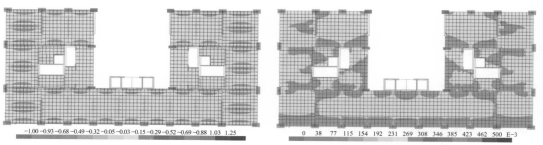

$$M_{22} = 1.342\text{kN} \cdot \text{m/m}$$ $$F_{22} = 0.145\text{kN/m}$$

图 10.4-6　Y向大震不屈服作用下楼板内力分布图

根据图 10.4-1~图 10.4-6 结果显示，板配筋与地震作用关系不大，平面内弯矩配筋基本不受平面外荷载影响。

水平力在平面外对楼板的拉压随地震作用的增大而增大，但本身数量级并不是很大，配筋是额外考虑增大 5%~10%基本就能包络由轴力所引起的配筋。

大震不屈服作用下：

$$V_k \leqslant 0.15\beta_c f_{ck} b_f t_f \tag{10.4-3}$$

按 150mm 板厚 C30 混凝土复核，其剪力最大值为 452.25kN。

$$\begin{cases} V_k \leqslant 0.4 f_{tk} b_f t_f + 0.1N + 0.8 f_{yhk}\dfrac{A_{sh}}{s} b_f \\ V_k \leqslant 0.4 f_{tk} b_f t_f - 0.1N + 0.8 f_{yhk}\dfrac{A_{sh}}{s} b_f \end{cases} \tag{10.4-4}$$

式中：V_k——大震作用下楼板剪力设计值；

$\quad\beta_c$——混凝土强度影响系数，取 1.0；

$\quad f_{ck}$——混凝土抗压强度标准值；

$\quad f_{tk}$——混凝土抗拉强度标准值；

$\quad f_{yhk}$——板内与受剪力方向平行的分布钢筋的抗拉强度标准值；

$\quad N$——计算楼板所受轴力，当 $N > 4f_{tk}b_f t_f$ 时，取 $4f_{tk}b_f t_f$；

A_{sh}、s——板内与受剪力方向平行的钢筋面积及其间距；

b_f、t_f——板验算截面宽度和有效厚度。

因为轴力较小，当不考虑拉压关系时，按 0.3%配筋率复核，其剪力为 264.4kN。

根据以上结果显示，楼板剪力均不超过限值，能够满足既定性能化要求。

2. 收缩徐变引起的应力分析

1）分析软件及基本假定

本工程非荷载效应分析采用 midas 程序进行分析，如图 10.4-7 所示。

模型中的梁柱采用梁单元模拟；剪力墙和楼板分别采用墙单元和板单元进行模拟，框架柱中钢骨的重量与刚度通过等效重度与模量来模拟。

在计算时基于以下假定：

①不考虑楼板的弯曲刚度；

②施工过程按核心筒施工进度优先外框 6 层考虑；

③自重和附加恒荷载在本阶段施工过程中同时施加，活荷载在结构施工全部完成以后施加。

2）施工进度假定

假定的施工加载时间如下：

第 1 阶段：第 1 层核心筒 6d

第 2 阶段：第 2 层核心筒 6d

第 3 阶段：第 3 层核心筒 6d

第 4 阶段：第 4 层核心筒 6d

第 5 阶段：第 5 层核心筒 6d

第 6 阶段：第 6 层核心筒 6d

第 7 阶段：第 7 层核心筒 + 第 1 层外框 6d

第 8 阶段：第 8 层核心筒 + 第 2 层外框 6d

……以此类推

第 67 阶段：第 67 层核心筒 + 第 61 层外框 6d

第 68 阶段：第 62 层外框 6d

第 69 阶段：第 63 层外框 6d

第 70 阶段：第 64 层外框 6d

第 71 阶段：第 65 层外框 6d

第 72 阶段：第 66 层外框 6d

第 73 阶段：第 67 层外框 6d

第 70 阶段：加入活荷载 90d

第 71 阶段：结构封顶后一年 365d

第 72 阶段：结构封顶后十年 3650d

按以上的施工假定进行竖向压缩分析的计算，最终应根据实际的施工过程进行分析。

本模型分析时，考虑框柱、核心筒混凝土的收缩徐变效应，相关参数的取值如表 10.4-2 所示。

混凝土收缩徐变相关参数　　　　　　　　　　　　　　　表 10.4-2

材料	标号强度（MPa）	相对湿度	开始收缩龄期（d）
C50	50	70%	3
C60	60	70%	3

分别提取结构施工完成且活荷载施加后 1 年和 10 年两个时刻的核心筒与框柱的竖向累积变形，所选框柱与核心筒的位置如图 10.4-8 所示。

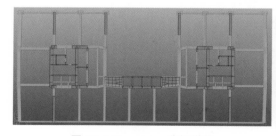

图 10.4-7　midas 分析模型

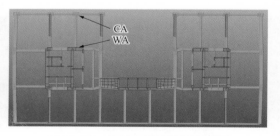

图 10.4-8　框柱与墙的位置示意图

根据施工进度，某一楼层的竖向压缩变形可考虑在两个阶段产生，即在该楼层施工结束时的压缩变形，以及在该楼层施工完成后产生的压缩变形。在上述两种变形中，仅楼层施工完成后的压缩变形会引起该楼层水平构件的附加内力。

图 10.4-9 和图 10.4-10 分别给出了核心筒 WA 墙肢在结构封顶、活荷载加载完毕后 1 年和 10 年后的累积竖向变形图。由图可知，核心筒在结构封顶、活载加载完毕后 1 年和

10 年后的累积竖向变形分别是 94.4mm 和 122.6mm，弹性变形均为 50.7mm，徐变变形分别是 33.8mm 和 47.2mm，收缩变形分别是 9.9mm 和 24.6mm。1 年后产生的累积变形占 10 年后产生的累积变形的 77%，因此可按 1 年的竖向变形量来预设施工阶段的变形值，结果如图 10.4-11 所示。

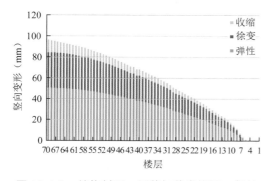

图 10.4-9　结构封顶、活载加载完毕后 1 年核心筒累积竖向变形

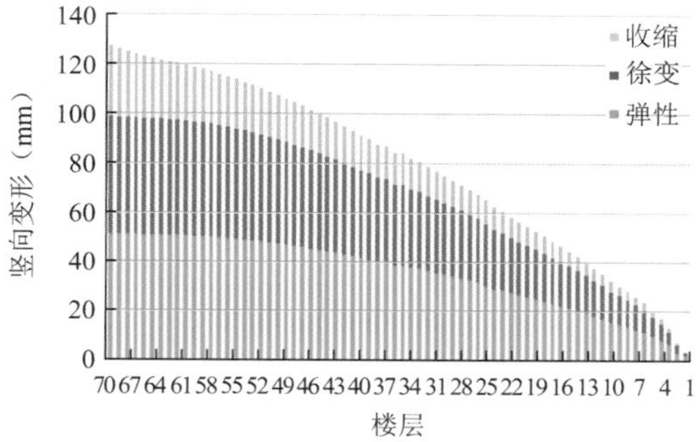

图 10.4-10　结构封顶、活载加载完毕后 10 年核心筒累积竖向变形

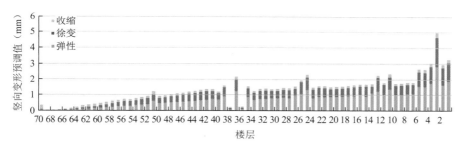

图 10.4-11　核心筒竖向变形预调值

图 10.4-12 和图 10.4-13 分别给出了框柱 CA 在结构封顶、活载加载完毕后 1 年和 10 年后的累积竖向变形图。由图可知，框柱在结构封顶、活载加载完毕后 1 年和 10 年后的累积竖向变形分别是 111.6mm 和 140.6mm，弹性变形均为 62.1mm，徐变变形分别是 36.5mm 和 48.2mm，收缩变形分别是 12.9mm 和 30.3mm。1 年后产生的累积变形占 10 年后产生的累积变形的 79%，按 1 年的竖向变形量来预设施工阶段的变形值，其结果如图 10.4-14 所示：

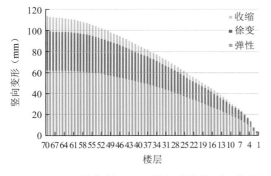

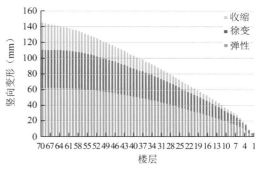

图 10.4-12　结构封顶、活载加载完毕后 1 年框柱累积竖向变形

图 10.4-13　结构封顶、活载加载完毕后 10 年框柱累积竖向变形

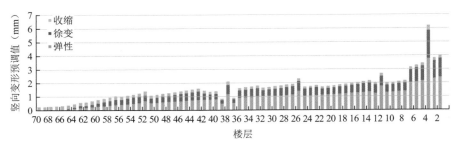

图 10.4-14　框柱竖向变形预调值

本工程中竖向构件设计合理,内筒外框累积竖向变形差异较小,图 10.4-15 和图 10.4-16 分别给出了结构封顶、活载加载完毕后 1 年和 10 年后,墙肢 WA 与框柱 CA 之间的变形差异。由图可知,最大变形差位于顶层,分别为 17.3mm 和 19.7mm。

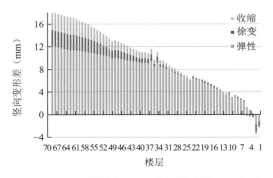

图 10.4-15　结构封顶、活载加载完毕后 1 年内　　图 10.4-16　结构封顶、活载加载完毕后 10 年
　　　　　　筒外框竖向变形差　　　　　　　　　　　　　　内筒外框竖向变形差

综上所述,竖向构件压缩变形影响可分为绝对压缩变形影响和相对压缩变形影响。框柱和核心筒的竖向绝对压缩变形主要对幕墙、隔墙、机电管道和电梯等非结构构件产生影响,特别是对幕墙体系。由于累积效应,幕墙体系上下支承存在较大的由于竖向构件压缩变形引起的相对变形量。框柱和核心筒的竖向差异变形将影响楼屋面的水平度,在框柱和核心筒的水平构件中引起附加内力,从而导致竖向构件内力的重分布。对于竖向构件而言,混凝土的收缩徐变将引起混凝土承担的部分荷载转移至钢筋或钢材。此外,竖向构件的收缩徐变将导致建筑楼面标高的变化。由于累积效应,顶部楼层楼面标高的变化尤为显著。

在设计阶段采取了多种措施消除竖向构件压缩变形的影响:

(1)在混凝土材料,尤其是高强混凝土的配合比方案设计中,兼顾混凝土强度、耐久性、体积稳定性、工作性、环保性和经济性的综合要求。通过多目标优化设计确定最佳混凝土配合比,严格控制混凝土的体积稳定性,减小收缩和徐变变形。

(2)在进行施工方案设计时,应考虑竖向差异变形引起的附加变形和内力的影响。

(3)控制框柱的压应力水平,适当增加框柱的含钢量,增加框柱的配筋量。

(4)采用具有好的弹性和韧性的填充材料与结构构件进行连接。

(5)针对不可避免的混凝土变形收缩引起的变形影响问题,采取在建筑施工期间结构不同高度处的层高预留不同的后期缩短变形的余量的方法。保证像电梯等设备的后期正常使用。

（6）在施工和使用期间，建立一套完善的变形监测系统，并在施工期间根据监测数据随时调整后期的预留量。

3. 破坏至单塔时结果分析

考虑到中部细腰位置较为薄弱，在极限破坏的情况下，中部细腰位置楼板完全失效，按仅剩余单塔情况时，补充大震弹塑性计算，并复核其位移角。

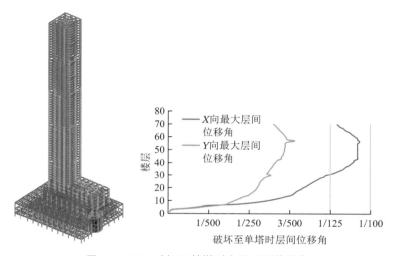

图 10.4-17　破坏至单塔时大震层间位移角

由图 10.4-17 可知，单侧塔楼的大震弹塑性位移角也满足规范要求，可以实现大震不倒。

五、结　语

根据上述分析可知，T2 塔楼在小震、中震、大震下均能达到预设的性能目标。加强措施：

（1）底部加强区核心筒角部剪力墙增设型钢，型钢面积按墙厚见方面积的 2.5%，使之增加剪力墙结构的延性。

（2）增加细腰处楼板配筋量并进行双层双向通长配筋，以提高结构整体性。

（3）对东侧被凹口一分为二的该榀框架提高其设计等级，对其梁、柱配筋以抗剪小震弹性、抗剪中震弹性取包络设计，抗弯中震不屈服。对于三层墙、柱提高其性能化目标，提高至大震抗剪不屈服。

（4）对于层高突变楼层提高柱配筋，以提高其抗侧承载力。

（5）对于超高层建筑的收缩徐变，有以下两点：

①采用补偿收缩混凝土，使混凝土在水化过程中，在钢筋和结构的限制下建立起一定的预应力，以抵消收缩徐变过程中产生的应力；

②对于应力集中部位，如孔洞处增设护边角钢，变截面转角部位增设钢筋网片，楼板

细腰处边梁腰筋构造加强等。

（6）保持含骨率不变的情况下，修改墙、柱内型钢形状优化，以提高施工时的操作性。

参考文献

[1] 中华人民共和国住房和城乡建设部. 建筑抗震设计规范: GB 50011—2010(2016 年版)[S]. 北京: 中国建筑工业出版社, 2016.

[2] 中华人民共和国住房和城乡建设部. 高层建筑混凝土结构技术规程: JGJ 3—2010[S]. 北京: 中国建筑工业出版社, 2011.

[3] 广东省住房和城乡建设厅. 高层建筑混凝土结构技术规程: DBJ/T 15-92—2010[S]. 北京: 中国城市出版社, 2021.

[4] 中华人民共和国住房和城乡建设部. 建筑工程抗震设防分类标准: GB 50223—2008[S]. 北京: 中国建筑工业出版社, 2008.

[5] 中华人民共和国住房和城乡建设部. 建筑结构荷载规范: GB 50009—2012[S]. 北京: 中国建筑工业出版社, 2012.

11

合肥新地中心结构设计

结构设计单位：中国建筑科学研究院有限公司

结构设计团队：孙建超，王华辉，杜文博，齐国红，方　伟，郝卫清，张锦斌，
　　　　　　　李　毅，李金钢，任建伟

执　笔　人：王华辉，李　毅

一、工程概况

合肥新地中心位于合肥市政务新区祁门路、星光东路、龙图路和潜山路中间地块，总建筑面积约 59.26 万m²，其中地下部分约 15.4 万 m²，地上部分约 43.86 万 m²。本工程由 8 栋塔楼（1 号楼、2 号楼、3 号楼、4 号楼、5 号楼、6 号楼、7 号楼及 10 号楼）、裙房（8 号楼及 9 号楼裙房地上为 2～4 层），以及 3 层地下室组成。1～5 号楼为超高层住宅，高度 109.6～150.6m；6 号楼、7 号楼为高层办公楼，高度分别为 121.6m、130.8m；10 号楼为超高层甲级写字楼，高度 223m；地下一层为商业、车库、机房等；地下二层及地下三层局部为人防，平时用作车库、机房等。

本工程各塔楼与裙房在地下室连成一体，正负零以上在塔楼与裙房之间设 100mm 防震缝，使各塔楼形成独立结构单元，以保证结构良好的抗震性能。本工程 1～5 号楼（住宅楼）及 10 号楼（办公楼）为超限高层建筑，其中 1～5 号楼设计思路一致，因此在住宅塔楼介绍时侧重 1 号楼，办公塔楼介绍时侧重 10 号楼。总平面图见图 11.1-1，鸟瞰图见图 11.1-2，防震缝示意图见图 11.1-3。

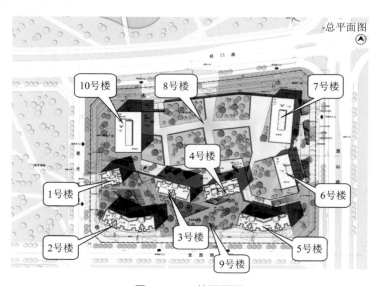

图 11.1-1　总平面图

图 11.1-2 鸟瞰图

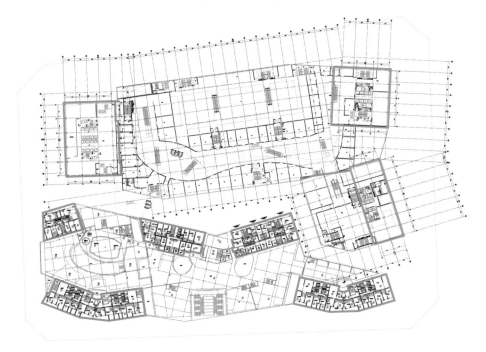

图 11.1-3 防震缝示意图（粗线为防震缝）

二、设计条件

1. 自然条件

1) 场地地质条件

根据江苏南京地质工程勘察院提供的《安徽纵横房地产有限责任公司新地中心岩土工程勘察报告》（2010 年 4 月），拟建场区属合肥波状平原，岗地与泐沟相间地貌类型。场地内主要土层包括：素填土、黏土、粉质黏土、强风化泥质砂岩和中风化泥质砂岩。

素填土①中的上层滞水：水量较小，主要补给来源为大气降水，地下水位随气候变化而变化。据合肥市统计气象资料，年降水量分布不均，每年5～8月为集中降水期，多年平均降水量520.2mm（1953—2007年），占全年降水量的52.5%。丰水季节上层滞水水位较高，排泄途径主要为蒸发作用。

粉质黏土③顶部粉土中的弱承压水：由于粉土厚度较小且分布不均，水量较小。主要补给来源为侧向径流及地表水下渗，排泄途径主要为侧向径流，补给及排泄周期较长。

强风化泥质砂岩④中的弱承压水：根据区域资料，单井涌水量一般为10～20m³/d。水质一般为HCO_3-Ca、HCO_3-Na型，矿化度均小于1.0g/L。主要补给和排泄途径来源为侧向径流。

根据区域地质资料，本场地土对混凝土结构及其中的钢筋具微腐蚀性。

根据钻探，量测混合地下水位68孔次，钻探期间稳定地下水位埋深为2.50～10.00m，高程22.66～31.50m。

由于①素填土中的赋存上层滞水，在丰水季节水位较高，地下室设计时应考虑抗浮设计。根据合肥地区经验，综合周边地形变化及实测地下水位，地下室抗浮设计水位可取31.50m。

2）风荷载

（1）基本风压（100年重现期）：0.40kN/m²；

（2）地面粗糙度类别：B类。

3）雪荷载

基本雪压：0.6kN/m²。

4）本工程的±0.000相当于绝对标高33.300。

2. 设计要求

1）结构设计标准

（1）建筑结构设计使用年限：50年。

（2）结构设计基准期为50年。

（3）建筑结构安全等级为二级，结构重要性系数：1.0。

（4）建筑地基基础等级为甲级，基础设计安全等级为一级。

（5）建筑物耐火等级为一级。

（6）地下工程的防水等级为一级。

（7）人防等级：6B级及5级。

2）抗震设防烈度和设防类别

（1）基本烈度：7度，设计基本地震加速度值为0.1g，设计地震分组为第一组。

（2）场地类别为Ⅱ类，特征周期$T_g = 0.35s$。

（3）建筑抗震设防类别：8号楼为乙类、其余为丙类。

（4）混凝土结构部分的抗震等级

1～5号楼抗震等级：剪力墙为一级，框架：一级；

6号、7号楼框架及核心筒抗震等级：首层至六层为一级，其余部位为二级；

8号楼剪力墙一级、框架二级；

9号楼框架二级；

10号楼框架及核心筒抗震等级：首层至六层、加强层及上下各一层为特一级，其余部位为一级。

三、结构体系

1. 结构布置

本工程主体主要采用混凝土结构，局部构件采用型钢混凝土及钢结构。

1～5号楼主体结构高度分别为150.6m（45层）、109.65m（32层）、150.6m（45层）、150.6m（45层）、134.85m（40层），结构类型为剪力墙结构。楼盖采用钢筋混凝土梁、板体系。框架抗震等级为一级，剪力墙的抗震等级为一级。

6号楼、7号楼及10号楼为高层办公楼，主屋面高度分别为121.6m（31层）、130.3m（32层）、223m（50层），6号楼、7号楼结构类型为框架核心筒结构，10号楼为带加强层的框架-核心筒结构。框架及核心筒抗震等级：6号及7号楼首层至六层为一级，其余部位为二级；10号楼首层至六层、加强层及上下各一层为特一级，其余部位为一级。

8号楼、9号楼为商业及会所，主屋面高度分别为27.9m（5层）、11.4m（2层），结构类型分别为框架-剪力墙及框架结构。1号、8号、10号楼标准层平面如图11.3-1、图11.3-2、图11.3-3所示。

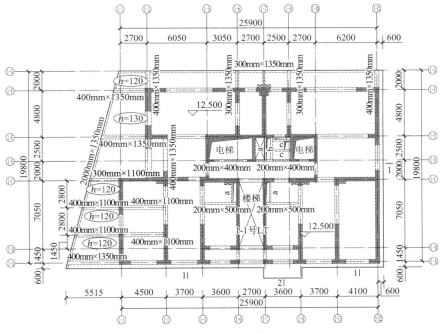

图11.3-1　1号楼标准层平面

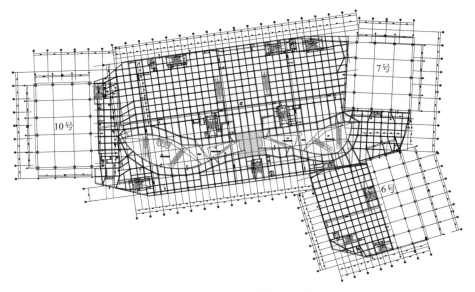

图 11.3-2　8 号楼标准层平面

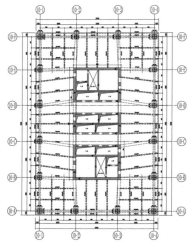

图 11.3-3　10 号楼标准层平面

主楼和裙房在地下室连成一体，首层以上设防震缝分开，防震缝宽 100mm。首层楼面以下为管理用房及库房。因此，在满足建筑功能的前提下增加剪力墙，增加地下室侧向刚度，并减小基底应力，满足布桩要求。

通过仅保留各塔楼相关范围内地下室，并取消地下室侧向约束进行计算，地下一层与首层 X 及 Y 方向层刚度比值均大于规范限值 2 的要求，因此上部结构嵌固部位取首层楼面。

2. 结构设计

1）地基基础方案

（1）塔楼地基基础方案

1～5 号、6 号、7 号、10 号楼总高度为 121.6～223m，需采用桩基方能满足地基承载力及变形的要求。

（2）裙房地基基础方案

裙房地下室地基基础方案设计时考虑了以下四种方案：

方案一：柱下桩基＋梁板式抗水板；

方案二：柱下桩基＋平板式（有柱帽）抗水板；

方案三：柱下桩基＋平板式（无柱帽）抗水板；

方案四：天然地基＋平板式筏形基础。

四种方案比较后，方案二和四较为经济，单纯从结构造价而言，方案四最经济，方案二比方案四造价增加约9.7%。从基础施工的角度，天然地基即方案四相对容易，减少了一道工序。

考虑到主楼用的都是桩基，如果采用方案四，即裙房采用天然地基，存在以下问题：

①裙房与主楼之间的差异沉降控制成为最为突出的问题，两者之间设置沉降后浇带是解决此突出问题的有效措施。

②沉降后浇带的封闭一般需要在主楼封顶沉降稳定后，后浇带封闭前地下降水工作不能停止，这部分的造价需要考虑。

③后浇带封闭前，裙房很难提前使用。

如果裙房采用桩基方案，可以考虑不再设置沉降后浇带，虽然基础部分的造价有少量增加，但对于后期的进度控制比较有利。

方案一和方案三都比方案二要浪费31%～34.5%，且方案一砖模板量大，防水不好做，施工难度加大，因此这两种方案不再考虑。

（3）纯地下室地基基础方案

纯地下室地基基础方案设计时考虑了以下四种方案：

方案一：柱下桩基＋梁板式抗水板

方案二：柱下桩基＋平板式（有柱帽）抗水板

方案三：柱下桩基＋平板式（无柱帽）抗水板

方案四：天然地基＋平板式筏形基础

对上述方案进行了经济比较，方案二最优。

综合以上，采用柱下桩基＋抗水板（即以上所述的方案二）对于本工程有较好（裙房部分）或最好（纯地下室部分）的经济性，同时考虑到裙房局部平面因功能需要开大洞口的情况，这样采用柱下桩基无疑具有更强的适用性，包括后期的进度控制以及较大的灵活性等，因此推荐采用柱下桩基＋平板式（有柱帽）抗水板的方案，该方案综合效益最佳。

2）结构主体方案

（1）1～5号楼平面布置

1～5号楼结合住宅的建筑特点，采用钢筋混凝土剪力墙结构，通过围合剪力墙、加厚加长外翼墙肢、加高边梁、减薄中部筒体墙体、弱化中部连梁等措施构成平面内多个有效筒体，产生束筒效应，从而有效提高了整体结构抗侧刚度、抗扭刚度及承载力。

各塔楼在底部楼层主要外墙厚度为 400mm，主要内墙厚度为 300mm，部分墙肢根据抗剪和轴压比需要增加厚度至 500mm 及 600mm，墙厚随着楼层高度逐渐减小，在顶部外墙厚度为 250mm，内墙厚度为 200mm，局部根据需要加厚外墙至 350mm。如 1 号楼西北角南北向墙肢加厚至 600mm，平面中心位置墙厚减小至 200mm，且在满足刚度及抗剪需要的情况下取消不必要的墙肢，从而使得结构布置最合理经济。1 号楼标准层平面如图 11.3-4 所示。

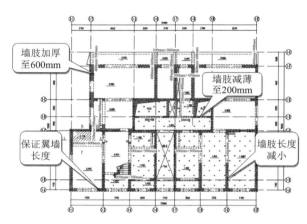

图 11.3-4   1 号楼标准层平面

（2）6 号楼核心筒偏置问题

6 号楼因建筑布局的需要，核心筒偏向西侧较多，且核心筒比框架柱偏出结构外侧 2.2m，从而造成结构平面刚度不对称，扭转效应明显，为了解决这一问题，经与建筑专业协商，在东北角及东南角增加两片剪力墙，同时加大框架角柱与之相连，剪力墙在 1～5 层裙房不开洞，出裙房后墙上设置两个 1.8m × 1.8m 的窗洞，以满足办公室采光要求。同时减小核心筒一侧边梁高度至 600mm，增加另外三边边梁高度至 1m，使得平面刚度分布较为均衡，有效地解决了扭转效应较大的问题。6 号楼标准层平面如图 11.3-5 所示。

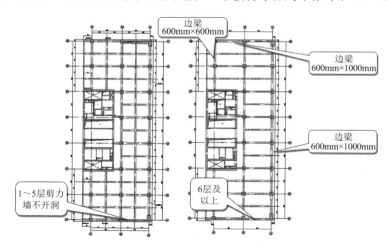

图 11.3-5   6 号楼标准层平面

（3）7号楼裙房悬挑问题

7号楼因外立面需要在北侧4～6层向外悬挑，最大悬挑长度15.37m，为减小斜撑构件对室内布置的影响，采用了在东西侧轴线上设置悬挑桁架加外立面桁架的方式，形成一个悬挑空间，较好地解决了一般悬挑结构构件会对建筑布局带来影响的问题。

悬挑部分采用钢结构梁柱及斜撑，钢梁延伸至主体结构内部后采用型钢混凝土梁构件，与悬挑桁架相连的外侧框架柱内在2～8层采用型钢混凝土柱构件，以保证桁架内力有效传递给主体结构，并增加此关键部位在抗震时的延性。7号楼裙房悬挑具体情况如图11.3-6～图11.3-9所示。

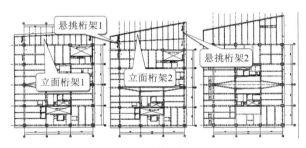

图 11.3-6　7号楼裙房悬挑示意图

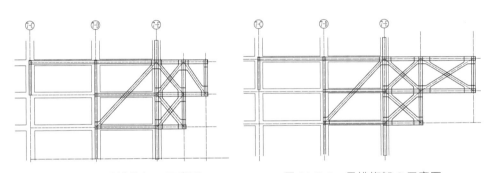

图 11.3-7　悬挑桁架 1 示意图　　　　图 11.3-8　悬挑桁架 2 示意图

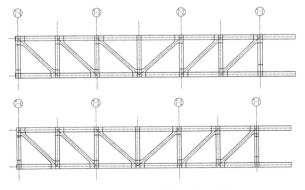

图 11.3-9　立面桁架 1/2 示意图

（4）10号楼结构体系选型

根据建筑功能布局、框架-核心筒结构的特点以及大量工程经验，10号楼采用框架-核心筒结构是经济合理的。本工程高度 223m，从结构造价方面考虑，梁选择普通混凝土梁，对于柱共对比三种方案，包括型钢混凝土柱方案、钢管混凝土柱方案及钢管混凝土叠合柱方案。根据建筑功能布局、框架-核心筒结构的特点以及大量工程经验，10 号楼采用框架-核心筒结构是经济合理的。

各方案主要构件截面如表 11.3-1 所示。

构件截面　　　　　　　　　　　　　　　　　　　　　表 11.3-1

方案	型钢混凝土柱	钢管混凝土柱	钢管混凝土叠合柱
主梁（mm）	800×650	800×650	800×650
板厚（mm）	100	100	100
底层墙厚（mm）	800	800	800
底层柱（mm）	1600×1600	1400×40	1600×1600（1100×30）

根据结构整体计算及统计的结果，全楼造价如表 11.3-2 所示。

10 号楼主要材料用量统计表　　　　　　　　　　　表 11.3-2

方案		型钢混凝土柱	钢管混凝土柱	钢管混凝土叠合柱
普通混凝土用量	总量（m³）	43430.62	37877.00	42017.00
	折合每平米（m³/m²）	0.43	0.37	0.41
	单价（元/m³）	1200.00	1200.00	1200.00
自密实混凝土用量	总量（m³）	0.00	3459.00	1401.00
	折合每平米（m³/m²）	0.00	0.03	0.01
	单价（元/m³）	1500.00	1500.00	1500.00
钢筋用量	总量（t）	10310.19	10029.53	10988.41
	折合每平米（kg/m²）	101.08	98.33	107.73
	单价（元/t）	6000.00	6000.00	6000.00
钢材用量	总量（t）	2560.10	2536.93	2269.66
	折合每平米（kg/m²）	25.10	24.87	22.25
	单价（元/t）	9500.00	9500.00	9500.00
涂装	防腐及防火（元/m²）	0.00	6.00	0.00
造价	总价（万元）	13829.88	13553.09	14001.41
	折合每平米（元）	1355.87	1328.73	1372.69

注：表中单价数据参考定额，包括所有直接及间接费用。

根据计算对比分析，钢管混凝土柱方案虽节省造价约 200 万，但其抗震性能有较大降低，结构整体刚度变小，层间位移角由 1/853 增大为 1/770。由于结构整体刚度减小，结构剪重比不满足规范要求的层数为 6 层，大于结构总层数的 10%（5 层），且由于 $0.2Q_0$ 调整系数增大，有较多层数的框架梁超筋，而钢管混凝土叠合柱方案在造价上不占优势，其施工复杂性也较大，综合考虑抗震性能及造价，本工程选择了型钢混凝土柱方案。

（5）10 号楼加强层方案研究

①加强层数量研究

10 号楼核心筒高宽比为 16，超过了规范不宜大于 12 的规定，侧向刚度较小，因此考虑设置加强层。本工程第 16、28 及 40 层为设备层，对应于此三层，结构可以设置加强层，由于结构在 X 方向刚度较弱，在加强层内设置沿 X 方向的两道伸臂，分别对不设置加强层、设置一至三道加强层的情况进行分析（表 11.3-3）。伸臂桁架立面、局部示意图如图 11.3-10、图 11.3-11 所示。

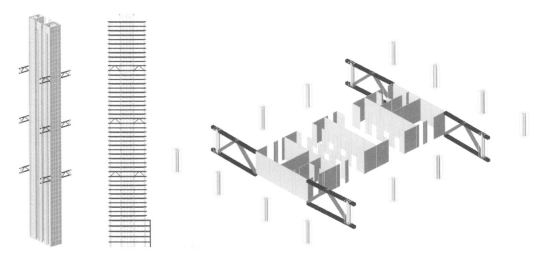

图 11.3-10　伸臂桁架立面示意图（无腰桁架）　　　图 11.3-11　伸臂桁架局部示意图（无腰桁架）

不同加强层情况下结构剪重比对比　　　　　　　　表 11.3-3

	指标	无加强层	一道加强层	两道加强层	三道加强层
X 向地震	剪重比	1.11%（10 层不满足）	1.12%（8 层不满足）	1.13%（6 层不满足）	1.14%（4 层不满足）
Y 向地震	剪重比	1.12%（4 层不满足）	1.12%（4 层不满足）	1.12%（4 层不满足）	1.12%（4 层不满足）

由以上结果可以看出，随着加强层数量的增加，结构侧向刚度变大、周期变短，有效减少了剪重比不满足规范要求的楼层数量，因此确定采用三道加强层方案。

②腰桁架研究

为提高加强层整体刚度、减小剪力滞后效应、平衡各框架柱内力，在加强层内设置腰桁架，对加强层内设置腰桁架和不设置腰桁架的情况进行分析对比，主要结果见表 11.3-4、表 11.3-5（以三个加强层为例）。

有腰桁架与无腰桁架时结构周期与侧向刚度对比　　　　　　表 11.3-4

	指标	有腰桁架	无腰桁架
周期	T_1（s）	5.6038	5.7743
	T_2（s）	5.0685	5.3531
	T_3（s）	3.5074	3.7127
X 向地震作用	顶点位移（mm）	175.82	183.40
	最大层间位移角	1/1002	1/960
	最大位移比	1.23	1.23

	指标	有腰桁架	无腰桁架
Y向地震作用	顶点位移（mm）	141.45	153.20
	最大层间位移角	1/1226	1/1134
	最大位移比	1.09	1.09
X向风	顶点位移（mm）	181.54	174.59
	最大层间位移角	1/1008	1/1041
Y向风	顶点位移（mm）	87.82	88.95
	最大层间位移角	1/1979	1/1967

有腰桁架与无腰桁架时结构剪重比对比　　　　表 11.3-5

	指标	有腰桁架	无腰桁架
X向地震	剪重比	1.15%（3 层不满足）	1.14%（4 层不满足）
Y向地震	剪重比	1.15%（2 层不满足）	1.12%（4 层不满足）

③伸臂桁架数量研究

对每个加强层内设置 2 道伸臂与 4 道伸臂的情况进行分析对比，主要结果见表 11.3-6、表 11.3-7（以三个加强层为例）。伸臂桁架具体情况如图 11.3-12～图 11.3-14 所示。

不同伸臂数量时结构周期与侧向刚度对比　　　　表 11.3-6

	指标	2 道伸臂	4 道伸臂
周期	T_1（s）	5.6038	5.4146
	T_2（s）	5.0685	5.0231
	T_3（s）	3.5074	3.4908
X向地震作用	顶点位移（mm）	175.82	167.63
	最大层间位移角	1/1002	1/1049
	最大位移比	1.23	1.24
Y向地震作用	顶点位移（mm）	141.45	139.63
	最大层间位移角	1/1226	1/1244
	最大位移比	1.09	1.09
X向风	顶点位移（mm）	181.54	154.13
	最大层间位移角	1/1008	1/1186
Y向风	顶点位移（mm）	87.82	78.35
	最大层间位移角	1/1979	1/2220

不同伸臂数量时结构剪重比对比　　　　表 11.3-7

	指标	2 道伸臂	4 道伸臂
X向地震作用	剪重比	1.15%（3 层不满足）	1.16%（2 层不满足）
Y向地震作用	剪重比	1.15%（2 层不满足）	1.16%（2 层不满足）

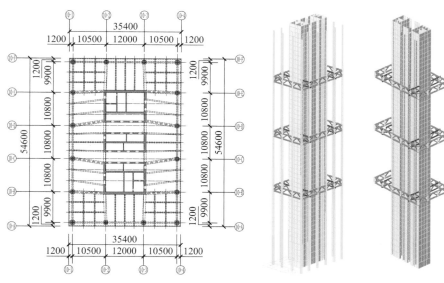

图 11.3-12　四道伸臂桁架平面示意　　　图 11.3-13　伸臂桁架立面示意

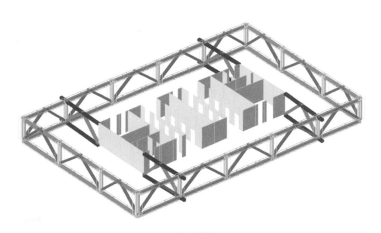

图 11.3-14　伸臂桁架局部示意

根据以上结果可以看出，四道伸臂与两道伸臂相比优势不是很明显，靠近结构中部的墙体较薄，支座条件不是很理想，因此采用两道伸臂的方案。

综上所述，采用三个加强层、每个加强层设置腰桁架及两道伸臂的方案，可有效增加结构侧向刚度、减小剪力滞后效应、提高加强层整体刚度，从而提高整个结构的抗震性能。

（6）防屈曲支撑（UBB）研究

加强层伸臂桁架斜杆采用防屈曲支撑后，可为整体结构提供额外的阻尼耗能作用，减轻罕遇地震作用下主体结构，特别是加强层附近的楼层遭受到的损坏程度，改善结构的抗震性能。

①防屈曲支撑设计

结合建筑功能及布置，在本工程结构中第 16 层、第 28 层、第 40 层（均为设备层）X 向分别设置防屈曲支撑，支撑按人字形布置，每层 8 个。根据结构设计设定的性能目标以及经验，本工程采用的防屈曲支撑设计原则为保证防屈曲支撑在中震下不屈服。结构空间模型如图 11.3-15 所示，防屈曲支撑平面布置示意如图 11.3-16 所示。

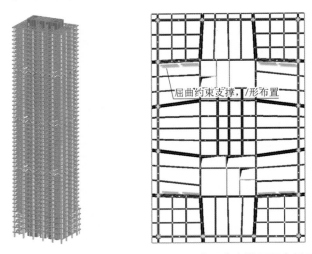

图 11.3-15 结构空间模型　图 11.3-16 防屈曲支撑平面布置示意

②动力弹塑性分析

本工程结构采用动力弹塑性分析方法，针对加强层伸臂桁架采用普通钢支撑方案及防屈曲支撑方案在 US265 波、双向输入 X 为输入主方向罕遇地震作用下的动力响应展开进一步研究。其中，普通钢支撑按与防屈曲支撑等刚度、等屈服强度的原则进行代换。

图 11.3-17 为结构反应较强烈的 US265 波作用下，X 主方向输入时，普通钢支撑方案和防屈曲支撑方案的结构剪力墙受压损伤因子分布图。可以看出，与普通钢支撑方案相比，加设防屈曲支撑的方案剪力墙损伤明显减轻，尤其是结构底部及三个结构加强层位置墙体的受压损伤因子的量值、分布范围以及开展程度均有较显著的减轻，可见防屈曲支撑在大震作用下耗能作用明显，消耗了一定的地震能量，保护了主体结构。

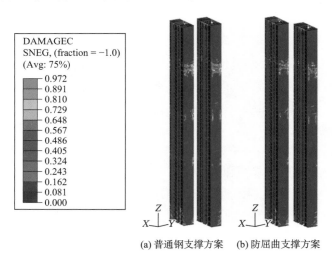

(a) 普通钢支撑方案　(b) 防屈曲支撑方案

图 11.3-17 普通钢支撑和防屈曲支撑方案的受压损伤因子分布图（US265 波、X 主方向）

（7）超限及抗震性能设计

①超限分析（表11.3-8、表11.3-9）

1号楼超限情况　　　　　　　　　　　表 11.3-8

项次		本工程参数	规范要求		备注
结构体系		全落地剪力墙			
结构总高度（m）		150.60	A级	120	大于 A 级最大适用高度
			B级	150	
地下室埋深（m）		11	1/18 房屋高度		满足要求
高宽比（投影等效）		8.30	7		
长宽比		1.45	6		满足要求
平面规则性	扭转	1.22	≤1.4		满足要求
	凹凸	无	≤30%总尺寸		满足要求
	楼板不连续	无	有效宽度≥50%典型宽度 开洞≤30%楼面面积		满足要求
竖向规则性	侧向刚度	无薄弱层	≥70%相邻上一楼层 ≥80%相邻上三楼层均值		满足要求
	抗侧力构件连续	连续	连续		满足要求
	楼层承载力	均匀	≥75%相邻上一楼层		满足要求

10号楼超限情况　　　　　　　　　　表 11.3-9

项次		本工程参数	规范要求		备注
结构体系		带加强层的框架-核心筒			
结构总高度（m）		223.00（50层）	A级	130	大于 B 级最大适用高度
			B级	180	
地下室埋深（m）		14	1/18 房屋高度		满足要求
高宽比		223/34.4 = 6.48	7		满足要求
核心筒高宽比		223/13.9 = 16.04	12		
长宽比		53.6/34.4 = 1.56	6		满足要求
平面规则性	扭转	1.23	≤1.4		满足要求
	凹凸	无	≤30%总尺寸		满足要求
	楼板不连续	无	有效宽度＞50%典型宽度 开洞≤30%楼面面积		满足要求
竖向规则性	侧向刚度	规则	≥70%相邻上一楼层 ≥80%相邻上三楼层均值		满足要求
	抗侧力构件连续	连续	连续		满足要求
	楼层承载力	加强层下一层不满足	≥75%相邻上一楼层		超限

②超限措施

针对结构存在的超限情况，1号、3号、4号、5号楼采取如下措施：

a.在小震作用下，结构满足弹性设计要求，根据构件的抗震构造措施等级要求，采用荷载作用设计值、材料强度设计值和抗震承载力调整系数，进行小震阶段的设计。

b. 在中震作用下，剪力墙、框架柱进行中震不屈服设计，以满足性能化设计的要求。

c. 中震作用下，对于底部加强区的墙体进行拉应力与剪应力的验算。

拉应力不大于混凝土抗拉强度标准值，确保其不出现受拉裂缝，以保证刚度不退化。

d. 约束边缘构件设置

对于墙肢轴压比大于 0.25 的楼层，设置约束边缘构件。

e. 竖向构件中震不屈服设计

中震不屈服计算时水平地震影响系数取 0.23，阻尼比取 0.05，周期折减系数取 0.95，材料强度取标准值。配筋取 1.2 恒荷载 + 1.4 活荷载、1.35 恒荷载 + 0.98 活荷载、1.0 恒荷载 + 0.5 活荷载 + 1.0 地震作用三个组合的包络值。对于约束边缘构件，按照中震不屈服计算结果设计。

对于 10 号楼，采取如下措施：

a. 提高底部加强区（1～6 层）、加强层及相邻层墙及框架抗震等级至特一级。

b. 底部加强区及其上一楼层，设置约束边缘构件，筒体的主要墙肢，在轴压比大于 0.3 的楼层设置约束边缘构件。

c. 底部加强区核心筒角部设置型钢，以提高核心筒的承载力及延性。

d. 核心筒外墙水平和竖向分布筋配筋率在 1～7 层提高至 1.0%，其余部位适当提高。

e. 首层的穿层柱在设计时小震剪力按邻近的普通柱采用，轴力按自身采用，考虑穿层柱的自身计算长度，同时穿层柱按中震弹性设计。

f. 结构沿高度设置三道加强层，加强层内设置伸臂和腰桁架，提高侧向刚度，减小剪力滞后效应，减小框架柱竖向变形差异，提高结构抗扭刚度。

g. 伸臂桁架贯通墙体布置，以保证构件内力在墙体内的传递。

h. 加强层及上下层核心筒墙体角部设置型钢，与伸臂桁架相连，提高加强层筒体的承载力及延性，保证伸臂桁架与筒体连接的可靠性。

i. 在计算加强层伸臂时不考虑加强层上下楼板的作用。

j. 增大加强层上下楼层处楼板厚度至 200mm，双层双向配筋，截面每个方向总配筋率不小于 0.5%，以保证加强层整体刚度及承载力。

k. 由于二层楼面局部开洞，楼板不连续，增加本层楼板厚度至 180mm，双层双向配筋，截面每个方向总配筋率不小于 0.5%。

l. 伸臂桁架的斜杆采用防屈曲支撑，改善结构在大震作用下的性能。

m. 伸臂桁架斜杆在塔楼封顶之后进行安装，以减小恒载在伸臂中引起的附加内力。

n. 加强层相邻下一层（15 层、27 层、39 层）的楼层承载力突变，对此三层楼层地震剪力按规范进行调整。

③性能化设计

《建筑抗震设计规范》GB 50011—2010（2016 年版）第 1.0.1 条规定及条文说明，抗震设防性能目标主要通过"两阶段三水准"的设计方法和采取有关措施实现，对于本工程，主楼的抗震设防性能目标进行细化如表 11.3-10 所示。

抗震设防性能目标   表 11.3-10

地震烈度（参考级别）		小震（频遇地震）	中震（设防烈度地震）	大震（罕遇地震）
性能水平定性描述		不损坏	可修复损坏	不倒塌
结构工作特性		弹性	允许部分次要构件屈服	允许进入塑性，控制薄弱层位移
层间位移角限值	1 号楼	$h/1000$	—	$h/120$
	10 号楼	$h/563$	—	$h/100$
1 号楼	剪力墙	按规范要求设计，保持弹性	底部加强区按中震不屈服进行设计	允许进入塑性，控制塑性变形，底部加强区抗剪截面验算
	连梁	按规范要求设计，保持弹性	允许进入塑性即截面弯曲屈服，吸收部分地震能量，但不允许受剪屈服	允许进入塑性，控制塑性变形
10 号楼	核心筒墙体	按规范要求设计，保持弹性	底部加强区受剪中震弹性设计，压弯及拉弯中震不屈服，其他部位按中震不屈服进行设计	允许进入塑性，控制塑性变形，主要墙肢满足抗剪截面控制条件
	外框架柱	按规范要求设计，保持弹性	底部加强区受剪中震弹性设计，压弯中震不屈服，其他部位按中震不屈服进行设计	允许进入塑性，控制塑性变形
	伸臂桁架	按规范要求设计，保持弹性	按中震不屈服进行设计	防屈曲支撑屈服
	框架梁	按规范要求设计，保持弹性	允许进入塑性，即截面受弯屈服，但抗剪不屈服	允许进入塑性，控制塑性变形
	连梁	按规范要求设计，保持弹性	允许进入塑性，即截面受弯屈服，但抗剪不屈服	允许进入塑性，控制塑性变形

根据抗震设防性能目标，1 号楼、3 号楼、4 号楼、5 号楼进行性能化设计如下：

a. 中震作用下，对于底部加强区的墙体进行拉应力与剪应力的验算。

拉应力不大于混凝土抗拉强度标准值，确保其不出现受拉裂缝，以保证刚度不退化，这里选取拉应力最大的墙肢进行拉应力验算。以 1 号楼为例，由于墙厚度在三层减小，故分别取首层和三层的墙进行拉应力及截面抗剪验算。根据计算结果，墙肢在中震组合工况作用下未出现拉力，所以混凝土不会开裂。底部加强区剪力墙满足大震作用下的抗剪截面控制条件。

b. 约束边缘构件设置

对于墙肢轴压比大于 0.25 的楼层，设置约束边缘构件，以 1 号楼为例，33 层及以下设置约束边缘构件。

c. 竖向构件中震不屈服设计

中震不屈服计算时水平地震影响系数取 0.23，阻尼比取 0.05，周期折减系数取 0.95，材料强度取标准值。配筋取 1.2 恒荷载＋1.4 活荷载、1.35 恒荷载＋0.98 活荷载、1.0 恒荷载＋0.5 活荷载＋1.0 地震作用三个组合的包络值。

对于约束边缘构件，按照中震不屈服计算结果设计。

对于 10 号楼，性能化设计如下：

a. 在中震作用下，剪力墙、框架柱进行中震弹性及中震不屈服设计，以满足性能化设计的要求。

b. 对于底部加强区的墙体，进行中震作用下的拉应力验算与大震作用下的抗剪截面验算。根据计算结果，部分墙肢在中震组合工况作用下出现拉应力，但未超过混凝土抗拉强度标准值。为安全起见，受拉墙肢的拉力全部由设置的型钢承担。验算结果表明，核心筒主要墙肢满足大震作用下的抗剪截面控制条件。

c. 竖向构件中震设计

对于约束边缘构件（6层及以下），按照中震弹性计算结果进行抗剪设计，按照中震不屈服结果进行抗弯设计，7层及以上按照中震不屈服计算结果设计。

d. 塔楼整体抗倾覆验算

在100年一遇的风荷载和小震作用下，基础底面未出现零应力区。由于结构底部为大底盘，因此在计算大震作用时加入地下室，考虑地下室向外扩出两跨，计算倾覆力矩及抗倾覆力矩，基底未出现零应力区，满足规范要求。

（8）小震分析

计算模型（图 11.3-18、图 11.3-19）及软件

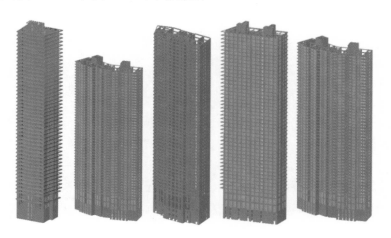

图 11.3-18　1～5 号楼计算模型

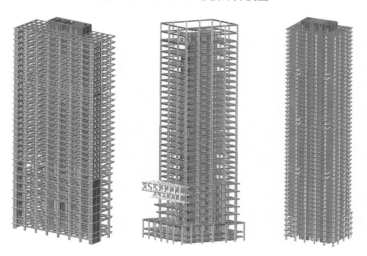

图 11.3-19　6 号楼、7 号楼、10 号楼计算模型

根据前面介绍的本工程超限内容和复杂情况，设计中采取了必要的措施，并且进行了详细的计算分析工作。计算分析主要按以下三个层次进行：

①整体结构小震弹性静力分析（振型分解反应谱法）

对于 1～5 号楼及 10 号楼，进行整体结构小震弹性静力分析，采用两套独立的程序（SATWE 和 ETABS）进行计算分析并对比其结果，确保整体结构的各项指标满足规范对本工程结构的要求。

对于 6～9 号楼，采用 SATWE 程序进行分析。

对于 10 号楼，结构中采用的防屈曲支撑在小震及中震作用时保持弹性，因此在小震计算时采用与防屈曲支撑等刚度的钢支撑截面。

②整体结构小震弹性时程分析

对于 1～5 号楼及 10 号楼，采用 SATWE 程序进行小震弹性时程分析。

③正常使用状态下楼板应力分析

对 10 号楼采用 ETABS 程序进行楼板应力分析，重点关注加强层附近的楼板应力。

（9）动力弹塑性分析

①计算模型（图 11.3-20）及软件

为了解 10 号楼在大震下的抗震性能，验证性能化目标是否实现，对后期设计提出建议，对 10 号楼采用 ABAQUS 软件进行了动力弹塑性分析。

②地震输入

根据选出的三组（包含两方向分量）地震记录、采用主次方向输入法（即 X、Y 方向依次作为主次方向，各组波主方向选与反应谱比值较大的人工波 x、US265、US397 为主方向）作为本次合肥新地中心 10 号楼结构的动力弹塑性分析的输入，其中两方向输入峰值比依次为 1∶0.85（主方向∶次方向），主方向波峰值取为 220Gal。

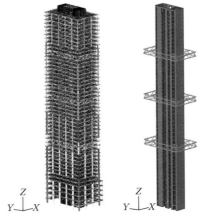

图 11.3-20　10 号楼结构模型及核心筒示意图

按照确定的参数，进行了三组地震波，双向输入并调换主方向总计 6 个工况的罕遇地震弹塑性分析。

③基底剪力响应

三组波、6 种工况输入下，结构地震反应剪重比为 5.46%～8.6%（表 11.3-11）。

大震时程分析底部剪力对比　　　　　　　　　表 11.3-11

	X 为输入主方向		Y 为输入主方向	
	V_x（kN）	剪重比	V_y（kN）	剪重比
人工波	148800	8.36%	97200	5.46%
US265	153300	8.6%	110024	6.18%
US397	141400	7.94%	112200	6.30%
平均值	147833	8.3%	106475	5.98%

④楼层位移及层间位移角响应

X为输入主方向时，楼顶最大位移为 1015mm，楼层最大层间位移角为 1/122，在第 43 层；Y为输入主方向时，楼顶最大位移为 893mm，楼层最大层间位移角为 1/152，在第 31 层（表 11.3-12、图 11.3-21）。

大震弹塑性分析结构顶点最大位移及最大层间位移角统计　　　　表 11.3-12

		人工波	US265 波	US397 波	包络值
X输入主方向	顶点最大位移（m）	0.927	1.015	0.889	1.015
	最大层间位移角及对应楼层	0.0069	0.0082	0.0069	0.0082
		（1/145）	（1/122）	（1/145）	（1/122）
		31 层	43 层	39 层	43 层
Y输入主方向	顶点最大位移（m）	0.847	0.817	0.893	0.893
	最大层间位移角及对应楼层	0.0059	0.0057	0.0066	0.0066
		（1/171）	（1/176）	（1/152）	（1/152）
		31 层	31 层	31 层	31 层

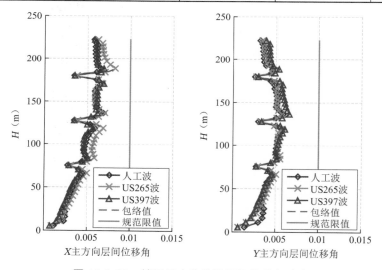

图 11.3-21　楼层最大位移及层间位移角响应

⑤罕遇地震下结构的损伤破坏情况

罕遇地震 US265 波双向输入 X 主方向作用下，结构各片墙体大部分损伤较轻，三处加强层位置剪力墙因受力较大损伤较重，连梁大部分发生损伤破坏。在罕遇地震人工波双向输入 Y 主方向作用下，底部和三处加强层位置剪力墙发生一定损伤，中间位置的 Y 方向内部墙体发生一定损伤（图 11.3-22）。

在Ⅷ度罕遇、双向地震输入 US265 波作用下型钢柱内型钢、腰桁架型钢和伸臂钢梁没有发生塑性应变，如图 11.3-23 所示，在结构反应较强烈时刻 18.8s，X 主方向作用下 Mises 应力为 230MPa，Y 主方向作用下 Mises 应力为 239MPa。

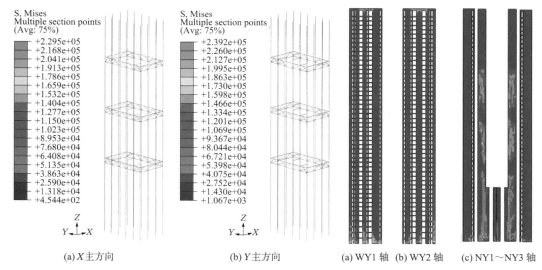

(a) X 主方向　　　　　　　(b) Y 主方向　　　　　　(a) WY1 轴 (b) WY2 轴　(c) NY1~NY3 轴

图 11.3-22　人工波 Y 方向为输入主方向时剪力墙受压　　　图 11.3-23　US265 波作用下型钢柱
损伤因子分布示意图　　　　　　　　　　　　　　内型钢、腰桁架型钢和伸臂钢梁
Mises 应力分布情况

在Ⅶ度罕遇、双向地震输入 US265 波作用下，X 主方向输入时，剪力墙中型钢暗柱发生塑性应变，最大拉应变为 437με。Y 主方向作用下剪力墙中型钢暗柱没有发生塑性应变，在结构反应较强烈的时刻 18.8s，Mises 应力为 172MPa。

在Ⅶ度罕遇、双向地震输入 US265 波作用下，X 主方向输入时，剪力墙中钢筋发生塑性应变，最大拉应变为 10630με，主要发生在伸臂桁架位置。Y 主方向作用下剪力墙中钢筋塑性应变，最大为 6579με。

⑥罕遇地震下结构弹塑性分析小结

通过对合肥新地中心 10 号楼进行的三组地震记录（每组地震记录包括两个水平分量）、双向输入并轮换主次方向，共计 6 个计算分析工况的Ⅶ度（0.10g）罕遇地震（峰值加速度 220Gal）动力弹塑性分析，对本工程结构在Ⅶ度（0.10g）罕遇地震（峰值加速度 220Gal）作用下的抗震性能评价如下：

a. 在选取的三组Ⅶ度（0.10g）罕遇地震（峰值加速度 220Gal）记录、双向输入作用的弹塑性时程分析下，结构始终保持直立，最大层间位移角未超过 1/100 的要求，满足规范"大震不倒"的要求。其中：

三组地震记录、X 为输入主方向的Ⅶ度（0.10g）罕遇地震（峰值加速度 220Gal）动力弹塑性分析结果显示，结构最大层间位移角（US265 波作用下）为 1/112（第 42 层）。

三组地震记录、Y 为输入主方向的Ⅶ度（0.10g）罕遇地震（峰值加速度 220Gal）动力弹塑性分析结果显示，结构最大层间位移角（US397 波作用下）为 1/165（第 33 层）。

b. 采用所选取的三组Ⅶ度（0.10g）罕遇地震（峰值加速度 220Gal）记录、双向输入作用的弹塑性时程与其弹性时程分析给出的层间位移角放大包络值，将双向地震弹性反应谱结果同比例放大后，结构最大层间位移角为 1/131（X 为主方向）及 1/204（Y 为主方向），均小于 1/100。

c. 三组地震记录、双向作用并轮换主次方向的Ⅶ度罕遇地震动力弹塑性分析结果显示，连梁基本全部破坏，其受压损伤因子均超过 0.97，说明在罕遇地震作用下，连梁形成了铰机制，符合屈服耗能的抗震工程学概念。

d. 三组地震记录、双向作用并轮换主次方向的Ⅶ度（0.10g）罕遇地震（峰值加速度 220Gal）动力弹塑性分析结果显示，结构大部分剪力墙墙肢混凝土受压损伤因子较小（混凝土应力均未超过峰值强度）。在地震动作用较强的 US265 波和人工波作用下，剪力墙墙肢底部和三处加强层位置发生一定损伤破坏，且三处加强层及其相邻上下两层的型钢暗柱发生塑性应变，其原因或与三处加强层位置受力较大有关。

e. 三组地震记录、双向作用并轮换主次方向的Ⅶ度（0.10g）罕遇地震（峰值加速度 220Gal）动力弹塑性分析结果显示，型钢混凝土梁、柱内型钢和伸臂桁架型钢，没有发生塑性应变，说明在罕遇地震作用下，其抗震性能良好。

f. 三组地震记录、双向作用并轮换主次方向的Ⅶ度（0.10g）罕遇地震（峰值加速度 220Gal）动力弹塑性分析结果显示，防屈曲支撑滞回环面积较大，发挥了屈服耗能的作用。

三组地震记录、双向作用并轮换主次方向的Ⅶ度罕遇地震动力弹塑性分析结果显示，三处加强层位置剪力墙发生一定损伤，建议适当增大上述位置剪力墙的配筋构造，尤其是抗剪有利的分布钢筋构造。

四、专项设计

1. 伸臂桁架节点设计（图 11.4-1、图 11.4-2）与分析

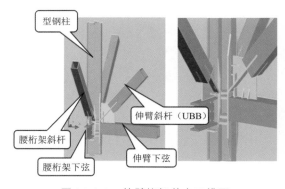
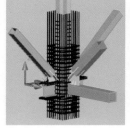
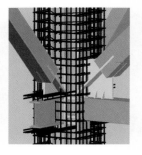

图 11.4-1　伸臂桁架节点三维图　　　　图 11.4-2　伸臂桁架节点三维图（含梁柱钢筋）

在中震组合荷载作用下（斜撑轴力为 11575.1kN），型钢各部分的 Mises 应力和变形分布如图 11.4-3 所示。Mises 应力分布显示，节点区域型钢应力均在 223MPa 以下，仍处于弹性状态。应力最大的部位为斜撑十字板导角部分，最大应力为 335MPa，属于局部应力集中，建议对该处进行圆滑处理。节点型钢以整体变形为主，局部变形很小，没有局部凹陷或凸出变形。

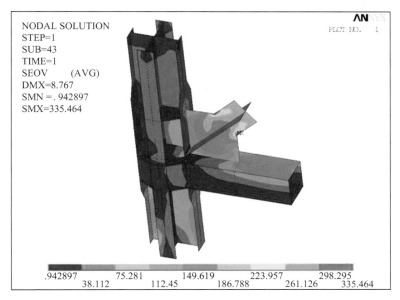

图 11.4-3　中震作用下节点型钢 Mises 应力分布图

　　混凝土部分的最大及最小主应力分布如图 11.4-4、图 11.4-5 所示。最大和最小主应力分布显示，节点区域的混凝土仍处于弹性状态。最大主拉应力为 2.1N/mm²，位于型钢与混凝土交界面位置，未超过混凝土的抗拉强度；最大主压应力为 −38N/mm²，位于柱底部边缘，未超过混凝土的抗压强度。

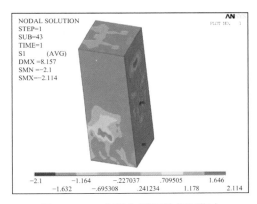

图 11.4-4　中震作用下节点混凝土
最大主应力分布图

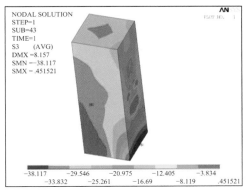

图 11.4-5　中震作用下节点混凝土
最小主应力分布图

2. 楼板应力分析

　　楼面结构体系是传递竖向荷载和水平荷载的重要组成，竖向荷载通过楼板传递给楼面梁，再通过楼面梁将竖向荷载传递给核心筒和外框架柱。同时，楼板连系着核心筒和外框柱。考察楼板在正常使用状态下的应力，考虑的荷载工况为 1.2×恒荷载＋0.98×活荷载＋1.4×风荷载，其中风压取 50 年一遇计算。10 号楼部分计算结果如图 11.4-6～图 11.4-9 所示。

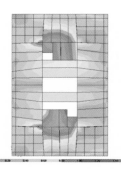
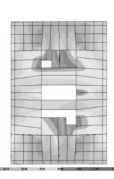

图 11.4-6　X向风荷载作用组合下
16 层楼板应力云图（S11）

图 11.4-7　X向风荷载作用组合下
16 层楼板应力云图（S22）

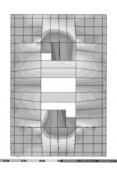
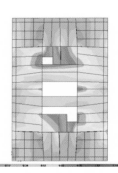

图 11.4-8　Y向风荷载作用组合下
16 层楼板应力云图（S11）

图 11.4-9　Y向风荷载作用组合下
16 层楼板应力云图（S22）

由楼板应力云图可以得出如下结论：

①在一般楼层处，沿框架梁周围及梁柱连接节点区域内的楼板应力略高，核心筒和洞口处出现较大的拉应力，但楼板应力均不超过混凝土的抗拉强度，楼板基本处于弹性。

②首层楼板，由于有大开洞区域，楼板应力略大，在核心筒区域部分楼板接近混凝土抗拉强度，这些地方需要通过配筋加强楼板的抗拉承载力。

③加强层上下层楼板在伸臂桁架上弦杆存在较大的拉压应力，故弦杆周围楼板应力较大，此区域楼板需加强构造措施。

五、结　语

（1）防屈曲支撑在伸臂桁架中的应用

进行了罕遇地震下防屈曲支撑方案与普通钢支撑方案对比研究，加设防屈曲支撑的方案剪力墙损伤明显减轻，尤其是结构底部及三个结构加强层位置墙体的受压损伤因子的量值、分布范围以及开展程度均有较显著的减轻，可见防屈曲支撑在大震作用下耗能作用明显，消耗了一定的地震能量，保护了主体结构。加强层伸臂桁架斜杆采用防屈曲支撑后，可为整体结构提供额外的阻尼耗能作用，减轻罕遇地震作用下主体结构，特别是加强层附近的楼层遭受到的损坏程度，改善结构的抗震性能。

（2）超限高层的抗震性能化设计

本项目1～5号楼及10号楼均为超限高层建筑结构，采取了性能化设计方法。对结构在中震及大震下的反应进行了研究，通过采取相应的超限措施保证实现其性能目标。在中震作用下控制剪力墙的剪应力及拉应力水平，提高约束边缘构件的设置要求，对竖向构件进行中震不屈服设计等措施，保证结构在中震作用下的性能。同时对1～5号楼进行了静力弹塑性分析，对10号楼进行了动力弹塑性分析，验证结构在大震作用时的变形能力及关键部位损坏情况，采取相应的加强措施。

本工程进行了风洞试验，分析了结构的加速度响应，位移响应及等效静风荷载，为结构设计提供了更为详细的依据。

（3）加强层和伸臂桁架的对比研究

10号楼是本工程设计中的难点，由于侧向刚度的要求及为保证框架在地震时发挥二道防线作用，结构沿高度设置三道加强层，使得刚度存在一定突变，通过提高加强层及上下层的构造措施，减小由此带来的地震作用分布不均的影响。通过对伸臂桁架的节点的有限元分析表明可实现强节点、弱构件的设计概念。

（4）显著的经济效益和社会效益

本工程在经济适用、安全合理的前提下，成功实现了建筑功能，自竣工投入使用以来，得到多方面的好评，成为合肥市的地标建筑之一，也成为今后大型综合体及超限结构设计值得借鉴的案例。

■ 项目获奖情况 ■

第九届全国优秀建筑结构设计三等奖

12

北京正大中心结构设计

结构设计单位：中国建筑科学研究院有限公司
结构设计团队：孙建超，陆向东，杨金明，张锦斌，李金钢，王　雯，陈奋强
执　笔　人：陆向东

一、工程概况

1. 工程地理位置

北京正大中心项目位于北京市东三环 CBD 核心区的东北角。北界光华路；东临海关大楼；南为景辉街与 Z-12 地块相望；西侧隔金和东路与 Z-15 地块的"中国尊"项目相对。本项目总用地面积 1.64hm²。正大中心地理位置见图 12.1-1，正大中心效果图见图 12.1-2。

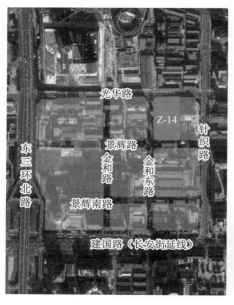

图 12.1-1　正大中心地理位置　　　　　图 12.1-2　正大中心效果图

2. 项目高度及面积

地上建筑功能为办公双塔加商业裙房的布局，基地北侧为公交中转站点专属区，总建筑面积为 311000m²。地上总建筑面积为 221000m²。其中办公面积为 194000m²，底商面积为 27000m²。地上建筑总共 45 层，标准层层高为 4.5m，建筑主屋面高度 220.7m，建筑总高 238m。地下建筑面积约为 90000m²，其中商业 16000m²，后勤、停车场及设备用房面积约 74000m²。地下室结构地板上沿深度为 30.7m，地下建筑共 6 层。

3. 结构平面特点及典型平面布置

本项目的双塔平面尺寸基本相同，每个塔楼均为正方形平面，边长为47m。每个塔楼的核心筒也基本是正方形平面，边长21m左右。塔楼标准层平面图如图12.1-3～图12.1-5所示。从建筑外观和室内视野角度考虑，主创建筑师不同意设角柱。

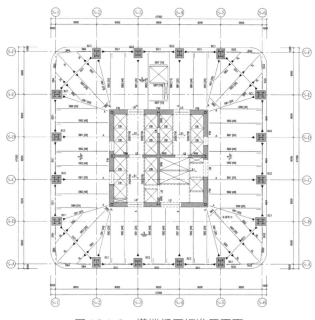

图 12.1-3　塔楼低区标准层平面

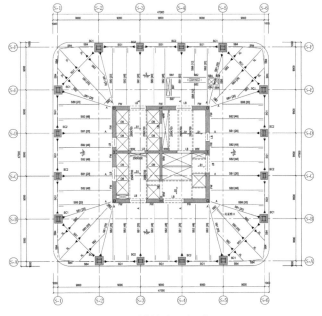

图 12.1-4　塔楼中区标准层平面

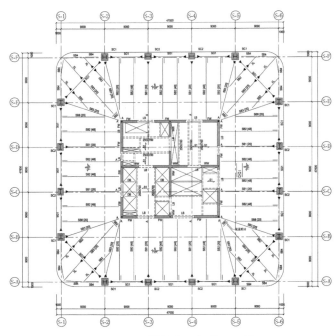

图 12.1-5　塔楼高区标准层平面

4. 建筑竣工交用情况

北京正大中心于 2010 年开始规划设计工作，2019 年 6 月竣工交用，目前使用情况良好。正大中心室内实景见图 12.1-6，正大中心实景见图 12.1-7。

图 12.1-6　正大中心室内实景　　　　　　　　图 12.1-7　正大中心实景

二、设计条件

1. 地震作用

所有建筑构件应设计和建造成可以抵抗规范规定的地震地面运动的影响，地震作用需要综合考虑抗震规范和《工程场地地震安全性评价报告》的结果综合取值。

根据《建筑抗震设计规范》GB 50011—2010（2016 年版）及《高层建筑混凝土结构技术规程》JGJ 3—2010，地震作用参数如表 12.2-1 所示。

地震作用参数　　　　　　　　　　表 12.2-1

抗震设防烈度	8 度（0.20g）		
水平地震影响系数	0.16（多遇地震）	0.45（设防地震）	0.90（罕遇地震）
场地土类别	Ⅱ类		
设计地震分组	第一组		
特征周期（s）	0.38	0.38	0.43
周期折减系数	0.85	0.9	1.0
抗震设防类别	丙类		

《工程场地地震安全性评价报告》根据工程特点和设计要求，给出了 4% 阻尼比设计地震动加速度反应谱供设计使用，见表 12.2-2~表 12.2-5。其中，A_m 为设计地震动峰值加速度；β_m 为反应谱动力放大系数最大值；α_m 为地震影响系数；T_1 为反应谱上升段拐点周期；T_g 为特征周期。

工程场地地表水平加速度设计地震动参数（阻尼比 0.04）　　　表 12.2-2

重现期	超越概率	A_m（Gal）	β_m（g）	α_m（g）	T_1（s）	T_g（s）	C
50 年	63%	70	2.67	0.191	0.1	0.45	0.92
	10%	225	2.67	0.614	0.1	0.65	0.92
	2%	410	2.67	1.119	0.1	0.95	0.92
100 年	63%	100	2.67	0.273	0.1	0.5	0.92
	10%	295	2.67	0.805	0.1	0.75	0.92
	3%	435	2.67	1.187	0.1	1.05	0.92

工程场地地表竖向加速度设计地震动参数（阻尼比 0.04）　　　表 12.2-3

重现期	超越概率	A_m（Gal）	β_m（g）	α_m（g）	T_1（s）	T_g（s）	C
50 年	63%	55	2.67	0.150	0.1	0.35	0.92
	10%	170	2.67	0.464	0.1	0.45	0.92
	2%	310	2.78	0.880	0.1	0.5	0.92
100 年	63%	70	2.67	0.191	0.1	0.4	0.92
	10%	230	2.67	0.627	0.1	0.5	0.92
	3%	345	2.78	0.979	0.1	0.6	0.92

注：A_m 为地震加速度；β_m 为放大系数；α_m 为地震影响系数最大值；C 为衰减指数。

工程场地基础埋深部位水平加速度设计地震动参数（阻尼比 0.04）　　　表 12.2-4

重现期	超越概率	A_m（Gal）	β_m（g）	α_m（g）	T_1（s）	T_g（s）	C
50 年	63%	40	2.67	0.109	0.1	0.5	0.92
	10%	140	2.67	0.382	0.15	0.75	0.92
	2%	290	2.67	0.791	0.2	1.0	0.92

重现期	超越概率	A_m（Gal）	β_m（g）	α_m（g）	T_1（s）	T_g（s）	C
100 年	63%	60	2.67	0.164	0.1	0.6	0.92
	10%	190	2.67	0.518	0.15	0.85	0.92
	3%	320	2.67	0.873	0.2	1.05	0.92

工程场地基础埋深部位竖向加速度设计地震动参数（阻尼比 0.04） 表 12.2-5

重现期	超越概率	A_m（Gal）	β_m（g）	α_m（g）	T_1（s）	T_g（s）	C
50 年	63%	40	2.78	0.113	0.1	0.4	0.92
	10%	140	2.99	0.428	0.15	0.45	0.92
	2%	260	3.21	0.851	0.2	0.55	0.92
100 年	63%	60	2.78	0.170	0.1	0.4	0.92
	10%	185	2.99	0.565	0.15	0.55	0.92
	3%	285	3.21	0.933	0.2	0.6	0.92

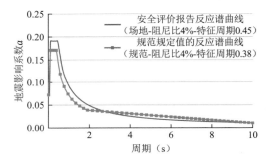

图 12.2-1 正大中心安全评价报告反应谱曲线
同规范规定值的反应谱曲线的比较

图 12.2-1 为安全评价报告反应谱曲线同规范规定值的反应谱曲线的比较。根据规范及专家建议，本项目采用 50 年反应谱和规范值中的较大值进行设计。本项目塔楼自振第一周期为 5.0s 左右。因此，安全评价报告 50 年超越概率 63% 反应谱和规范规定反应谱对结构的整体影响是很接近的。根据比较计算，抗震规范小震的结构响应要比安全评价报告 50 年小震反应谱大，因此本报告计算结果基于规范规定值。

2. 风荷载

根据抗震规范可知，高于 200m 以上高层应做风洞试验来确定结构的风荷载，因此本项目进行了风洞试验，试验结果分别用于主体结构设计和幕墙设计。与此同时，设计团队也按照《建筑结构荷载规范》GB 50009—2012 算法进行了风荷载分析计算，具体如下。

（1）结构构件强度设计采用的风荷载

基本风压重现期 50 年 $w_0 = 0.45\text{kN/m}^2$；

基本风压增大系数：1.1；

体形系数：1.4；

地面粗糙度类别：C；

风压高度系数及风振系数：根据《建筑结构荷载规范》GB 50009—2012。

（2）层间位移角校核

基于规范重现期为 50 年的风荷载。

最后，采用风洞试验数据与荷载规范算法的最不利风荷载参与荷载组合。

3. 荷载组合

以下荷载组合应用于设计计算：

（1）$1.35DL + 0.7 \times 1.4LL$

（2）$1.2DL + 1.4LL$

（3）$1.0DL + 1.4LL$

（4）$1.2DL \pm 1.4W$

（5）$1.0DL \pm 1.4W$

（6）$1.2DL + 1.4LL \pm 0.6 \times 1.4W$

（7）$1.0DL + 1.4LL \pm 0.6 \times 1.4W$

（8）$1.2DL + 0.7 \times 1.4LL \pm 1.4W$

（9）$1.0DL + 0.7 \times 1.4LL \pm 1.4W$

（10）$1.2DL + 0.6LL \pm 1.3E_h$

（11）$1.2DL + 0.6LL \pm 1.3E_v$

（12）$1.2DL + 0.6LL \pm 1.3E_h \pm 0.5E_v$

（13）$1.2DL + 0.6LL \pm 0.2 \times 1.4W \pm 1.3E_h \pm 0.5E_v$

（14）$1.2DL + 0.6LL \pm 0.2 \times 1.4W \pm 1.3E_h$

（15）$1.2DL + 0.6LL \pm 0.2 \times 1.4W \pm 1.3E_v \pm 0.5E_h$

（16）$1.0DL + 0.5LL \pm 1.3E_h$

（17）$1.0DL + 0.5LL \pm 1.3E_v$

（18）$1.0DL + 0.5LL \pm 1.3E_h \pm 0.5E_v$

（19）$1.0DL + 0.5LL \pm 0.2 \times 1.4W \pm 1.3E_h \pm 0.5E_v$

（20）$1.0DL + 0.5LL \pm 0.2 \times 1.4W \pm 1.3E_h$

（21）$1.0DL + 0.5LL \pm 0.2 \times 1.4W \pm 1.3E_v \pm 0.5E_h$

计算中考虑温度作用、土压力及上浮力时，采用以下荷载组合：

（1）$1.35DL + 0.7 \times 1.4LL + 0.7 \times 1.4T$ 或 H

（2）$1.2DL + 0.7 \times 1.4LL + 1.4T$ 或 H

（3）$1.2DL + 1.4LL + 0.7 \times 1.4T$ 或 H

（4）$0.9DL + 1.4LL + 0.7 \times 1.4T$ 或 H

（5）$1.2DL \pm 1.4W + 0.7 \times 1.4T$ 或 H

（6）$1.2DL + 1.4LL \pm 0.6 \times 1.4W + 0.7 \times 1.4T$ 或 H

（7）$1.2DL + 0.7 \times 1.4LL \pm 1.4W + 0.7 \times 1.4T$ 或 H

符号说明：DL 为恒荷载；LL 为活荷载；W为风荷载；E为地震作用：对于周边环带桁架，同时考虑水平地震作用和竖向地震作用的作用；E_h为水平地震作用；E_v为竖向地震作用；T为温度作用；H为土压力或上浮力。

4. 结构材料

塔楼采用混合结构。核心筒由钢筋混凝土剪力墙组成，核心筒翼墙的边缘构件内置型钢；框架柱采用型钢混凝土柱；框架梁采用钢梁，楼面次梁均采用钢梁；伸臂桁架和环带桁架均采用型钢。

三、结构体系

1. 结构体系与布置

1) 抗侧力体系

本项目地处 8 度区，主楼结构高度达到 220.7m，塔楼沿高度分为 3 个区域，属于超高层建筑，需要高效的抗侧力体系以保证主楼在风荷载和地震作用下安全性以及达到预期的性能水平。塔楼抗侧力体系效果图见图 12.3-1。

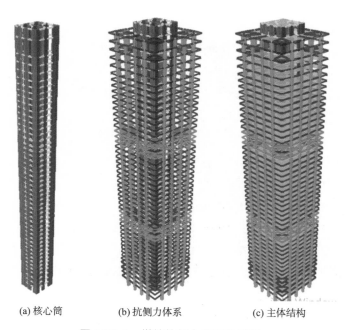

(a) 核心筒　　　(b) 抗侧力体系　　　(c) 主体结构

图 12.3-1　塔楼抗侧力体系效果图

抗侧力体系的选择要考虑以下几个方面：

①抵抗侧向力的垂直构件在平面上的分布应尽可能地采用高效率的几何形状；

②满足建筑功能上的要求；

③施工的可行性及安全性；

④根据结构构件受力特点选用恰当的建筑材料。

本项目的抗侧力体系由以下几部分组成：

主要抗侧力体系：劲性框架柱-核心筒-外伸臂（环带桁架）体系。

● 核心筒

● 劲性框架柱

● 外伸臂桁架（环带桁架）

（1）劲性型钢混凝土框架柱

16 根劲性框架柱均布于塔楼周边，综合考虑结构强度、延性和经济性，含钢率控制在 4% 左右。劲性框架柱外形长方形，角柱尺寸由底层 1.8m × 2.2m 随着高度方向逐渐减小至 1.4m × 1.4m。中柱尺寸由底层 1.8m × 2m 逐渐减小至 1.4m × 1.2m。

（2）劲性钢筋混凝土核心筒

位于塔楼中央的 20m × 20m 左右的核心筒在建筑功能上提供容纳电梯间和机电设备的空间。在侧向力作用下，核心筒承担巨大的水平剪力和倾覆弯矩。根据其受力特性，采用钢筋混凝土结构，使其具有巨大的抗剪强度和抗弯刚度。

在底层，核心筒翼墙厚度为 1.0m，腹墙厚度为 0.5m，随着高度方向逐渐减小，在高区核心筒翼墙厚度减为 0.5m，腹墙厚度为 0.4m。在底部加强区的墙体采用了钢筋混凝土剪力墙内埋型钢的形式，既增加了剪力墙的承载力并减小轴压比，又能提高墙体抗弯及抗剪承载力。本工程典型核心筒布置图见图 12.3-2。

（3）钢外伸臂

位于塔楼远端的劲性框架柱必须与核心筒相连，才能发挥它的整体刚度的作用。利用机电层布置外伸臂桁架把劲性框架柱与核心筒相连，是一种在当今超高层建筑中广泛应用并被证明是高效且经济、合理的解决方案。

沿塔楼高度方向，利用机电层布置在 32 层布置一个外伸臂桁架加强区，提高整体刚度并控制层间位移角。在平面上，外伸臂区拥有 8 榀一层高的外伸臂钢桁架。每榀桁架的两端分别连接于劲性框架角柱和核心筒墙体，外伸臂桁架伸入核心筒两个墙段以保持传力途径的连续性。

（4）次级抗侧力体系——环带桁架

为了提高塔楼的整体刚度和强度，在机电层和避难层分别设置一层高的环带桁架把劲性框架柱连接起来，环带桁架分别位于 16 层和 32 层。桁架的形式优先采用带斜杆的传统桁架形式，以节省造价。一层高的外伸臂和环带桁架三维示意图见图 12.3-3。

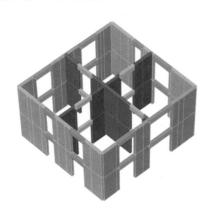 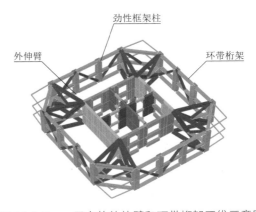

图 12.3-2　本工程典型核心筒布置图　　图 12.3-3　一层高的外伸臂和环带桁架三维示意图

环带桁架的作用主要体现在以下两个方面：

①约束劲性框架柱以减小劲性框架柱的有效长度；

②保证劲性框架柱的整体共同工作，使劲性框架柱的应力水平更加均匀。

（5）抗侧力体系的整体工作原理

核心筒作为最重要的抗震防线承担绝大部分的水平剪力及部分倾覆弯矩。根据需要底部墙体中可加入型钢形成组合墙体以满足规范要求的轴压比限值，并同时提高墙体的抗剪承载力和抗震延性。核心筒角部布置型钢以加强墙体角部的承载力及延性，同时方便与外伸臂桁架的连接。

通过外伸臂桁架，布置于周边的劲性框架柱为整体结构提供巨大的抗弯刚度，以控制层间位移，满足规范对层间位移角的限值。劲性框架柱承担绝大部分的倾覆弯矩。外伸臂桁架的设计考虑延性要求，通过外伸臂桁架的延性耗能，从而保护最重要的竖向构件——核心筒和劲性框架柱。

本项目采用的"劲性框架-核心筒-外伸臂（环带桁架）"体系，充分发挥了混凝土和钢这两种材料的各自优势，与建筑、机电功能相适应，是一种简洁、高效、安全可靠且经济合理的抗侧力体系。塔楼的主要构件见表 12.3-1。塔楼结构剖面图见图 12.3-4，塔楼环带和伸臂桁架立面图见图 12.3-5。

塔楼的主要构件汇总表　　　　　　　　　　　　　　　　表 12.3-1

主要构件尺寸表				
		低区	中区	高区
翼墙		950～1000mm：C60	750～850mm：C50	500～600mm：C40
腹墙		500mm：C60	450mm：C50	400mm：C40
劲性框架柱	角柱尺寸（mm）	1800×2000～1800×2200	1800×1600～1800×1800	1400×1400～1600×1400
	中柱尺寸（mm）	1800×1800～1800×2000	1600×1600～1800×1600	1400×1200～1400×1400
	混凝土强度等级	C60	C50	C40
	含钢率	4%～5%（加强区取大值）	4%～5%（加强区取大值）	4%
外伸臂桁架（工字形）（$H \times B \times t_w \times t_f$）（mm）	斜杆/弦杆	—	H1000×1000×100×100/H900×900×70×70	—
环带桁架（工字形）（$H \times B \times t_w \times t_f$）（mm）	斜杆/弦杆	H900×900×70×70/H800×800×65×65	H600×600×45×45/H800×800×65×65	—

2）重力体系

本项目的重力体系包括劲性框架柱、核心筒、环带桁架和楼面体系。劲性框架柱、核心筒和环带桁架同时为抗侧力体系。

本项目的楼面体系采用组合楼面体系，该体系由混凝土板、压型钢板和钢梁组成。在普通办公楼、公寓和酒店层采用 110mm 厚组合楼板（钢筋桁架楼承板工艺），在机电层采用 200mm 厚组合楼板（钢筋桁架楼承板工艺）。

与传统的混凝土梁板体系相比，组合楼板具有质量轻、施工速度快、布置灵活、易于后期改造等优点。自重轻的结构有利于减小基础尺寸，减小地震作用，因而成为超高层建筑楼面体系的首选方案。典型楼盖结构布置图见图12.3-6。

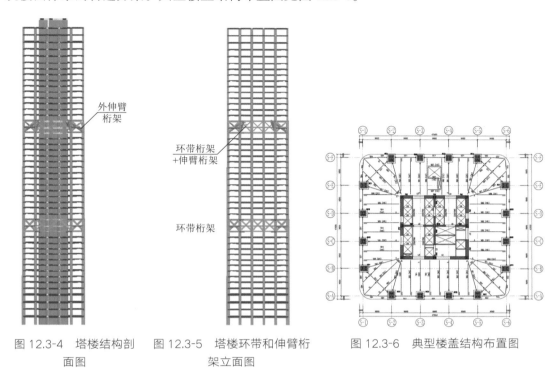

图 12.3-4 塔楼结构剖   图 12.3-5 塔楼环带和伸臂桁   图 12.3-6 典型楼盖结构布置图
面图   架立面图

此外，采用组合楼面体系可以避免楼板支模，对于超高层建筑，可以大幅度加快施工进度和降低施工造价。对于组合楼板的方案，在方案设计阶段，设计方比较了开口型压型钢板、闭口型压型钢、钢筋桁架楼承板，由于钢筋桁架楼承板对楼板配筋给予了充分利用，在施工阶段作为桁架弦杆，建造的楼板成品中又作为配筋，从而增加了净高；同时，钢筋桁架楼承板工艺又使得楼板很好地实现了双层双向配筋，对楼板的平面内性能提供了很好的保证，故而最终选用钢筋桁架楼承板。

在后来的行业发展中，钢筋桁架楼承板得以大量应用，在钢结构、混合结构、组合结构的楼盖中占了绝大多数比例。

3）地下室结构体系

塔楼地下室有六层（其中地下一层有夹层），埋深约37m，采用钢筋混凝土结构。地下室的建筑主要功能为超市、机电空间和停车库。地下室结构典型柱网为9m×9m。采用钢筋混凝土框架结构并利用楼梯间和电梯间布置少量剪力墙。根据楼面荷载大小，建筑净高和嵌固层要求采用以下方案。

①首层双向梁板体系楼板厚度为180mm以满足首层作为嵌固层的要求；

②地下室各层采用钢筋混凝土单向梁板体系；

③塔楼的核心筒墙体、塔楼16根型钢混凝土柱全部贯通至基础底板，但内置型钢配置

逐层向下适当调整。

4）裙房结构体系

裙房结构采用钢筋混凝土结构，两塔楼之间不设缝连成一体。裙房柱距均为9m左右，但裙房屋盖为36m跨，且有屋顶花园，设计中采用了钢桁架作为主要承重构件。为减小在地震作用下塔楼对裙房大跨屋盖的不利影响，钢桁架采用一端铰接、一端滑动的支座形式。

2. 抗震性能化设计及抗震设防性能目标

基于性能化的抗震设计方法，是使抗震设计从宏观定性的目标向具体量化的多重目标过渡，强调实施性能目标的深入分析和论证。具体来说就是通过复杂的非线性分析软件对结构进行分析，通过对各结构构件进行充分的研究以及对结构的整体性能的研究，得到结构系统在地震下的反应，以检验结构是否可以达到预定的性能目标。

（1）基于性能设计就是预估结构在特定水准地震灾害下能维持的性能水平。

（2）通过对许多建筑物在震后破坏程度的分析，工程界广泛认为基于规范的抗震设计并不能预测建筑物在地震中的表现；用结构构件变形能力作为控制目标比用结构构件强度更能预测结构在地震中的表现。

（3）国家抗震规范的指导原则为"小震不坏，中震可修，大震不倒"，明确要求大震下不发生危及生命的严重破坏，实际上就是满足"生命安全"（LS）的性能目标，这一指导原则其实也是一种简化的性能目标。

（4）本项目的是抗震设计在满足现行抗震规范要求的前提下，引入性能设计的理念对结构进行进一步分析以满足业主对结构的性能目标要求。

旧版的《建筑抗震设计规范》GB 50011—2001通过规定大震下的最大弹塑性层间位移角控制结构在大震下的性能。但是必须注意到的是，限制结构的最大弹塑性层间位移角还不足以保证达到防倒塌的抗震设计目的。以结构构件的弹塑性变形和强度退化来衡量的构件破坏也必须被限制在可接受的限值以内，以保证结构构件在地震过程中可承受竖向地震作用和重力荷载的作用而不致丧失承载能力，地震结束后结构仍有能力承受作用在结构上的重力荷载。

新版的《建筑抗震设计规范》GB 50011—2010（2016年版）规定：工程师可按结构的抗震设防类别、设防烈度、场地条件、结构类型和不规则性，建筑使用功能和附属设施功能的要求、投资大小、震后损失和修复难易程度等确定性能目标，并进行抗震性能化设计。抗震规范把性能目标分成四级，并对多遇地震、设防地震和罕遇地震下按四级性能要求设计时的具体性能目标提供了参考值。抗震规范提供的性能目标参考值涉及结构构件承载力、层间位移限值和结构构件的抗震构造三个方面。

1）多遇地震下的结构抗震验算

第一阶段抗震设计：取第一水准（即多遇地震下）的地震动参数计算结构的地震作用效应，采用分项系数设计表达式进行截面承载力验算：

$$S \leqslant R_{\mathrm{d}}/\gamma_{\mathrm{RE}} \tag{12.3-1}$$

式中：γ_{RE}——承载力抗震调整系数；

　　　　R_{d}——构件承载力设计值。

荷载效应组合设计值S应考虑下表12.3-2列出的荷载效应组合。

荷载效应组合　　　　　　　表 12.3-2

组合工况	恒荷载		活荷载		风荷载	地震作用
	不利	有利	不利	有利		
重力荷载＋水平地震作用	1.2	1.0	0.5×1.2	0.5×1.0	—	1.3
重力荷载＋水平地震作用＋风荷载	1.2	1.0	0.5×1.2	0.5×1.0	0.2×1.4	1.3

注：1. 对于环带桁架，还需考虑竖向地震的作用。

　　2. 进行构件设计时，根据规范要求对设计内力乘以与其抗震等级相对应的放大系数；构件承载力计算时采用材料强度的设计值。

　　3. 按承载能力极限状态下荷载效应的设计组合进行截面验算，既可满足构件截面的承载力可靠度要求，也可达到第一水准的抗震设防目标。

2）设防地震下的结构验算

第一阶段抗震设计可初步达到第二水准（即设防地震下）的设计目标。为进一步明确结构的性能，根据第二水准下的地震组合效应进行构件承载力验算。

根据不同构件的重要性及工作原理，一般分为两种性能目标：

一是"中震弹性"，即不考虑地震内力调整系数，采用的荷载效应组合，构件内力放大系数，材料强度取值和抗震承载力调整系数与抗震设计的第一阶段相同，但可不考虑与风荷载的荷载组合。

二是"中震不屈服"，即采用振型分解反应谱法计算地震效应，取消内力调整，荷载和地震作用分项系数取1.0（组合值系数不变，见表12.3-3），截面验算采用材料强度标准值，并且不考虑抗震承载力的调整。

中震不屈服地震作用及荷载效应组合　　　　　　　表 12.3-3

	组合工况	恒荷载	活荷载	风荷载	地震作用
设防地震	重力荷载＋水平地震作用	1.0	0.5	—	1.0

截面承载力验算表达式可表示为：

$$S_{\mathrm{k}} \leqslant R_{\mathrm{k}} \tag{12.3-2}$$

式中：S_{k}——荷载效应组合值；

　　　　R_{k}——构件承载力标准值。

3）罕遇地震下的结构验算

在第三水准地震（即罕遇地震）作用下结构的弹塑性变形应满足规范要求，设计进行罕遇地震下弹塑性时程分析，并根据分析结果采取相应的改进措施，以实现第三水准的设防要求。

罕遇地震下构件内力验算同设防地震类似，根据不同构件的重要性及工作原理，可有两种性能目标：

一是"大震弹性"，即不考虑地震内力调整系数，其他基本同第一阶段的抗震设计；

二是"大震不屈服",即采用振型分解反应谱法计算地震效应,取消内力调整,荷载和地震作用分项系数取 1.0（组合值系数不变,见表 12.3-4）,不考虑风荷载参与组合,截面验算采用材料强度标准值,并且不考虑抗震承载力的调整。

弹塑性分析采用的大震作用及荷载效应组合　　　　　　　表 12.3-4

	组合工况	恒荷载	活荷载	风荷载	地震作用
罕遇地震	重力荷载＋水平地震作用	1.0	0.5	—	1.0

截面承载力验算表达式可表示为：

$$S_k \leqslant R_k$$

式中：S_k——荷载效应组合值；

　　　R_k——构件承载力标准值。

4）抗震设防性能目标

本工程项目,在不同水准地震下的结构性能目标如表 12.3-5 所示。

不同水准地震下的结构性能目标　　　　　　　表 12.3-5

			地震烈度	频遇地震（小震）	设防烈度地震（中震）	罕遇地震（大震）
			性能水平定性描述	不损坏	中等破坏,可修复损坏	较严重破坏
			层间位移角限值	$h/562$ $h/2000$（底部）	$h/200$	$h/100$
			结构工作特性	结构完好,处于弹性	结构基本完好,基本处于弹性状态	结构严重破坏但主要节点不发生断裂,主要抗侧力构件型钢混凝土巨柱和核心筒墙体不发生剪切破坏
构件性能	核心筒墙体	一般区域		按规范要求设计,弹性	压弯及拉弯中震不屈服,抗剪中震弹性	允许进入塑性（$\theta <$ LS）,满足大震下抗剪截面控制条件
		底部加强区及加强层			按中震弹性验算,基本处于弹性状态	允许进入塑性且程度轻微（$\theta <$ IO）,剪力墙加层及加强层上下各一层主要剪力墙墙肢偏压,偏拉。满足大震下抗剪截面控制条件
	连梁			按规范要求设计,弹性	允许进入塑性	允许进入塑性（$\theta <$ LS）,不得脱落,最大塑性角小于 1/50,允许破坏
	劲性框架柱	一般区域		按规范要求设计,弹性	中震不屈服验算	允许进入塑性（$\theta <$ LS）,钢筋应力可超过屈服强度,但不能超过极限强度
		底部加强区及加强层			压弯和拉弯按中震不屈服,抗剪中震弹性验算	允许进入塑性且程度轻微（$\theta <$ IO）,钢筋应力可超过屈服强度,但不能超过极限强度
	环带桁架			按规范要求设计,弹性	按中震不屈服验算	允许进入塑性（$\varepsilon <$ LS）,钢材应力可超过屈服强度,但不能超过极限强度
	伸臂桁架			按规范要求设计,弹性	按中震不屈服验算	允许进入塑性（$\varepsilon <$ LS）,钢材应力可超过屈服强度,但不能超过极限强度
	楼面水平桁架			按规范要求设计,弹性	按中震不屈服验算	不进入塑性（$\varepsilon <$ IO）,钢材应力不可超过屈服强度

注：性能目标 IO 表示立即入住；LS 表示生命安全。

3. 计算分析

1）嵌固层的确定

根据《建筑抗震设计规范》GB 50011—2010（2016 年版）验算首层嵌固，地下一层与塔楼首层的侧向刚度比应大于 2，取塔楼底层的高度作为首层计算高度，取地下一层的高度作为地下一层的计算高度。计算采用了《高层建筑混凝土结构技术规程》JGJ 3—2010 建议的计算公式进行地面嵌固验算，如表 12.3-6 所示。

首层嵌固分析表　　　　　表 12.3-6

楼层	层高（m）	地震作用与地震层间位移的比值（RJX3，RJY3）×10⁶（kN/m）	
		X向	Y向
地上一层	7	6.30	7.09
地下一层	9	11.89	11.38

注：RJX3，RJY3 为 X、Y 方向地震剪力与地震层间位移的比，摘自相关计算书。

经验算，在两个方向地下一层刚度和地上一层刚度比分别为 2.4 与 2.1，大于规范 2.0 的要求。因此，地面层满足作为嵌固层的刚度要求。

2）周期与振型

结构前 10 阶振型结果　　　　　表 12.3-7

周期	振型	
	ETAB	SATWE
T_1（s）	4.99	5.02
T_2（s）	4.64	4.74
T_3（s）	3.70	3.59
T_4（s）	1.59	1.61
T_5（s）	1.40	1.45
T_6（s）	1.29	1.29
T_7（s）	0.91	0.91
T_8（s）	0.81	0.82
T_9（s）	0.75	0.79
T_{10}（s）	0.53	0.54
T_3/T_1	0.74	0.72

从表 12.3-7 可以看出：由 ETABS 和 SATWE 模型获得的周期结果比较接近。塔楼第一扭转周期与第一平动周期的比值小于规范限值 0.85。

根据 ETABS 模型计算的结构前三阶振型如图 12.3-7 所示。

根据 SATWE 模型计算的结构前 3 阶振型如图 12.3-8 所示。

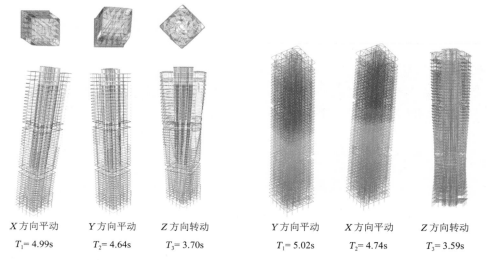

X 方向平动	*Y* 方向平动	*Z* 方向转动		*Y* 方向平动	*X* 方向平动	*Z* 方向转动
$T_1 = 4.99s$	$T_2 = 4.64s$	$T_3 = 3.70s$		$T_1 = 5.02s$	$T_2 = 4.74s$	$T_3 = 3.59s$

图 12.3-7　ETABS 模型计算的结构前三阶振型　图 12.3-8　SATWE 模型计算的结构前三阶振型

3）质量参与系数

塔楼有效质量系数满足规范 90% 的要求。塔楼质量参与系数见表 12.3-8。

塔楼质量参与系数　　　　　　　表 12.3-8

振型	质量参与系数（%）		
	UX	UY	RZ
1	69.2826	2.1521	0.057
2	2.0739	66.8321	0.2566
3	0.1233	0.1745	77.9011
4	13.6388	0.4085	0.0094
5	0.4094	14.7964	0.0214
6	0.0338	0.1034	9.1602
7	3.9885	0.1054	0.0173
8	0.0021	0.4528	2.4163
9	0.1349	4.4711	0.2018
10	3.1396	0.0544	0.0108
11	0.0005	0.1101	3.3983
12	0	3.2345	0.2963
13	1.6551	0.0135	0.0134
14	0.0014	0.1263	1.3587
15	0.0413	1.6285	0.0146
质量参与系数总和（%）	94.5252	94.6636	95.1332

4）地震质量和结构荷载（表 12.3-9）

结构总地震质量和结构荷载　　　　　　　　　表 12.3-9

	ETABS 重量	SATWE 重量
自重 + 附加荷载	143470t	142802t
活荷载	22015t	19490t
总质量	165485t	162292t

5）总风力及地震作用

塔楼在侧向力（风荷载和地震作用）作用下的楼层剪力和倾覆力矩如图 12.3-9 和图 12.3-10 所示。

注：

（1）风荷载根据《建筑结构荷载规范》GB 50009—2012 计算。

（2）重现期为 100 年的风荷载用于塔楼强度设计。

（3）地震作用反应谱按根据《建筑抗震设计规范》GB 50011—2010（2016 年版）计算。

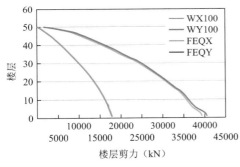

图 12.3-9　塔楼在侧向力作用下的楼层剪力

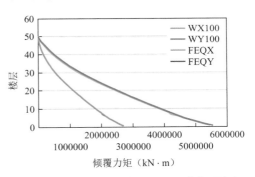

图 12.3-10　塔楼在侧向力作用下的倾覆力矩

风荷载及地震作用下塔楼结构基底反力　　　　　　　　　表 12.3-10

		ETABS		SATWE		说明
		基底剪力（kN）	倾覆力矩（kN·m）	基底剪力（kN）	倾覆力矩（kN·m）	
50 年一遇风荷载	X向	14821	2136539	14457	2072755	
	Y向	15357	2215352	14436	2070454	
常遇地震	X向	39101	5415068	39285	5482260	剪重比 ≥2.38%
	Y向	40628	5454231	40487	5523414	

表 12.3-10 中列出了按结构分析得到的风及地震作用下的剪力和倾覆弯矩。考虑到塔楼最小剪重比 X 向和 Y 向分别为 2.42% 和 2.49%，Y 向首层稍低于规范的剪重比要求。从上面的结果可以看出，本塔楼的设计由地震控制。

6）塔楼层间剪力分配

核心筒和外周巨型框架共同承担地震作用下的结构层间剪力，框架承担的层间剪力不得小于规范规定的最小值。塔楼在地震作用下的楼层剪力分配如图 12.3-11 和图 12.3-12 所示。

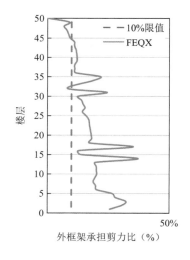 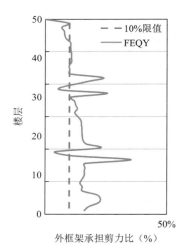

图 12.3-11　地震作用下层间剪力分配（X方向）　　图 12.3-12　地震作用下层间剪力分配（Y方向）

7）层间位移角

塔楼在风荷载和地震作用下的位移验算结果见表 12.3-11 和图 12.3-13、图 12.3-14。各种荷载下楼层总位移及层间位移角均满足规范要求。

风荷载和地震作用下最大层间位移角（考虑双向地震）　　　　表 12.3-11

	ETABS 模型		SATWE 模型	
	最大层间位移角	首层层间位移角	最大层间位移角	首层层间位移角
50 年风荷载作用下（X方向）	1/1641	1/6731	1/1759	1/7026
50 年风荷载作用下（Y方向）	1/1794	1/8092	1/1941	1/9044
小震下（X方向）	1/594	1/3358	1/602	1/2416
小震下（Y方向）	1/635	1/4165	1/622	1/3001

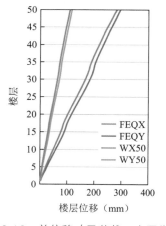 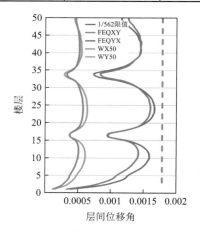

图 12.3-13　总位移（风荷载，小震作用）　　图 12.3-14　层间位移角（风荷载，小震作用）

8）楼层剪重比

根据《建筑抗震设计规范》GB 50011—2010（2016 年版）第 5.2.5 条的要求，在 8 度区当基本周期介于 3.5～5s 之间时，结构任一楼层的剪重比按 3.2%与 2.4%插入法取值，即本项目剪重比 X 向和 Y 向分别为 2.4%和 2.5%。本塔楼地震作用下楼层的剪重比如图 12.3-15 所示。结果显示绝大部分楼层的剪重比都满足的要求，仅有少数楼层剪重比略低，对剪重比不满足的楼层将根据规范要求适当增加地震作用。

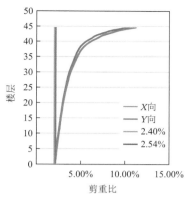

图 12.3-15　楼层剪重比

9）楼层侧向刚度比

分析采用了《高层建筑混凝土结构技术规程》JGJ 3—2010 建议的计算公式，即侧向刚度为楼层剪力除以层间位移角。

薄弱层判别：楼层侧向刚度不应小于相邻上部楼层侧向刚度的 90%，即：

$$K_i \geqslant 0.9K_{i+1} \tag{12.3-3}$$

式中：K_i——楼层侧向刚度；

K_{i+1}——相邻上部楼层侧向刚度。

验算结果如图 12.3-16 和图 12.3-17 所示。验算结果表明，除加强层外，结构不存在薄弱层。

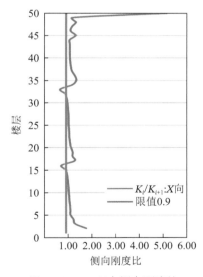

图 12.3-16　X 向侧向刚度比

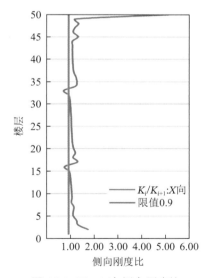

图 12.3-17　Y 向侧向刚度比

10）整体稳定验算（表 12.3-12）

根据《高层建筑混凝土结构技术规程》JGJ 3—2010 第 5.4.4 条，结构的刚度和重力荷载之比应满足：

$$EJd \geqslant 1.4H^2 \sum_{i=1}^{n} G_i \tag{12.3-4}$$

$$EJd = \frac{11qH^4}{120u}$$

(12.3-5)

式中：H——建筑高度；

　　　G_i——第i楼层重力荷载设计值；

　　EJd——结构一个主轴方向的弹性等效侧向刚度，按图 12.3-18 示意的倒三角形分布荷载作用下结构顶点位移相等的原则，将结构的侧向刚度折算为竖向悬臂受弯构件的等效侧向刚度。

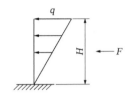

图 12.3-18　倒三角形分布荷载示意图

SATWE 模型塔楼结构整体稳定性验算　　　　　　　　表 12.3-12

结构分析结果		规范要求	判断
结构整体稳定性	X向刚重比：2.66	大于等于 1.4 满足规范的整体稳定验算；X向小于 2.7，考虑重力二阶效应	考虑重力二阶效应
	Y向刚重比：2.9		

从表 12.3-12 可以看出，结构的刚度和重力荷载之比满足规范要求，同时X向刚重比小于 2.7，需要考虑重力二阶效应。

11）核心筒墙体及劲性框架柱轴压比验算

核心筒为钢筋混凝土结构，验算时将综合考虑各种组合工况，取最不利的重力荷载设计组合和地震设计组合下的内力进行承载力验算。核心筒在底部加强区采用型钢组合剪力墙，利用内埋在剪力墙的型钢的强度和刚度来降低轴压比和减薄核心筒厚度。混凝土墙验算的主要计算公式及参数依据《混凝土结构设计规范》GB 50010—2010（2015 年版），《建筑抗震设计规范》GB 50011—2010（2016 年版）及《高层建筑混凝土结构技术规程》JGJ 3—2010。

考虑地震作用组合的核心筒，其重力荷载作用下的轴压比$N/(f_c \times A_c + f_a \times A_a)$不宜大于表 12.3-13 规定的限值。

剪力墙轴压比限值　　　　　　　　表 12.3-13

抗震等级	
一级	特一级
0.5	型钢组合剪力墙，取值 0.5

劲性框架柱的验算考虑重力荷载，风荷载和地震作用的组合，其轴压比不宜大于 0.65。本项目核心筒墙体及劲性框架柱轴压比计算结果如图 12.3-19 所示，均满足规范要求。

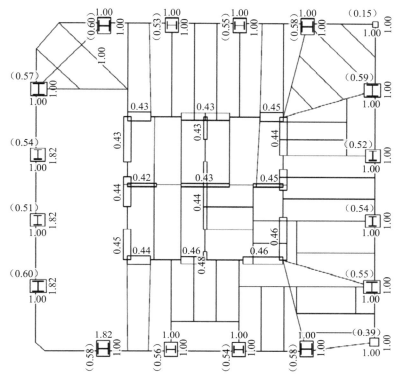

图 12.3-19 首层轴压比情况

（12）多遇地震计算小结

根据以上的计算结果，总结如下：

（1）结构的整体稳定性验算满足，需要考虑重力二阶效应。

（2）风荷载及地震作用下的楼层层间位移满足规范有关的规定限值。

（3）剪力墙、柱的轴压比满足规范有关的规定限值。

（4）结构扭转为主的第一周期T_t与平动为主的第一周期T_1之比小于 0.85，满足《高层建筑混凝土结构技术规程》JGJ 3—2010 第 4.4.5 条的规定。

总体而言，结构在风及多遇地震作用下，能保持良好的抗侧性能和抗扭转能力，主要指标均满足极限状态设计和抗震设计第一阶段的结构性能目标要求。

4. 地基基础

本项目为桩基础，采用大直径钻孔灌注桩，并采用了后压浆技术。

四、专项设计

本项目为高烈度区的超高层建筑，其高度超过了 B 级高度，结构设计团队针对项目特点展开了超限判别、超限计算分析、设计结构超限措施、结构抗震性能设计等专项设计工作。

1. 超限情况判别

根据《超限高层建筑工程抗震设防专项审查技术要点》（建质〔2015〕67号）的要求，设计单位对塔楼可能存在的超限项目进行逐一检查。主要的超限内容如下：

（1）结构高度超限；

（2）本结构存在外伸臂桁架，属于B级复杂高层建筑。

根据检查结果的要求，应进行工程结构抗震分析专项审查。具体的超限情况判别如表 12.4-1 所列。

超限情况判别　　　　　　　　　　　　表 12.4-1

项目	超限判断准则	实际情况	超限判别
结构高度	大于150m	220.7m	超高
结构高宽比	6	4.5	满足
平面规则性	扭转不规则	最大位移/平均位移 > 1.2	超限
	凹凸不规则	无明显平面凹进	满足
	楼板局部不连续	有效楼板宽度小于典型宽度的50%	超限
竖向规则性	侧向刚度不规则	无	满足
	竖向抗侧力构件不连续	无	满足
	楼层承载力突变	少量楼层存在承载力突变	超限

从计算结果来看，在有外伸臂桁架楼层存在不同程度的刚度突变，即本结构为竖向不规则结构。但竖向不规则没有超出规范限值。本项目不存在扭转偏大、抗扭刚度弱、层刚度弱、高位转换、厚板转换、塔楼偏置、复杂连接以及多重复杂情况。

2. 针对超限结构的计算分析

围绕抗震设防性能目标，从多遇地震、设防地震和罕遇地震三个不同层次进行详细计算分析，找到结构薄弱部位、薄弱构件，进行合理调整，达到"多遇地震不坏、设防地震可修和罕遇地震不倒"的设防目标。

3. 针对超限结构的专项设计措施

本塔楼结构存在加强层等超限内容，但结构整体布置对称，针对这些特点，设计团队从整体结构体系优化，关键构件设计内力调整，增加主要抗侧力构件延性等方面进行有针对性的加强及优化。

1）结构体系设计的相应优化措施

本结构在设计中采用劲性型钢混凝土框架柱、外围周边桁架、钢筋混凝土核心筒、钢外伸臂组成的"劲性框架-核心筒-外伸臂"体系，它的传力途径简洁、明确。在设计以及与建筑的协调过程中，以下主要设计原则始终贯穿整个设计过程，使得到的设计为在结构安全方面有足够的储备，在结构体系方面有所创新，在经济性方面经济合理的最优设计。

（1）建立多道抗震防线

①以由核心筒、外伸臂、环带桁架等组成多道多种传力途径来确保结构体系有多道抗震防线，满足规范中的双重体系的要求。

②采用外伸臂和环带桁架，为结构抗侧力体系增加一道抗震防线，控制侧移。

③由劲性框架柱、周边环带桁架成劲性混合框架，结构抗侧力体系增加一道抗震防线。

（2）力求结构平面对称布置

①确保核心筒的质心和刚心接近，偏心处于最小状态，调整及优化结构侧向刚度。

②本结构由 16 根劲性框架柱均布于塔楼周边呈对称布置及正方形对称的核心筒。

③混凝土核心筒抗扭刚度大，因而扭转较小。

（3）力求结构竖向布置规则

①在外围与劲性框架柱相连的周边环带桁架沿高度分布布置，形成一个相对规则的劲性框架。

②在机电层布置一道外伸臂设置于 32 层，有效控制层间位移角。

2）增强核心筒延性的措施

核心筒是整个结构的最重要的一道抗震防线，其底部加强区的安全更关系到整个结构体系的安危。因此对本超限高层建筑，提高和改善整个核心筒和其底部加强区的抗震性能是非常必要和有效的。同时，为增加混凝土核心筒的延性，采取了下述的措施：

①墙肢轴压比被严格控制在规范建议的 0.5 以下（重力荷载代表值作用下）。

②在核心筒角部和墙体交叉点增设型钢，增加延性，降低墙体混凝土应力水平。

③对中震验算下的剪力承载力不够的墙体，内置对称型钢构成型钢混凝土剪力墙。

④尽量保证墙体的洞口的布置是对称和规则的。

⑤对跨高比小于 2.5 的连梁和剪压比不够的连梁除配置普通钢筋外，将在连梁中布置型钢或斜向钢筋以增加其抗剪承载力。

⑥在较厚墙体中布置多层钢筋，以使墙截面中剪应力均匀分布且减少混凝土的收缩裂缝。

3）增强劲性框架柱延性的措施

对于塔楼的 16 根劲性框架柱，采用以下加强措施提高劲性框架柱的延性：

①地震作用组合作用下的劲性框架柱轴压比控制在规范建议的限值 0.65 以内。

②对于剪跨比小于 2 的柱采用箍筋全高加密；采用合理的构造措施，并按规范提高体积配箍率。

③劲性框架柱内埋巨型组合钢柱构成劲性框架柱，以提高劲性框架柱的延性。

4）针对伸臂桁架及薄弱层的措施

为了能够将劲性框架柱与核心筒有效地连系起来，约束核心筒的弯曲变形，使周边巨型框架有效的发挥作用，本工程设置了一道伸臂桁架。伸臂桁架的设置将引起局部抗侧刚度突变和应力的集中。在强震作用下，该区域的受力机理将相当复杂，难以分析精确，设计中将刚度突变的楼层的计算地震剪力进行放大，并严格控制外伸臂钢结构应力比，留有一定的安全赘余度，并采取如下措施：

①伸臂钢桁架将贯通墙体，从而使传力途径简单、明了、可靠。

②在外伸臂加强层及上下层的核心筒墙体内增加配筋。

③要求外伸臂与劲性框架柱及墙体的安装及连接在塔楼的墙柱短期变形完成以后方可进行，以减少由恒荷载引起的附加内力。

5）针对加强层的措施

为了保证加强层的安全性和稳定性，采取如下措施：

①增加加强层顶板、底板厚度以进一步提高环带桁架平面外稳定性。

②环带桁架抗震设计按150%内力设计。

③环带桁架设计时同时考虑水平地震和竖向地震的作用。

6）采用的其他相关措施

①按规范要求进行弹性时程分析和弹塑性时程分析补充计算，了解结构在地震时程下的响应过程，并借此初步寻找结构潜在薄弱部位，以便进行有针对性的结构加强。

②结构计算分析时，考虑模拟施工加载对主体结构的影响。

③严格控制首层的层间位移角。

④有效控制结构的刚度比和抗剪承载力的比值。

⑤控制结构顶点最大加速度，满足舒适度要求。

⑥选用符合本项目场地土的地震波，进行抗震性能化设计。

⑦对重要构件及重点节点进行相关专题论证及研究。

五、结　语

1. 结构材料的合理选择

本项目采用混合结构，核心筒由型钢混凝土剪力墙组成，外框架由型钢混凝土柱和钢梁组成，伸臂桁架和环带桁架杆件均采用型钢，楼盖次梁采用型钢构件，楼板为钢筋混凝土板，并采用钢筋桁架楼承板工艺。实践证明，此结构体系可降低结构自重、减小构件截面且施工进度快。

2. 合理的结构体系

在北京商务中心区众多的超高层建筑中，多种结构体系得到应用和展现。本项目采用带加强层的框架-核心筒结构形式，有效控制了结构在地震作用下的水平位移，有效减小了在地震作用下的墙肢拉应力，确保竖向构件的安全，从而保证整体结构安全、合理。

3. 结构设计与建筑设计完美结合

本项目结构设计根据建筑平面特点合理布置结构构件，根据建筑立面的要求取消了角柱，将加强层与避难层对应设置，在较好实现了建筑功能的同时，也为建筑外立面的美观提供了结构层面的支持。

--- ■ 项目获奖情况 ■ ---

2021 年北京市优秀工程勘察设计奖、建筑结构专项奖二等奖
2021 年北京市优秀工程勘察设计奖、公共建筑综合奖三等奖
2021 年度行业优秀勘察设计奖、建筑结构与抗震设计三等奖
第十三届第二批中国钢结构金奖工程

--- ■ 参考文献 ■ ---

[1] 徐培福, 傅学怡, 王翠坤, 等. 复杂高层建筑结构设计[M]. 北京: 中国建筑工业出版社, 2005.

[2] 傅学怡. 实用高层建筑结构设计[M]. 2 版. 北京: 中国建筑工业出版社, 2010.

[3] 中华人民共和国住房和城乡建设部. 高层民用建筑钢结构技术规程: JGJ 99—98[S]. 北京: 中国建筑工业出版社, 2016.

[4] 中华人民共和国住房和城乡建设部. 高层建筑混凝土结构技术规程: JGJ 3—2010[S]. 北京: 中国建筑工业出版社, 2011.

[5] 中华人民共和国住房和城乡建设部. 建筑抗震设计规范: GB 50011—2010(2016 年版)[S]. 北京: 中国建筑工业出版社, 2016.

13

荣民金融中心工程结构设计

结构设计单位：中国建筑科学研究院有限公司

结构设计团队：孙建超，李　毅，张伟威，詹永勤，王　杨，刘　浩，邱一桐，
　　　　　　　孟子宜

执　笔　人：李　毅，刘　浩

一、工程概况

本工程位于西安市未央区，北临凤城南路，南临规划路，西临未央路，东望大明宫国家遗址公园。项目总建筑面积 143354m²，其中地上建筑面积 128135m²，地下建筑面积 15218m²。本工程地下共 3 层，主要功能为人防、停车库、设备用房等，地上建筑 57 层，建筑高度为 248.20m，含塔冠高度 268.2m，屋顶设有停机坪，地上主要功能为办公，为超 5A 写字楼。建成之后，荣民金融中心以近 270m 的绝对高度，成为立于西安中轴，未央迎宾大道之上的城市地标。效果图见图 13.1-1，标准层建筑平面图见图 13.1-2。

图 13.1-1　效果图

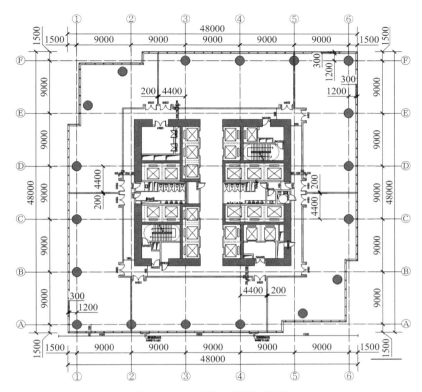

图 13.1-2 标准层建筑平面图

二、设计条件

1. 自然条件

1）拟建场区的工程地质条件

根据机械工业勘察设计研究院有限公司提供的《荣民金融中心（超高层）岩土工程勘察报告》（2017 年 1 月），拟建物场地范围内无影响工程稳定性的不良地质作用，适宜建筑。综合考虑建筑物的基础埋深、场地地层的强度与空间分布情况，塔楼采用桩基，粉质黏土⑪层以下各层强度高，层位稳定，均可作为良好的桩端持力层和下卧层，无软弱下卧层；塔楼外地库采用筏板基础，持力层为第⑤层黄土，承载力特征值 160kPa。

地下水对混凝土结构具微腐蚀性，在长期浸水条件下对钢筋混凝土结构中的钢筋具微腐蚀性，在干湿交替的情况下对钢筋混凝土结构中的钢筋具微腐蚀性；水位以上地基土对混凝土结构及钢筋混凝土结构中的钢筋均具微腐蚀性。勘察期间（2016 年 11 月），实测场地地下水稳定水位埋深 9.00～17.50m，相应水位标高介于 380.57～381.34m 之间，属潜水类型。按西安地区地下水动态变化的一般规律分析，勘察时所测的地下潜水水位接近年内季节性变化中的平水位期水位，地下水位年变化幅度可按 2m 考虑。抗浮设计水位可按 385.0m 考虑。

勘察单孔剪切波速测试结果，场地现地面下 20m 深度范围内土层等效剪切波速均介于

250~500m/s 之间，场地覆盖层厚度大于 5m，按《建筑抗震设计规范》GB 50011—2010（2016 年版）中有关规定判定，拟建场地建筑场地类别属Ⅱ类。拟建场地所在地西安市未央区基本地震动峰值加速度值为 0.20g，基本地震动加速度反应谱特征周期为 0.40s，相应的抗震设防烈度为 8 度，设计地震分组为第二组。场地不考虑地基土地震液化问题，本场地属于可进行建设的一般地段。

超高层塔楼与其周边裙房的高度、荷载差异很大，二者之间的变形差异很大，设计应采取结构措施，减少差异沉降，同时在施工过程中应合理安排施工顺序，采取先主楼后裙房的施工顺序。并应根据最终确定的基础尺寸、基底压力验算差异沉降。

2）风荷载

（1）基本风压：0.35kN/m²；

（2）地面粗糙度类别：C 类；

根据《荣民金融中心项目超高层建筑风振响应及等效静力风荷载研究报告》，风洞试验基底剪力及倾覆弯矩均小于规范值，因此风荷载设计参数采用规范值。

3）雪荷载

基本雪压：0.25kN/m²。

4）场地标准冻结深度：0.8m。

5）本工程的±0.000 相当于绝对标高 398.200m（1985 国家高程）。

2. 设计要求

1）结构设计标准

（1）结构设计工作年限为 50 年；

（2）结构安全等级为一级；

（3）地基基础设计等级为甲级；

（4）建筑物耐火等级为一级；

（5）地下防水工程等级为一级。

2）抗震设防烈度和设防类别

（1）抗震设防烈度为 8 度，设计基本地震加速度值为 0.20g，设计地震分组为第二组；

（2）抗震设防类别为重点设防类；

（3）场地类别为Ⅱ类；

（4）抗震等级：框架柱与核心筒一级（底部加强区特一级），框架钢梁一级。

三、结构体系

1. 地上结构

主体结构地上 57 层，房屋高度 248.20m，地下 3 层，结构类型为框架-核心筒结构（钢与混凝土混合结构）。核心筒为混凝土剪力墙核心筒，框架柱为钢管混凝土柱，地上楼面梁为钢梁，楼板采用钢筋桁架楼承板。

　　地上结构平面尺寸东西向及南北向均为 47.40m，地上无裙房。首层层高 11.80m，标准层层高 4.2m，避难层层高为 4.5m。考虑地下室相关范围结构进行计算，地下一层与首层 X、Y 方向层刚度比值分别为 3.87、3.59，满足规范限值 2 的要求，因此上部结构嵌固部位取首层楼面。

　　本工程核心筒面积占标准层面积的 28%，外框柱网尺寸为 9m，外框梁截面为 H900mm×500mm×20mm×40mm，外框梁与框架柱刚接，径向梁与核心筒墙体铰接，与框架柱刚接；由于剪力墙核心筒平面尺寸相对于结构平面较大，所以结构抗侧刚度较大，经计算结构无需设置加强层结构就能满足规范抗侧要求。

　　1）角部造型研究

　　本工程标准层平面规则，为实现立面造型，同时兼顾角部悬挑，西北及东南两个角部框架柱随立面四次倾斜，倾斜角度为 1/31～1/16，为保证斜柱受力合理可靠，使得斜柱四次内收和外扩倾斜方向始终保持在一个平面内，同时在斜柱转折处钢梁和楼板采取加强措施，斜柱采取抗震性能化设计，以保证斜柱受力体系安全，标准层平面见下图 13.3-1。四折斜柱示意图见图 13.3-2。

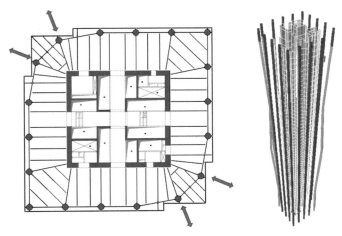

图 13.3-1　标准层结构平面图及斜柱示意图

（2 层双箭头所示为斜柱倾斜变化方向，同框梁方向）

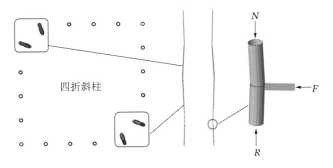

图 13.3-2　四折斜柱示意图

2）地上结构方案比选

本工程高度 248.2m，项目处于高烈度区，根据建筑功能布局、大量工程经验及结构造价方面综合考虑，塔楼结构体系采用框架-核心筒结构。在设计之初选择钢-混凝土混合结构，楼层梁采用钢梁，对于柱采用型钢混凝土还是钢管混凝土，两者相比优缺点如表 13.3-1 所示。

方案优缺点对比 　　　　　　　　　表 13.3-1

项次	型钢混凝土柱	钢管混凝土柱
竖向承载力	小	大
抗侧刚度	大	小
结构耐久性	满足设计使用年限 50 年的要求	钢结构防腐材料，一般保证 15～20 年正常使用，需要后期检测及维护
结构防火性	自身即可保证	需要依靠防火涂料达到规范防火时限要求
施工难度	难度大	简单
混凝土要求	普通混凝土	一般采用自密实混凝土

本工程共对比两个方案，比选原则保证两个方案均成立同时保证两个方案整体计算指标接近。型钢混凝土柱方案、钢管混凝土柱方案主要构件截面和整体指标如表 13.3-2、表 13.3-3 所示。

构件截面 　　　　　　　　　　　　表 13.3-2

方案	型钢混凝土柱	钢管混凝土柱
主梁（mm）	HN500×200 H900×500×20×40	HN500×200 H900×500×20×40
板厚（mm）	110	110
底层墙厚（mm）	1300	1300
底层柱（mm）	1900	1600×40

整体计算指标对比 　　　　　　　　表 13.3-3

计算软件		型钢混凝土柱	钢管混凝土柱
第 1 周期T_1		6.0195	6.1509
第 2 周期T_2		5.6727	5.7818
第 3 周期T_t		3.6014	3.6531
周期比T_t/T_1（规范限值为 0.85）		0.598	0.594
水平地震下基底剪力（kN）	X向	36594.0	35529.0
	Y向	35880.0	35005.0
剪重比（层号）	X向	2.04%	2.00%
	Y向	2.00%	1.97%

计算软件		型钢混凝土柱	钢管混凝土柱
风荷载下基底剪力（kN）	X向	16039	15752
	Y向	16039	15752
水平地震下基底倾覆弯矩（kN·m）	X向	5310265.9	5155598.0
	Y向	5229362.7	5101817.5
风荷载下基底倾覆弯矩（kN·m）	X向	2716705.2	2663436.5
	Y向	2716705.2	2663436.5
地震下最大层间位移角（地上建筑楼层号）	X向	1/564（56层）	1/555（56层）
	Y向	1/548（37层）	1/537（37层）
风荷载下最大层间位移角（地上建筑楼层号）	X向	1/1204（56层）	1/1176（56层）
	Y向	1/1228（56层）	1/1192（56层）

根据结构整体计算及统计的结果，全楼造价对比如表 13.3-4 所示。

地上楼主要材料用量统计   表 13.3-4

方案		型钢混凝土柱	钢管混凝土柱
普通混凝土用量	总量（m³）	46128.6	42284.55
	折合每平米（m³/m²）	0.36	0.33
	单价（元/m³）	1200.00	1200.00
自密实混凝土用量	总量（m³）	0.00	5125.4
	折合每平米（m³/m²）	0.00	0.03
	单价（元/m³）	1500.00	1500.00
钢筋用量	总量（t）	10991.5	10129.7
	折合每平米（kg/m²）	85.78	79.05
	单价（元/t）	6000.00	6000.00
钢材用量	总量（t）	16345.0	15604.3
	折合每平米（kg/m²）	127.6	121.8
	单价（元/t）	9500.00	9500.00
造价	总价（万元）	13829.88	13553.09
	折合每平米（元）	2158.9	2072.4

根据以上结果，钢管混凝土柱方案比型钢混凝土柱方案节省造价约 277 万元，钢管混凝土方案其抗震性能并未降低，结构整体刚度略微变小，层间位移角由 1/548 增大为 1/537。整体指标变化不大，型钢混凝土柱方案施工复杂性相对较大，施工工期相应增加，同时钢管混凝土柱方案截面相对型钢混凝土截面更小，相应会增加建筑使用面积，后期运营经济效益更好，综合考虑抗震性能及经济效益，本工程选择了钢管混凝土柱方案。

2. 基础与地下室设计

1）基础设计

本工程根据结构布置、楼层与荷载情况，并结合地勘报告数据，主楼采用钻孔灌注桩，考虑到本项目土质情况和承载力需求，采用桩底桩侧后压浆技术，提高单桩承载力，桩基直径 800mm，桩长约 50m，桩端持力层为第⑪/⑫层粉质黏土，核心筒下单桩竖向承载力特征值为 7300kN，主楼外框柱下单桩竖向承载力特征值为 6800kN，核心筒下基础板厚 3600mm，主楼框架柱下基础板厚 2800mm，基础埋深约 17m；主楼外地下室采用天然地基及筏板基础，基础埋深约 15m，持力层为第⑤层黄土，承载力特征值 160kPa，筏板厚度 0.8m，局部下反柱墩。抗浮水位为 385.00m（正负零 398.20m），不存在抗浮问题。桩基平面布置图见图 13.3-3，基础平面布置图见图 13.3-4。

2）地下室设计

地下室为钢筋混凝土梁板结构，首层楼板厚度 180mm。B3 至 B1 层高分别为 3.75m、3.95m、6.35m，地下三层局部为六级人防区域，采用混凝土梁板体系，除地上结构延伸至基础的钢管混凝土框架柱外，地下室柱为混凝土柱。

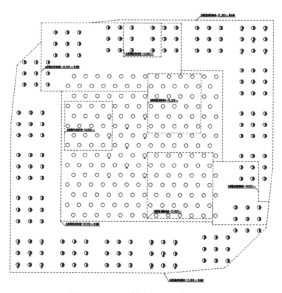

图 13.3-3　桩基平面布置图

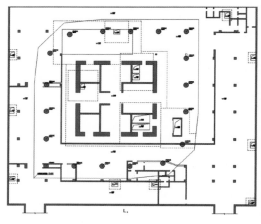

图 13.3-4　基础平面布置图

3. 超限分析及措施

1）结构超限项分析（表 13.3-5）

结构超限项分析　　　　　　　　　　　　　　　表 13.3-5

项次	本工程参数	规范或标准要求	是否超限
结构体系	框架-核心筒		
结构总高度（m）	248.20（57层）	150	是

续表

项次		本工程参数	规范或标准要求	是否超限
地下室埋深（m）		17.10（1/14.6）	1/18 房屋高度	否
高宽比		248.2/47.4 = 5.24	6	否
核心筒高宽比		248.2/25.1 = 1/9.89	12	否
长宽比		47.4/47.4 = 1	5	否
周期比		3.6531/6.1509 = 0.594	≤ 0.85	否
平面规则性	扭转	1.24（1层）	≤ 1.2	是
	凹凸	无	≥ 50%边尺寸	否
	楼板不连续	无	有效宽度 ≥ 50%典型宽度 开洞 ≤ 30%楼面面积	否
竖向规则性	侧向刚度比	1.02（35层）	≥ 90%相邻上一楼层	否
	楼层承载力比	0.82（1层）	≥ 0.8	否
局部不规则		角部斜柱（角度 1/16） 顶部穿层柱 3 层通高 12.6m，36～37 层 空中大堂局部 2 层通高 8.4m		是

根据《超限高层建筑工程抗震设防专项审查技术要点》（建质〔2015〕67 号），本工程属于高度超限的高层建筑工程。

2）结构超限措施

（1）采用抗震性能化设计，对结构关键部位进行中震及大震设计。

（2）底部加强区层数提高 1～6 层，提高筒体及底部加强区框架柱抗震等级至特一级。

（3）筒体的外围墙肢，在轴压比大于 0.35 的楼层设置约束边缘构件。

（4）底部剪力墙中震拉应力较大的墙肢处设置型钢，以提高剪力墙的承载力及延性，对拉应力超过 f_{tk} 的墙肢，设置型钢承担全部拉应力，并保证名义拉应力小于 $2f_{tk}$。

（5）核心筒墙体内设置型钢，提高筒体抗剪承载力及延性，同时满足大震抗剪截面要求及中震拉应力要求。

（6）首层筒体外墙水平分布筋配筋率提高至 1.0%，竖向分布筋配筋率提高至 1.0%，底部加强区其他楼层筒体外墙水平和竖向分布筋配筋率提高至 0.8%。

（7）楼板局部开洞位置，为保证地震作用传递，增加洞边楼板厚度至 150mm，双层双向配筋，截面每个方向单侧配筋率不小于 0.25%。

（8）框架 $0.2V_0$ 调整系数取 $0.2V_0$ 及 $1.5V_{f,max}$ 的大值。

（9）穿层柱在设计时小震剪力按邻近的普通柱采用，轴力按自身采用，考虑穿层柱的自身计算长度进行验算。

（10）与斜柱相连的楼面梁按拉弯或压弯设计，计算其轴力时不考虑楼板面内刚度。

（11）斜柱变角度楼层局部楼板厚度加厚至 150mm。

（12）核心筒四角墙肢全高设置约束边缘构件。

3）性能目标

按照《高层建筑混凝土结构技术规程》JGJ 3—2010 第 3.11.1 条规定及条文说明，抗震设防性能目标主要通过"两阶段三水准"的设计方法和采取有关措施实现，对于本工程，抗震设防性能目标参照《高层建筑混凝土结构技术规程》JGJ 3—2010 第 3.11 条的性能目标 C，进行细化如表 13.3-6 所示。

抗震设防性能目标　　　　　　　表 13.3-6

地震烈度 （参考级别）	小震 （频遇地震）	中震 （设防地震）	大震 （罕遇地震）
性能水平定性描述	不损坏	可修复损坏	不倒塌
结构工作特性	弹性	允许部分次要构件屈服	允许进入塑性，控制薄弱层位移
层间位移限值	h/500		h/100
构件性能 剪力墙	按规范要求设计，保持弹性	底部加强区主要墙肢抗弯不屈服，抗剪弹性，其他部位筒体抗剪不屈服	底部加强部位主要墙肢满足抗剪截面控制条件
框架柱	按规范要求设计，保持弹性	穿层柱抗弯弹性；其他柱抗弯不屈服，抗剪弹性	穿层柱抗剪不屈服
框架梁	按规范要求设计，保持弹性	长悬挑梁（跨度大于 5m，考虑竖向地震）抗弯弹性	长悬挑梁（跨度大于 5m，考虑竖向地震）抗弯不屈服
连梁	按规范要求设计，保持弹性	—	—

（1）在小震作用下，结构满足弹性设计要求，根据构件的抗震构造措施等级要求，采用荷载作用设计值、材料强度设计值和抗震承载力调整系数，进行小震阶段的设计。

（2）在中震作用下，剪力墙、框架柱进行中震弹性及中震不屈服设计，以满足性能化设计的要求。对于底部加强区的墙体，进行中震作用下的拉应力验算。中震计算参数如表 13.3-7 所示。

地震参数　　　　　　　表 13.3-7

	场地特征周期 （s）	加速度峰值 （cm/s²）	水平地震影响 系数最大值	周期折减系数	连梁刚度 折减系数	阻尼比
多遇地震	0.4	70	0.16	0.85	0.7	钢结构：0.02 混凝土：0.05
设防地震	0.4	100	0.45	0.95	0.4	钢结构：0.03 混凝土：0.06
罕遇地震	0.45	220	0.9	1.00	0.3	钢结构：0.04 混凝土：0.07

本项目结构主要材料为钢筋混凝土、钢材，钢-混凝土组合构件等多种材料，本工程采用振型阻尼比法，对于每一阶振型，不同构件单元对于振型阻尼比的贡献与单元变形能（应变能）相关，为求得结构地震作用下的阻尼比，采用基于应变能原理的结构阻尼比计算方法，定义钢结构阻尼比为 0.02，混凝土构件阻尼比为 0.05。

4. 结构计算分析

1）小震弹性分析

整体结构计算采用 SATWE、midas 两种计算程序，计算结果互相校核以确定分析模型的准确性（图 13.3-5～图 13.3-10、表 13.3-8）。结构构件的复核采用 SATWE 的计算结果。

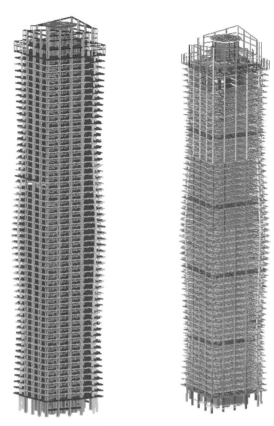

图 13.3-5 SATWE 计算模型   图 13.3-6 midas 计算模型

两软件多遇地震作用下的整体结构弹性计算主要结果   表 13.3-8

计算软件		SATWE	midas
不含地下室的结构总质量（t）		177836.062	179128.212
第 1 周期T_1		6.1509	6.1716
第 2 周期T_2		5.7818	5.8519
第 3 周期T_t		3.6531	3.8457
周期比T_t/T_1（规范限值 0.85）		0.59	0.62
振型参与质量系数	X向	96.47%	98.63%
	Y向	95.46%	98.66%
水平地震下基底剪力（kN）	X向	35529.0	36532.2
	Y向	35005.0	36245.8
剪重比（层号）	X向	2.00%	2.10%
	Y向	1.97%	2.10%
风荷载下基底剪力（kN）	X向	15752	15669
	Y向	15752	15669

续表

水平地震下基底倾覆弯矩（kN·m）	X向	5155598	5556918
	Y向	5101817	5506142
风荷载下基底倾覆弯矩（kN·m）	X向	2663437	2638160
	Y向	2663437	2638160
地震下最大层间位移角（地上建筑楼层号）	X向	1/555（56层）	1/569（37层）
	Y向	1/537（37层）	1/541（35层）
风荷载下最大层间位移角（地上建筑楼层号）	X向	1/1176（56层）	1/1207（38层）
	Y向	1/1192（56层）	1/1149（37层）
规定水平力作用下考虑偶然偏心最大扭转位移比	X向	1.20（56层）	1.33（1层）
	Y向	1.23（1层）	1.38（1层）

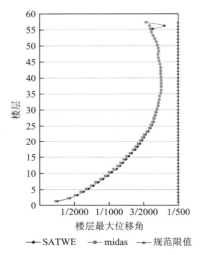

图 13.3-7　楼层最大层间位移角对比（X向）　图 13.3-8　楼层最大层间位移角对比（Y向）

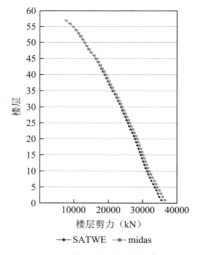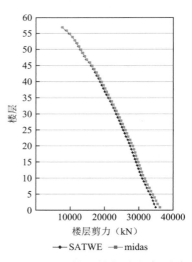

图 13.3-9　楼层剪力对比（X向）　　图 13.3-10　楼层剪力对比（Y向）

由以上 SATWE 和 midas 计算的位移结果可以看出，两种软件计算结果基本一致，结构的剪重比、最大层间位移角及位移比等整体指标均满足规范要求。

2）弹性时程分析

本工程采用中国建筑科学研究院建筑软件研究所编制的 PKPM 系列软件 SATWE 进行了动力弹性时程分析计算。波谱曲线如图 13.3-11 所示。

采用 SATWE 程序进行弹性时程分析，选取 7 条地震波，包括 2 条人工波,5 条天然波，分别为：人工波 RG1，RG2；天然波 TH004TG040，天然波 TH008TG040，天然波 TH054TG040，天然波 TH060TG040，天然波 TH101TG040，分别从 X、Y 向进行输入，峰值加速度取 70cm/s²。由表 13.3-9 可以看出，X、Y 向各条波的基底剪力都大于反应谱法基底剪力的 65%，平均基底剪力大于反应谱法基底剪力的 80%，满足规范对时程分析地震波的要求。由楼层剪力曲线可以看出，X 方向和 Y 方向在部分楼层部分地震波的时程分析楼层剪力大于完全二次振型组合方法（Complete Quadratic Combination，简称 CQC）分析结果，在进行小震 CQC 计算时，对该层各方向地震作用按相应比例放大进行设计。

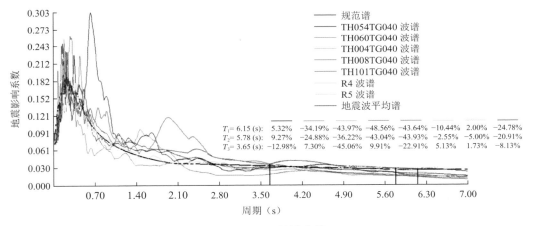

图 13.3-11　波谱曲线

基底剪力及楼层层间位移角对比　　　　　　表 13.3-9

		反应谱法	人工波 RG1	人工波 RG2	天然波 TH004TG040	天然波 TH008TG040	天然波 TH054TG040	天然波 TH060TG040	天然波 TH101TG040	平均值
X 向	基底剪力（kN）	35529.0	35248.9	34459.7	21940.7	37440.6	31974.6	33102.1	37048.7	33030.8
	比值	100%	99.21%	96.99%	61.75%	105.38%	90%	93%	104%	93%
	最大层间位移角	1/555	1/537	1/528	1/839	1/650	1/561	1/613	1/662	1/613
Y 向	基底剪力（kN）	35005.0	33172.6	33704.4	20320.1	37931.7	33977.6	33286.8	37680.4	32867.7
	比值	100%	95%	96%	58%	108%	97%	95%	108%	94%
	最大层间位移角	1/537	1/573	1/531	1/878	1/694	1/532	1/664	1/656	1/628

3）中震分析

（1）墙肢拉应力验算

根据中震不屈服计算结果输出内力组合，验算底部加强区主要墙肢，所选取的主要墙肢编号如图 13.3-12 所示，验算的楼层为首层（外墙厚 1.3m）、2 层（外墙厚 1.05m）。中震拉应力验算见表 13.3-10。

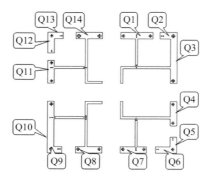

图 13.3-12　核心筒型钢布置（首层）

中震拉应力验算　　　　　　　　　　　　　表 13.3-10

编号	1.0 恒荷载 + 0.5 活荷载 + 1.0 中震（kN）	拉应力（MPa）	加型钢后平均名义拉应力（MPa）	$2f_{tk}$	实配型钢占墙肢面积比
Q1	31703.4	3.66	3.38		1.8%
Q2	30267.1	5.61	4.96		2.8%
Q3	50575.8	3.40	3.17		1.5%
Q4	31245.5	4.68	4.27		2.0%
Q5	25848.4	5.03	4.68		1.6%
Q6	26657.8	4.14	3.91		1.3%
Q7	36007.0	5.08	4.66		1.9%
Q8	30900.6	4.36	4.00	5.70	1.9%
Q9	26244.6	5.69	4.93		3.2%
Q10	52777.2	3.54	3.31		1.5%
Q11	28972.2	4.45	4.06		2.1%
Q12	36883.6	5.73	5.31		1.7%
Q13	27037.4	5.55	5.08		1.9%
Q14	29151.0	4.11	3.57		3.2%

（2）底部加强区典型墙肢中震验算

根据中震不屈服计算结果输出内力组合。所有验算墙肢按中震不屈服配筋（包含附加钢骨）。墙肢压弯承载力计算原则均基于平截面假定，按照《混凝土结构设计规范》GB 50010—2010（2015 年版）附录 E 计算得到，校核原则按照底部加强区主要墙肢中震不屈服验算。计算标准强度面为钢筋、钢材及混凝土材料强度标准值。核心筒墙肢中震承载力验算见图 13.3-13。

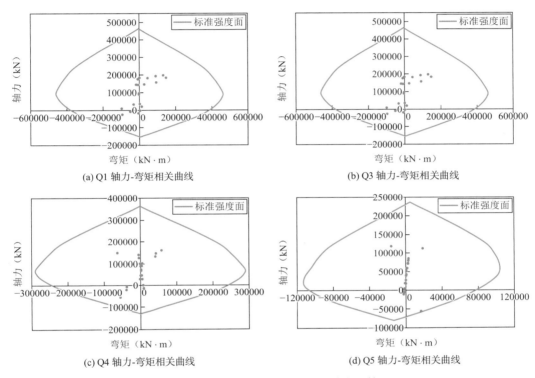

(a) Q1 轴力-弯矩相关曲线   (b) Q3 轴力-弯矩相关曲线

(c) Q4 轴力-弯矩相关曲线   (d) Q5 轴力-弯矩相关曲线

图 13.3-13 核心筒墙肢中震承载力验算

四、专项设计

1. 舒适度分析

本节给出对结构进行模态分析得出的固有振动频率，通过固有振动模态查找薄弱部位，在薄弱部位施加人行荷载，采用动力时程分析计算人行荷载激励下的楼板竖向振动加速度。

本工程塔楼地上每层西北角和东南角由于角柱和悬挑区域随高度变化不一，选取两处典型区域进行模态分析及人行荷载激励下的竖向加速度分析。第一处为屋面悬挑区域，此处悬挑长度最大，对应工况 1。第二处为 37 层空中大堂一侧楼板，此处楼板基本都悬挑于框架柱上，悬挑梁较多，悬挑形状异形，对应工况 2。

模态分析结果见图 13.4-1～图 13.4-5。加速度分析结果见表 13.4-1。

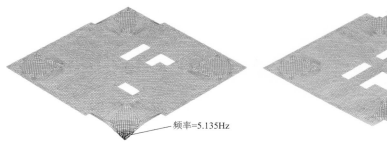

频率=5.135Hz

图 13.4-1　屋面层悬挑区域竖向振动模态

频率=11.2289Hz

图 13.4-2　空中大堂悬挑区域竖向振动模态

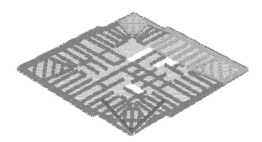

图 13.4-3　工况 1 连续行走荷载轨迹

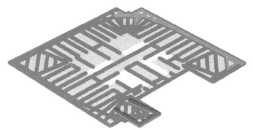

图 13.4-4　工况 2 连续行走荷载轨迹

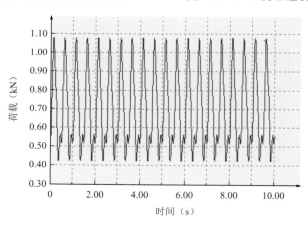

图 13.4-5　人行荷载定义

加速度分析结果　　　　　　　　　　　　　　表 13.4-1

工况名	最大加速度（m/s²）	对应节点号	节点坐标(x, y, z)（m）
工况 1	0.0207	92000102	(18.33,−6.81,249.40)
工况 2	0.0095	101000101	(23.42,−7.27,159.55)

根据以上分析，计算悬挑区域固有频率满足规范不小于 3Hz 的要求，同时人行荷载激励下的楼板竖向振动加速度满足规范要求，结构具有良好的使用条件，满足舒适度要求。

2. 典型节点验算

37 层钢管混凝土柱 A 节点直径 1.2m，钢管壁厚 20mm，B 节点直径 1.2m，钢管壁厚

20mm。A 节点除钢管混凝土柱尺寸有所修改，各梁的位置、截面尺寸均保持与 3 层相应的梁位置、截面尺寸相同。B 节点中按照梁的编号顺序，各梁的截面依次为 H550×300×12×22，H550×300×12×22、H750×400×16×26、H500×250×10×18、H600×400×12×30、H900×500×20×45，梁 5、梁 6 为框架梁，其余四梁均为悬挑梁。钢管与型钢连接位置设置与 H 型钢翼缘厚度一致的开洞环板。

对于 37 层节点 A，所采用的混凝土强度等级为 C60，其抗压强度设计值为 27.5MPa，由图 13.4-6 中的混凝土应力分布可以看到最大压应力为 9.78MPa，位于钢管柱上端承受轴力的位置，同时注意到梁柱连接区域应力值也较大，但均未超过其抗压强度设计值。采用的钢材种类为 Q355，由图 13.4-6 左图中的钢材应力分布显示，可以看到最大应力值为 176.6MPa，位于梁柱交界上方受拉位置和下方受压位置，均未超过强度设计值 295MPa。

对于 37 层节点 B，当前所采用的混凝土强度等级为 C60，其抗压强度设计值为 27.5MPa，由图 13.4-7 中的混凝土应力分布显示，可以看到最大压应力为 14.07MPa，位于钢管柱上端承受轴力的位置，梁柱交界受压位置应力值也较大，在 10MPa 左右，未超过其抗压强度设计值。所采用的钢材强度等级为 Q355，由图 13.4-7 左图中的钢材应力分布显示，可以看到最大应力为 194.6MPa，位于梁柱交界下方受压位置，未超过其强度设计值 295MPa。

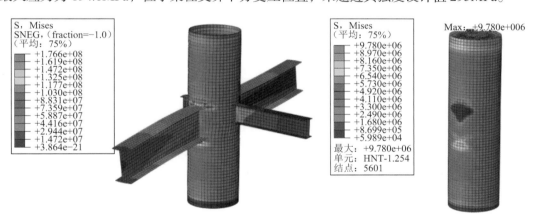

图 13.4-6　37 层节点 A 应力分布图

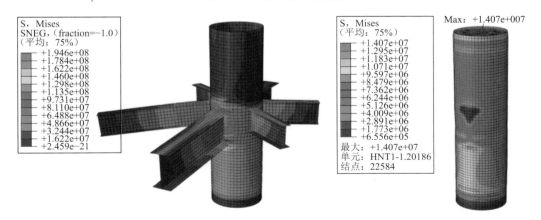

图 13.4-7　37 层节点 B 应力分布图

综上分析，可知在重力荷载代表值和小震作用下，节点区混凝土、型钢各部分均未达到其强度设计值，节点区域基本处于弹性状态。

3. 楼板应力分析

对本工程进行地震作用下楼板应力分析，考虑设防地震工况对 37 层、56 层，进行楼板应力分析，计算结果如图 13.4-8～图 13.4-11 所示。

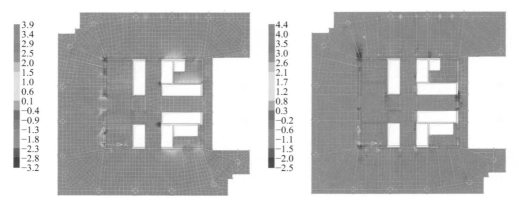

图 13.4-8　**X**向设防地震作用组合下 37 层楼板应力云图（S11、S22，MPa）

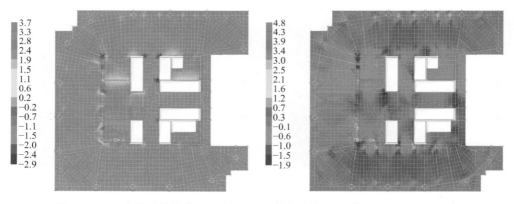

图 13.4-9　**Y**向设防地震作用组合下 37 层楼板应力云图（S11、S22，MPa）

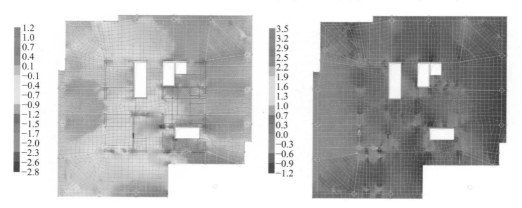

图 13.4-10　**X**向设防地震作用组合下 56 层楼板应力云图（S11、S22，MPa）

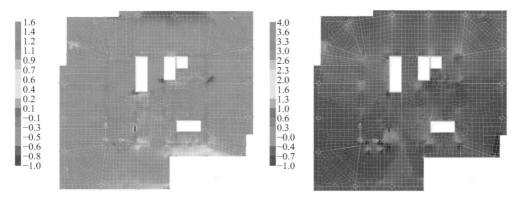

图 13.4-11 Y向设防地震作用组合下 56 层楼板应力云图（S11、S22，MPa）

由以上楼板应力云图可以看出：在设防地震作用下，部分楼板存在拉应力，除个别位置出现应力集中外，大多不超过混凝土的抗拉强度设计值，楼板基本处于弹性状态。

4. 结构稳定分析

结构整体稳定是结构设计中的关键内容，同时本项目柱截面尺寸相对于框架梁较大，对于柱的计算长度系数取值也是本项目设计的关键点，结构和构件的稳定问题是一个整体性的问题，各个杆件的相互支撑，相互约束，任何一个构件的屈曲都会受到其他构件的约束作用。因此，杆件的计算长度系数应通过结构整体屈曲分析才能合理确定。

1）结构整体稳定

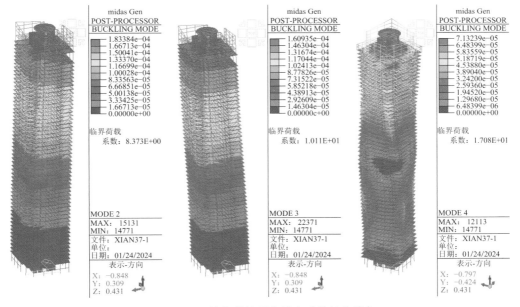

图 13.4-12 结构整体屈曲模态（整体失稳）

本工程结构整体稳定能够满足规范刚重比的要求，对整体结构进行整体屈曲分析（图 13.4-12），荷载取 1.0×恒荷载 ＋1.0×活荷载，得到前 3 阶段屈曲特征值 8.373、10.11、

17.08，屈曲特征值均大于 8，结构整体稳定较好。

2）穿层柱计算长度系数

本项目中柱截面为直径 1100~1600mm 的钢管混凝土柱，外框梁相对于柱截面较小，钢梁对于巨柱约束相对较弱，由于构件约束条件相对比较特殊，有些区域有中庭和大堂，在部分楼层不受约束，部分楼层受到有限约束，而且构件自由长度一般较长，且根据钢管混凝土设计规范要求，钢管混凝土柱计算长度系数取值应根据梁柱刚度比值，按《钢结构设计标准》GB 50017—2017 确定，柱计算长度系数计算分有侧移和无侧移两种类型，两种类型计算长度差异较大（有侧移最大长度系数达到 6，无侧移最大长度系数为 1），如果盲目按照规范公式进行计算，没有考虑结构侧移或者不从结构整体来考察构件的计算长度，有时会不够经济，构件截面过大，而有时又会带来不安全的结果。

为了研究楼层梁对穿层柱约束，采用弹性屈曲分析，来分析楼层梁对柱的约束作用，同时通过欧拉公式反算斜柱的计算长度系数。

（1）屈曲分析的计算方法

屈曲临界欧拉公式：

$$P_{cr} = \frac{\pi^2 EI}{(\mu L)^2} \tag{13.4-1}$$

计算长度公式：

$$L_e = \mu L = \sqrt{\frac{\pi^2 EI}{P_{cr}}} \tag{13.4-2}$$

式中：P_{cr}——临界力；

E——弹性模量；

I——惯性矩；

L——压杆长度；

L_e——计算长度；

μ——长度系数。

（2）屈曲分析求解原理

屈曲分析研究失稳发生时的临界荷载和失稳形态。结构失稳前系统刚度降将出现奇异，可将失稳问题转化为刚度矩阵特征值问题处理。

通过特征值分析求得的特征值就是临界荷载，特征向量就是对应于临界荷载的屈曲模态。临界荷载可以用已知的初始值和临界荷载的乘积计算得到。临界荷载和屈曲模态意味着所输入的临界荷载作用到结构时，结构就发生与屈曲模态相同形态的屈曲。

（3）屈曲分析求解结果

本项目在两处存在穿层柱（表 13.4-2）。

穿层柱概况 表 13.4-2

截面（mm）	穿越楼层	穿越层数（层）	几何长度（m）
ϕ1100（$t=20$）	55~57 层	3	12.6
ϕ1200（$t=22$）	36~37 层	2	8.4

为减少与穿层柱相关性很小的构件带来的计算偏差，使穿层柱屈曲模态在前几个模态呈现。计算模型对每种柱子仅截取穿层柱两端楼层上下延伸几层局部模型进行验算，屈曲分析所得结果如图13.4-13、图13.4-14所示。

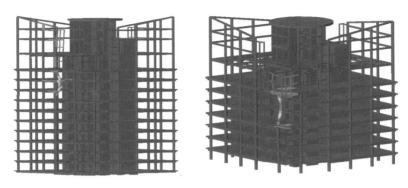

图13.4-13 55～57层穿层柱 KZ1、KZ2 屈曲模态（局部失稳）

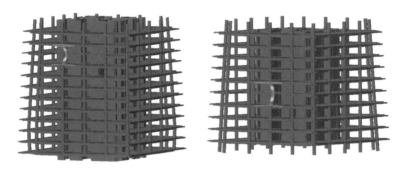

图13.4-14 36～37层穿层柱 KZ3、KZ4 屈曲模态（局部失稳）

柱计算长度系数计算见表13.4-3，根据上述计算结果可知，本项目框架梁对柱有较好的约束能力，考虑结构安全和方便设计，对于穿层计算长度系数为1.0（其自由端的几何长度）。

穿层柱计算长度系数计算 表 13.4-3

编号	屈曲临界荷载 （kN）	有效计算长度 （m）	几何长度 （m）	计算长度系数	计算采用的计算 长度系数
KZ1 （55～57层）	1699000	4.84	12.6	0.384	$C_x : 1$，$C_y : 1$
KZ2 （55～57层）	622000	8.00	12.6	0.635	$C_x : 1$，$C_y : 1$
KZ3 （36～37层）	1863000	5.55	8.4	0.661	$C_x : 1$，$C_y : 1$
KZ4 （36～37层）	1874000	5.53	8.4	0.659	$C_x : 1$，$C_y : 1$

5. 大震动力弹塑性分析

本工程高度属于超B级高度，主要超限项为高度超限，扭转不规则，局部有斜柱、穿层柱。通过弹塑性分析，拟达到以下目的：

研究本结构在罕遇地震作用下的变形、构件的塑性及其损伤情况，以及整体结构的弹塑性行为，具体的研究指标包括最大顶点位移、最大层间位移及最大基底剪力等；研究结构关键部位、关键构件的变形形态和破坏情况；论证整体结构在设计大震作用下的抗震性能，寻找结构的薄弱层或薄弱部位；根据以上研究成果，对结构的抗震性能给出评价，并对结构设计提出改进意见和建议。

根据《建筑抗震设计规范》GB 50011—2010（2016 年版），本工程抗震设计关键参数如表 13.4-4 所示：

地震参数

表 13.4-4

抗震设防类别	抗震设防烈度	设计基本地震加速度值	设计地震分组	场地类别	场地特征周期
乙类	8 度	0.20g	第二组	Ⅱ类	0.40s

大震的参数取值为：地表的水平地震峰值取 400Gal，场地特征周期为 0.45s（设计场地特征周期增加 0.05s）。

PKPM-SAUSAGE 采用隐式分析方法来模拟高层结构的逐层施工过程。施工过程的找平、水平支撑的后装等均能按实际过程准确模拟。结构施工过程分析完毕后的应力状态，将作为地震波作用下结构弹塑性动力时程分析的初始应力状态。

在本结构的弹塑性分析过程中，以下非线性因素得到考虑：

几何非线性：结构的平衡方程建立在结构变形后的几何状态上，"P-Δ"效应，非线性屈曲效应，大变形效应等都得到全面考虑；

材料非线性：直接采用材料非线性应力-应变本构关系模拟钢筋、钢材及混凝土的弹塑性特性，可以有效模拟构件的弹塑性发生、发展以及破坏的全过程；

在构建弹塑性分析模型的过程中，采用的方法及假定如下：

（1）模型的几何信息：考虑到较为准确的弹塑性分析需要模型具有足够的网格密度等因素，针对结构模型中的剪力墙、楼板、梁柱等进行网格剖分。

（2）模型的材料参数：材料强度及应力应变关系等首先参照我国规范规定采用。

（3）楼板模拟：对于所有楼层采用壳单元模拟，并按照实际输入楼板厚度。

（4）结构质量分布模拟：与弹性设计模型一致，将质量及荷载计入相应构件中。

根据结构构件的受力及弹塑性行为，主要选用的单元形式有：

（1）壳单元：用于模拟楼板、剪力墙等平面构件，统一采用基于"膜 + 板（中厚板）"的平板壳元模型。在选择单元模型时，解决了剪切闭锁和膜闭锁问题，并对单点积分的沙漏模态进行了有效物理控制。

（2）梁单元：包括考虑剪切变形的经典梁修正模型和 Timoshenko 梁模型，并且可以考虑铰接属性。

选取 3 组地震波，包括 1 组人工波，2 组天然波，分别为：人工波，天然波 TRH1，天然波 TRH2。根据选出的三组（包含两方向分量）地震记录、采用主次方向输入法（即 X、Y 方向依次作为主次方向），其中两方向输入峰值比依次为 1:0.85（主方向:次方向），主方向波峰值取为 400Gal。天然地震波的地震名称、发生时间和记录台站见表 13.4-5。

天然地震波的地震名称、发生时间和记录台站　　表 13.4-5

地震波编号		地震名称	发生时间
TRH1	LOMA PRIETA 10-18-1989 HOLLSTER CITY HALL	洛马·普里埃塔地震波（LOMA PRIETA）	1989 年 10 月 18 日
TRH2	DARFIELD NEW ZEALAND 9-3-2010 WSFC	新西兰达菲尔德地震波（DARFIELD NEW ZEALAND）	2010 年 9 月 3 日

各组地震记录波形及其频谱分析如图 13.4-15～图 13.4-17 所示。

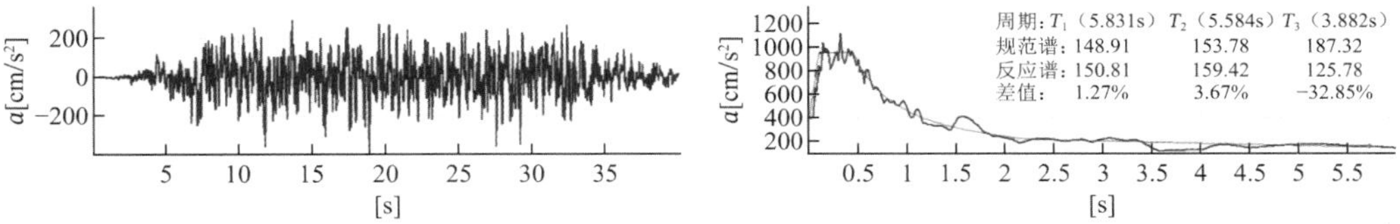

图 13.4-15　人工波（RG-1）主方向波形与波谱

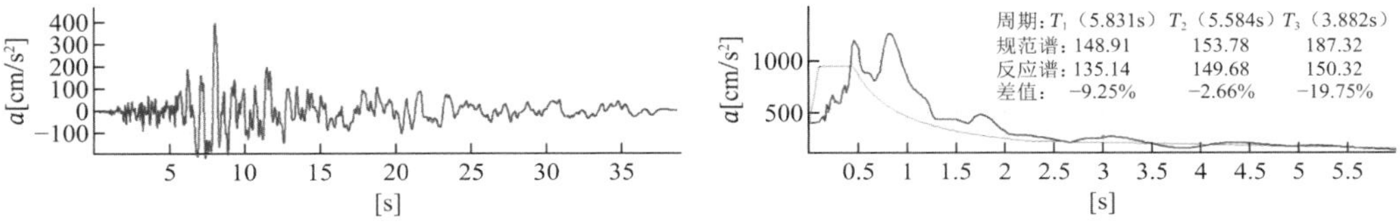

图 13.4-16　TR-1 波主方向波形与波谱

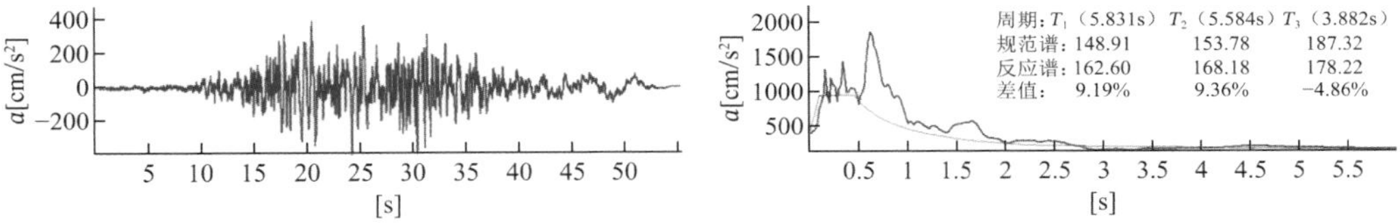

图 13.4-17　TR-2 波主方向波与波谱

三组波分别取 X、Y 方向为主方向时的结构位移结果（表 13.4-6）。X 为输入主方向时，楼顶最大位移为 1524mm，楼层最大层间位移角为 1/122，在第 37 层；Y 为主输入方向时，楼顶最大位移为 1741mm，楼层最大层间位移角为 1/112，在第 36 层。

图 13.4-18～图 13.4-20 为罕遇地震作用下的楼层层间位移角、楼层位移、楼层剪力分布图；图 13.4-21 和图 13.4-22 为底部加强区核心筒外墙受压损伤和钢筋应变情况；图 13.4-23 为竖向构件性能水平情况。

大震弹塑性分析结构顶点最大位移及最大层间位移角统计　　表 13.4-6

		人工波	TRH1 波	TRH2 波	包络值
X 输入主方向	顶点最大位移（m）	1.478	1.190	1.524	1.524
	最大层间位移角及对应楼层	1/124	1/140	1/122	1/122
		37 层	50 层	37 层	37 层
Y 输入主方向	顶点最大位移（m）	1.392	1.160	1.741	1.741
	最大层间位移角及对应楼层	1/127	1/143	1/112	1/112
		36 层	42 层	36 层	36 层

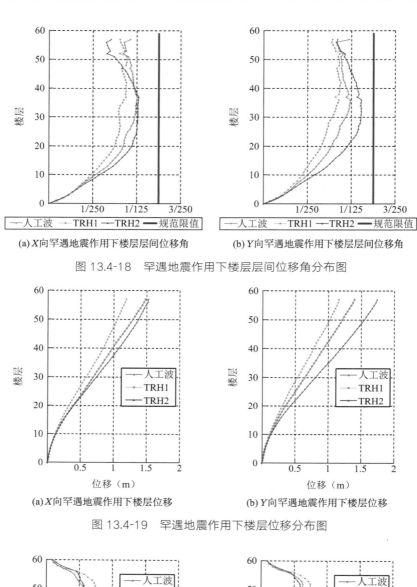

(a) X向罕遇地震作用下楼层层间位移角　　　　(b) Y向罕遇地震作用下楼层层间位移角

图 13.4-18　罕遇地震作用下楼层层间位移角分布图

(a) X向罕遇地震作用下楼层位移　　　　(b) Y向罕遇地震作用下楼层位移

图 13.4-19　罕遇地震作用下楼层位移分布图

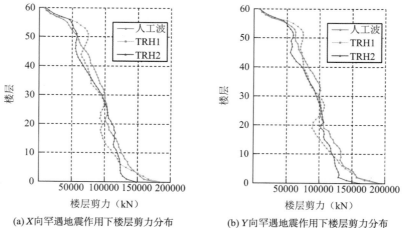

(a) X向罕遇地震作用下楼层剪力分布　　　　(b) Y向罕遇地震作用下楼层剪力分布

图 13.4-20　罕遇地震作用下楼层剪力分布图

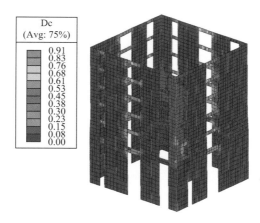

图 13.4-21 底部加强区核心筒外墙受压损伤情况

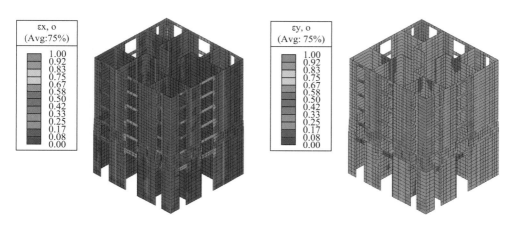

图 13.4-22 底部加强区核心筒钢筋应变情况（应变/屈服应变）

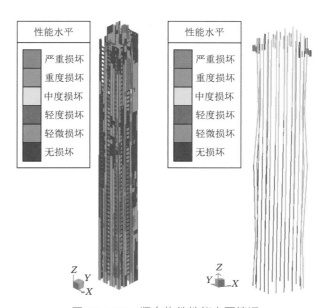

图 13.4-23 竖向构件性能水平情况

通过对本工程进行的三组地震记录（每组地震记录包括两个水平分量）、双向输入并轮换主次方向，共计 6 个计算分析工况的 8 度（0.20g）罕遇地震（峰值加速度 400Gal）动力弹塑性分析，对本工程结构在 8 度（0.20g）罕遇地震（峰值加速度 400Gal）作用下的抗震性能评价如下：

（1）选取的三组 8 度罕遇地震（峰值加速度 400Gal）记录、双向输入作用下弹塑性时程分析结果表明，结构始终保持直立，最大层间位移角未超过 1/100 的要求，满足规范"大震不倒"的要求。

（2）8 度罕遇地震动力弹塑性分析结果显示，连梁大部分破坏，说明在罕遇地震作用下，连梁形成了铰机制，符合屈服耗能的抗震工程学概念。

（3）8 度（0.20g）罕遇地震动力弹塑性分析结果显示，核心筒主要墙肢在底部楼层角部、剪力墙开洞区域和核心筒内墙局部出现损伤，但墙肢整体基本保持完好；钢管混凝土柱在机房层局部出现塑性应变，但钢材塑性应变很小，为轻微损伤，钢管混凝土柱基本保持完好，满足本工程设定的性能目标要求。

（4）8 度（0.20g）罕遇地震动力弹塑性分析结果显示，局部有开洞的楼板能够满足大震下传递水平力要求。

五、结　语

1. 合理的结构体系

主塔楼采用钢-混凝土混合结构体系，钢管混凝土框架-钢筋混凝土核心筒体系，通过合理布置结构抗侧力构件，有效增加了结构侧向刚度，避免设置加强层对结构在地震作用的不利影响，从而提高结构的整体抗震性能。

2. 抗震性能化设计

为保证本结构安全，设计中采用了基于性能的抗震设计思想，在三水准设防下对结构的承载能力和延性变形能力进行区分，并对关键构件提高抗震性能目标，采用不同的结构分析方法，进行精细化设计与研究。

通过大震弹塑性时程分析和控制核心筒连梁、楼层框架梁在中震、大震作用下逐渐进入塑性，同时保证剪力墙、柱、斜柱等重要构件在中震、大震下的相应性能，实现了结构具备多道设防和耗能机制的设计原则，保证结构在地震作用下的安全，实现的本项目预定抗震性能目标。

3. 钢-混凝土组合构件的应用

在主要抗侧构件及其重点部位和节点，采用型钢混凝土或钢管混凝土等高延性组合构件，提高了整体安全标准及耗能水平，确保整体延性发挥。根据本工程结构的抗震性能目标，从承载力和延性两方面考虑，塔楼多处采用了型钢混凝土组合结构，塔楼外框架柱采用钢管混凝土柱，底部剪力墙暗柱部位均采用了型钢混凝土组合构件。同时地上钢梁也采用组合梁进行设计，充分发挥了钢与混凝土材料优势，保证结构安全同时取得良好的经济效益。

4. 建筑结构一体化设计

为实现塔楼立面西北角和东南角立面存在多次内收和外扩造型，采用立面随型的斜柱，兼顾角部悬挑，保证结构受力合理。通过对斜柱进行详细计算分析，同时在斜柱转折位置处采取合理的加强措施，保证斜柱及周边结构安全，实现建筑和结构完美结合。

参考文献

[1]　中华人民共和国住房和城乡建设部. 高层建筑混凝土结构技术规程: JGJ 3—2010[S]. 北京: 中国计划出版社, 2011.

[2]　中华人民共和国住房和城乡建设部. 建筑抗震设计规范: GB 50011—2010(2016 年版)[S]. 北京: 中国建筑工业出版社, 2016.

[3]　徐培福, 傅学怡, 王翠坤, 等. 复杂高层建筑结构设计[M]. 北京: 中国建筑工业出版社, 2005.

[4]　汪大绥, 周建龙, 包联进. 超高层建筑结构经济性探讨[J]. 建筑结构, 2012, 42(5): 1-7.

14

天津国家会展中心工程结构设计

结构设计单位：中国建筑科学研究院有限公司

结构设计团队：孙建超，肖从真，赵建国，赵鹏飞，王　杨，詹永勤，许　瑞，
　　　　　　　张伟威，文德胜，马　明，张　强，安日新，金晓鹏，李德毅

执　笔　人：孙建超，赵建国，张伟威，文德胜

一、工程概况

本项目位于天津市津南区，距天津滨海国际机场 24km，距塘沽港 35km，天津高铁南站 40km，地铁 1 号线北洋村站直达一、二期展馆地下部分。用地位于宁静高速东侧，南侧贴临天津大道城市快速路，同时宁静高速西侧设置面积为 16.65hm² 的大型轮候区与项目一期用地直接联系，外部交通条件便利。

定位于"会展结合，以会带展，以展促会；重工业题材与轻工业题材结合，轻重协调发展；货物贸易与服务贸易结合，打造高端服务业新引擎"的天津国家会展中心，致力于打造中国最好用的超大型展馆，使其成为承接国家级、国际化会议和展览的最佳场地。项目其总建筑面积 135.2 万 m²，分两期建设，一期工程总建设面积 79 万 m²，其中展馆区 47.6 万 m²，配套区 31.4 万 m²；二期工程总建设面积 56.2 万 m²。一、二期共布置 32 个面积 1.25 万 m² 净高 16～23m 的无柱展厅，建成以后室内总布展净面积达 40 万m²，直接为展区服务的会议、办公、车库、管廊、设备及服务用房面积也达到 50 余万 m²，酒店、商业、办公等配套用房约 30 余万 m²，室外展场共计 15 万 m²，总计 55 万 m² 的室内外总布展面积使其成中国乃至全世界最大的会展中心之一，同时顺应了目前国际会展业朝着超大规模发展的趋势。

建筑总平面采用鱼骨式串联布局，东西长度 1080m，一、二期建筑沿海沽道成对称布置，分别采用东西向延伸的交通连廊串起 16 个展厅，中部设置登录安检及配套服务使用的中央大厅，由 32 把巨大伞形结构围合成的面积 27000m²、高 34m 的高大空间，二期中央大厅设置 3000m² 的会议厅及 2000 余 m² 的宴会厅的国家会议中心，国际会议中心主入口面朝海河。展厅每两个一组布置，每个展厅净面积 12500m²，单个展厅设置 580 个标准展位，主体为钢结构，屋面由四弦桁架形成的犹如展翅飞翔的海鸥造型，建筑美通过结构构件本身优美呈现，挺拔的 T 型钢幕墙龙骨搭配硬朗的工字型钢结构构件和纤细钢拉杆，将建筑结构美展现的淋漓尽致。

本项目一期 2019 年 3 月开工，2021 年 6 月竣工；二期 2020 年 4 月开工，2023 年 9 月竣工。天津国家会展中心项目鸟瞰如图 14.1-1 所示。

图 14.1-1　天津国家会展中心项目鸟瞰

二、设计条件

1. 结构设计标准

根据国家现行的规范、规程，特别是《建筑工程抗震设防分类标准》GB 50223—2008 及《建筑抗震设计规范》GB 50011—2010（2016 年版）等，该项目钢结构部分结构分析和设计采用的建筑物分类参数如下：

结构设计基准期：50 年。

结构设计使用年限：50 年。

钢筋混凝土部分耐久性年限：100 年。

建筑结构安全等级。地上钢结构：一级（连桥、垃圾站二级）；中央大厅地下型钢混凝土柱：一级；中央大厅地下混凝土结构：一级。

结构重要性系数。中央大厅、东大厅、展厅、通廊、餐厅：1.1；连桥、垃圾站：1.0。

建筑抗震设防类别。中央大厅、东大厅、展厅、通廊、餐厅：重点设防类；连桥、垃圾站、人防地下室：标准设防类。

钢结构抗震等级。中央大厅、东大厅、展厅、通廊、餐厅：二级；连桥、垃圾站：三级。

混凝土结构抗震等级。中央大厅地下混凝土结构：二级；人防地下室结构：三级。

耐火等级：一级。

地下室防水等级：一级。

2. 材料

主体钢结构除特别注明外，对于钢桁架、钢柱、大跨钢梁、混凝土柱内型钢均采用 Q355B（一期 Q345B）钢材，对于不小于 40mm 板厚的钢板应采用厚度方向性能钢板。销轴采用 40Cr 钢材，销轴进行热处理，表面镀锌。铸钢：G20Mn5QT（柱脚）；ZG35Cr1Mo（拉杆）。

本工程采用 GLG650 的高强度钢拉杆作为主桁架结构的斜腹杆（屈服强度 650MPa、抗拉强度 850MPa、伸长率 15%）；采用 GLG460 强度的高强度拉杆作为屋面结构的交叉斜撑（屈服强度 460MPa、抗拉强度 610MPa、伸长率 19%）。

混凝土：基础（桩基、承台、地下室底板），地下室外墙（柱）：C35，抗渗等级 P6；地铁通道段 P8；有覆土地下室顶板及梁：C35，抗渗等级 P6；地下室柱：C50；地下室外墙柱、地下室顶板、梁、楼梯：C35；基础垫层：C15；组合楼板：C30。

纵向受力钢筋、箍筋：HRB400；分布筋、构造筋：HPB300。

3. 荷载

恒荷载：按实际做法计算确定。

楼屋面活荷载：按照《建筑结构荷载规范》GB 50009—2012 取值。特别地，

（1）楼面、屋面如有大型设备等较大集中荷载时，按实际荷载采用；

（2）计算地下室外墙时，室外地面活荷载取 10kN/m²；

（3）展厅首层地面活荷载标准值根据业主使用要求确定，用于展厅地基处理及地面结构承载能力设计；

（4）通廊首层采用高于规范要求的数值，用于通廊地基处理及地面结构承载能力设计；

（5）中央大厅首层采用高于规范要求的数值，用于结构梁、板承载能力设计。

雪荷载：100 年一遇基本雪压：0.45kN/m²。雪荷载准永久值系数分区为 II 区，雪荷载组合值系数 0.7，频遇值系数 0.6，准永久值系数 0.2。

风荷载：基本风压（100 年重现期）：0.60kN/m²，地面粗糙度为 B 类，展厅、交通廊及中央大厅的钢结构屋盖造型复杂，其风荷载体型系数、风振影响以风洞试验结果确定。结构承载力校核按 100 年一遇基本风压。

温度作用：根据现行荷载规范及天津地方标准的相关规定，天津月平均最高气温为 40℃，月平均最低气温为–20℃。对于屋盖结构，在设计中对温度作用如下取值：基准温度及合龙温度为：+10（±5℃）；温度作用标准值：室外±35℃，室内±15℃。温度作用的分项系数取 1.5，组合值系数取 0.6。

4. 地震动参数及地震作用

依据国家标准《建筑抗震设计规范》GB 50011—2010（2016 版）。抗震设防烈度：8 度。设计基本地震加速度 0.2g。设计地震分组：第二组，场地类别IV类，场地特征周期 $T_g = 0.62s$（按照天津市要求采用差值），罕遇地震 $T_g = 0.67s$。多遇地震下水平地震影响系数最大值为 0.16。弹性分析阻尼比：钢框架 0.04；大跨钢结构 0.02。地震反应谱按《建筑抗震设计规范》GB 50011—2010 取值。

关于竖向地震作用：计算多遇地震，当仅考虑竖向地震作用时，竖向地震作用至少取重力荷载代表值的 10% 和反应谱法计算的较大值，抗震承载力调整系数取 1.0。当同时考虑水平和竖向地震作用时，竖向地震作用采用反应谱法计算。采用反应谱法计算多遇地震下的竖向地震作用时，地震影响系数最大值取水平影响系数的 65%。

双向水平地震作用的效应，按下列公式确定：

$$S = \max\left(\sqrt{S_x^2 + (0.85S_y)^2},\ \sqrt{(0.85S_x)^2 + S_y^2}\right) \tag{14.2-1}$$

式中：S_x、S_y——X向、Y向水平地震作用标准值的效应。

重力荷载代表值G_e = 恒荷载 + 0.5 楼面活荷载（或雪荷载）。

5. 应力与变形控制标准

变形限值。挠度限值：主梁或桁架 1/400，次梁 1/250；水平位移限值：钢柱 1/250。

长细比限值。框架柱：三级 $100\varepsilon_k$，二级 $80\varepsilon_k$；支撑：三级 $120\varepsilon_k$，二级 $120\varepsilon_k$。

应力比限值。结构构件应力比值均控制在 1.0 以下，对于重要部位结构构件从严控制在 0.85 以下。

6. 抗震性能目标

多遇地震：无损坏（弹性）；

设防地震：可修复损坏，关键构件不屈服，关键构件范围见表 14.2-1。

关键构件范围　　　　　　　　　　　表 14.2-1

位置	构件
中央大厅、东大厅屋面钢结构	十字柱；屋面间连梁
中央大厅内部连桥	框架柱
展厅	A 字柱；柱间支撑；桁架近支座端部区格（弦杆、腹杆）
通廊、餐厅屋面钢结构	A 字柱；支撑屋面立柱；桁架近支座端部区格（弦杆、腹杆）
连桥	框架柱
展厅夹壁墙	框架柱

罕遇地震：不倒塌，允许进入塑性，人字柱柱顶弹塑性水平位移角 ≤ 1/50。

7. 计算软件

钢结构整体分析采用 midas Gen2019 空间结构分析软件，用 SAP2000 V20 进行整体指标复核。混凝土结构采用中国建筑科学研究院编著的 PKPM V4.3。部分复杂节点分析采用通用有限元分析软件 ANSYS R15.0。

三、结构体系

1. 结构整体布置方案

一期、二期展厅分别由 16 个约 1.25 万 m² 的单层 23.9m 高展厅组成，中央大厅位于展厅中部，主空间为一层高 33.9m，内部局部两层，中央大厅通过两层高的交通连廊将左右展厅联系在一起，交通连廊延伸至项目东侧的东入口大厅，东入口大厅高 21m，空间内部局部两层。项目总图及结构分区（分缝）见图 14.3-1。

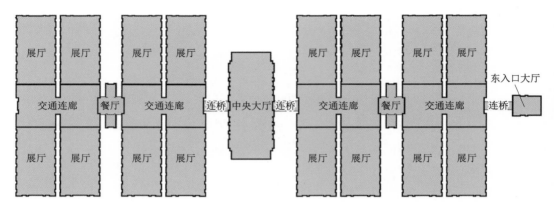

图 14.3-1　结构分区（分缝）方案

通过分缝，形成了各自独立的结构体系，同时也避免了超长结构带来的不利影响。

2. 结构选型与地基基础

本项目单体多，建筑造型新颖独特，结构体系的选择应尽量发挥不同结构材料、不同结构体系的优势，兼顾结构的合理性与建筑的适配性，实现结构的安全性和经济性的统一。本项目的一大特色就是结构即建筑，外露的结构成为建筑表达中不可或缺的元素和亮点。

1）地基基础

拟建场地内遍布约 3m 深的鱼塘，场地东北侧为海河，拟建地下人防边界与海河西岸最小距离约为 230m。本地区堆积物成分以粉质黏土、粉土、粉砂等细颗粒物质为主，地貌形成年代新。

主体结构基础选用钻孔灌注桩，中央大厅地下室采用抗拔桩平衡水浮力。地基处理及地面结构方案如下：

（1）现状场地处理：鱼塘区清淤，普遍进行素土分层回填，并碾压密实；

（2）室内展厅地面：预应力管桩基础＋零层结构板方案；

（3）室内通廊地面：结合通廊内结构柱桩基，一并采用钻孔灌注桩，地面采用结构板的方案；

（4）室外展区、停车场及场区道路：外展场及展厅周边管线密集区域采用水泥土搅拌桩进行地基处理。其余区域按天津市道路路基做法进行处理。

2）地下室结构

中央大厅地下室、人防地下室采用钢筋混凝土框架结构。

3）上部结构

本工程的展厅、交通廊、餐厅、中央大厅、东入口大厅的屋顶均为大跨度屋盖，建筑造型复杂，主要采用钢结构空间桁架体系，充分发挥其自重轻、抗震性能优越、施工周期短等优势，且能创造出造型丰富的建筑空间，实现建筑、结构的完美统一。

大厅、展厅、交通连廊的内部附属房间层数两层，且跨度大多在 9～12m，采用钢结构框架体系。

3. 各部分结构体系概述

1）中央大厅

中央大厅是树状钢柱支撑的大跨钢结构，柱距 36m 或 39m，结构总高 32.0m，屋面总尺寸 141.3m×285.3m（图 14.3-2、图 14.3-3）。树形柱延伸至地下室底板，每个柱单元之间以刚接钢梁进行连接，钢梁的跨度为 9m 及 12m，将树形结构连成连续的框架，形成刚度较大的整体结构体系（图 14.3-4）。

屋面结构的主要支承体系由 32 根相互连接的树形柱共同构成，柱列形成 4m×8m 的纵横网格，非常规则地配合了屋面的长方形平面。

中央大厅服务房间地上 2 层，共四组建筑，采用钢框架结构体系，结构首层高 7.7m，二层高 5.5m。南北向最大跨度为 13.1m，东西向最大跨度为 6.4m。东、西侧单体沿中轴线镜像对称，楼盖为压型钢板组合楼板。

中央大厅内连桥连接四部分服务房间，跨度为 23～30m，采用钢桁架结构，支撑在八个矩形钢管柱上。钢桁架弦杆间方便机电管线穿过，楼板采用压型钢板组合楼板。

中央大厅下部设置 1 层地下室，深度 6～7m。地下室采用钢筋混凝土框架结构体系，中央大厅地上钢结构柱在地下室延伸为型钢混凝土柱，落至基础。地上树形柱在地下室顶板和基础底板，依靠混凝土结构抵抗水平力形成的力矩。因此，在地下室顶板的树形柱位置，设置双向结构梁，并加厚楼板，确保有足够的刚度和承载力。

展厅与中央大厅之间设有 2 座连桥，东入口与展厅间设有 1 座连桥，为各部分之间的人行联系通道，均为单层，采用钢框架体系，楼盖为压型钢板组合楼板。局部跨度 12～20m 的梁采用箱形截面，增加结构刚度及抗扭特性。

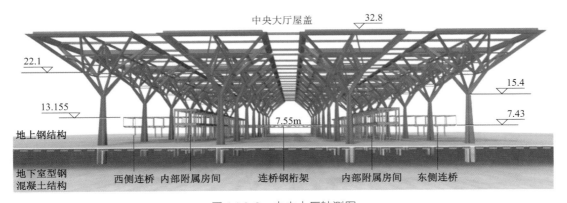

图 14.3-2 中央大厅轴测图

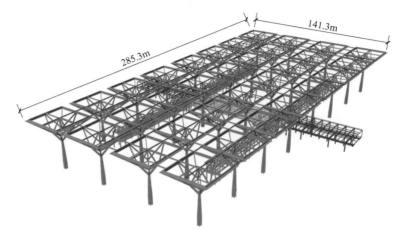

图 14.3-3　中央大厅屋顶平面图

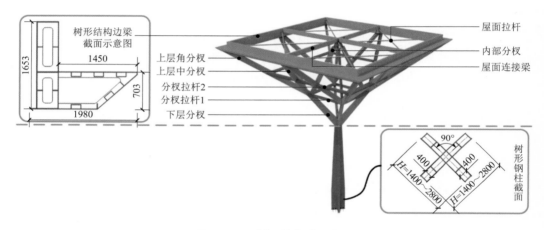

图 14.3-4　树形柱构成示意图

2）东入口大厅

东入口大厅是树状钢柱支撑的大跨钢结构，柱距 18m 或 19.5m，结构总高 21.36m，屋面总尺寸 87.3m×70.8m（图 14.3-5）。屋面结构的主要支承体系由 20 根相互连接的树形柱共同构成，柱列形成 4m×5m 的纵横网格，见图 14.3-6。

东入口大厅内部配套用房两层，采用钢框架结构体系，楼盖为压型钢板组合楼板。

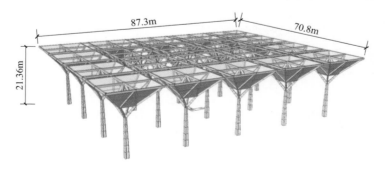

图 14.3-5　东入口树形柱结构轴侧图

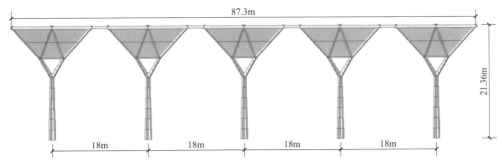

图 14.3-6 东入口树形柱结构立面图

3）展厅

展厅为单层大跨钢结构，每个展厅总长度 186m，跨度约为 84m，屋面结构高度 23.28m，每两个展厅合并为一个屋面结构单元，每个屋面结构单元总尺寸为 186.36m×159.7m，采用钢柱及钢桁架的结构体系，见图 14.3-7。

每个展厅两侧各有 9 个独立的单层房间（夹壁墙），作为设备机房或者卫生间，采用钢框架结构体系。其中，16 号展厅为钢框架＋中心支撑结构体系，楼盖为压型钢板组合楼盖。

展厅抗侧力结构体系分为两大部分：刚接的柱脚所形成的人字悬臂柱提供一定程度上的抗侧刚度（人字柱面内）；在大跨度方向（人字柱面外），在中间两列柱间设置支撑体系，见图 14.3-8。

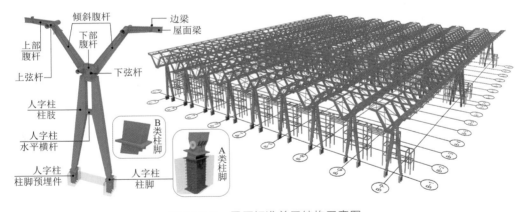

图 14.3-7 展厅标准单元结构示意图

图 14.3-8 展厅标准单元结构示意图

4）通廊及餐厅

连接各展厅的交通廊屋顶为大跨钢结构，屋面结构高度 23.28m，每个屋面结构单元总尺寸为 186.36m×73.9m，采用与展厅外观一致的钢柱及钢桁架的结构体系。

通廊屋面以下部分，为多层钢框架结构，主结构两层，局部有屋顶机房刚架，层高分别为

7.7m、6.65m、4.5m。因建筑功能要求,存在局部大跨部分:跨度达到 19.3m×21m,19.3m×36m,采用主次桁架受力体系,桁架轴线高度1.58m,此部分屋面局部抬升至16.3m 标高。

通廊屋面和展厅采用同样的水平抗侧力体系以及截面形式。因为其桁架间距(受荷面积)远大于展厅,所以增加了附加的短柱,以减小其跨度。

餐厅屋面桁架结构体系及外形同展厅,以保持建筑效果一致,截面细部尺寸根据结构受力进行优化。水平抗侧力体系采用和下部结构刚接的短柱。通廊三维轴测图见图 14.3-9、图 14.3-10。

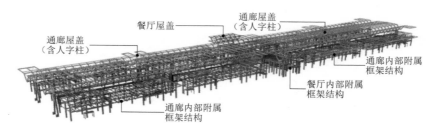

图 14.3-9　通廊结构轴测图

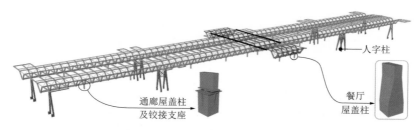

图 14.3-10　通廊屋盖结构轴测图

5)人防地下室

人防地下室为地下两层建筑,采用钢筋混凝土框架结构体系,地下一层楼盖为现浇钢筋混凝土梁板体系,地下一层顶板为现浇钢筋混凝土密肋梁板体系。人防地下室地上无建筑凸出地面。

6)中央大厅结构计算分析

本工程采用 midas Gen2019 空间结构分析软件对此钢结构工程进行整体计算分析,并采用有限元分析软件 SAP2000 v20.2 进行复核。结构重要性系数取 1.1。计算模型见图 14.3-11。

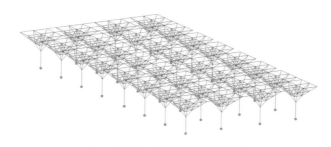

图 14.3-11　结构三维模型简图

（1）动力特性

①自振周期

通过（1.0×恒荷载＋0.5×活荷载）作用下的特征值分析，可以得到自振周期和振型。周期和振型是进行结构动力分析的重要参数（表 14.3-1、表 14.3-2）。

地震作用下结构前 10 阶振型的周期 表 14.3-1

模态号	midas 周期（s）	SAP2000 周期（s）
1	1.3329	1.2852
2	1.2960	1.2725
3	1.2841	1.2689
4	1.2407	1.1037
5	1.2021	1.0906
6	1.1456	0.9457
7	1.0143	0.8015
8	0.9721	0.7491
9	0.9711	0.7252
10	0.9458	0.6889

地震作用总信息列表对比 表 14.3-2

计算模型	midas 模型		SAP2000 模型	
地震类型	小震	中震	小震	中震
计算方法	振型分解反应谱法		振型分解反应谱法	
计算振型数	100（里兹向量法）		100（里兹向量法）	
水平地震影响系数最大值	0.16	0.45	0.16	0.45
阻尼比	0.02		0.02	
特征周期	0.62s		0.62s	
周期折减系数	1.0		1.0	
质量参与系数	X向 99%，Y向 99%，Z向 97%		X向 99%，Y向 99%，Z向 96%	
地震总质量	183964kN		184226kN	
X向基底剪力	15198kN（8.3%）	42079kN（22.9%）	15475kN（8.4%）	42556kN（23.1%）
Y向基底剪力	17367kN（9.4%）	48102kN（26.1%）	17501kN（9.5%）	48452kN（26.3%）

②模态分析

第一自振模态：X向平动，周期 1.3329s；第二自振模态：Y向平动，周期 1.2960s；第三自振模态：平面扭转，周期 1.2841s。结构前三阶模态图见图 14.3-12。

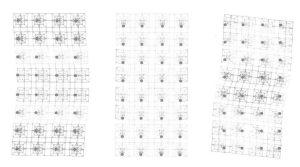

图 14.3-12   结构前三阶模态图

（2）结构变形

在 X 向风荷载作用下产生的伞形柱最大柱顶水平变形（图 14.3-13）：

$34/32800 = 1/1025 < 1/400$ 满足要求；

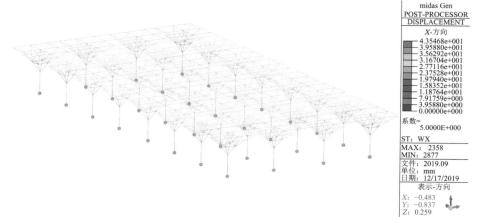

图 14.3-13   X 向风荷载下柱顶水平变形

在 Y 向风荷载作用下产生的最大柱顶水平变形（图 14.3-14）：

$27/32800 = 1/1215 < 1/400$ 满足要求。

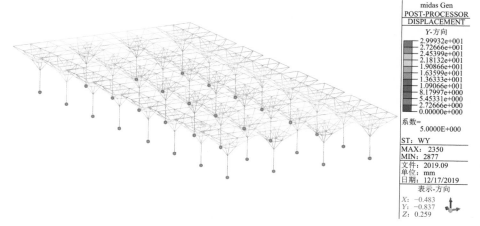

图 14.3-14   Y 向风荷载下柱顶水平变形

在X向地震作用下产生的最大柱顶水平变形（图14.3-15）：

53/32800 = 1/618 < 1/250 满足要求。

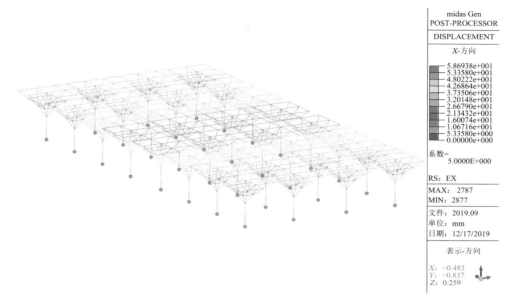

图 14.3-15　X向地震作用下柱顶水平变形

在Y向地震作用下产生的最大柱顶水平变形（图14.3-16）：

52/32800 = 1/630 < 1/250 满足要求。

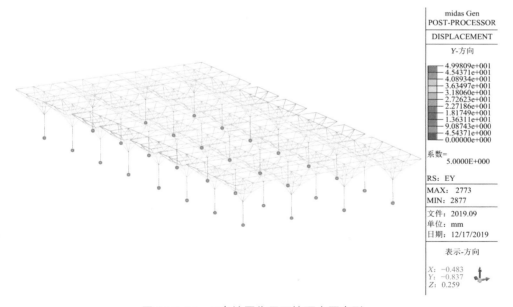

图 14.3-16　Y向地震作用下柱顶水平变形

在恒荷载＋活荷载标准值作用下产生的最大屋面竖向挠度（图14.3-17）：

21/36000 = 1/1714 < 1/400 满足要求。

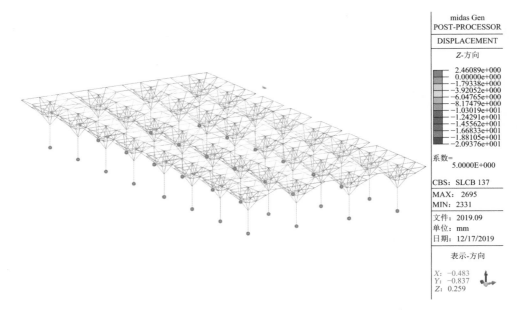

图 14.3-17　恒荷载 + 活荷载标准值作用下最大屋面挠度

（3）构件检验

图 14.3-18 表示中央大厅屋面钢结构主要构件在所有荷载组合作用下的规范检验结果中的最大应力比值（应力比为相应检验条款中设计综合应力与设计强度的比值），构件中的最大应力比用到 0.81 < 1（个别构件且为非关键构件），绝大部分杆件的应力比控制在 0.75 以下，构件均满足要求。构件最大应力比值分布见图 14.3-18。

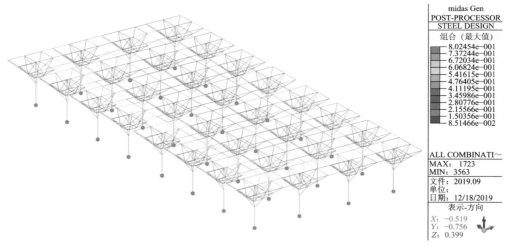

图 14.3-18　构件应力比值图

（4）整体稳定

根据《钢结构设计标准》GB 50017—2017 第 5.1.6 条规定。对结构在 Z01：1.3 × 恒荷载 + 1.0 × 活荷载设计组合下的屈曲分析，参数见图 14.3-19；得到结构整体屈曲因子为 27.89，因此二阶效应系数 1/27.89 = 0.0359 < 0.1，可采用一阶弹性分析法。

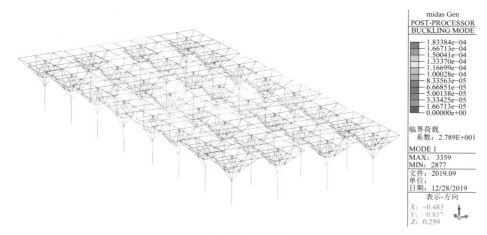

图 14.3-19 第一阶屈曲模态：$K = 27.89$

（5）Pushover 计算及分析

①Pushover 参数

荷载最大增幅次数 20，最大迭代/增幅步骤数 10，收敛值 0.001，初始荷载采用"1.0 × 恒荷载标准值 + 0.5 × 活荷载标准值"。

大震需求谱即大震设防阶段对应的地震作用反应谱，按照抗震规范的参数定义。采用 8 度 0.2g 罕遇地震反应谱。

②计算结果

本工程采用模态分布模式的荷载分布模式进行 Pushover 分析。考虑到本结构的特性，荷载按 X 向主方向加载对本工程进行了 Pushover 分析，得到此工况下结构的能力谱曲线（图 14.3-20）。然后采用 8 度 0.2g 的罕遇地震反应谱曲线作为需求谱，求出能力谱与需求谱交点，即性能点。铰分布图见图 14.3-21。

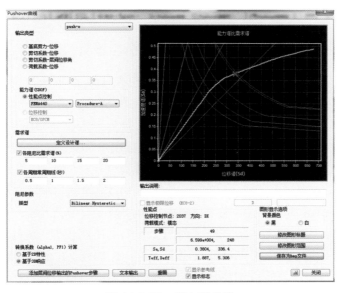

图 14.3-20 能力谱曲线

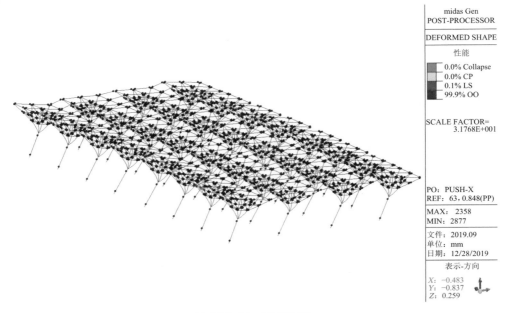

图 14.3-21　铰分布图

③结果分析

能力谱曲线较为平滑，位移与基底剪力基本呈线性递增；曲线在设定位移范围内未出现下降段，表明在抗倒塌能力上有一定余地。在X向主方向加载工况下能力谱曲线均能与需求谱相交得到性能点，中震下基本均为弹性，大震下少量构件进入塑性。实际得到性能点时柱顶水平位移均不大，大震性能点处柱顶弹塑性水平位移 248mm，248/15400 = 1 /62 < 1/50，满足结构抗震性能目标。

四、专项设计

1. 复杂约束条件下薄壁多腔异形截面分析与设计

树状结构的受力特点是典型的空间结构力学问题，良好的形效作用使得杆件承受轴力较大，因此稳定问题尤为重要。《钢结构设计标准》GB 50017—2017 已给出三种计算方法：一阶弹性分析，考虑P-Δ效应的二阶弹性分析和直接分析法。若模型中考虑了P-Δ效应及P-δ效应，并计及结构和构件的初始缺陷、节点连接刚度和其他对结构稳定性有显著影响的因素，则可以仅验算构件的强度应力，而无需验算受压稳定承载力，此即直接分析法。若采用仅考虑P-Δ效应的二阶弹性分析，并考虑结构的整体初始缺陷，则可取计算长度系数为 1 来验算受压稳定承载力。但限于目前的计算手段和计算理论，一阶弹性分析仍然是广泛采用的方法，由于树状结构形式在国内的工程应用还比较少，对杆件的计算长度系数还缺乏系统的理论研究成果，可借助弹性屈曲分析（图 14.4-1），利用欧拉公式反求出杆件的计算长度系数，再在计算软件中将计算长度系数指定给对应杆件，用于杆件的稳定承载能力校核。

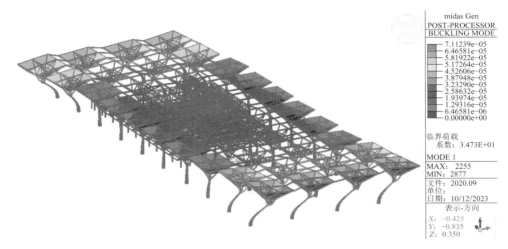

图 14.4-1　中央大厅伞柱弹性屈曲分析

天津国家会展中心中央大厅树形柱（树干部分）采用十字箱形变截面，对树形结构柱 A、B 编号如图 14.4-2、图 14.4-3 所示。

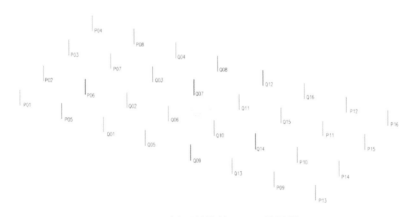

图 14.4-2　树形结构柱 A、B 编号图

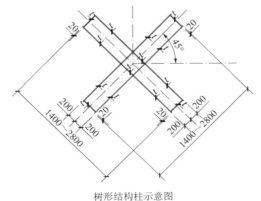

树形结构柱示意图

柱形结构柱A壁厚t=30/40mm；树形结构柱B壁厚t=25/35mm

图 14.4-3　树形结构柱截面示意图

采用屈曲分析方法，利用欧拉公式反求出杆件的计算长度系数。

树形柱 A 为采用交叉布置的矩形柱形成的变截面柱，壁厚 30～40mm，柱截面高度从 2800mm 变化到 1400mm。

在竖向荷载作用下，该柱第一阶屈曲系数 $k = 34.4$，对应的轴力 $N = 10000$kN。

几何参数为：柱长 $L = 15.4$m；等效惯性矩 $I_{33} = 10.57 \times 10^{10}$mm^4；

计算长度系数 $\alpha = \sqrt{\dfrac{\pi^2 E I_{33}}{k N L^2}} = 1.622$。

树形柱 B 为采用交叉布置的矩形柱形成的变截面柱，壁厚 25～35mm，柱截面高度从 2800mm 变化到 1400mm。

在竖向荷载作用下，该柱第一阶屈曲系数 $k = 29.9$，对应的轴力 $N = 10000$kN。

几何参数为：柱长 $L = 15.4$m；等效惯性矩 $I_{33} = 8.88 \times 10^{10}$mm^4；

计算长度系数 $\alpha = \sqrt{\dfrac{\pi^2 E I_{33}}{k N L^2}} = 1.595$。

树形柱 A、B 计算长度系数偏安全考虑取 1.7，等效计算长度取 26.18m，则柱长细比可取 43，按 C 类计算稳定系数为 0.761。

树形结构柱需满足中震不屈服的性能化设计。静力、小震弹性、中震不屈服组合下的应力比如表 14.4-1 所示。

静力、小震弹性、中震不屈服组合下的应力比　　　　　　　　　　表 14.4-1

树形柱编号	树形柱应力比			树形柱编号	树形柱应力比		
	静力	小震弹性	中震不屈服		静力	小震弹性	中震不屈服
P01	0.474	0.394	0.649	Q01	0.437	0.560	0.743
P02	0.433	0.406	0.706	Q02	0.413	0.603	0.878
P03	0.433	0.406	0.699	Q03	0.419	0.602	0.851
P04	0.474	0.352	0.582	Q04	0.416	0.578	0.649
P05	0.440	0.430	0.776	Q05	0.409	0.590	0.83
P06	0.426	0.461	0.859	Q06	0.398	0.630	0.989
P07	0.426	0.462	0.838	Q07	0.408	0.633	0.962
P08	0.440	0.451	0.693	Q08	0.355	0.596	0.717
P09	0.413	0.432	0.768	Q09	0.409	0.569	0.808
P10	0.450	0.455	0.834	Q10	0.398	0.632	0.962
P11	0.450	0.456	0.814	Q11	0.408	0.635	0.936
P12	0.380	0.449	0.685	Q12	0.304	0.614	0.695
P13	0.470	0.371	0.552	Q13	0.437	0.554	0.735
P14	0.432	0.425	0.606	Q14	0.412	0.602	0.869

续表

树形柱编号	树形柱应力比			树形柱编号	树形柱应力比		
	静力	小震弹性	中震不屈服		静力	小震弹性	中震不屈服
P15	0.379	0.425	0.594	Q15	0.420	0.608	0.843
P16	0.413	0.413	0.473	Q16	0.339	0.585	0.639

树形结构柱的设计均为中震不屈服控制。中震不屈服验算时的树型柱柱底、柱中、柱顶应力比如图 14.4-4 所示。

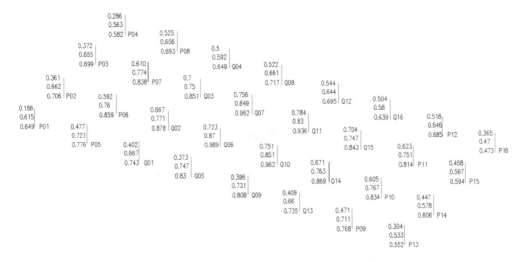

图 14.4-4　中震不屈服验算时柱各部位应力比分布图

取最不利情况列出详细验算过程如下：

（1）静力、小震弹性组合下，A 类树形柱最大应力比为 0.474，对应组合为 Z13：1.3 × 恒荷载 ＋ 1.05 × 活荷载 ＋ 0.9 × 风荷载（Y 向）＋ 1.5 × 温度作用，最不利截面位于标高 5.154m 处。树形柱计算参数示意图见图 14.4-5。详细验算过程如下：

强度应按下式对 2 个角点分别进行校核：

$$\frac{N}{A_n} + \frac{M_x}{\gamma_x W_{1x}} + \frac{M_y}{\gamma_y W_{1y}} \leqslant f \tag{14.4-1}$$

$$\frac{N}{A_n} + \frac{M_x}{\gamma_x W_{2x}} + \frac{M_y}{\gamma_y W_{2y}} \leqslant f \tag{14.4-2}$$

稳定应按下式校核：

$$\frac{N}{\varphi_x A} + \frac{\beta_{mx} M_x}{\gamma_x W_{1x}\left(1 - 0.8\frac{N}{N_{Ex}}\right)} + \eta\frac{\beta_{ty} M_y}{\varphi_{by} W_{1y}} \leqslant f \tag{14.4-3}$$

$$\frac{N}{\varphi_x A} + \frac{\beta_{mx} M_x}{\gamma_x W_{2x}\left(1 - 0.8\frac{N}{N_{Ex}}\right)} + \eta\frac{\beta_{ty} M_y}{\varphi_{by} W_{2y}} \leqslant f \tag{14.4-4}$$

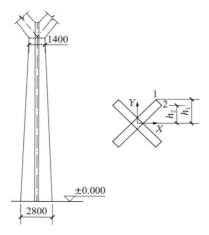

图 14.4-5　树形柱计算参数示意图

取：$\gamma_x = 1$，$\gamma_y = 1$，$\eta = 1$，$\beta_{mx} = 1$，$\beta_{ty} = 1$，$\varphi_{by} = 1$。

验算标高处的截面参数：

长 2.293m，宽 0.4m，厚 30mm；

$A = 0.31236\text{m}^2$；

$W_{1x} = W_{2y} = 0.09576\text{m}^3$；

$W_{1y} = W_{2x} = 0.13623\text{m}^3$；

最不利组合：Z13：$1.3D + 1.05L + 0.9W_y + 1.5T_u$

构件内力（已考虑重要性系数 1.1），见表 14.4-2。

构件内力表　　　　　　　　　　　　　　　　　　　　　　表 14.4-2

P（kN）	V_2（kN）	V_3（kN）	T（kN·m）	M_2（kN·m）	M_3（kN·m）
−8014.58	615.35	1142.23	2.62	8092.42	4044.7

强度验算：

角点 1：

$$\frac{N}{A_n} + \frac{M_x}{\gamma_x W_{1x}} + \frac{M_y}{\gamma_y W_{1y}} = 139.9\text{MPa} < [f] = 295\text{MPa}$$

角点 2：

$$\frac{N}{A_n} + \frac{M_x}{\gamma_x W_{2x}} + \frac{M_y}{\gamma_y W_{2y}} = 127.3\text{MPa} < [f] = 295\text{MPa}$$

稳定验算：

角点 1：

$$\frac{N}{\varphi_x A} + \frac{\beta_{mx} M_x}{\gamma_x W_{1x}\left(1 - 0.8\dfrac{N}{N_{Ex}}\right)} + \eta\frac{\beta_{ty} M_y}{\varphi_{by} W_{1y}} = 137.3\text{MPa} < [f] = 295\text{MPa}$$

角点 2：

$$\frac{N}{\varphi_x A} + \frac{\beta_{mx} M_x}{\gamma_x W_{2x}\left(1 - 0.8\frac{N}{N_{Ex}}\right)} + \eta\frac{\beta_{ty} M_y}{\varphi_{by} W_{2y}} = 121.5\text{MPa} < [f] = 295\text{MPa}$$

（2）在中震不屈服验算组合下，B类树形柱最大应力比为0.989，对应组合为$G_e + E_{xy} + 0.4E_z$，最不利截面位于标高0m处。详细验算过程如下：

取：$\gamma_x = 1$，$\gamma_y = 1$，$\eta = 0.7$，$\beta_{mx} = 1$，$\beta_{ty} = 1$，$\varphi_{by} = 1$。

验算标高处的截面参数：

长2.8m，宽0.4m，厚35mm；

$A = 0.41146\text{m}^2$；

$W_{1x} = W_{2y} = 0.14253\text{m}^3$；

$W_{1y} = W_{2x} = 0.19339\text{m}^3$；

最不利组合：$G_e + E_{xy} + 0.4E_z$；

构件内力，见表14.4-3。

构件内力表　　　　　　　　　　　　　　　　　　表14.4-3

P（kN）	V_2（kN）	V_3（kN）	T（kN·m）	M_2（kN·m）	M_3（kN·m）
−4571.74	2494.84	1368.02	26.19	19229.7	32865.37

强度验算：

角点1：

$$\frac{N}{A_n} + \frac{M_x}{\gamma_x W_{1x}} + \frac{M_y}{\gamma_y W_{1y}} = 316.0\text{MPa} < [f] = 345\text{MPa}$$

角点2：

$$\frac{N}{A_n} + \frac{M_x}{\gamma_x W_{2x}} + \frac{M_y}{\gamma_y W_{2y}} = 341.1\text{MPa} < [f] = 345\text{MPa}$$

稳定验算：

角点1：

$$\frac{N}{\varphi_x A} + \frac{\beta_{mx} M_x}{\gamma_x W_{1x}\left(1 - 0.8\frac{N}{N_{Ex}}\right)} + \eta\frac{\beta_{ty} M_y}{\varphi_{by} W_{1y}} = 267.3\text{MPa} < [f] = 345\text{MPa}$$

角点2：

$$\frac{N}{\varphi_x A} + \frac{\beta_{mx} M_x}{\gamma_x W_{2x}\left(1 - 0.8\frac{N}{N_{Ex}}\right)} + \eta\frac{\beta_{ty} M_y}{\varphi_{by} W_{2y}} = 274.6\text{MPa} < [f] = 345\text{MPa}$$

2. 超长结构行波效应的考虑与分析

1）行波效应相关理论

地震动对于大跨结构的空间效应主要有以下几个方面：

（1）非均一性效应：地震波从震源传播到两个不同测点时，其传播介质的不均匀性，对于非典型震源，两个不同测点的地震波可能是从震源的不同部位释放的地震波及其不同比例的叠加，从而引起两个测点地震动的差异，导致相干特性的降低，此就是非均一性效应。

（2）行波效应：由于地震波传播路径的不同，地震波从震源传到两测点的时间差异，从而导致的相干性的降低，此种现象叫行波效应（图14.4-6）。

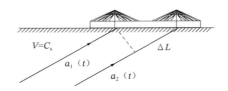

图 14.4-6　行波效应示意图

$a_1(t)$、$a_2(t)$——震源到达不同支座的地震动时程；ΔL——地震动到达不同支座的距离差值；

V、C_s——地震动传播速度

（3）衰减效应：由于两测点到震源的距离不同，导致的相干性的降低，这种效应叫衰减效应。

（4）局部场地效应：地震波传至基岩时，再向地表传播时，由于两测点处表层局部场地地质条件不一样，导致两测点处的地震动相干性的降低，这种现象叫局部场地效应。

对于实际工程，衰减效应影响不是很明显，通常情况不予考虑，根据理论分析和工程实际得到：相对于地震一致运动来说，考虑行波效应产生对结构的影响不容忽视，而考虑激励点之间的相干性（非均一性效应、局部场地效应）对结构的影响相对较小，所以一般考虑多点（非一致）地震反应分析也首先考虑行波效应对结构的影响。行波效应主要考虑了地震波传播在时间上的差异，而忽略了诸如幅值、频谱、持时等其他信息。

2）行波效应分析方法

时程分析法发展得较为成熟、应用较多，该方法可以很好地解决多点输入问题，且该方法考虑了地震波的振幅特性、频谱特性，同时也可以考虑结构的非线性、材料非线性、几何非线性、确定塑性铰出现的次序及结构薄弱环节的位置，精确考虑结构、土、深基础之间的相互作用，地震波的相位差效应以及各种减震隔震装置非线性性质对结构抗震响应的影响等，因此适应性很强，也是目前多支座激振分析最常采用的方法。

目前最常用的是以时程分析方法为依托，考虑地震波传播在时间上的差异，求解多点输入问题。

根据相关研究资料，本工程采用强迫运动法，不同支座直接施加具有相位差的加速度时程，其在midas Gen中实现起来也较为容易。

3）波速的选择

地震波具有频散性，不同的频率成分传播速度不同，不同的入射角度对波速也有影响。在进行考虑行波效应的多点输入时程地震反应分析时，通常假定地震波沿地表面以一定的速度传播，各点波形不变，只是存在时间的滞后，简称行波法。地震波在基岩的传播速度为2000～2500m/s，在上部软土层传播速度较慢，近似取为剪切波速。

在进行行波法地震反应分析时，通常是取若干个可能值进行计算。根据地质勘察报告，对于本工程而言，波速下限取为等效剪切波速的近似225m/s。参考相关研究做法，确定地震波波速上限为 900m/s。在上、下限范围内，取用 225m/s、450m/s、900m/s 三种波速进行分析。场地覆盖层厚度及等效剪切波速见表 14.4-4。

场地覆盖层厚度及等效剪切波速　　　　　　　　表 14.4-4

控制点	覆盖层厚度（m）	等效剪切波速（m/s）
1	92.5	145
2	87.0	149
3	90.0	148

4）多点激励的实现

本工程二期中央大厅平面南北方向长 357.3m，东西方向宽 141.3m。参考相关研究，对于平面尺寸较小的建筑物（如通常的工业与民用建筑），地震动的空间变化特性影响不大，忽略地震动的空间变化特性是能够满足此类建筑物的抗震设计要求的。同时出于简化工程计算分析的考虑，仅在南北方向（对应结构模型为 Y 向）输入多点激励。多点激励所用地震波为前述弹性时程地震波，仅在到达不同支座存在时间差。

本工程树形柱柱距基本都在 36m（仅一排间隔 39m），树形柱柱列形成 4m×10m 的纵横网格，非常规则。对照模型中支座位置，按不同波速以不同时间间隔输入地震动，如表 14.4-5 所示（沿 Y 向从下向上输入）。后续仅列出沿 Y 向从下向上输入计算结果。

波速与支座间地震动到达时间间隔关系（沿 Y 向从下向上输入）　　　表 14.4-5

树形柱轴号	模型中支座位置	波速 225m/s	波速 450m/s	波速 900m/s
C-K		1.44	0.72	0.36
C-J		1.28	0.64	0.32
C-H		1.12	0.56	0.28
C-G		0.96	0.48	0.24
C-F		0.8	0.4	0.2
C-E		0.64	0.32	0.16
C-D		0.48	0.24	0.12
C-C		0.32	0.16	0.08
C-B		0.16	0.08	0.04
C-A		0	0	0

5）基底剪力的对比

对不同波速下多点输入与单点输入情况下的基底总剪力进行比较，如表 14.4-6 所示。

不同波速各组地震动作用下基底剪力   表 14.4-6

弹性工况	单点弹性时程分析基底剪力（kN）	波速 225m/s		波速 450m/s		波速 900m/s	
		多点弹性时程分析基底剪力（kN）	多点/单点弹性时程分析基底剪力比	多点弹性时程分析基底剪力（kN）	多点/单点弹性时程分析基底剪力比	多点弹性时程分析基底剪力（kN）	多点/单点弹性时程分析基底剪力比
RH2TG065_Y	30913	8869	28.69%	18857	61.00%	27089	87.63%
TH020TG065_Y	28340	7256	25.60%	16062	56.68%	25801	91.04%
TH026TG065_Y	26388	5162	19.56%	17398	65.93%	23296	88.28%
平均值	28547	7096	24.86%	17439	61.09%	25395	88.96%
包络值	30913	8869	28.69%	18857	65.93%	27089	91.04%

由于多点输入分析各约束点输入的非同步性，采用多点输入分析的基底总剪力小于一致激励的基底总剪力计算结果。波速为 225m/s 时的基底总剪力远小于波速为 900m/s 时的基底总剪力。相对来说，波速为 900m/s 时，基底剪力包络值已达单点激励计算结果 91.04%，已接近一致激励。可见，波速越小，各点输入的非同步性越强，则结果越偏离一致输入的计算结果；波速越大，则结果越接近一致输入的计算结果。

6）关键竖向构件内力对比

对于不同的结构，构件的内力（剪力、轴力、弯矩）变化趋势不尽相同。对于本项目，经对比分析，构件内力在不同波速不同地震波下响应差异无明确规律，为便于实际工程应用，本工程对关键构件（树形柱树干）两个承载力控制内力分量F_y、M_x进行不同波速不同地震波下内力与反应谱计算结果进行比较（表 14.4-7、表 14.4-8），得到内力放大比例。

内力放大比例计算步骤为：

（1）一种波速下，计算每条地震波与反应谱计算所得结果比值，对三条波计算结果取包络值；

（2）对三种波速计算所得结果取平均值；

（3）按各个柱内力不小于反应谱法计算所得结果，即放大比例不小于 1.00，得到最终考虑行波效应的多点地震输入时程分析的放大比例。

树形柱内力考虑多点输入的时程分析与反应谱计算结果比值（F_y）   表 14.4-7

树形柱轴号	C-4	C-8	C-12	C-16
C-K	1.44	1.36	1.38	1.26
C-J	1.19	1.11	1.11	1.01
C-H	1.00	1.00	1.00	1.00
C-G	1.00	—	—	1.00
C-F	1.00	—	—	1.00
C-E	1.00	1.00	1.00	1.00

续表

树形柱轴号	C-4	C-8	C-12	C-16
C-D	1.00	1.00	1.00	1.00
C-C	1.00	1.00	1.00	1.00
C-B	1.00	1.04	1.04	1.07
C-A	1.09	1.17	1.13	1.21

树形柱内力考虑多点输入的时程分析与反应谱计算结果比值（M_x） 表 14.4-8

树形柱轴号	C-4	C-8	C-12	C-16
C-K	1.37	1.33	1.30	1.24
C-J	1.08	1.03	1.00	1.05
C-H	1.00	1.00	1.00	1.00
C-G	1.00			1.00
C-F	1.00			1.00
C-E	1.00	1.00	1.00	1.00
C-D	1.00	1.00	1.00	1.00
C-C	1.00	1.00	1.00	1.00
C-B	1.00	1.04	1.00	1.00
C-A	1.08	1.13	1.10	1.10

根据以上计算结果，得到树形柱内力 F_y、M_x 考虑多点输入的时程分析与反应谱计算结果比值，可见行波效应主要对本结构南北靠近端部树形柱内力影响较大。此比值将应用于后续树形柱的静力、小震、中震、大震的相关性能目标的验算。此外，以上仅列出沿 Y 向从下向上输入的放大比例计算结果，考虑到对称性，南北两排八根树形柱按相同截面设计，即都为 A 类柱（壁厚加厚）。

3. 大跨空间结构关键节点设计研究

钢结构节点是体现建筑美感的重要元素，节点外露是建筑表达的需求，同时节点也是结构受力的重要部位，因此要实现二者的和谐统一。本项目除常规节点外，研发应用了铸钢节点、销轴，成品球铰支座等不同类型的节点形式，在满足计算假定和安全可靠的前提下，充分考虑了建筑美学的需求，形成了会展建筑独特的风格。

1）薄壁空腔十字柱二级分叉节点

树形柱下层分权顶部连接杆件较多，该节点连接有下层分权、上层角分权、上层中分权（2根）、内分权、分权拉杆 1（2根），节点模型如图 14.4-7 所示，加劲肋考虑在模型中。

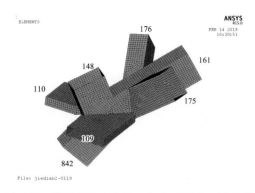

图 14.4-7　薄壁空腔十字柱二级分叉节点有限元模型

计算分析时在各杆端进行加载，控制内力为 Z14 工况，加载点控制内力见表 14.4-9。

节点控制内力表（整体坐标系）　　　　　　　　表 14.4-9

控制工况	作用点	F_X	F_Y	F_Z	M_1	M_2	M_3	备注
		kN	kN	kN	kN·m	kN·m	kN·m	
Z14	842	2013.8	−1976.8	3836.9	−16.3	0.5	−35.8	有限元模型固端
	1097	−259.3	0.0	9.8	−1.1	−20.8	0.0	分权拉杆 1
	1106	0.0	120.6	6.9	−6.3	−5.3	0.0	分权拉杆 1
	1482	234.7	−241.4	−790.7	−95.7	−115.5	8.7	内分权
	1610	−1586.1	1584.4	−1399.6	−97.4	−102.9	4.6	上层角分权
	1754	312.7	793.2	−807.6	120.5	−74.5	−9.7	上层中分权
	1762	−715.8	−280.1	−741.3	−76.6	117.4	15.1	上层中分权

在 1 倍节点控制内力作用下，节点应力分布见图 14.4-8。由应力分布图可以看出，在 1 倍节点控制内力作用下，节点最大应力为 336.5MPa，最大应力出现在下层分叉与分权拉杆 1 的交汇处。该工况下，节点全部处于弹性工作状态。

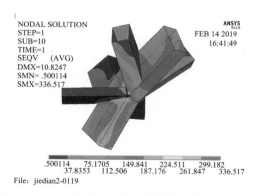

图 14.4-8　二级分叉节点 1 倍控制内力应力分布图

在 1.6 倍节点控制内力作用于节点时，节点应力分布见图 14.4-9。在 1.6 倍节点控制内力作用下，节点最大应力为 359.5MPa，位于下层分权杆件位置。在 1.6 倍节点控制内力作用于下，节点区受力较好，仅局部进入塑性，基本处于弹性工作状态，还具有继续承载的能力。

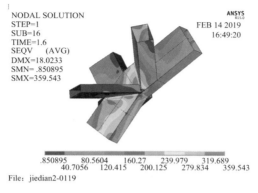

图 14.4-9 二级分叉节点 1.6 倍控制内力应力分布图

2）A 类人字柱柱顶节点

取部分节点区部分构件采用 ANSYS 建立实体模型，加载点位置如图 14.4-10 所示，各加载点反力见表 14.4-10。

A 类人字柱柱顶节点加载点反力 表 14.4-10

位置编号	F_x（kN）	F_y（kN）	F_z（kN）	M_x（kN·m）	M_y（kN·m）	M_z（kN·m）
1	73	18	218	−34	−517	−33
2	−71	−1	−90	8	465	7
3	69	−15	217	34	−517	27
4	−71	1	−90	−8	465	−9
5	1428	−7	59	−23	−299	25
6	14	6	−55	−17	261	40
7	1420	8	59	23	−300	−29
8	13	−6	−56	17	262	−44
9	−1479	−986	−1367	0	0	0
10	65	−43	−60	0	0	0
11	−1471	981	−1360	0	0	0
12	65	43	−60	0	0	0

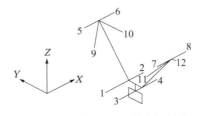

图 14.4-10 A 类人字柱柱顶节点加载点示意图

节点分析时考虑了几何非线性与材料非线性，图 14.4-11 为节点在设计荷载下的应力图，除应力集中点外，其他板件最大应力约 140MPa，应力集中点最大应力 346MPa。为研究节点的极限承载力，对节点进行了 1.6 倍设计荷载（约 2 倍标准荷载）下的节点分析。分析表明节点在 1.6 倍设计荷载（约 2 倍标准荷载）局部进入塑性，但节点仍保持了较好的承载能力，节点承载能力冗余度较高。图 14.4-12 为 1.6 倍设计荷载的应力图，最大应力 368MPa。

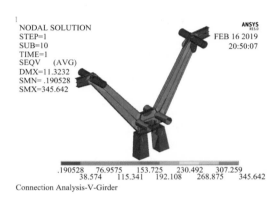

图 14.4-11　A 类人字柱柱顶节点 1.0 倍设计荷载的应力图

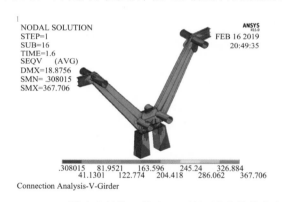

图 14.4-12　A 类人字柱柱顶节点 1.6 倍设计荷载的应力图

4. 地下室超长结构裂缝控制措施

中央大厅地下室东西向最大尺寸 93m，南北向最大尺寸 347m，人防地下室东西向最大尺寸 418m，南北向最大尺寸 134m，为较好地实现建筑功能，本工程 ±0.000 以下（含 ±0.000）未设永久性的结构缝，属超长结构，为防止可能产生的混凝土收缩及温度裂缝，从设计角度采取以下措施：①基础底板及地下室顶板设置伸缩后浇带，减小混凝土硬化过程中的收缩应力；②对楼板的温度作用进行计算分析，在楼板内适当设置温度筋，并采用细而密的布筋方式。

中央大厅两侧通廊首层地面及基础板，采用桩基加抗水板，东西向各长 390m 左右，对应地上结构设置结构缝，中间管沟顶板设计为预制板，并结合伸缩后浇带的布置，减小超长混凝土的收缩及温度作用。

五、结　语

（1）结构即建筑的设计理念

本项目单体较多，建筑造型极具创新和独特，结构体系的选择、构件选型以及节点构造等除了要满足适用、安全、经济、易施的要求外，还要尽可能实现建筑美观的要求，实现结构即建筑的初衷。

（2）空间伞柱异型框架结构形式创新设计

结构形式应用于中央大厅，通过屋面刚接的双向拉梁将独立的伞柱单元刚性连接成整体，伞柱主干嵌固在地下室顶板和底板之间。在水平荷载作用下，其内力和变形与多跨框架类似，抗侧刚度较大；竖向荷载传递路径：伞柱上部枝干→伞柱下部枝干及主干→基础，以轴力为主，弯矩较小，结构效率高。

（3）性斜腹杆四弦空间桁架结构形式创新设计

结构形式应用于展厅，由梯形四弦桁架和人字形柱组成，梯形四弦桁架斜腹杆主要承受拉力，充分利用高强钢材料优势，结构效率高。四弦桁架上弦杆为受压杆，其侧向稳定性需要重点考虑，通过屋面交叉支撑形成水平放置的桁架对上弦杆起到侧向约束作用。抗侧体系：①纵向：边跨人字柱柱脚面内为铰接，人字柱两肢共同形成刚接效果，柱脚面外具有一定抗弯刚度；中间两列人字柱脚均为刚接并设置柱间支撑体系；②横向：受力形式类似框架，人字柱形成的刚性柱脚及屋面刚架。

（4）中央大厅复杂约束条件下异形变截面钢柱稳定性分析设计

中央大厅伞柱良好的形效作用使得杆件承受轴力较大，因此稳定问题尤为重要。《钢结构设计标准》GB 50017—2017 已给出三种计算方法：一阶弹性分析，考虑P-Δ效应的二阶弹性分析和直接分析法。限于目前的计算手段和计算理论，一阶弹性分析仍然是广泛采用的方法，但该结构工程案例较少，杆件计算长度系数缺乏研究。本项目借助弹性屈曲分析，利用欧拉公式反求出杆件的计算长度系数，在计算软件中将计算长度系数指定给对应杆件，用于杆件的稳定承载能力校核。

（5）超长结构行波效应的考虑与分析

本工程二期中央大厅平面南北方向长 357.3m，东西方向宽 141.3m。屋盖结构单元的长度 357.3m > 300m，根据《超限高层建筑工程抗震设防专项审查技术要点》（建质〔2015〕67 号）第二十条（二）超长结构（如结构总长度大于 300m）应按《建筑抗震设计规范》GB 50011—2010（2016 年版）的要求考虑行波效应的多点地震输入的分析比较。本项目采用强迫运动法，多点激励所用地震波同小震弹性时程地震波，仅到达不同支座存在时间差。根据地勘报告，波速下限取为等效剪切波速的近似 225m/s。参考相关研究，波速上限取为 900m/s。在上、下限范围内，取用 225m/s，450m/s，900m/s 三种波速进行分析。由于本工程平面南北方向长，东西方向较窄。考虑适当简化，仅在南北方向（对应结构模型为Y向）输入多点激励。本工程对关键构件（树形柱树干）两个承载力控制内力分量F_y、M_x进行不同波速不同地震波下内力与反应谱计算结果进行比较，得到内力放大比例。

项目获奖情况

"海河杯"天津市优秀勘察设计奖综合一等奖、绿建一等奖、智能化二等奖、装饰三等奖

北京市优秀工程勘察设计成果评价建筑结构与抗震设计一等奖、建筑环境与能源应用设计二等奖、建筑智能化设计二等奖、建筑电气设计三等奖、女建筑师优秀设计一等奖

IABSE 杰出建筑结构奖（提名）

中国钢结构金奖杰出工程大奖

中国钢结构协会科学技术奖一等奖

2022 中国新时代 100 大建筑

参考文献

[1] 中华人民共和国住房和城乡建设部. 钢结构设计标准: GB 50017—2017[S]. 北京: 中国建筑工业出版社, 2018.

[2] 季小莲, 张海军, 蔡然. 新加坡国际会展中心主大厅设计[J]. 钢结构, 1999(4): 1-4.

[3] 中华人民共和国住房和城乡建设部. 建筑工程抗震设防分类标准: GB 50223—2008[S]. 北京: 中国建筑工业出版社, 2008.

[4] 中华人民共和国住房和城乡建设部. 建筑抗震设计规范: GB 50011—2010(2016 年版)[S]. 北京: 中国建筑工业出版社, 2016.

[5] 中华人民共和国住房和城乡建设部. 建筑结构荷载规范: GB 50009—2012[S]. 北京: 中国建筑工业出版社, 2012.

[6] 洪菲, 王犀, 赵建国, 等. 天津国家会展中心项目综述[J]. 建筑科学, 2020, 36(9): 2-7.

[7] 赵建国, 许瑞, 张伟威, 等. 天津国家会展中心结构设计综述[J]. 建筑科学, 2020, 36(9): 27-35.

[8] 许瑞, 文德胜, 张强, 等. 天津国家会展中心中央大厅钢结构设计[J]. 建筑科学, 2020, 36(9): 36-41.

[9] 文德胜, 许瑞, 张强, 等. 天津国家会展中心展厅钢结构设计[J]. 建筑科学, 2020, 36(9): 42-50.

[10] 张伟威, 赵建国, 安日新, 等. 天津国家会展中心交通连廊钢结构设计[J]. 建筑科学, 2020, 36(9): 51-56.

[11] 詹永勤, 孙建超, 王杨. 软土地区超大型会展中心基础及地基处理设计[J]. 建筑科学, 2020, 36(9): 57-62.

15

杭州大会展中心一期工程结构设计

结构设计单位：中国建筑科学研究院有限公司

结构设计团队：孙建超，肖从真，齐国红，方　伟，赵建国，许　瑞，刘　浩，
　　　　　　　文德胜，陈琳琳，王奕博，凌沛春，邵　楠，江雨航

执　笔　人：孙建超，齐国红，方　伟

一、工程概况

　　杭州大会展中心项目位于萧山及钱塘江新区，地上总建筑面积 80 万 m²，其中会展面积 60 万 m²，配套面积 20 万 m²，分一期与二期两部分建设。一期地上建筑面积 40 万 m²，主要功能为展厅及登录，含 4 个单层展厅，2 个双层展厅，1 个宴会大厅，1 个活动中心，东西登录厅及中央通廊；地下建筑面积 20 万 m²，主要功能为商业、车库、配套及人防。

　　场地内交通多元顺畅，含已建成的地铁 1 号线、在建的地铁 1 号线延伸线、拟建的地下隧道及地铁 11 号线。确保地铁安全运营的前提下，最大限度地利用了地下空间，形成了多元、顺畅、便利的地下地上交通体。图 15.1-1～图 15.1-7 为项目效果、整体鸟瞰、典型剖面及建设实景图。

图 15.1-1　杭州大会展中心效果图

图 15.1-2　整体鸟瞰图

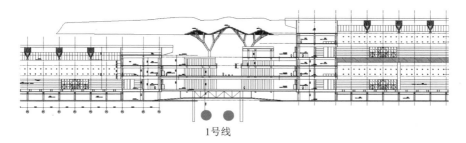

1号线

图 15.1-3　典型剖面图

图 15.1-4　现场 1、2、3、4 展厅南侧实景图

图 15.1-5　展厅内部实景图

图 15.1-6　现场 2、3 展厅之间实景图

图 15.1-7　现场中廊实景图

二、设计条件

1）结构设计标准及参数

本项目的设计标准及主要的参数选取见表 15.2-1。

设计标准及抗震参数　　　　　　　　　　　　　　表 15.2-1

项目		标准及参数
结构设计基准期（可靠度）		50 年
结构设计使用年限		50 年
结构设计耐久性		100 年
建筑结构安全等级		一级（重要性系数 1.1）
建筑抗震设防类别		乙类
钢结构抗震等级		四级
设计地震动参数	抗震设防烈度	6 度
	抗震措施	7 度
	设计地震分组	第一组
	基本地震加速度	0.05g
特征周期		0.45s
场地类别		III 类
水平地震影响系数最大值	多遇地震	0.04
	设防地震	0.12
	罕遇地震	0.28
阻尼比	混凝土结构	0.05
	钢结构	0.02

2）抗震性能目标

本项目单体较多，针对结构单元的规则性及构件的重要性，采取不同的抗震性能目标，其中登录厅及中廊区达到 C 性能目标。构件的抗震性能目标见表 15.2-2。

抗震性能目标 表 15.2-2

位置	构件	性能目标
单双层展厅	展厅柱，桁架近支座端部区弦杆、腹杆	中震不屈服
中、东登录厅，中廊商业	楼面框架梁，屋面框架梁，屋面桁架梁非端支座区格	中震弹性
	树状柱，腹杆格构柱，柱间支撑，屋面桁架近支座端部区弦杆、腹杆	中震弹性、大震不屈服
19m 平台、会议室	平台柱	中震不屈服

3）风荷载、雪荷载及温度作用

（1）基本风压：0.50kN/m²（重现期 100 年），B 类粗糙度

大跨度风敏感屋盖按风洞试验值确定，见图 15.2-1。

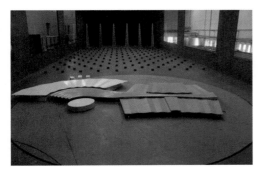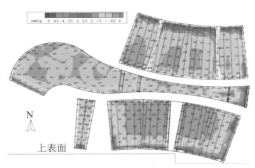

图 15.2-1 杭州大会展中心风洞试验照片及风压分布图

（2）基本雪压：0.50kN/m²（100 年重现期）；雪荷载准永久值系数分区为Ⅲ区，雪荷载组合值系数 0.7，频遇值系数 0.6，准永久值系数 0。

（3）温度作用：根据《建筑结构荷载规范》GB 50009—2012；萧山月平均最高气温为 38℃，月平均最低气温为−4℃。

对于屋盖结构，在设计中对温度作用进行如下取值：

基准温度及合龙温度为：+17℃±5℃；

最大温差：室外±26℃，室内±15℃。

4）荷载取值

根据建设方提供的布展需求及相应规范，各层楼面活荷载见表 15.2-3。

楼面活荷载 表 15.2-3

序号	荷载类别	标准值（kN/m²）	分项系数	准永久值系数
1	展览首层	50	1.5	0.5
2	展览二层	15	1.5	0.5
3	登陆大厅首层	5.0	1.5	0.5

续表

序号	荷载类别	标准值（kN/m²）	分项系数	准永久值系数
4	中央通廊首层	5.0	1.5	0.5
5	商业	3.5	1.5	0.5
6	室外展场	100	1.5	0.5

　5）结构材料

（1）混凝土强度等级见表 15.2-4。

混凝土强度等级　　　　　　　　　　　　　　　表 15.2-4

600mm 直径灌注桩/800mm 直径灌注桩	C30/C35～C50
基础（承台、地下室底板） 地下室外墙（柱）	C30，抗渗等级 P6 C35，抗渗等级 P6
有覆土地下室顶板及梁	C35，抗渗等级 P6
其他部位混凝土墙、柱	C40
其他部位楼板、梁、楼梯	C30
基础垫层	C20

（2）钢筋

纵向受力钢筋：HRB400；箍筋：HRB400；分布筋、构造筋：HPB300。

（3）钢材

钢柱、钢梁、桁架：Q355B；铸钢：G20Mn5QT（柱脚）；ZG35Cr1Mo（拉杆）。

三、结构体系

1. 结构缝设置

　　一期项目占地约呈方形，中央为通廊及登录厅，两侧为展厅，整个建筑屋面体量双向均超 500m。其中中央廊道及登陆大厅，长 530m，宽 63～90m，8m 及 19m 标高与两侧展厅连通，屋面与两侧展厅无连接；南侧为 1～4 号单层展厅，1 号与 2 号、3 号与 4 号展厅之间设有会议室，屋面无连接，2 号与 3 号展厅之间屋面连通，整体建筑长度约 500m；北侧为 5～8 号展厅，其中 5 号、8 号为单层展厅，6 号、7 号为双层展厅，5 号与 6 号、7 号与 8 号展厅之间有会议室连通，屋面无连接，6 号、7 号屋面之间及 19m 平台连通。南北两侧展厅有一层地下室，中间通廊部分下方为已建成的地铁 1 号线，此部分无地下室，局部有跨越地铁上方的通道连通南北地下室。

　　整体建筑由不同功能的建筑单体组成，含单双层展厅、中央廊道、登录厅、会议室、平台，构成了各自结构特性差异较大、平面及竖向不规则、刚度分布不均匀、抗震性能复杂的结构体系，对抗震及温度应力等都十分不利。为了提高抗震性能、降低温度应力的影响，依据建筑功能及效果，经与建筑协商，设置结构缝构成相对规则、相互独立的结构单元，控制最长屋盖单元均小于 300m。

屋面设缝：展厅屋面主要通过两侧悬挑设置结构缝，如 1 号与 2 号、3 号与 4 号之间（图 15.3-1 红色结构缝示意）；2 号与 3 号展厅之间屋面高出两侧展厅，形成局部小屋面，凸出大屋面的面积小于 25%，且小屋面采用轻巧的张弦梁结构，2 号与 3 号展厅形成独立的结构单元（2 号与 3 号之间的屋面需考虑两侧展厅整体变形的影响）；6 号、7 号展厅之间屋面跨度达到 60m，悬挑设缝难度大，在 6 号展厅侧设置滑动连接（图 15.3-1 蓝色虚线所示）；东西登录厅屋面通过悬挑与中廊脱开，中廊屋面通过悬挑设置结构缝（图 15.3-1 红色结构缝示意）。

屋面以下结构设缝与屋面竖向对应，各展厅相互独立，展厅之间的平台、会议室通过双柱或悬挑相互脱开；东西登录厅屋面以下设置双柱与中廊断开；中廊在 8m 标高平台设置滑动连接形成中廊东西段。登录厅、中廊与展厅的连桥均在展厅侧设置滑动连接。通过以上方式构成自上而下的 12 个独立结构单元，如图 15.3-1 所示为结构缝设置平面图。

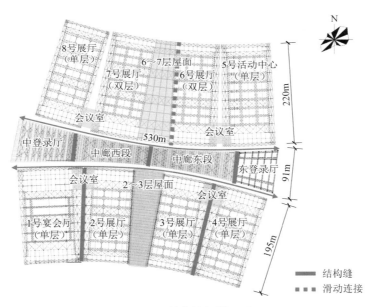

图 15.3-1　结构缝设置平面图

2. 地上结构体系

以上各单体的结构体系、屋面结构形式及抗震等级等见表 15.3-1。

地上结构体系　　　　　　　　　　　　表 15.3-1

单元	高度（m）	地上层数/地下层数	结构形式	屋面结构形式	钢框架抗震等级	主要结构材料地上/地下
1 号宴会厅	25.95	1（3）/−1	框架-中心支撑	桁架	四	钢/混凝土
2 号、3 号展厅	25.95	1（3）/−1	框架-中心支撑	桁架（之间为张弦梁）	四	钢/混凝土
4 号展厅	25.95	1/−1	框架-中心支撑	桁架	四	钢/混凝土

单元	高度（m）	地上层数/地下层数	结构形式	屋面结构形式	钢框架抗震等级	主要结构材料地上/地下
5 号活动中心	25.95	1/−1	框架-中心支撑	桁架	四	钢/混凝土
6 号、7 号展厅	41.86	2（6）/−1	框架-中心支撑	桁架	四	钢/混凝土
8 号展厅	25.95	1（3）/−1	框架-中心支撑	桁架	四	钢/混凝土
中、东登录厅	42.50	4/0	框架	树状柱-桁架	四	钢/混凝土
中央廊道	42.50	3/0	框架	树状柱-桁架	四	钢/混凝土
会议室、19m 平台	19.00	1/−1	框架	桁架	四	钢/混凝土

注：1（3）/−1 中"（）"指局部附属用房的层数；地下室层高为 6.5m。

1）单层展厅

（1）单层展厅结构概况

单层展厅长 195～220m，宽 94m，展厅柱跨为 84m×18m，四周有 2～3 层外延的附属用房，跨距 8～12m，屋脊最高点约 26m。地上结构存在超长、楼板不连续等不规则，采用纯框架结构尚存在扭转周期比大于 0.9，扭转位移比超 1.5 等不规则，结合楼梯间设置 4 跨中心支撑，各不规则指标明显好转。

展厅屋盖俯视呈扇面状，立面呈折线状。主桁架跨度 81m，采用三角形立体桁架，间距 18m；柱端外挑长度 12～23m，为了配合建筑尽可能轻薄的外立面造型，柱外的悬挑区域采用平面桁架，在展厅的钢柱处完成了两根上弦到一根上弦的变化，且外挑区桁架在幕墙线以内设置下弦弯折点，尽量降低桁架在外挑区的高度。每榀桁架之间设置了连系桁架和交叉钢拉杆，既增强了屋面结构的整体性，又作为垂直于桁架跨度方向的传力路径，对主桁架起到侧向支撑的作用。屋面依据雅扇的屋脊线韵律变化采用三角形空间桁架，与受力曲线完美结合。单层展厅结构模型、主桁架轴测图及剖面见图 15.3-2～图 15.3-4。

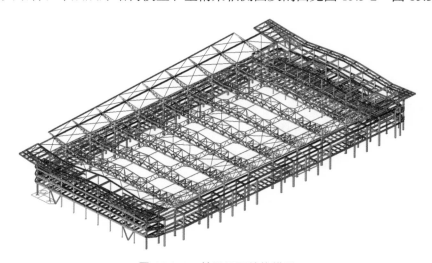

图 15.3-2　单层展厅结构模型

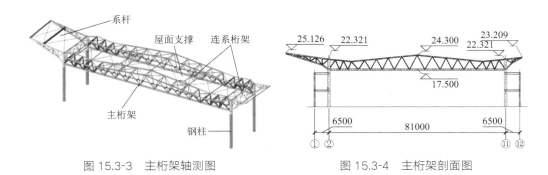

图 15.3-3　主桁架轴测图　　　　　　　图 15.3-4　主桁架剖面图

（2）主要结算结果

①自振周期

结构的自振周期和振型是进行结构分析的重要参数,通过对单层展厅进行特征值分析,得到结构前 10 阶振型的周期如表 15.3-2 所示,结果表明,展厅结构整体性较好,刚度分布均匀,满足周期比的要求。

单层展厅结构自振周期　　　　　　　　　　　　　　表 15.3-2

振型	周期（s）	平动系数（$X+Y$）	扭转系数
1	1.3938	1.00（0.00 + 1.00）	0.00
2	1.2316	0.95（0.95 + 0.00）	0.05
3	1.1421	0.04（0.04 + 0.00）	0.96
4	1.1223	0.94（0.06 + 0.88）	0.06
5	1.1040	0.24（0.24 + 0.00）	0.76
6	1.0292	0.84（0.84 + 0.00）	0.16
7	1.0154	0.85（0.08 + 0.77）	0.15
8	1.0008	0.50（0.11 + 0.39）	0.50
9	0.9478	0.31（0.15 + 0.16）	0.69
10	0.9317	0.47（0.47 + 0.00）	0.53

$$T_t/T_1 = 1.1421/1.3938 = 0.819 < 0.90$$

X方向有效质量系数为 99.80%，Y方向有效质量系数为 99.84%

②位移

在 X 向风荷载作用下产生的最大柱顶水平位移为 8mm，见图 15.3-5，$8/17500 = 1/2188 < 1/250$，满足规范要求。在 Y 向风荷载作用下产生的最大柱顶水平位移为 22mm，见图 15.3-6，$22/17500 = 1/795 < 1/250$，满足规范要求。

在 X 向地震作用下产生的最大柱顶水平位移为 12mm，见图 15.3-7，$12/17500 = 1/1458 < 1/250$，满足规范要求；在 Y 向地震作用下产生的最大柱顶水平位移为 21mm，见图 15.3-8，$21/17500 = 1/833 < 1/250$，满足规范要求。

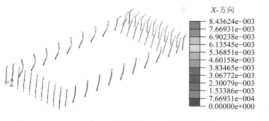

图 15.3-5　X 向风荷载作用下柱侧移等值线

图 15.3-6　Y 向风荷载作用下柱侧移等值线

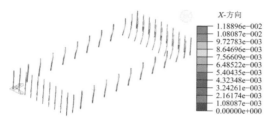

图 15.3-7　X 向地震作用下柱侧移等值线

图 15.3-8　Y 向地震作用下柱侧移等值线

③应力

采用 midas Gen 软件中的《钢结构设计标准》GB 50017—2017 对构件进行检验。图 15.3-9 为单层展厅屋面钢结构主要构件在所有荷载组合作用下规范检验结果中的最大应力比值（应力比为相应检验条款中设计综合应力与设计强度的比值），构件中的最大应力比用到 0.96 < 1（个别构件且为非关键构件），绝大部分杆件的应力比控制在 0.85 以下，构件均满足要求。

由验算结果可知，上下弦杆及腹杆靠近支座处受力较大，故将此处上下弦杆壁厚加大，腹杆增大截面；悬挑区域为单榀平面桁架，面外设置系杆和水平钢拉杆，并设置隅撑，提高其面外稳定性。

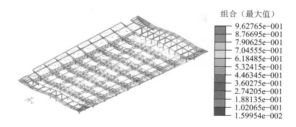

图 15.3-9　单层展厅屋面结构构件应力比云图

④挠度

展厅屋面在恒荷载和活荷载标准值作用下产生的最大屋面挠度为 165mm，出现在桁架跨中，见图 15.3-10，在桁架跨中起拱 100mm，实际挠跨比为：（165 − 100）/81000 = 1/1246 < 1/400，满足规范要求。

展厅屋面在活荷载标准值作用下产生的最大屋面挠度为 61mm，位于桁架跨中，见图 15.3-11，实际挠跨比为：61/81000 = 1/1327 < 1/500，满足规范要求。

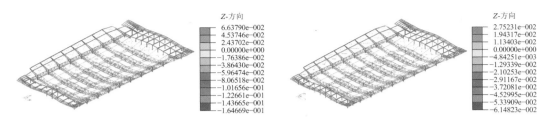

图 15.3-10　标准恒荷载＋活荷载作用下屋面结构
竖向位移等值线

图 15.3-11　标准活荷载作用下屋面结构
竖向位移等值线

2）双层展厅

（1）结构概况

6 号、7 号展厅为双层展厅，建筑长 220m，宽 94m，展厅柱跨为 84m×18m；四周有 5～6 层外延的附属用房，跨距 8～12m；二层展厅柱跨为 36m×18m，屋脊最高点约 42m。地上采用钢框架-中心支撑结构形式，二层展厅采用平面三角桁架；楼面板采用钢筋桁架楼承板；屋面采用三角形空间桁架（同单层展厅屋面）。两个双层展厅之间的屋面采用一端滑动的桁架梁相连，整体计算时考虑单体及连体的包络影响。6 号、7 号展厅整体计算模型见图 15.3-12。

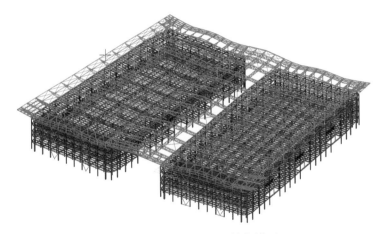

图 15.3-12　双层展厅结构模型

（2）双层展厅楼盖设计

①楼盖体系选择

双层展厅在会展建筑中形式较为特殊，其中展厅的二层楼盖不仅跨度大，而且楼盖恒荷载、使用活荷载均较大，且所占比例基本相当。因此，在重荷载、大跨度楼盖的因素影响下，此类楼盖的结构形式、施工方式、综合造价均在整体建筑中起举足轻重作用。根据测算，此类楼盖占结构总造价 50%～70%，远高于普通楼盖。

对国内已建会展建筑的大跨度、重荷载楼盖特点及采用相应的楼盖体系进行了统计、比较，楼盖跨度基本在 20～30m 范围，楼盖形式以预应力混凝土楼盖和钢桁架＋混凝土楼板两种为主。表 15.3-3 为部分国内现有双层或多层展厅楼盖体系统计。

从表 15.3-3 中可以看到，采用后张法有粘结预应力混凝土楼盖的项目较多，但近年来钢桁架 + 混凝土楼盖应用也有逐渐增多的趋势。

国内会展建筑楼盖体系　　　　表 15.3-3

项目名称	柱网（m）	层高（m）	楼盖体系	
			预应力	钢桁架
广东现代国际展览中心	30×21	12	√	
广州国际会议展览中心	24×24	10	√	
武汉国际会展中心	32×17	—	√	
红岛国际会展中心	36×24	14.7	√	
国家会展中心（上海）	36×27	16	√	
济南国际会展中心	24×24	10	√	
湖南国际会展中心	21×21	12		√
山东鲁台会展中心	27×24	16		√
杭州国际博览中心	36×27	16		√

从整体造价上来看，预应力混凝土楼盖材料成本低于钢桁架楼盖，但考虑现在国家大力发展绿色建筑、装配式建筑的产业政策等因素，钢结构显然是更适合现在主要发展潮流的结构形式。以下为混凝土楼盖与钢结构楼盖综合比较，见表 15.3-4。

楼盖形式优缺点比较　　　　表 15.3-4

对比内容	楼盖形式	
	钢桁架楼盖	预应力混凝土楼盖
综合造价	造价较高，3500～3800 元/m²	造价较低，2700～3300 元/m²
绿色节能	满足绿色建筑，主材可再生	不满足绿色建筑要求
装配式	满足装配式钢结构要求	不满足装配式建筑要求
施工速度及难易程度	钢结构直接拼装，施工快速。楼面桁架及钢梁直接形成刚度，可直接铺设楼承板，无需支模	混凝土结构需搭设 19m 脚手架，属于高支模工程。现场埋设波纹管、预应力后张灌孔困难
结构自重	自重较轻，地震反应小	自重较大，地震反应大
净高	可利用桁架腹杆空间布置机电管道、检修马道，有利净高	实腹截面，管线需要在梁下行走

②荷载与设计准则

a. 恒荷载：展厅内根据会展运营要求，需要按 9m×6m 间距的规格设置展位坑，各展位坑间以 300mm 深展沟连接，因此整体建筑地面做法达到了 400mm 厚。项目中采用轻集料混凝土作为填充材料，以减轻整体重量。在计入楼面板自重、马道、展览吊挂及机电设备管线重量后，恒荷载按 10kN/m² 考虑。

b. 活荷载：双层展厅二层的楼面活荷载根据业主及运营要求，并参考国内同等规模展览建筑，确定为 15kN/m²。由于本工程活荷载较大，按满布设计将引起较大浪费，在一定程度上根据展览展位布置等实际需求进行活荷载折减，在保证安全前提下，亦能一定程度降低造价。与规范的活荷载折减系数对比后，确定次桁架、主桁架、中部钢柱活荷载折减系数分别为 0.9、0.8、0.8。

c.设计准则：钢桁架及楼盖钢次梁在承载能力极限状态荷载组合下，构件应满足强度和稳定性要求，主要构件应力比不大于 0.9。在正常使用极限状态组合作用下钢桁架挠度小于 $L/400$，钢次梁小于 $L/250$。L 为钢桁架或钢次梁的跨度。楼盖舒适度应满足正常使用要求。对于桁架部分采用考虑及不考虑楼板刚度的两个模型进行包络计算；对于次梁可考虑组合梁进行设计。

（3）楼盖结构计算分析

①主次桁架设计

双层展厅二层楼盖展厅范围东西向 81m，南北向 174m。东西柱跨间距 27m，南北方向柱跨间距 36m。结构模型如图 15.3-13 所示。

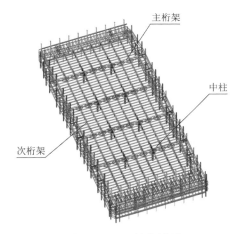

图 15.3-13　结构模型

综合考虑次梁跨度、桁架间距等因素，东西向设置 4 榀 3 跨连续主桁架，跨度 27m，支撑于钢柱上。南北向设置 8 榀次桁架，间距 9m，支撑于钢柱或主桁架上。考虑到桁架间尚需穿行马道及大型排烟管道，桁架上下弦中心间距为 4.0m。在桁架支座处，由于整体剪力较大，腹杆采用交叉的 X 形布置，在桁架中部，腹杆采用倒 V 形布置，便于马道及管线通过。为减小次桁架上弦杆节间距离，每隔 6m 设置了一道竖腹杆。桁架立面如图 15.3-14、图 15.3-15 所示。

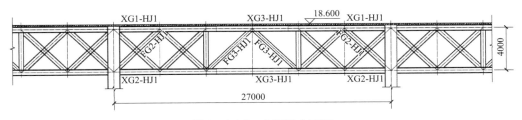

图 15.3-14　主桁架立面图

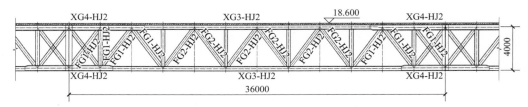

图 15.3-15 次桁架立面图

与传统荷载较小的桁架杆件以拉压为主，弯曲次应力仅占 10% 情况不同，双层展厅楼盖的桁架荷载大、杆件长细比小，弦杆、腹杆由于弯曲导致的次应力比例非常高。例如：支座处的弦杆 XG4-HJ2，轴力所占应力比例为 61%，弯矩所占应力比例为 39%。为减小弦杆弯矩应力所占的比例，将桁架弦杆设计成宽扁形截面，以减小桁架杆件的弯曲刚度，提高轴力所占的比率。主次桁架主要杆件截面尺寸见表 15.3-5。

桁架主要杆件截面表　　　　　　　　　　　表 15.3-5

杆件编号	截面尺寸	钢材牌号	截面形式
XG1-HJ1	H550 × 800 × 50 × 50	Q355B	焊接 H 型钢
XG2-HJ1	H550 × 700 × 40 × 50	Q355B	焊接 H 型钢
XG3-HJ1	H550 × 600 × 25 × 35	Q355B	焊接 H 型钢
FG2-HJ1	H500 × 600 × 40 × 50	Q355B	焊接 H 型钢
FG3-HJ1	H400 × 400 × 25 × 25	Q355B	焊接 H 型钢
XG3-HJ2	H450 × 400 × 20 × 22	Q355B	焊接 H 型钢
XG4-HJ2	H550 × 600 × 40 × 50	Q355B	焊接 H 型钢
FG1-HJ2	H400 × 400 × 20 × 30	Q355B	焊接 H 型钢
FG2-HJ2	H350 × 350 × 16 × 20	Q355B	焊接 H 型钢

桁架采用 midas 软件进行整体计算，并依据相应规范及设计准则对构件进行检验。经验算后，桁架支座处构件最大应力比为 0.91 < 1。大部分杆件的应力比控制在 0.70 以下。综合考虑控制桁架构件的截面种类和充分利用杆件应力等因素，按应力区段，对支座与跨中分别采用不同的弦杆和腹杆截面，兼顾了加工难度和结构造价平衡性。

桁架变形计算结果如表 15.3-6 所示，桁架在活荷载作用下和恒荷载 + 活荷载作用下均满足规范相应变形要求。

桁架变形计算结果　　　　　　　　　　　表 15.3-6

	恒荷载 + 活荷载	活荷载
主桁架	35mm（1/771）	18mm（1/1500）
次桁架	73mm（1/493）	37mm（1/972）
变形限值	1/400	1/500

②次梁计算分析

选择合理的板厚及板跨是影响楼盖经济性的一个重要因素。由于展厅荷载的特殊性——

恒荷载与活荷载均较一般楼盖大很多，因此参考表 15.3-7 为板厚在 150～180mm，活荷载在 10～15kN/m² 作用下的经济板跨。

板跨-荷载选择表 表 15.3-7

板厚（mm）	使用活荷载（kN/m²）		
	10～11	12～13	14～15
150	4.2～4.5m	3.9～4.2m	3.3～3.5m
180	5.0～5.5m	4.5～5.0m	4.0～4.5m

本项目二层展厅楼面活荷载 15kN/m²，若楼板板厚取 150mm，则结合平面柱网模数，以及次桁架的节间距离，3m 板跨较为合理。楼板采用 TD3 型钢筋桁架楼承板，其中钢筋桁架高度为 120mm。次梁截面采用焊接 H 型钢 H600×350×12×20，跨度为 9m，两端铰接于次桁架上。

计算结果表明，构件强度验算最大应力比为 0.98，因次梁上部铺设有刚性混凝土楼盖，可不计算钢梁整体稳定。楼面次梁重复率非常高，用钢量约占整个桁架层楼盖的 20%。通过在次梁上翼缘设置两排 ϕ19@200 栓钉与上部混凝土楼板协同变形，从而形成组合梁，是降低整体用钢量的一个有效手段。以组合梁设计方法验算次梁最大应力比降至 0.6，因此在不考虑楼板作用时，强度应力比接近 1.0 也是可以接受的。

3）登录厅及中央通廊

（1）结构概况

中央廊道屋面全长约 530m，平面见图 15.3-16，呈两端宽、中部窄的哑铃型，通过设结构缝分为中登录厅、中廊西段、中廊东段、东登录厅四部分。在二层平面，中登录厅与中廊西段之间、中廊东段与东登录厅之间均设结构缝脱开，中廊西段与中廊东段设滑动支座脱开，二层以上四部分均不相连，地上均为钢结构体系。

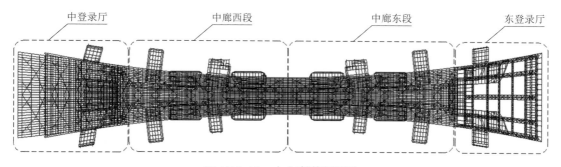

图 15.3-16 中央廊道平面图

中、东登录厅体量相近，长 78.5m，宽 63～91m，屋脊最高点约 40m；靠近主入口处为挑空大空间，靠近中廊侧为多层功能区；大屋面与中廊平顺衔接，通过屋面梁悬挑设缝脱开。中登录厅屋面支承结构体系为树形柱顶部三角管空间桁架，21m 标高设次屋面，其下结构体系为框架梁柱及立面桁架，整体模型见图 15.3-17。东登录厅屋面支承结构采用格构柱＋顶部三角桁架，整体模型见图 15.3-18。

图 15.3-17　中登录厅结构模型（正视图）

图 15.3-18　东登录厅结构模型

中廊（东西段）屋盖长 360m，端部最宽 66m，中部最窄 40m，屋脊最高点约 39m。屋面梁中部悬挑设缝，分为 180m 长两段；下部分散八座 3～4 层框架，在二层标高通过 8m 标高平台串联，平台中部与屋面梁同一柱跨内梁端设滑动连接，将通廊分为东西两段；中廊区与两侧展厅有连桥连通处，展厅端均采用滑动连接。屋盖支承柱与下部框架仅在 8m 标高平台处设 V 形水平撑杆连接，中廊东段整体模型见图 15.3-19。

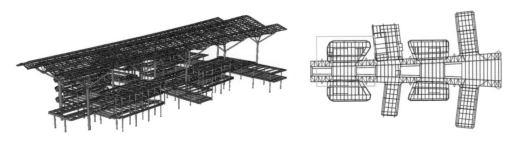

图 15.3-19　中央廊道东段结构模型

（2）超限项分析（以中廊东段为例）及性能目标见表 15.3-8 及表 15.3-9。

超限项分析　　　　　　　　　　　　　　　　　　　　表 15.3-8

表 15.3-8a：房屋高度超过下列规定的高层建筑工程			
结构类型	最大适用高度（m）	结构高度（m）	高度是否超限
框架	110	39	否

表 15.3-8b：同时具有下列三项及三项以上不规则的高层建筑工程（不论高度是否大于表 15.3-8a）			
编号	不规则类型	简要含义	本项目情况
1a	扭转不规则	考虑偶然偏心的扭转位移比大于 1.2	下框架 Y 向规定水平力（考虑偶然偏心）作用下位移比 1.39
1b	偏心布置	偏心率大于 0.15 或相邻层质心相差大于相应边长的 15%	否
2a	凹凸不规则	平面凹凸尺寸大于相应边长的 30% 等	否（合并为楼板不连续）
2b	组合平面	细腰形或角部重叠形	否
3	楼板不连续	有效宽度小于 50%，开洞面积大于 30%，错层大于梁高	是
4a	刚度突变	相邻层刚度变化大于 70%（按高层规范考虑层高修正时，数值相应调整）或连续三层变化大于 80%	否

续表

表 15.3-8b：同时具有下列三项及三项以上不规则的高层建筑工程（不论高度是否大于表 15.3-8a）

编号	不规则类型	简要含义	本项目情况
4b	尺寸突变	竖向构件收进位置高于结构高度 20%且收进大于 25%，或外挑大于 10%和 4m，多塔	否
5	构件间断	上下墙、柱、支撑不连续，含加强层、连体类	否
6	承载力突变	相邻层受剪承载力变化大于 80%	否
7	局部不规则	如局部的穿层柱、斜柱、夹层、个别构件错层或转换，或个别楼层扭转位移比略大于 1.2 等	局部穿层柱和个别梁上起柱

表 15.3-8c：具有下列 2 项或同时具有所有项和表 15.3-8b 中某项不规则的高层建筑工程（不论高度是否大于表 15.3-8a）

编号	不规则类型	简要含义	本项目情况
1	扭转偏大	裙房以上的较多楼层考虑偶然偏心的扭转位移比大于 1.4	否
2	抗扭刚度弱	扭转周期比大于 0.9，超过 A 级高度的结构扭转周期比大于 0.85	扭转周期与平动周期很接近
3	层刚度偏小	本层侧向刚度小于相邻上层的 50%	否
4	塔楼偏置	单塔或多塔与大底盘的质心偏心距大于底盘相应边长的 20%	否

表 15.3-8d：具有下列某一项不规则的高层建筑工程（不论高度是否大于表 15.3-8a）

编号	不规则类型	简要含义	本项目情况
1	高位转换	框支墙体的转换构件位置：7 度超过 5 层，8 度超过 3 层	否
2	厚板转换	7～9 度设防的厚板转换结构	否
3	复杂连接	各部分层数、刚度、布置不同的错层，连体两端塔楼高度、体型或沿大底盘某个主轴方向的振动周期显著不同的结构	否
4	多重复杂	结构同时具有转换层、加强层、错层、连体和多塔等复杂类型的 3 种	否

表 15.3-8e：其他高层建筑工程

编号	不规则类型	简要含义	本项目情况
1	特殊类型高层建筑	抗震规范、高层混凝土结构规程和高层钢结构规程暂未列入的其他高层建筑结构，特殊形式的大型公共建筑及超长悬挑结构，特大跨度的连体结构等	否
2	大跨屋盖建筑	空间网格结构或索结构的跨度大于 120m 或悬挑长度大于 40m，钢筋混凝土薄壳跨度大于 60m，整体张拉式膜结构跨度大于 60m，屋盖结构单元的长度大于 300m，屋盖结构形式为常用空间结构形式的多重组合、杂交组合以及屋盖形体特别复杂的大型公共建筑	否

结论	
是否属超限高层建筑结构	是

抗震性能目标（C）　　　　　　　　　　　　　　表 15.3-9

地震烈度	小震（频遇地震）	中震（设防地震）	大震（罕遇地震）
性能水准	1（完好）	3（轻度损坏）	4（比较严重破坏）
定性描述	不损坏	一般修理	可修复损坏

层间位移限值	$h/250$（地震） $h/250$（风）	—	$h/50$（地震）
普通构件	按规范要求设计，保持弹性	提高要求，保持弹性	部分构件中度破坏，即普通竖向构件按承载力极限值复核
关键构件	按规范要求设计，保持弹性	提高要求，保持弹性	轻度损坏，即不屈服

关键构件范围：

①中廊东段——树形柱、屋顶桁架靠近柱的两个区格的弦杆及腹杆、托柱转换梁及相连柱；

②中登录厅——树形柱、屋顶桁架靠近柱的两个区格的弦杆及腹杆、托柱转换梁及相连柱；

③东登录厅——格构柱柱肢及底部腹杆、屋面支柱、屋面桁架靠近柱的两个区格的弦杆及腹杆、托柱转换梁及相连柱。

（3）主要计算分析及结果（以中廊东段为例）：

中廊屋面支承结构由树形柱和横向三角桁架构成，纵向由屋面梁刚接连成整体。树形柱横向柱距 21～32m，纵向柱距 36m，主干高度 22m，主干顶分 4 个分权，分权顶支承横向三角桁架下弦节点。屋面呈六坡波浪形，采用玻璃与轻型屋面板交错布置。树形柱柱脚刚接于承台或转换梁。中廊东段屋面结构横向及纵向组成见图 15.3-20 和图 15.3-21。

屋面下分散四座 3～4 层的商业，采用钢框架，屋顶高 19m，在二层平面通过通廊串联，通廊连桥与各展厅通过滑动支座连接。下部框架在二层平面处设 V 形水平撑与屋面结构树形柱主干铰接。

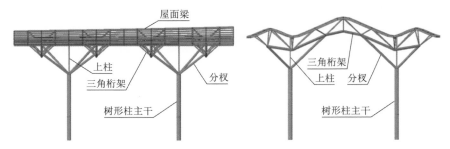

图 15.3-20　屋面结构横向及纵向组成

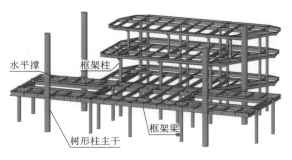

图 15.3-21　中廊分散商业模型

①周期

通过（1.0 恒荷载＋0.5 活荷载）作用下的特征值分析，可以得到自振周期和振型。周期和振型是进行结构动力分析的重要参数。结构前 6 阶振型的频率及周期见表 15.3-10。

前 6 阶振型频率及周期   表 15.3-10

模态号	频率（Hz）	周期（s）	模态号	频率（Hz）	周期（s）
1	0.2406	4.1566	4	0.5467	1.8292
2	0.3154	3.1707	5	0.5539	1.8055
3	0.341	2.9323	6	0.5902	1.6942

由于滑动支座的原因，前 3 阶振型为连桥的横向摆动，为局部振型，第 4～6 阶振型为整体振型，见图 15.3-22。

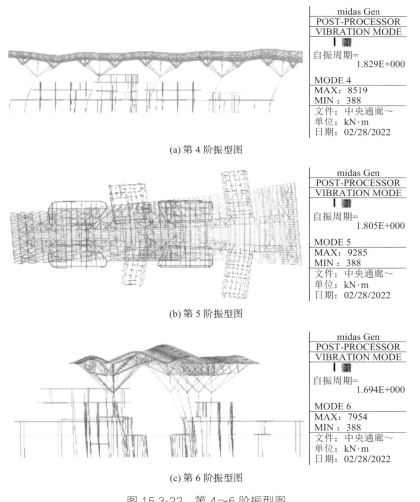

(a) 第 4 阶振型图

(b) 第 5 阶振型图

(c) 第 6 阶振型图

图 15.3-22　第 4～6 阶振型图

从振型结果得出，自第四阶振型开始，依次为屋盖纵向平动、扭转和横向平动，西侧柱跨小、刚度较大，屋面整体性较好，未出现局部振动。

②位移

竖向构件侧移验算见表 15.3-11，均满足要求。

侧移验算　　　　　　　　　　　　　　　表 15.3-11

工况	侧移（mm）	限值（mm）
E_X	13	22000/250 = 88
E_Y	19	22000/250 = 88
W_X	9	22000/250 = 88
W_Y	64	22000/250 = 88

③应力

采用 midas 软件中的《钢结构设计标准》GB 50017—2017 对构件进行检验。图 15.3-23 表示中廊东段钢结构主要构件在所有荷载组合作用下的规范检验结果中的最大应力比值（应力比为相应检验条款中设计综合应力与设计强度的比值），绝大部分杆件的应力比控制在 0.85 以下，构件均满足要求。

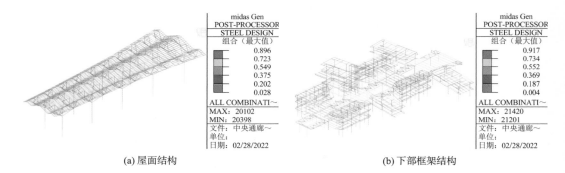

(a) 屋面结构　　　　　　　　　　　　　(b) 下部框架结构

图 15.3-23　构件应力比值图

④挠度

水平构件挠度验算详见表 15.3-12，均满足要求。

挠度验算　　　　　　　　　　　　　　　表 15.3-12

工况或组合	挠度（mm）	限值（mm）
$D + L$	34	11200/250 = 45
L	19	$2 \times 4550/350 = 26$

⑤屈曲分析

树状结构的受力特点是典型的空间结构力学问题，良好的形效作用使得杆件承受轴力较大，因此稳定问题显得尤为重要。由于树状结构体系在国内的工程应用还比较少，对杆件的计算长度系数还缺乏系统的理论研究成果，可借助弹性屈曲分析，利用欧拉公式反求出杆件的计算长度系数α，算式详见式(15.3-1)。

$$\alpha = \sqrt{\sqrt{\frac{\pi^2 EI}{kNL^2}}} \tag{15.3-1}$$

式中：E——弹性模量（N/mm²）；

  I——绕相应中和轴惯性矩（mm⁴）；

  k——一阶屈曲系数；

  N——屈曲分析单位力（N）；

  L——杆件几何长度（mm）。

对中廊东段结构，分别在树形柱主干顶和分权两端施加 100kN 压力，荷载简图如图 15.3-24、图 15.3-25 所示。

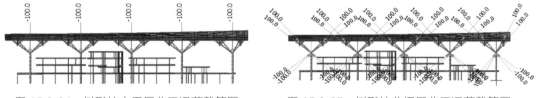

图 15.3-24 树形柱主干屈曲工况荷载简图   图 15.3-25 树形柱分权屈曲工况荷载简图

分别进行屈曲分析，树形柱主干一阶屈曲系数 $k = 680$，分权一阶屈曲系数 $k = 393$，屈曲模态见图 15.3-26、图 15.3-27。

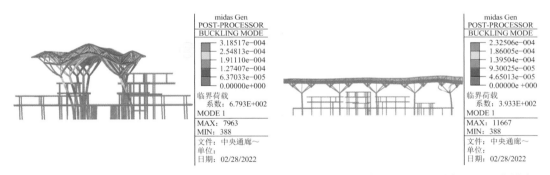

图 15.3-26 树形柱主干一阶屈曲模态   图 15.3-27 中廊东段树形柱分权一阶屈曲模态

树形柱主干几何参数：P1300×40，柱长 $L = 22$m，惯性矩 $I = 3.145 \times 10^{10}$mm⁴；计算长度系数 $\alpha = 1.4$，介于一端固定、一端自由与一端固定、一端铰支之间。长细比 $\lambda = 1.4 \times 22000/446 = 69.1 < 100\sqrt{\frac{235}{f_{ay}}} = 81.4$。

树形柱分权几何参数：P700×20，杆长 $L = 17.6$m，惯性矩 $I = 2.472 \times 10^{10}$mm⁴；计算长度系数 $\alpha = 0.64$，与一端固定、一端铰支相近。长细比 $\lambda = 1.4 \times 22000/446 = 69.1 < 100\sqrt{\frac{235}{f_{ay}}} = 81.4$。

在 midas Gen 中将计算长度系数指定给对应杆件，用于杆件的稳定承载能力校核。

⑥抗震性能目标分析

关键构件范围为树形柱主干及分权、屋盖桁架靠近支座的两个区格的弦杆及腹杆、托柱转换梁及相连柱，见图 15.3-28。

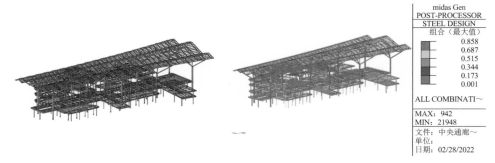

图 15.3-28　关键构件范围（红色）　　图 15.3-29　应力比图（中震按设计强度验算）

在中震作用下，采用等效弹性方法，不考虑承载力抗震调整系数 γ_{RE}，不考虑荷载分项系数，地震作用考虑双向地震，不考虑构件抗震等级的内力放大调整；对关键构件和普通构件均按材料强度设计值校核。全部构件应力比见图 15.3-29。

中震下应力比最大值为 $0.86 < [\rho] = 1.0$，检验结果表明，结构能够满足全部构件中震弹性的性能目标要求。

在大震作用下，采用等效弹性方法，不考虑承载力抗震调整系数 γ_{RE}，不考虑荷载分项系数，地震作用考虑双向地震，不考虑构件抗震等级的内力放大调整；对关键构件按材料屈服强度校核，对普通构件按承载力极限值校核；采用静力弹塑性分析方法，考察结构整体在大震作用下的变形及抗震性能。关键构件和普通构件应力比见图 15.3-30、图 15.3-31。

图 15.3-30　关键构件应力比图　　　　图 15.3-31　普通构件应力比图
（大震按屈服强度验算）　　　　　　　（大震按极限强度验算）

大震下关键构件应力比最大值为 0.97，普通构件应力比最大值为 0.98。检验结果表明，结构能够满足大震关键构件不屈服、普通构件不破坏的性能目标要求。

3. 地下室结构及超长裂缝控制

地下室采用钢筋混凝土框架结构。首层室内为展厅重载地面（$50kN/m^2$），面层 400mm厚；柱跨为 9～12m；室外有 1.8～3.2m 的覆土，且为消防车及货车通道，整个地下室附加恒荷载及活荷载均较大，不同于普通楼面；楼盖体系采用现浇梁板结构体系，保证承载力安全且相对经济。

本项目整个地下室长宽各 500m，属严重超长结构，见图 15.3-32。设计过程中采取各项措施减少混凝土收缩裂缝及温度应力的影响，主要措施如下：

①温度应力计算及配筋加强；

②补偿收缩混凝土的应用；

③各类后浇带设置及封闭时间控制；

④严格材料要求；

⑤施工工艺要求（跳仓法）；

⑥严格混凝土浇筑养护等要求；

⑦施工单位制定专项施工方案并多次论证审核。

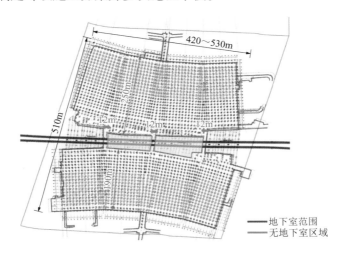

图 15.3-32　超长地下室平面示意

4. 地基基础及抗浮设计

依据地勘报告，项目采用桩筏基础，桩基础形式考虑适用性及经济性，在不同区域采取不同的桩基形式及施工工艺，见表 15.3-13：

①在非地铁保护区域及纯地下室采用预应力管桩，见表 15.3-13a；

②在地铁保护区，为了减小挤土效应对土体及地铁变形的影响，采用钻孔灌注桩，见表 15.3-13b；

③在地上大跨展厅柱下，采用 800mm 大直径钻孔灌注桩提高桩基承载力、减小与纯地下室的沉降差，见表 15.3-13b；

④在中央通廊区域采用嵌岩钻孔灌注桩，提高承载力，并通过旋挖长护筒成孔工艺减小对地铁变形的影响；靠近地铁盾构线 10m 内桩基、支护施工需设置实时监测系统，保证施工过程中地铁运营安全，见表 15.3-13c；

⑤因地下水位位于规划地面下 0.5m，需进行抗浮设计，以上抗压桩兼抗拔桩，抗拔桩按裂缝小于 0.02mm 控制变形，见表 15.3-13a、表 15.3-13b。

桩基选型及承载力　　　表 15.3-13a

编号	图例	类型	管桩编号	最短参考有效桩长（m）	桩端全截面进入持力层最小深度（m）	桩端持力层		最终沉桩压力不小于（kN）	单桩竖向承载力特征值（kN）	
									受压特征值	抗拔特征值
YZJ1	⊕	承压兼抗拔	PHC600AB130	30	1.2	④₁	粉质黏土	3400	1700	400
						④₂				
YZJ2	◕	承压兼抗拔	PHC600AB130	36	1.2	④₁	粉质黏土	3400	1700	400
						④₂				
YZJ3	▲	抗拔	PHC500AB125	15	—					320

注：1. 抗拔桩桩顶填芯构造详 S-ZJ-002 图纸，静载荷试验桩，其桩顶标高应根据静载荷试验要求调整。
　　2. 管桩均采用静压法送桩，现场需结合工程地质剖面图以有效桩长及压桩力双控。
　　3. 本工程 PHC600 管桩应保证最上一节为 15m 桩长的整节管桩；PHC500 管桩为一节 15m 桩长整节管桩。

表 15.3-13b

	图例	类型	成桩工艺	桩径（mm）	最短参考有效桩长（m）	桩端全截面进入持力层最小深度（m）	桩端持力层	桩身混凝土强度等级	单桩竖向承载力特征值（kN）	
									受压特征值	抗拔特征值
ZH1	◑	承压兼抗拔	钻孔灌注桩	900	60	1.8	⑦₁粉质黏土	C35（水下）	5250	700
ZH2	▣	承压兼抗拔	钻孔灌注桩	600	40	1.2	⑤₁粉质黏土	C30（水下）	2000	950
ZH3	⊠	承压兼抗拔	钻孔灌注桩	600	43	1.2	⑤₁粉质黏土	C30（水下）	2000	950
ZH4	●	承压	钻孔灌注桩	900	68	2.0	⑩₃中风化泥质粉砂岩	C40（水下）	7800	—
ZH5	✦	承压	钻孔灌注桩	800	60	1.6	⑦₁粉质黏土	C35（水下）	4150	—
ZH5a	✦	承压兼抗拔	钻孔灌注桩	800	60	1.6	⑦₁粉质黏土	C35（水下）	4150	500

注：1. 钻孔灌注桩施工过程中，现场需要结合工程地质剖面图以有效桩长及入持力层深度双控。
　　2. ZH4（900mm 直径嵌岩桩）采用桩端、桩侧后压浆技术。

表 15.3-13c

编号	桩型	成桩工艺	桩径（mm）	桩端全截面进入持力层最小深度（m）	桩端持力层	最短参考有效桩长（m）	估算单桩竖向承载力特征值（kN）		桩身混凝土强度等级	是否后注浆
							受压特征值	抗拔特征值		
ZH6	承压	钻孔灌注桩	900	2	⑩₃中风化钙质粉砂岩	75	9400	—	C45（水下）	是
ZH6a	承压	钻孔灌注桩	900	5	⑩₃中风化钙质粉砂岩	78	9800	—	C50（水下）	是

四、专项设计

1. 地铁保护设计

1）地铁上方中廊转换技术

中、东登录厅及中廊区均处于已经运营的地铁 1 号线上方 11～13m 处，为保证地铁的安全运营，整个中廊区域通过首层的转换梁和地铁盾构线两侧及中间的嵌岩桩，架设于地铁上方。整个中廊区自成结构体系，对地铁上方土体不加载，转换梁处局部卸载不超过 2m，确保地铁安全，典型转换示意见图 15.4-1、图 15.4-2。

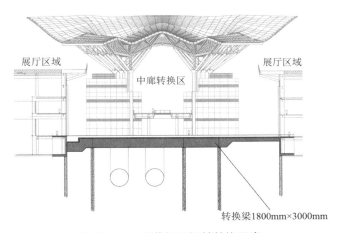

图 15.4-1 盾构间不设桩转换示意

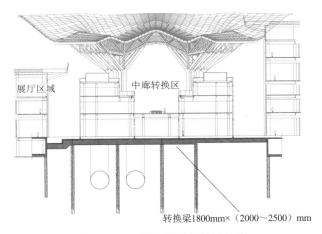

图 15.4-2 盾构间设桩转换示意

图 15.4-1 为转换梁跨度较小受力较小处只在盾构线两侧设置嵌岩桩，通过 2000～2500mm 高的转换梁进行上部转换，梁底基本位于现状土体处，对盾构线既不加载也无卸载，仅在桩基施工阶段对盾构变形进行监测，确保地铁及主体结构安全。

图 15.4-2 为受力较大处转换示意，此时维持原转换方案带来如下问题：

①梁断面 4200～4500mm，盾构上卸土超过地铁允许值，需要土体加固，对地铁造成永久影响。

②两侧 5m 处桩数量增加，成本增加。

因此，最终经论证采取在盾构间加桩的方案，要求基桩距离盾构线边缘大于 2m，采用大直径 1000～1100mm 的嵌岩桩，提高基桩承载力，减少桩数，最大限度减小桩基施工对地铁的影响。采取的措施包括旋挖成孔、32m 长护筒直至地铁盾构线以下 10m，桩基跳成孔等施工工艺、施工顺序等限制措施；对此处工程桩的检测选用自平衡盒检测，避免堆载对地铁线路的影响；同时对土体及地铁变形实时监测实时预警等预防措施，确保地铁运营安全。

盾构两侧及盾构间的桩基施工、基坑支护需制定专门的施工方案并经地铁安评论证，在多次由远及近的渐进试桩后稳步实施；盾构线及土体内设置实时监测点，监测地铁变形在允许限值范围内方允许施工。三条南北展厅之间的联系通道对盾构线的卸载将近 5m，需对此处土体进行全方位高压喷射法（Metro Jet System，简称 MJS）、渠式切割水泥土连续墙（Trench Cutting Re-mixing Deep Wall Method，简称 TRD）联合加固。

2）基坑设计及通道上方土体加固技术

（1）基坑概况：本基坑工程超长超大、紧邻地铁盾构隧道，基坑平面布置图如图 15.4-3 所示，以地铁盾构隧道为界，分为南区、北区两个侧方基坑。南区基坑开挖面积约 9.6 万 m^2，北区基坑开挖面积约 11.0 万 m^2，邻地铁侧开挖深度约 4.9m；连通道基坑开挖面积约 492.4～570.7m^2，开挖深度约 4.7m。

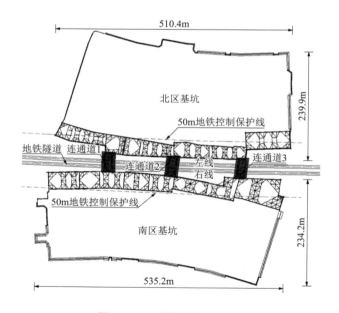

图 15.4-3　基坑平面示意图

（2）水文地质条件

根据钻探结果，本项目基坑影响范围内浅表分布 1.0～2.5m 厚的①$_{0-1}$杂填土、①$_{0-2}$素填土层，其下主要为①$_{1-1}$、①$_{1-2}$、②$_1$、②$_2$层渗透性能良好的砂质粉土层，厚度约为 31.0m，典型地质剖面见图 15.4-5。开挖影响范围内为深厚的富水砂性地层渗透系数大，在基坑开挖期间易出现管涌，影响支护结构稳定性。双侧基坑体量大，隧道两侧基坑距离地铁隧道近，净距小于 10.0m；为确保工程进度，两侧基坑需同时施工。地铁盾构隧道双侧大体量卸载，会对中间隧道产生叠加影响；邻近盾构隧道的变形控制要求高。对基坑支护变形控制要求严格。根据浙江省工程建设标准《城市轨道交通结构安全保护技术规程》DB33/T 1139—2017 和《建筑基坑工程技术规程》DB33/T 1096—2014，基坑安全等级、支护结构侧向变形及隧道变形控制要求详见表 15.4-1。

基坑及隧道变形控制标准　　　　　　　　　　　　表 15.4-1

基坑区域	支护结构侧向变形控制值（mm）	隧道变形控制值（mm）			基坑安全等级
		竖向位移	水平位移	水平收敛	
南区基坑	20.0				
北区基坑	20.0	8.0	5.0	5.0	一级
连通道基坑	15.0				

（3）基坑方案

综合考虑上述重点与难点，本基坑工程采用以下支护方案。

①南、北区基坑地铁保护线 50m 范围内，外围一周采用 $\phi900@1100mm$ 的钻孔灌注桩＋一道钢筋混凝土支撑的支护形式，通过大刚度的围护体系来减少围护结构侧向变形。地铁保护线范围外主要采用钢板桩止水帷幕结合大放坡的支护形式。

②基坑开挖范围内土层渗透性高，为确保止水帷幕的可靠性并且控制帷幕施工对周边环境的扰动，采用了渠式切割水泥土连续墙（TRD）作止水帷幕；同时，在围护桩桩间增设了高压旋喷桩，形成双道止水帷幕。TRD 具有施工速度快、微扰动及止水效果好等优点，在邻地铁边基坑工程中应用较为广泛。

③浙江省标准《城市轨道交通结构安全保护技术规程》DB33/T 1139—2017 对邻近地铁的旁侧基坑的单体尺寸均有严格要求。为确保单体基坑面积满足规程要求，本工程支护方案创新性地采用 $\phi600@900mm$ 钻孔灌注桩"硬分坑"结合三轴水泥搅拌桩重力式挡墙"软分坑"的组合形式，将邻近地铁 50m 范围内的基坑分为 27 个小基坑，即确保了单体基坑面积满足规程要求，又减少了钻孔灌注桩分隔桩的数量，也使得基坑分区施工更加灵活，见图 15.4-4。

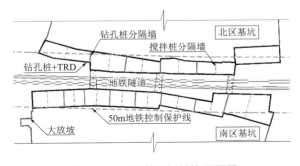

图 15.4-4　隧道两侧基坑平面图

④为确保工程进度，邻近地铁隧道的超大体量双侧基坑需同时进行开挖施工。进一步研究双侧基坑非对称开挖和对称开挖对本项目邻近地铁盾构隧道的变形影响，建立了三维模型进行计算，详见图 15.4-5。计算结果表明，对称开挖单次卸荷量较小，在隧道竖向位移、水平收敛控制方面优于非对称开挖。

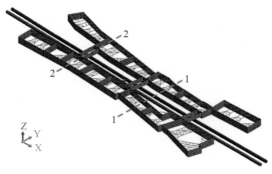

图 15.4-5　三维计算模型

（4）通道上方土体加固技术

①连通道基坑与地铁隧道正交。由于连通道基坑下卧地铁盾构隧道，因此围护桩桩长受到限制，影响支护结构的稳定性。为提高支护结构稳定性，围护桩采用双排 TRD 工法桩＋一道钢筋混凝土支撑的围护形式。

②为进一步提高支护结构稳定性，同时避免坑内降水引起坑外地下水渗流，对坑内和坑外约 8.0m 范围内土体进行加固，加固深度范围为自然地面至坑底以下 3.2m。目前，隧道上方土体加固通常采用全方位高压喷射工法（MJS），但 MJS 施工速度慢且对现场施工控制要求较高，因 MJS 大面积施工过程中参数控制不当而引起的邻近地铁盾构隧道变形突增的事故屡见不鲜。本项目创新性地采用了 TRD 进行加固，见图 15.4-6，加固施工速度快，参数控制精准；同时对 TRD 的施工工序、荷载控制进行了详细的规定。

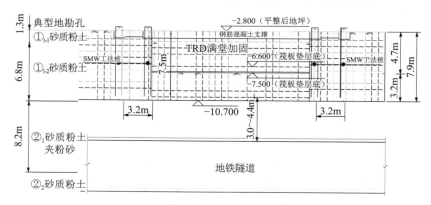

图 15.4-6　隧道上方连通道基坑加固示意

③在地铁盾构隧道两侧及中间设置了 ϕ1800@1300mm 的 MJS 加固，同时 MJS 内设置了钻孔灌注桩抗拔桩。MJS、TRD 加固和钻孔灌注桩共同形成"门式加固"，可有效控制基

坑开挖过程中的盾构隧道隆起变形。

④基坑底设置 200mm 厚加筋垫层，并要求开挖到底后立即放置混凝土配重块进行反压，根据盾构隧道实时变形监测数据，动态调整反压技术措施。

⑤精细化规定土方的分层分块开挖。严格控制分层厚度、分块的尺寸和开挖顺序。土方开挖过程根据盾构隧道监测数据做到信息化施工。

2. 复杂节点设计

本项目展厅大跨、大悬挑，中廊的登录厅树状结构空间斜交节点较多，连接构造复杂，连接复杂，杆单元无法模拟节点的受力情况，故利用有限元软件 ABAQUS 进行实体单元建模分析。模型中所用的钢材与设计相同，材料均考虑了几何非线性和材料非线性，并采用了 Mises 屈服准则和多线性随动强化准则。钢材的应力和应变关系采用了三折线模型，弹性模量为 $E = 2.06 \times 10^5 \text{MPa}$，泊松比为 $\mu = 0.3$。选取典型节点进行计算分析。

1）展厅典型桁架相贯节点

管桁架上弦相交处节点三维模型如图 15.4-7 所示。弦杆截面为 $\phi 500\text{mm} \times 25\text{mm}$，腹杆截面为 $\phi 245\text{mm} \times 8\text{mm}$，钢拉杆截面为 $\phi 50$ 钢棒。模型采用实体单元 C3D10M（修正的 10 节点二次四面体单元）；主管左端采用固定约束，其余杆件按自由端考虑；拉杆销轴与连接耳板间设置面-面接触；节点荷载采用由整体模型计算出的最不利荷载组合，杆件不仅考虑轴力而且考虑剪力及弯矩的影响在最不利组合作用下。节点应力分布如图 15.4-8 所示，最大应力约为 284.11MPa，位于拉杆连接板与弦杆相交角点，即应力集中区域。计算分析表明，节点区域保持弹性，满足要求。

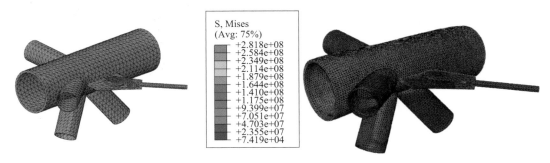

图 15.4-7 桁架相贯节点三维模型　　　　图 15.4-8 桁架相贯节点应力云图

2）展厅屋面支座节点

6 号、7 号展厅之间的屋面结构柱距为 40~64m，为避免长度超限，在 6 号、7 号展厅框架柱顶部分别设置牛腿，一端采用固定支座，一端采用滑动支座，屋面剖面图见图 15.4-9，支座详图见图 15.4-10。固定支座节点杆件较多，构造复杂且各杆件受力较大，故对此节点进行精细化有限元分析，节点三维模型详见图 15.4-11。模型采用实体单元 C3D10（10 节点二次四面体单元）；底板四边采用固定约束，其余杆件按自由端考虑；节点荷载采用由整体模型算出的最不利荷载组合，杆件不仅考虑轴力而且考虑剪力及弯矩的影响。在最不利荷载组合作用下，支座节点应力分布如图 15.4-12 所示，除局部应力集中外，节点大部分区域的应力小于 290MPa，可以认为支座节点基本处于弹性状态，满足要求。

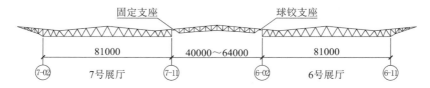

图 15.4-9　6、7 号展厅屋面剖面图

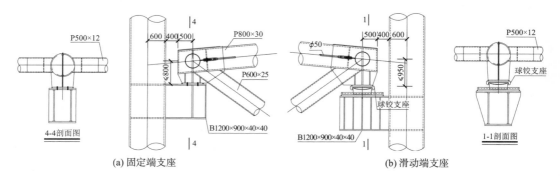

图 15.4-10　支座节点详图

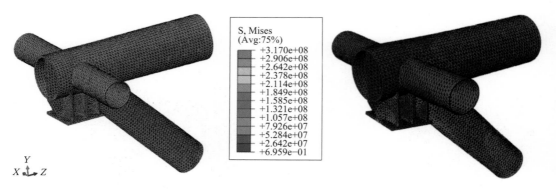

图 15.4-11　支座节点三维模型　　　　图 15.4-12　支座节点应力云图

3）中廊分杈顶部节点

分杈顶部节点的实体单元模型详见图 15.4-13，为分杈顶部与横向三角桁架下弦相交节点，分杈截面为 $\phi700mm \times 20mm$，桁架下弦杆截面为 B500mm × 20mm，桁架腹杆截面均为 $\phi325mm \times 14mm$，节点域有四块 16mm 厚的加劲板。该有限元模型采用 C3D8M 实体单元类型，钢材为 Q355（设计强度 290MPa，屈服强度 355MPa），固定支座在下肢处，其余杆件的端部均为加载部位。节点的输入荷载是由整体计算模型导出的最不利荷载组合，其应力分布详见图 15.4-14。最大应力位于下肢与下弦的交界处，约为 286MPa，其余部位均保持弹性状态，能够满足设计要求。

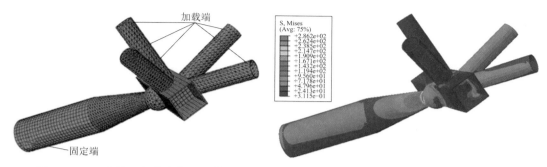

图 15.4-13　分权顶部节点有限元模型　　　图 15.4-14　分权顶部节点应力云图

4）庄浪树形柱分权铸钢节点

树形柱分权铸钢节点的实体单元模型详见图 15.4-15，为树形柱主干与分权的相交节点。该类型的节点主次管交汇处需连贯光滑，对节点的加工施工要求较高，然而传统的焊接节点难以保证节点的安全性，因此多采用铸钢节点。该有限元模型采用 C3D4 实体单元类型，钢材为 G20Mn5QT（设计强度 235MPa，屈服强度 300MPa）固定支座在右端，其余杆件的端部均为加载部位。节点的输入荷载是由整体计算模型导出的最不利荷载组合，应力分布详见图 15.4-16。该节点的最大应力约为 66MPa，整体处于线弹性状态。根据《铸钢节点应用技术规程》CECS 235—2008 规定，该铸钢节点的受力性能符合设计要求。

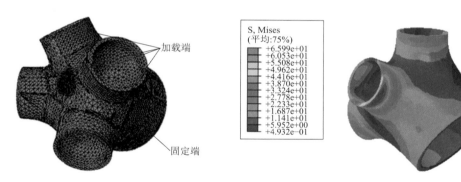

图 15.4-15　树形柱分权铸钢节点有限元模型　　图 15.4-16　树形柱分权铸钢节点应力云图

五、结　语

杭州大会展中心项目是重要的地标性建筑，体量大、体型复杂。既有典型会展项目的超长、大跨、大悬挑等传统结构特点，也存在各类新颖独特的结构形式，甚至有各结构形式杂交融合的新型特点，且项目内含运营地铁、在建地铁、拟建的市政桥隧，地下空间多元复杂，是集地下商业、市政交通、地铁保护为一体的大型会展类项目代表。

本章节主要介绍杭州大会展项目结构总体设计思路，明确该项目的设计标准、参数选取、控制指标及设计关键技术措施；介绍各类单体的结构体系及计算分析，着重论述了会展大跨超长展厅、重载双层展厅、不规则超限中廊、地铁保护、复杂节点分析等重要技术，体现建筑与结构的完美融合，旨在为此类项目的结构设计提供有益的借鉴参考。

参考文献

[1] 李唐宁, 唐祖全, 罗建兵, 等. 大跨预应力次梁楼盖结构体系经济性分析[J]. 建筑结构, 1998, 28(3): 3-6.

[2] 周建龙, 方义庆, 包联进, 等. 某大型会展中心大跨度楼盖结构体系比选[J]. 建筑结构, 2013, 43(S1): 1-5.

[3] 马洪步, 沈莉, 张燕平, 等. 杭州国际博览中心结构初步设计[J]. 建筑结构, 2011, 41(9): 22-27.

[4] 北京市建筑设计研究院有限公司. BIAD 超限高层建筑工程抗震设计汇编(上册)[M]. 北京: 中国建筑工业出版社, 2016.

[5] 朱伯钦, 周竞欧, 许哲明. 结构力学[M]. 上海: 同济大学出版社, 1993.

[6] 武岳, 张建亮, 曹正罡. 树状结构找形分析及工程应用[J]. 建筑结构学报, 2011, 32(11): 162-168.

[7] 王忠全, 陈俊, 张其林. 仿生树状钢结构柱设计研究[J]. 结构工程师, 2010, 26(4): 21-25.

[8] 中华人民共和国住房和城乡建设部. 高层民用建筑钢结构技术规程: JGJ 99—2015[S]. 北京: 中国建筑工业出版社, 2016.

[9] 康成, 叶超, 梁荣柱, 等. 基坑开挖诱发下卧盾构隧道纵向非线性变形研究[J]. 岩石力学与工程学报, 2020, 39(11): 2341-2350.

16

中国·红岛国际会议展览中心
工程结构设计

结构设计单位：中国建筑科学研究院有限公司
结构设计团队：王　丁，赵鹏飞，孙建超，王利民，杨金明，马　明，陈　楠，
　　　　　　　贺　程，林　猛，凌沛春
执　笔　人：王利民

一、工程概况

包含所在位置、建筑面积（地上、地下）、高度、层数、层高、建筑效果图、竣工图、结构模型图和建筑功能等。

中国·红岛国际会议展览中心是青岛新"窗"，是山东省最大的会展经济综合体。建筑主要功能为展览，并配有酒店、商业、会议和办公，是一座综合性会展建筑。建筑群呈现 H 形的对称布局，将北部城区与南部胶州湾海岸景观连为一体。总建筑面积48.3 万 m²，其中地上建筑面积 35.7 万 m²，地下建筑面积 12.6 万 m²。项目包括入口登录大厅、4 座单层展厅、5 座双层展厅、1 座酒店及其配套裙房、1 座办公楼及其配套裙房组成。其中，展厅和登录大厅是本工程的核心建筑，单个展厅面积约为 1 万 m²，为满足大型展览创造了极佳的展出条件。中国·红岛国际会议展览中心具体情况如图 16.1-1～图 16.1-5 所示。

图 16.1-1　中国·红岛国际会议展览中心效果图（一）

图 16.1-2　中国·红岛国际会议展览中心效果图（二）

图 16.1-3　中国·红岛国际会议展览中心实景照片（一）

图 16.1-4　中国·红岛国际会议展览中心实景照片（二）

图 16.1-5　入口登录大厅实景照片

二、设计条件

1. 自然条件

1）场地岩土工程条件

拟建场区位于胶州湾北侧，场区原地貌为滨海浅滩，后经人工回填改造。场区第四系主要由全新统人工填土、海相沼泽化层及上更新统洪冲积层组成，场区基岩主要为白垩系青山群安山岩。安山岩强风化带在场区分布较广泛，均匀性较好，强度较高，可作为桩端持力层使用。场区地下水在干湿交替作用下对混凝土结构具有强腐蚀性，在无干湿交替作用下对混凝土结构具有强腐蚀性；场区地下水对钢筋混凝土结构中的钢筋，在干湿交替情况下具有强腐蚀性，在长期浸水情况下其腐蚀性需要专门研究；地下水以上填土对混凝土结构具有强腐蚀性，对钢筋混凝土结构中的钢筋具有强腐蚀性。场区淤泥～淤泥质黏土对混凝土结构具有强腐蚀性，对钢筋混凝土结构中的钢筋具有强腐蚀性。

2）风荷载

基本风压：0.60kN/m²（50 年一遇风压），地面粗糙度类别 A 类。

3）雪荷载

基本雪压：0.20kN/m²（50 年一遇雪压）。

4）地震作用参数

基本设防烈度 7 度，设计基本地震加速度值为 0.10g，设计地震分组为第三组，建筑场地类别为 Ⅱ 类，场地特征周期 0.40s。

2. 结构材料

（1）混凝土强度等级

承台及基础板为 C35；地下室外墙为 C30；柱、剪力墙为 C35～C55；梁、板、楼梯为 C35；基础垫层为 C15。

（2）钢筋

HPB300 钢筋，设计强度为 270N/mm²；HRB400 钢筋，设计强度为 360N/mm²。

（3）钢材

主体钢结构采用 Q345B，次要构件采用 Q235B。对于不小于 40mm 板厚的钢板应采用厚度方向性能钢板，板厚 40～60mm 的钢板采用 Q345B-Z15。

（4）预应力筋

预应力筋采用 1mm×7mm 高强度低松弛钢绞线，钢绞线公称直径 ϕ = 15.24mm，抗拉强度标准值 f_{ptk} = 1860MPa；预应力筋张拉控制应力 σ_{con} = 1395MPa。

3. 展厅、登录大厅楼面等效均布活荷载标准值

单层展厅首层楼面：50kN/m²；双层展厅首层楼面：35kN/m²；
双层展厅二层楼面：15kN/m²；登录大厅首层楼面；10kN/m²；
不上人轻型金属屋面：0.5kN/m²。

4. 展厅和登录大厅结构设计标准及主要参数

结构设计基准期 50 年，结构设计使用年限为 50 年，结构安全等级二级，地基基础设计等级一级，抗震设防烈度为 7 度，抗震设防类别为重点设防类，建筑耐火等级一级。

三、结构体系

1. 结构单元划分

展厅与登录大厅结构单元划分示意图见图 16.3-1。西侧 A1～A4 四座单层展厅两两合并，形成两个结构单元，东侧 B1/6～B5/10 五座双层展厅两两合并，形成两个结构单元，B5/10 双层展厅单独形成结构单元。结构单元内不设置结构缝，两两结构单元之间通过连廊装饰梁搭在柱（剪力墙）牛腿上的滑动支座连成一体。中央入口登录大厅为独立结构单元，通过设置结构缝同西侧单层展厅、东侧双层展厅分开。

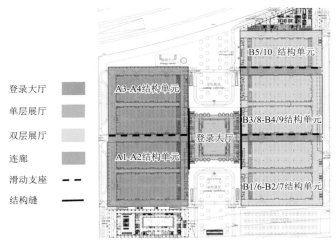

图 16.3-1　展厅和登录大厅结构单元划分示意图

2. 单层展厅结构设计

1) 结构体系及结构布置

单层展厅结构南北总长度 340m, 东西总宽度 190m, 由 A1~A4 共 4 个展厅和环绕其周围的柱廊组成, 共划分两个结构单元, 其中 A1-A2 结构单元 (图 16.3-2、图 16.3-3) 南北长 159.5m, 东西宽 190.0m, A3-A4 结构单元长度南北长 162.5m, 东西宽 190.0m, 两个结构单元之间通过连廊装饰梁搭在柱 (剪力墙) 牛腿上的滑动支座连成一体。展厅建筑高度均为 24m。

单层展厅内部为无柱大空间建筑, 结构类型采用现浇钢筋混凝土框架-剪力墙结构。框架柱设置在展厅周边和相邻的柱廊, 柱截面 1000mm×1000mm, 南北两侧结合展位设置长度 2300mm 和 3300mm 短肢剪力墙用于支撑屋面钢桁架, 剪力墙墙厚 600mm, 横向间距 9m。屋面钢桁架跨度 62.5m。

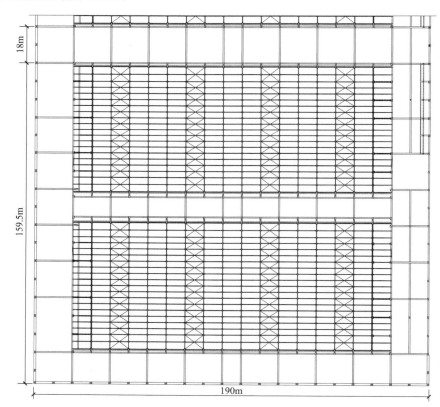

图 16.3-2　展厅 A1-A2 结构单元屋顶结构平面图

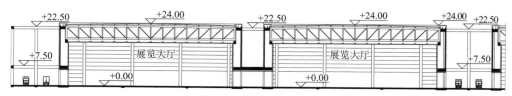

图 16.3-3　展厅 A1-A2 结构单元南北向剖面示意图

2）结构计算

为充分考虑钢结构屋盖和下部钢筋混凝土短肢墙之间的协同作用，展厅采用 SATWE 软件进行整体建模分析计算，钢构件阻尼比 0.2，混凝土构件阻尼比 0.5。计算时除考虑双向地震作用下的扭转影响，同时考虑竖向地震作用。A1-A2 展厅结构单元计算模型见图 16.3-4，主要计算结果均满足规范要求（表 16.3-1）。

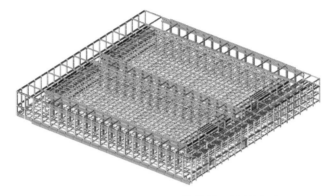

图 16.3-4　A1-A2 展厅结构单元计算模型

A1-A2 单层展厅主要计算结果（SATWE）　　　　表 16.3-1

结构自振周期（耦连）	T_1（s）			0.9760
	T_2（s）			0.5625
	T_3（s）			0.5366
最大层间位移角	地震作用	X方向	Max-D_x/h	1/1297
		Y方向	Max-D_y/h	1/2369
	风荷载	X方向	Max-D_x/h	1/7937
		Y方向	Max-D_y/h	1/9999
地震作用下最大水平位移（层间位移）与层平均（层间位移）的比值	X方向		Ratio-(x)	1.04
			Ratio-D_x	1.07
	Y方向		Ratio-(y)	1.22
			Ratio-D_y	1.23
剪重比	X方向			3.63%
	Y方向			3.63%

3. 双层展厅结构设计

1）结构体系及结构布置

双层展厅结构南北总长度 430m，东西总宽度 190m，地上二层，建筑高度均为 33m。由 B1/6-B5/10 共 5 个展厅和环绕其周围的柱廊组成，共划分 3 个结构单元。其中，B1/6-B2/7 结构单元（图 16.3-5～图 16.3-7）南北长 159.5m，东西宽 196.0m；B3/8-B4/9 结构单元南北长 144.0m，东西宽 196.0m；B5/10 结构单元南北长 90.5m，东西宽 196.0m。两两结构单元之间通过连廊装饰梁搭在柱（剪力墙）牛腿上的滑动支座连成一体。

双层展厅结构类型采用现浇钢筋混凝土框架-剪力墙结构。首层柱网 24m×36m，框架柱设置在展厅周边和相邻的柱廊，南北两侧结合展位设置长度 2300mm 和 3300mm 短肢剪力墙用于支撑屋面钢桁架，剪力墙墙厚 600mm、900mm，横向间距 9m。二层 15m 标高楼盖采用现浇钢筋混凝土梁板结构，展厅区域梁采用预应力混凝土梁。展厅二层取消中部框架柱，为无柱大空间建筑，屋面钢桁架跨度 62.5m。

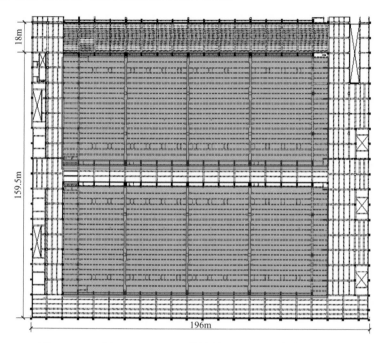

图 16.3-5　展厅 B1/6-B2/7 结构单元 15m 标高结构平面图

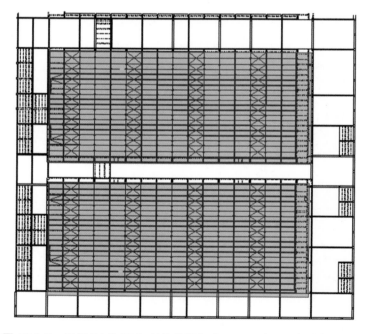

图 16.3-6　展厅 B1/6-B2/7 结构单元标高 22.5m（33m）结构平面图

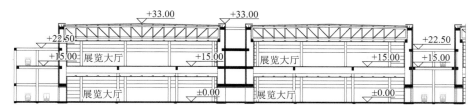

图 16.3-7　展厅 B1/6-B2/7 结构单元南北向剖面示意图

2）结构计算

为充分考虑钢结构屋盖和下部钢筋混凝土短肢墙之间的协同作用，展厅采用 SATWE 软件进行整体建模分析计算，钢构件阻尼比 0.2，混凝土构件阻尼比 0.5。计算时除考虑双向地震作用下的扭转影响，同时考虑竖向地震作用。展厅 B1/6-B2/7 结构单元计算模型见图 16.3-8，主要计算结果均满足规范要求（表 16.3-2）。

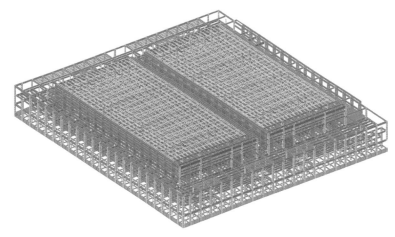

图 16.3-8　B1/6-B2/7 展厅结构单元计算模型

双层展厅 B1/6-B2/7 结构单元主要计算结果（SATWE）　表 16.3-2

结构自振周期（耦连）	T_1（s）			1.2483
	T_2（s）			0.7832
	T_3（s）			0.7495
最大层间位移角	地震作用	X方向	Max-D_x/h	1/1184
		Y方向	Max-D_y/h	1/1949
	风荷载	X方向	Max-D_x/h	1/6388
		Y方向	Max-D_y/h	1/9999
地震作用下最大水平位移（层间位移）与层平均（层间位移）的比值	X方向	Ratio-(x)		1.08
		Ratio-D_x		1.09
	Y方向	Ratio-(y)		1.16
		Ratio-D_y		1.16
剪重比	X方向			2.43%
	Y方向			2.87%

4. 展厅地基基础设计

单层展厅地面活荷载标准值 50kN/m²，双层展厅地面活荷载标准值 35kN/m²。由于展厅地面活荷载较大。因此，展厅的房心和柱下均采用桩基加承台的基础形式。展厅框架柱和剪力墙下采用 D600mm 预应力混凝土管桩，房心采用 D500mm 预应力混凝土管桩，持力层为第⑯下层安山岩强风化下亚带，由于桩端岩面起伏较大，预估桩长约 15～19m。

由于本工程现状自然地面比建筑的正负零标高低约 3m，且存在约 6m 的深厚淤泥质土地层，展厅区域若采用回填土至地坪方案，后期沉降量大，且会对桩基础产生较大影响。为减少场地大面积的回填土施工，结合桩基承台，展厅和柱廊下部设置结构架空层。架空层底部设置在现状自然地面标高，架空层的顶板为承担展厅大活荷载的结构地面，采用梁板结构体系。

5. 展厅钢结构屋盖结构设计

1）结构体系

展厅钢结构屋盖（图 16.3-9～图 16.3-11）南北向总宽度为 62.5m，东西向总长度为 135m，结构形式均采用钢桁架结构，上覆轻型金属屋面。钢结构屋盖系统由横向主桁架、纵向檩条、端跨纵向边桁架以及屋面支撑组成。主桁架横向间距 9m，跨度 62.5m，中心高度 5.1m。上弦杆截面选用□400×300×18×18、□400×300×22×22，下弦杆截面选用□400×300×14×14、□400×300×18×18，直腹杆、斜腹杆截面 H300×200×12×12、H300×250×12×16，端部竖腹杆□400×300×20×20。纵向上侧檩条间距 3m，与桁架上弦刚接，截面选用□200×300×10×10。纵向下侧檩条间距 6m，与桁架下弦铰接，截面选用 H300×200×10×12。所有钢构件材质均为 Q345B。

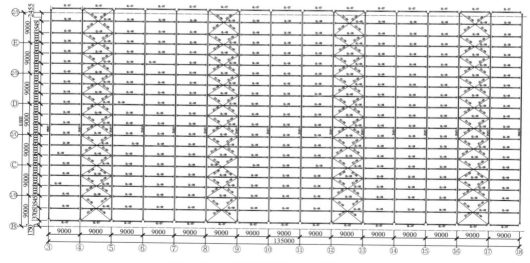

图 16.3-9 展厅屋盖结构上弦平面图

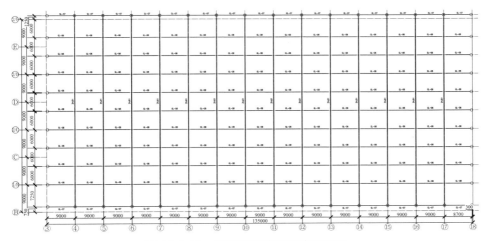

图 16.3-10　展厅屋盖结构下弦平面图

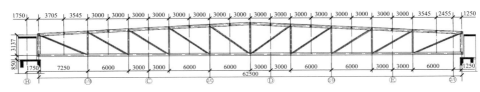

图 16.3-11　展厅主桁架立面图

2）钢结构屋盖荷载取值

展厅钢结构屋盖附加恒荷载为 0.6kN/m²。钢结构自重考虑节点及部分加肋等因素，乘以 1.05 的放大系数。屋盖活荷载取值为 0.5kN/m²；基本风压取 0.60kN/m²，雪荷载取 0.2kN/m²。温度作用考虑±30℃，整体计算时下部混凝土部分温度作用考虑±21℃。

3）主要计算结果

屋盖钢结构采用 SAP2000 进行整体计算，计算结果表明主桁架最大应力比为 0.928，最大竖向位移为 167mm，挠度值 1/374，满足设计要求（图 16.3-12、图 16.3-13）。

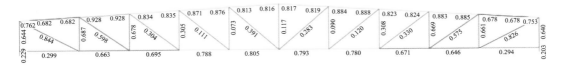

图 16.3-12　展厅屋盖主桁架结构应力比

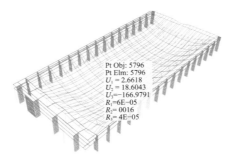

图 16.3-13　展厅钢结构屋盖变形图

6. 登录大厅钢结构屋盖结构设计

1）工程概况

登录大厅地上通过抗震缝和西侧的单层展厅和东侧的双层展厅分离,形成独立的结构单元。登录大厅地上一层,两侧局部设置4层夹层,南北向长度为144m,东西向宽度140.4m,建筑高度为39m。结构类型采用现浇钢筋混凝土框架-剪力墙结构。其中,为加强框架柱的承载能力,支承钢结构屋盖的框架柱采用型钢混凝土柱。楼板采用现浇钢筋混凝土梁板,屋盖为钢结构屋盖。

登录大厅钢结构屋盖总宽度(东西向)为170.4m,总长度(南北向)为155.4m,最大高度为12.0m。钢结构屋盖通过两侧各16个、总计32个销轴支座与下部混凝土结构的型钢混凝土柱在标高27.0m处相连接,屋盖的平面见图16.3-14。

登录大厅钢结构屋盖的典型结构形式为空间管桁架结构,屋盖的典型结构剖面见图16.3-15和图16.3-16。钢结构屋盖由8榀主跨度为94.5m的东西向的主桁架构成,桁架主跨两侧各带一跨悬挑长度为21.0m的悬臂桁架。屋盖四周悬臂梁(次构件)的悬挑长度均为5.7m,屋盖结构在东西向的总宽度为170.4m。每榀东西向主桁架上弦间的间距(南北向)均为18.0m,屋盖四周悬臂梁(次构件)的悬挑长度均为5.7m,屋盖结构在南北向的长度为155.4m。

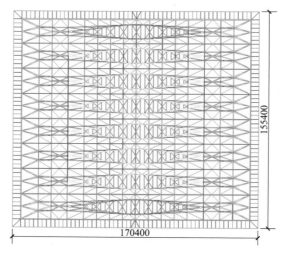

图 16.3-14　登录大厅钢结构屋盖平面

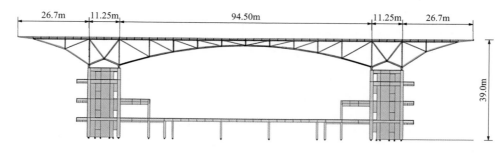

图 16.3-15　登录大厅钢结构屋盖东西向剖面

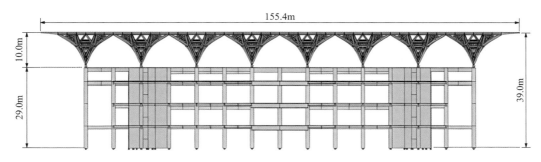

图 16.3-16　登录大厅钢结构屋盖南北向剖面

2）结构体系

登录大厅屋盖采用空间桁架体系。主体结构构件均采用热轧无缝圆管、节点连接方式多采用相贯焊，对部分连接形式复杂、受力关键的节点将采用铸钢节点。次结构构件采用热轧无缝圆管及焊接箱形截面。屋盖可分为四个部分，分别为屋盖悬臂梁 + 边梁、屋盖上下平面内支撑、南北向次桁架和东西向主桁架，如图 16.3-17 所示。

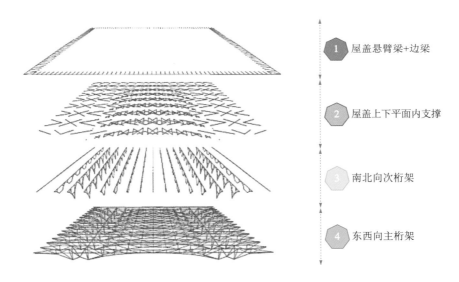

1　屋盖悬臂梁+边梁

2　屋盖上下平面内支撑

3　南北向次桁架

4　东西向主桁架

图 16.3-17　登录大厅钢结构屋盖组成

屋盖结构东西向共设置 8 榀桁架，创新性地提出与建筑造型完美贴合的空间四弦桁架——下弦采用曲线弦杆（图 16.3-18）。桁架高在支座处为 10.0m、跨中为 2.0m，桁架下弦呈空间抛物线形，其矢高比为 1：11.8，钢材强度为 Q345C。

图 16.3-18　单榀主桁架轴测图

主桁架类似变高的"连续梁"，它构成了屋盖结构的主要承重体系。每榀主桁架通过两侧各两个、总计四个绕Y轴转动的铰接支座与下部混凝土结构的型钢混凝土框架柱相连。该桁架具有如下特点：

（1）每个桁架由四根弦杆及相关腹杆组成，且下弦采用曲线弦杆；沿桁架纵向，桁架高度自然形成两侧大中间小的轻盈形态；

（2）该桁架体系不但解决了跨度方向建筑的曲面造型需求，而且由于"拱"形状的存在，极大提高了结构刚度；

（3）每侧有两个支座与下部结构相连，客观上形成了"固结"效应，但此"固结"效应是通过两个支座对下部结构的拉/压力形成的力偶，不是直接传递弯矩（图16.3-19）；

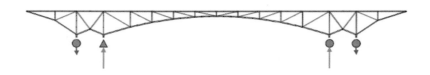

图 16.3-19　主桁架立面及其在恒载作用下的支座反力图

（4）因为有四根弦杆，该立体桁架具有良好的抗扭刚度，所以既可以独立承载，也可以通过一定的纵向联系形成多榀结构。

考虑到主桁架本身的刚度较大，为了减少其对下部结构的水平支承的依赖，降低下部结构的负担，主桁架与下部结构的连接关系随着施工进度进行变化（图16.3-20）。整体思路是在恒荷载及附加恒荷载施加完毕前，不对下部结构提出水平反力要求。通过这种做法，对下部结构的反力降低了70%。

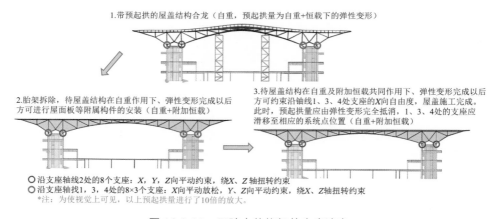

图 16.3-20　四弦立体桁架的支座演变

屋盖结构在四排支座上方设置4榀Y向次桁架（图16.3-21）。次桁架呈拱形布置的下弦为建筑外包层在几何及结构上均拟合了一个良好的支承条件。由于X向桁架的两根下弦在支座处收于一点，其在Y向上的整体稳定性需由Y向次桁架提供。此外，Y向次桁架同样也是建筑外形的重要实现方式（图16.3-22），体现了建筑与结构紧密结合的设计理念。次桁架钢材强度同样采用 Q345C。

图 16.3-21　支座处 *Y* 向次桁架立面图

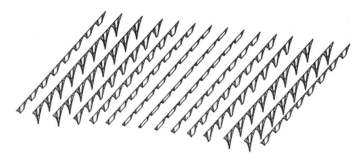

图 16.3-22　*Y* 向次桁架轴测图

屋盖上平面内的支撑意在使屋盖结构在平面内形成一个刚度良好的整体。此外，某些支撑也为*X*向主桁架上、下弦提供桁架平面外的支承以提升压弦的稳定性（图 16.3-23、图 16.3-24）。由于支撑应力水平较低，为满足圆管的局部稳定性及抗震构造长细比的要求，减少不必要的结构用钢量，采用 Q235C 钢材。

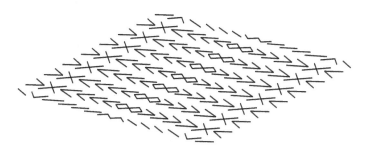

图 16.3-23　屋盖上平面（*X* 向桁架上平面）内支撑

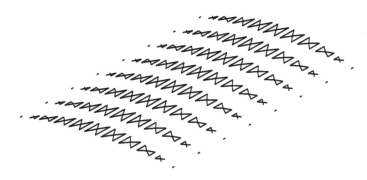

图 16.3-24　屋盖下平面（*X* 向桁架下平面）内支撑

屋盖结构总计通过 32 个绕*Y*轴转动销轴支座与下部混凝土结构相连（图 16.3-25），减少对下部结构弯矩的传递。考虑到支座处连接杆件众多,本项目采用铸钢节点(图 16.3-26),可焊铸钢采用 G20Mn5QT。

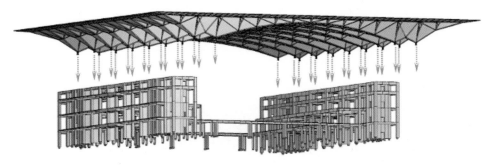

图 16.3-25　屋盖结构与下部混凝土结构的连接

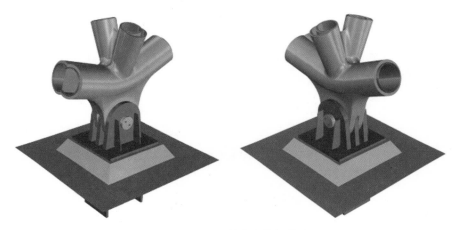

图 16.3-26　屋盖支座铸钢节点

3)钢结构屋盖荷载取值

登录大厅钢结构屋盖附加恒荷载为 2.8kN/m²。钢结构自重考虑铸钢节点及部分加肋等因素, 乘以 1.05 的放大系数。屋盖活荷载取值为 0.5kN/m²;雪荷载按 100 年一遇取值为 0.25kN/m²。

温度作用考虑±30℃。整体计算时下部混凝土部分温度考虑±21℃。

结构设计基准期为 50 年,建筑抗震设防类别为重点设防类;抗震设防烈度为 7 度(0.10g),设计地震分组为第三组,场地类别为 Ⅱ 类,特征周期为 0.4s,结构整体计算时的阻尼比按 0.045 考虑。

对于屋盖结构,其风荷载由两部分构成:

(1)通过屋盖的屋面板、东西侧玻璃幕墙以及桁架外包层直接作用在屋盖结构上的风荷载(图 16.3-27 中绿色)。该风荷载通过计算模型中所设置的虚面以面荷载形式直接施加;

(2)通过南北侧通高为 37.0m 的玻璃幕墙间接传递至屋盖结构的风荷载(图 16.3-27 中蓝色)。该风荷载通过幕墙立柱顶端的南北向(Y 向)反力以集中荷载(点荷载)的形式施加。

对于屋盖结构,风向角取正 X(东西向)、正 Y(南北向)两个。

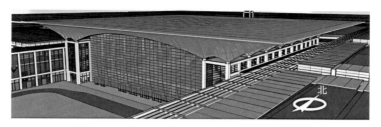

图 16.3-27　登录大厅钢结构屋盖风荷载加载范围

基本风压：0.60kN/m²（50 年一遇）。

参考风洞试验报告风振系数统一取为：1.6。

在 X 向风荷载作用下，屋面体型系数均取为 -0.6，在 Y 向风荷载作用下屋面体型系数按图 16.3-28 取值。

4）登录大厅屋盖结构计算结果

（1）结构自振周期

计算采用通用有限元分析软件 SAP2000 进行，建模时将上部钢结构与下部混凝土支撑结构一同输入，以考虑下部混凝土结构的实际刚度，建立整体计算模型见图 16.3-29。

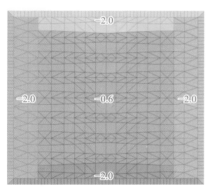

图 16.3-28　钢结构屋盖在 Y 向风荷载　　　图 16.3-29　结构整体计算模型
　　　　　作用下体型系数示意

第一阶扭转振型与第一阶平动振型的比值为 $0.86 < 0.90$，满足规范要求（图 16.3-30～图 16.3-32）。

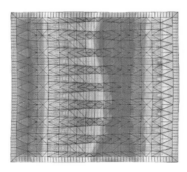

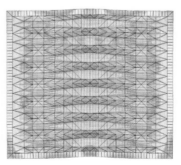

图 16.3-30　第一阶平动振型　　　　　图 16.3-31　第二阶平动振型
　　（ X 向，$T_1 = 0.69$s ）　　　　　　（ Y 向，$T_2 = 0.45$s ）

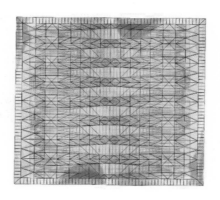

图 16.3-32　第一阶扭转振型（绕 Z 轴，$T_3 = 0.59s$）

（2）屋盖整体稳定分析

由于登录大厅钢结构屋盖采用空间钢结构，其整体刚度较好。受力体系和空间网架结构类似，区别于单层网壳和拱结构，双层的网格结构屈曲分析的结构通常体现为单根杆件或局部杆件的屈曲，而屈曲因子最低的模态则为整体结构中的稳定性薄弱环节。

在结构屈曲特征值分析中，均体现为轴压力较大的杆件出现屈曲，并未发现清晰的整体稳定屈曲模态。因此，进行了更多阶屈曲模态的分析以寻找整体屈曲因子，并进行了全过程的弹塑性荷载-位移全过程分析以获取整体结构的安全系数。

竖向荷载作用下，工况 1.35 × 恒荷载 + 0.98 × 活荷载为控制荷载组合，因此分析该荷载工况组合下的结构屈曲，特征值屈曲分析结果见图 16.3-33 和图 16.3-34。

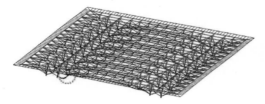
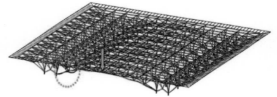

图 16.3-33　第一阶屈曲模态（7.53）　　　图 16.3-34　第十七阶屈曲模态（11.30）

结构屈曲分析表明，各阶屈曲均发生在受压的下弦部位，最低屈曲模态系数为 7.53 > 4.2，满足《空间网格结构技术规程》JGJ 7—2010 要求。

除进行线弹性屈曲分析（特征值屈曲分析）外，为保证结构安全，还进行了考虑结构初始几何缺陷和材料非线性的双非线性弹塑性全过程分析，用于清晰反映屋盖结构的强度、稳定乃至刚度等性能的整个变化历程。

对屋盖结构进行全过程分析时，初始几何缺陷分布采用结构在荷载标准值，即 1.0 × (恒荷载 + 活荷载)工况下的最低阶屈曲模态，其缺陷最大值取屈曲构件计算长度的 1/300，结构整体失稳变形见图 16.3-35。

双非线性分析结果表明，当选取荷载标准组合 1.0 × (恒荷载 + 活荷载)为基本工况时，其安全系数 K 值为 2.3 > 2.0，满足《空间网格结构技术规程》JGJ 7—2010 要求。

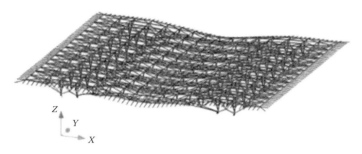

图 16.3-35　整体失稳变形

（3）屋盖挠度校核

X向主桁架挠度限值取为$L/250$，相应的桁架最大挠度为 189mm，如图 16.3-36 所示，为跨度的 1/500，满足规范要求。南北侧悬挑端挠度限值取为$L/250$，最大相对挠度为 $272 - 217 = 55$mm，如图 16.3-37 所示，为跨度的 1/207，满足规范要求。

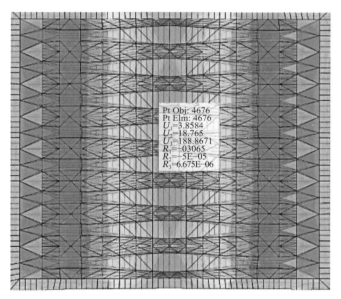

图 16.3-36　钢结构屋盖 X 向桁架最大挠度图（mm）

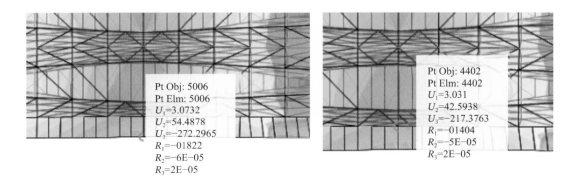

图 16.3-37　钢结构屋盖南北悬挑端最大挠度图（mm）

（4）屋盖钢构件验算

屋盖钢构件主次桁架及上下弦支撑均采用圆钢管（无缝管和直缝电焊管），悬臂梁及外圈圈梁采用矩形钢管，屋盖主要截面尺寸见表 16.3-3。

屋盖钢构件主要截面尺寸　　　　　　　　　　表 16.3-3

类型		主要截面尺寸
主桁架（X向）	上弦杆（mm）	$\phi457 \times 14$、$\phi406 \times 14$
	下弦杆（mm）	$\phi610 \times 40$、$\phi508 \times 34$、$\phi508 \times 22$
	支座斜腹杆（mm）	$\phi457 \times 20$
	其他斜腹杆（mm）	$\phi356 \times 26$、$\phi356 \times 14$、$\phi325 \times 14$
	上下弦支撑（mm）	$\phi356 \times 12$、$\phi325 \times 8.5$、$\phi273 \times 8$
次桁架（Y向）	弦杆（mm）	$\phi356 \times 26$、$\phi356 \times 14$、$\phi325 \times 16$
	斜腹杆（mm）	$\phi219 \times 8$、$\phi219 \times 6$
屋盖悬臂梁及圈梁（mm）		B500/300×300×12×18、B500/300×300×10×16、B500×250×12×18

经验算，屋盖主次桁架、上下弦支撑、悬臂梁及外圈圈梁应力比均小于 1.0，满足规范要求。

四、专项设计

1. 登录大厅钢结构屋盖复杂节点分析

1）典型铸钢节点分析

钢结构屋盖在支座处及主桁架上弦杆件交叉较多处采用铸钢节点，为保证节点安全，对铸钢节点进行有限元分析。分析采用 ABAQUS 软件，采用实体单元模拟各构件。根据《空间网格结构技术规程》JGJ 7—2010 和《铸钢节点应用技术规程》CECS 235—2008，铸钢节点应能保证 3 倍设计荷载下不发生破坏。铸钢节点位置如图 16.4-1 与图 16.4-2 所示，分析结果表明节点应力均满足规范要求。限于书中篇幅，以下仅给出典型铸钢节点 4 的有限元分析结果。

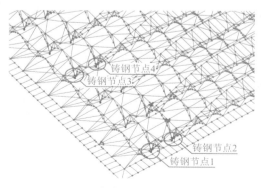

图 16.4-1　支座铸钢节点位置示意图

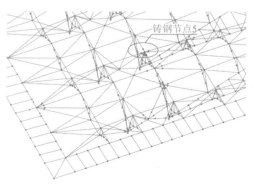

图 16.4-2　上弦铸钢节点位置示意图

铸钢节点 4 的加载示意图见图 16.4-3。分析表明该节点设计控制工况为：$1.1 \times (1.2$ 恒荷载 $+ 0.98$ 活荷载 $+ 0.84$ 升温作用 $+ 1.4Y$ 向下压风荷载) 与 $1.1 \times (1.0$ 恒荷载 $+ 0.84$ 升温作用 $+ 1.4Y$ 向上吸风荷载)。

图 16.4-3　铸钢节点 4 加载点示意图

经过考虑几何非线性和材料非线性的双非线性计算，铸钢节点 4 在 3 倍的下压风控制荷载下的有限元计算结果如图 16.4-4 所示，铸钢节点区最大应力为 428MPa，节点未发生破坏，满足规范要求。最大应力位于外侧双肢杆件下部位置。铸钢节点 4 在 3 倍的上吸风控制荷载下的有限元计算结果如图 16.4-5 所示，铸钢节点区最大应力为 273MPa，节点未发生破坏，满足规范要求。最大应力位于内侧双管下方位置。

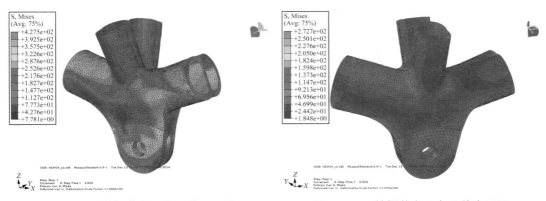

图 16.4-4　铸钢节点 4 在 3 倍下压风
控制荷载下的计算结果

图 16.4-5　铸钢节点 4 在 3 倍上吸风
控制荷载下的计算结果

2）典型相贯节点分析

钢结构屋盖除局部采用铸钢节点外，大部分节点形式为圆钢管相贯节点。为保证节点安全，对相贯节点进行有限元分析。分析采用 ANSYS 软件，采用面单元模拟各构件及节点板。根据《钢管结构技术规程》CECS 280—2010 及《钢结构设计标准》GB 50017—2017，相贯节点应能保证 1.6 倍设计荷载下不发生破坏。典型相贯节点位置如图 16.4-6 所示。限于书中篇幅，以下仅给出典型相贯节点 6 的有限元分析结果，分析结果表明节点应力均满足规范要求。

相贯节点 6 的加载示意图见图 16.4-7。分析表明该节点设计控制工况为：$1.1 \times (1.2$ 恒荷载 $+ 0.98$ 活荷载 $+ 0.84$ 升温作用 $+ 1.4Y$ 向下压风荷载)与 $1.1 \times (1.0$ 恒荷载 $+ 0.84$ 升温作用 $+ 1.4Y$ 向上吸风荷载)。

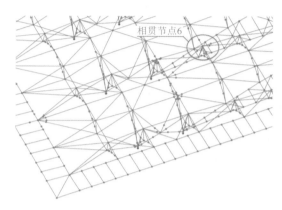

图 16.4-6 相贯节点 6 位置示意图　　图 16.4-7 相贯节点 6 加载点示意图

考虑几何非线性和材料非线性的双非线性计算显示，相贯节点 6 在 3.2 倍的下压风控制荷载下才达到破坏，满足大于 1.6 倍控制荷载的要求，其有限元计算结果如图 16.4-8 所示，相贯节点区最大应力为 551MPa（局部区域，大部分区域应力小于 310MPa），最大应力位于主管与 4 号杆件的连接位置。相贯节点 6 在 4.45 倍的下压风控制荷载下才达到破坏，满足大于 1.6 倍控制荷载的要求，其有限元计算结果如图 16.4-9 所示，相贯节点区最大应力为 377MPa（局部区域，大部分区域应力小于 310MPa），最大应力位于 1 号杆件上。

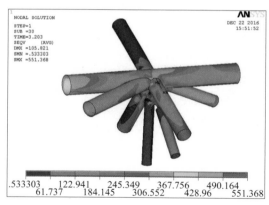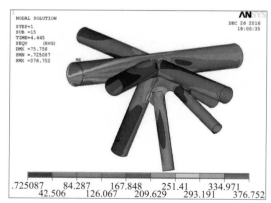

图 16.4-8 相贯节点 6 在 3.2 倍下压风　　　图 16.4-9 相贯节点 6 在 4.45 倍上吸风
下的计算结果　　　　　　　　　　　下的计算结果

2. 在强腐蚀环境下预应力混凝土管桩防腐蚀设计

根据岩土报告，场区属 Ⅱ 类环境类型，根据水（土）质分析成果，依据《岩土工程勘察规范》GB 50021—2001（2009 年版）的相关规定，按最不利组合综合判定：

（1）场区地表水、地下水在干湿交替作用下对混凝土结构具有强腐蚀性，在无干湿交替作用下对混凝土结构具有强腐蚀性。

（2）场区地表水、地下水对钢筋混凝土结构中的钢筋，在干湿交替情况下具有强腐蚀性，在长期浸水情况下其腐蚀性需要专门研究。

（3）地下水以上填土对混凝土结构具有强腐蚀性，对钢筋混凝土结构中的钢筋具有强腐蚀性。

（4）场区淤泥～淤泥质黏土对混凝土结构具有强腐蚀性，对钢筋混凝土结构中的钢筋具有强腐蚀性。

按《工业建筑防腐蚀设计标准》GB/T 50046—2018 规定应在设计中对桩基、抗拔锚杆及地下室临土、临水构件采取防腐措施。

因此，根据专家论证会咨询意见，结合规范要求，预应力混凝土管桩采取如下防腐蚀措施：

（1）管桩桩型选用 AB 型。

（2）桩身混凝土强度等级：C80；抗渗等级 P12。

（3）桩身混凝土保护层厚度：35mm。

（4）预应力混凝土管桩最大水胶比 0.4；Cl^-含量 ≤ 0.06%；碱含量 ≤ 3kg/m³；胶材最小用量 ≤ 400kg/m³。

（5）桩身混凝土抗硫酸盐等级 KS150 ≥ 0.85；电通量 ≤ 800C。

（6）桩身混凝土采用掺入抗硫酸盐的外加剂、掺入矿物掺和料。桩身混凝土抗腐蚀性能应经试验论证。

（7）预应力混凝土管桩桩身表面涂刷防腐蚀涂层厚度 ≥ 500μm，长度应大于污染土层的长度。

（8）控制工程桩长，避免接桩情况。

（9）桩尖采用闭口型。

（10）内孔用 C30 微膨胀混凝土封闭，桩底内孔应灌注高度 1/3 桩长的封底混凝土。

五、结　语

（1）本项目展厅和登录大厅结构体系采用钢筋混凝土框架-剪力墙，结构方案适应超大跨度的建筑空间效果，结构构件布置合理，荷载传递清晰，结构措施明确，结构抗震性能良好，结构体系安全可靠。

（2）登录大厅采用轻型大跨钢屋盖结构，主桁架采用创新性的四弦空间桁架体系，并利用四弦空间桁架体系形成多层次空间桁架体系，最大跨度达 94.5m，两侧的悬挑长度达 26.5m。实现建筑与结构的完美结合。

（3）展厅超大无柱空间单层展厅内 62m×134m 无柱，双层展厅的首层柱网 24m×36m，二层 62m×134m 无柱，展厅屋盖为轴跨 62.5m 的钢桁架。

（4）超长混凝土结构不设双柱、不设缝展厅两两相连，形成两个结构单元，展厅每个结构单元长度为 189m，宽度为 162m，结构单元之间不设双柱、不设缝，采用滑动支座相连。

（5）在强腐蚀环境下所有展厅大面积采用预应力混凝土预制管桩突破现有规范要求。

项目获奖情况

第十九届中国土木工程詹天佑奖

2020—2021 年度中国建设工程鲁班奖（国家优质奖）

2019 年第十三届中国钢结构金奖工程

2021 年北京市优秀工程勘察设计奖建筑工程设计综合奖（公共建筑）二等奖

2021 年北京市优秀工程勘察设计奖建筑结构专项奖一等奖

2021 年度中国勘察协会优秀勘察设计建筑设计三等奖

参考文献

[1] 中华人民共和国住房和城乡建设部. 建筑抗震设计规范: GB 50011—2010(2016 年版)[S]. 北京: 中国建筑工业出版社, 2016.

[2] 中华人民共和国住房和城乡建设部. 高层建筑混凝土结构技术规程: JGJ 3—2010[S]. 北京: 中国建筑工业出版社, 2011.

[3] 中华人民共和国住房和城乡建设部. 建筑结构荷载规范: GB 50009—2012[S]. 北京: 中国建筑工业出版社, 2012.

[4] 中华人民共和国住房和城乡建设部. 混凝土结构设计规范: GB 50010—2010(2015 年版)[S]. 北京: 中国建筑工业出版社, 2011.

[5] 中华人民共和国住房和城乡建设部. 钢结构设计标准: GB 50017—2017[S]. 北京: 中国建筑工业出版社, 2018.

[6] 中华人民共和国住房和城乡建设部. 空间网格结构技术规程: JGJ 7—2010[S]. 北京: 中国建筑工业出版社, 2011.

[7] 中国工程建设标准化协会. 铸钢节点应用技术规程: CECS 235—2008[S]. 北京: 中国计划出版社, 2008.

[8] 中国工程建设标准化协会. 钢管结构技术规程: CECS 280—2010[S]. 北京: 中国计划出版社, 2010.

[9] 中华人民共和国建设部. 岩土工程勘察规范: GB 50021—2001(2009 年版)[S]. 北京: 中国建筑工业出版社, 2009.

[10] 中华人民共和国住房和城乡建设部. 工业建筑防腐蚀设计标准: GB/T 50046—2018[S]. 北京: 中国计划出版社, 2019.

17

雄安城市计算（超算云）中心
项目结构设计

结构设计单位：中国建筑科学研究院有限公司

结构设计团队：孙建超，邹焕苗，杨金明，高　杰，巫振弘，王　威，师亚军，
　　　　　　　刘艳辉，张　洁，赵尚通，王　琦，何　帅

执　笔　人：邹焕苗，巫振弘

一、工程概况

雄安超算云项目（图 17.1-1）位于雄安市民服务中心北侧生态绿地公园。地下一层，地上二层（局部三层），建筑高度 13m，屋盖最大跨度 105m，总建筑面积 3.98 万 m²。建筑上覆土与旁边公园绿地融为一体，屋顶随地势起伏藏建筑于自然。项目定位为"雄安的城市大脑"，将配备互联网数据中心（Internet Data Center，简称 IDC）设备机柜及配套基础设施，并为超算系统建设配套的业务部署环境。项目地上部分采用国内首创的大跨度无柱 IDC 机房，地上建筑主要功能：生态机房大厅，集装箱机房大厅，应急指挥控制中心（Emergency Command Center，简称 ECC）及其他辅助用房；地下一层主要为 IDC 机房、机房配套用房等，建筑剖面见图 17.1-2。主体结构形式地下部分为现浇钢筋混凝土框架结构（部分型钢混凝土柱），地上部分为钢框架，大跨度屋盖采用交叉网格布置钢桁架。此屋盖结构形式造型优美、契合主题，可以为建筑功能、造型和维护需求提供有力支撑。钢结构具有强度高、重量轻、韧性良好和易加工组装等优点，因此被广泛应用于大型体育场馆、火车站、航站楼等大跨屋面建筑。常用的大跨空间结构形式有空间桁架、网架、网架等。大跨结构的跨度、荷载和传力路径是结构设计选型中的关键。重载大跨钢结构楼屋盖在一些特殊工程中具有良好的应用环境。

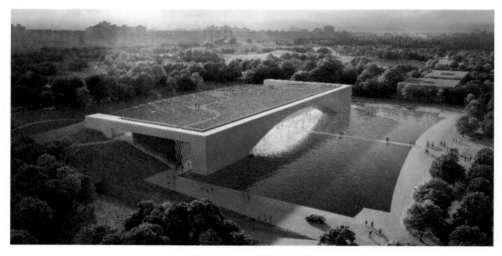

图 17.1-1　建筑效果图

该建筑屋盖网壳最大跨度 105m，地上屋盖长度 105m，宽度 98.2m，厚度 2.5m，为空间钢结构上覆混凝土屋面板屋盖。屋盖钢结构采用部分落地斜交网格双层网壳结构，屋盖南北两侧支承于两排 9m 间距框架柱上，西侧网壳收缩为斜放 Y 形柱落地，东侧支承于立体拱桁架上，网架中部由 12 根钢管混凝土柱支承。交叉网格尺寸为 3m×9m 的菱形网格，屋面采用钢筋桁架楼承板组合屋盖。建筑剖面图和结构 3D 模型图见图 17.1-2 和图 17.1-3。

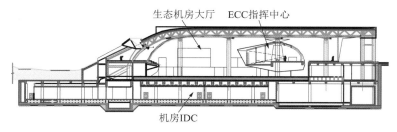

图 17.1-2　建筑剖面图

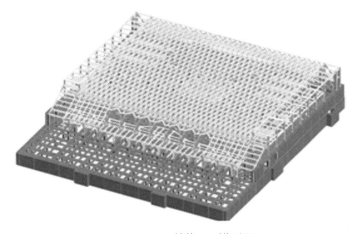

图 17.1-3　结构 3D 模型图

二、设计条件

1. 自然条件

1）拟建场区的工程地质条件

根据建研地基基础工程有限公司提供的《雄安城市计算（超算云）中心建设项目岩土工程勘察报告》，结合场区附近已有工程勘察资料和地下水长期观测资料，场区自 1990 年以来历年最高地下水位标高约为 6.0m，考虑白洋淀区域生态涵养建设、南水北调、引黄入冀补淀等重大水利工程等因素，本项目抗浮水位标高取值为 7.0m。拟建场区地下水对混凝土结构具有微腐蚀性，在干湿交替情况下对钢筋混凝土结构中的钢筋具有微腐蚀性。根据项目岩土工程勘察报告，本工程基底主要持力层为粉细砂、粉质黏土、粉土，场地内地层垂直分布规律性较好，水平向分布较稳定，属于均匀地基。

本工程各部分荷载差异大，相同部分荷载分布亦不均匀。因此，变形控制是结构基础设计中遇到的重要问题。

本工程基础尺寸大，基础埋深较深，土方开挖，基坑支护，地下水控制等难度大，拟建基础不同部位高差较大，相邻槽壁的支护、变形控制比较严格。

2）风荷载

（1）基本风压：0.40kN/m²；

（2）地面粗糙度类别：C 类。

3）雪荷载

基本雪压：0.35kN/m²。

4）场地标准冻结深度：0.8m。

5）本工程的±0.000 相当于绝对标高 4.500m。

2. 设计要求

根据中共河北省委及河北省人民政府编制的《河北雄安新区规划纲要》及《建筑抗震设计规范》GB 50011—2010（2016 年版），本项目的抗震设防烈度为 8 度半，设计基本地震加速度为 0.3g，设计地震分组为第二组。场地土类型为中软土，属于对建筑抗震的一般地段。场地类别为Ⅲ类，特征周期 0.55s。

1）结构设计标准

（1）建筑结构设计使用年限：50 年；

（2）结构设计基准期为 50 年；

（3）建筑结构安全等级为一级，结构重要性系数：1.1；

（4）建筑地基基础等级为甲级，基础设计安全等级为一级；

（5）建筑物耐火等级为一级；

（6）地下工程的防水等级为一级。

2）抗震设防烈度和设防类别

（1）基本烈度：8 度半，设计基本地震加速度值为 0.30g，设计地震分组为第二组；

（2）设防烈度：8 度半；

（3）场地类别为Ⅲ类，取特征周期 $T_g = 0.55s$；

（4）建筑抗震设防类别：乙类；

（5）建筑混凝土结构部分的抗震等级。

地上混凝土框架及地下相关范围：一级；混凝土墙：二级；

景观架框架：二级；地上（−1.5m 标高以上）钢框架：二级；

大跨屋盖钢结构：满足规范 9 度抗震措施。

本工程屋盖属于大跨度钢结构，温度作用对结构影响较大，设计不能忽略。考虑屋盖属于覆土屋面，结合当地气象条件，整体屋盖结构合龙温度按 15℃±3℃，计算考虑升温 24℃，降温 30℃。由于东侧主入口拱形钢桁架部位处于室外，适当提高计算温差，按不利条件考虑。

三、结构体系

根据建筑主要功能布局，地下一层主要为 IDC 机房、机房配套用房，主要柱网尺寸为 9m×15m、9m×9m 等，建筑方案及集装箱设备管线路由等要求，室内机房大厅建筑±0.000 标高以下−1.500m 左右结构顶板，上部预留 1.5m 回填土及建筑做法。机房大厅范围 15m 跨度主梁截面主要为 800mm×1500mm，1000mm×1500mm，西侧室外覆土顶板主梁截面 800mm×1200mm，次梁截面主要为 400mm×800mm，500mm×800mm 等，板厚为 250mm，标高−1.500m 结构布置如图 17.3-1 所示。

建筑首层中间区域为生态机房大厅和集装箱机房大厅，形成中间无柱空旷高大空间，5.900m 标高周边设置配套房间，西侧为连通通道及平台，采用钢结构框架，钢梁与屋盖落地弧状 Y 形钢柱相连，故东侧及南北侧作为入口大厅及配套房间，根据建筑室外标高关系，东侧及南北侧在 5.900m 标高以下设置挡土外墙，西侧建筑±0.000 与室外连通，首层形成三面挡土，半埋入式；5.900m 标高结构布置见图 17.3-2。

建筑屋面采用覆土种植屋面，含屋面板恒荷载重量为 9kN/m²，属于大跨度重荷载钢结构屋面，大跨钢结构水平投影长度 105m，宽度约为 98m，厚度为 2.5m。

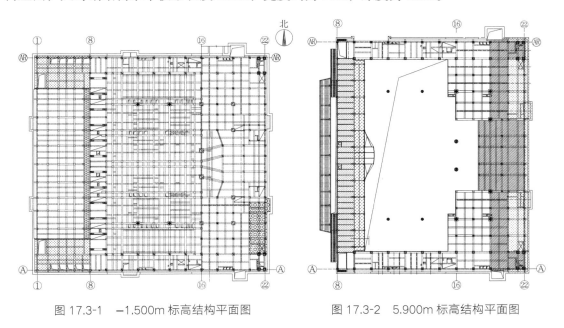

图 17.3-1　−1.500m 标高结构平面图　　　　图 17.3-2　5.900m 标高结构平面图

1. 交叉网架的设计演变

综合考虑建筑效果、结构安全及经济、环保等因素，在混凝土壳、单向钢结构桁架和网壳方案中选取了斜向交叉网格双层空间网壳的结构方案。以下为屋盖钢网壳结构整体的设计演变过程。

1）小网架多柱支撑方案（P1）

本方案（P1）结合建筑空间使用条件，在大跨位置设置斜交双层网壳，见图17.3-3。网壳范围从东侧正门入口通道向西侧延伸，在通过ECC房间后网壳范围编织扩大。并在网壳变宽度区域设置大型桁架转换梁支撑交叉网格。桁架转换梁高度为3～4m。

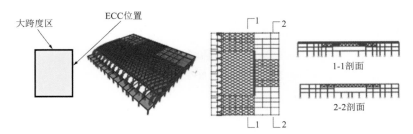

图17.3-3　小网架多柱支撑结构形式

2）大网架多柱支撑＋拱方案（P2）

本方案（P2）在P1基础方案条件下，对原网壳方案进行了调整以改善屋盖建筑效果和使用功能，见图17.3-4。主要调整包括：（1）东侧屋面网格补齐，交叉网格编织覆盖全屋面，去掉ECC附近的转换桁架；（2）将东侧转换桁架改为大跨拱结构；（3）去掉西侧整齐支承横梁，调整屋盖网壳与Y形斜柱有机交织形成整体交叉网格，交汇于Y形柱至落地。满足入口通行需要的同时提高屋盖与落地柱整体效果。

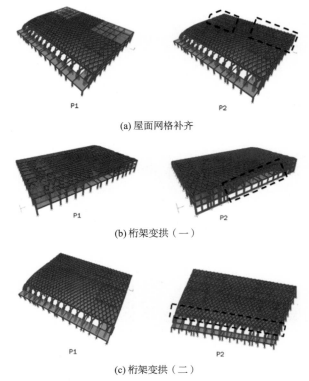

(a) 屋面网格补齐

(b) 桁架变拱（一）

(c) 桁架变拱（二）

图17.3-4　大网架多柱支撑＋拱结构形式

3）网格尺寸优化（P3）

相比 P2 方案 4.5m×9m 菱形网格，本方案（P3）采用 3m×9m 菱形网格，研究不同网格间距下的结构性能和建筑效果。4.5m 间距下，主要网格高度为 3m；3m 间距下，主要网格高度为 2.5m。在满足结构承载力要求条件下，3m 网格相比 4.5m 网格节约屋盖钢结构材料用量约 10%，同时有利于屋面混凝土浇筑和避免开裂。二者效果对比见图 17.3-5。

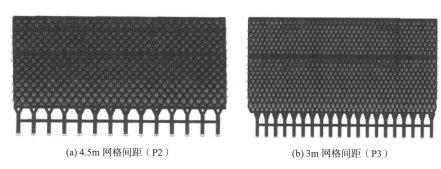

(a) 4.5m 网格间距（P2）   (b) 3m 网格间距（P3）

图 17.3-5   不同网格间距结构方案

4）设置不同数量柱的影响（P4～P6）

在 P3 方案基础上，对东侧 ECC 旁入口处交叉网格支承柱的数量和布置进行了优化分析。对比 24 柱支承方案（P3）、两柱支承方案（P4）、四柱支承方案（P5）和六柱支承方案（P6）。多柱方案（P3）主要柱尺寸为 1～1.2m，部分柱需设置型钢；两柱方案（P4）巨柱尺寸为 4～6m；四柱方案（P5）柱尺寸为 1.5～2m；六柱方案（P6）柱尺寸为 1.2～1.5m。各方案的支承条件见图 17.3-6，虚线框范围内为四种方案均相同的支承柱的位置，填充位置处的柱为四种方案不同支承柱的位置。

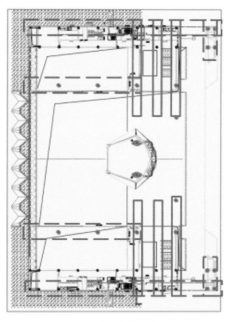 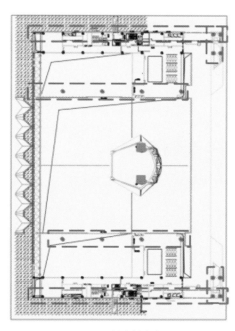

(a) P2 多柱支撑方案   (b) P4 两柱支撑方案

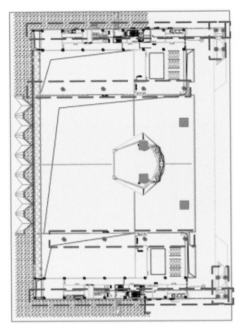 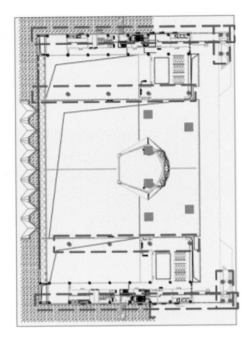

(c) P5 四柱支撑方案   (d) P6 六柱支撑方案

图 17.3-6   不同下部支撑结构方案

对上述六个方案综合考虑结构设计合理性、建筑效果以及经济性有如下结论：

（1）六个方案均基本可行，主要构件满足承载力要求，局部构件需采取加强措施。

（2）从抗震性能考虑，P4 两柱支承方案抗扭转条件不利，外围结构需要继续补强，结构难度大代价较高；P5 四柱支承方案和 P6 六柱支承方案基本能满足结构支撑和抗侧需要，P2 多柱支承方案和结构抗扭转更加有利。

（3）从材料用量考虑，柱子数量较多时相对用量较小：P4 > P5 ≈ P6 > P2；网格较小时相对用量较小：P2 > P3。

综合材料用量、结构性能和建筑效果，最终选取了交叉网架 3m 间距柱网 + 四柱支承方案（P5）。

2. 分析模型

屋面钢结构最终采用斜向交叉状桁架结构（图 17.3-7）。南北两侧支承于 9m 间距的钢管混凝土柱上，西侧网壳弧形收缩为斜放 Y 形柱落地，东侧支承于立体拱桁架上（图 17.3-8），中部有 12 根钢管混凝土柱支承，截面采用 $\phi2000mm \times 60mm$ 和 $\phi1500mm \times 60mm$ 两种规格。屋面交叉桁架呈 $3m \times 9m$ 的菱形网格布置，屋面板采用钢筋桁架楼承板现浇混凝土组合屋面。

结构分析采用两种模型分别分析、包络设计：

（1）上部大屋盖单独钢结构模型，钢管混凝土柱底固接，采用 SAP2000 进行分析计算。

（2）上部钢结构与下部混凝土结构整体组装模型，阻尼比按材料自动根据应变能加权方法计算振型阻尼比，采用 YJK 进行整体分析计算。

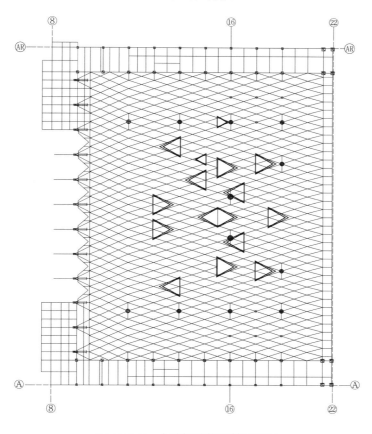

图 17.3-7　大跨钢结构屋盖平面图

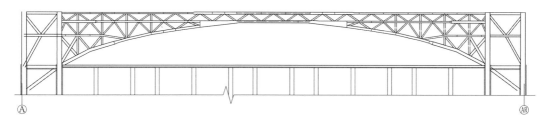

图 17.3-8　东侧拱桁架

1）嵌固端判断

地下一层与地上的剪切刚度比：X 向为 1.9，Y 向为 2.5。地下一层顶板满足作为上部结构嵌固端的条件。由于地上一层南、北及东侧临土，嵌固端仍采用在首层楼板，首层顶考虑实际嵌固情况进行包络设计。

2）主要振型

根据整体组装结构的模态分析结果图（图 17.3-9～图 17.3-11），第一、二阶振型分别为 Y 向平动、X 向平动为主，第三阶振型以扭转为主。

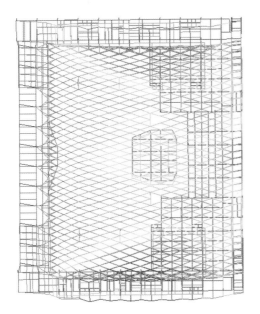

图 17.3-9　第一阶平动振型（Y向为主）
$T_1 = 0.547$s

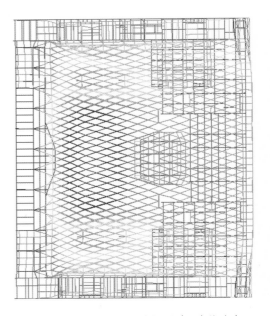

图 17.3-10　第二阶平动振型（X向为主）
$T_2 = 0.511$s

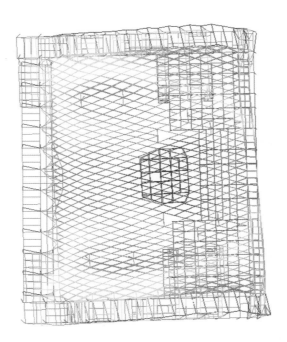

图 17.3-11　第三阶扭转振型 $T_3 = 0.425$s

3）屋盖钢结构应力与变形

在永久荷载＋可变荷载的标准组合下，屋盖的最大挠度为 78mm，挠跨比为 1/1346（图 17.3-12），满足规范要求。

　　在重力荷载代表值＋多遇竖向地震作用标准值的组合下，屋盖的最大挠度为 72mm，挠跨比为 1/1458（图 17.3-13），满足规范要求。

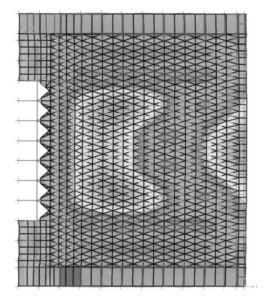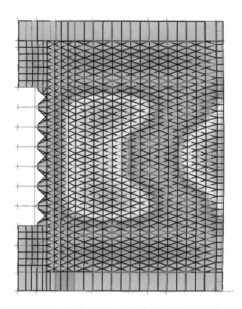

图 17.3-12　永久荷载＋可变荷载作用变形图　　图 17.3-13　重力荷载＋竖向地震作用下变形图

　　钢屋盖杆件采用 H 型钢及箱形截面，在控制荷载组合下的应力比，上弦的最大应力比为 0.747（图 17.3-14），下弦的最大应力比 0.647，腹杆最大应力比 0.710，拱桁架最大应力比 0.743（图 17.3-15）。

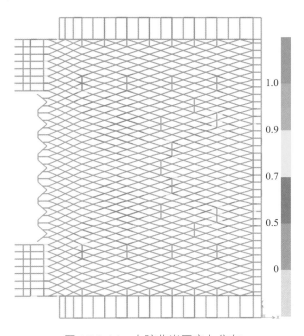

图 17.3-14　上弦北半区应力分布

图 17.3-15　东侧拱桁架应力分布

3. 屋面构件优化和验算

1）图乘法计算理论

按照图乘法构在荷载作用下构件的变形可按式(17.3-1)计算。

$$\Delta_p = \sum \int \frac{\overline{N}N_p}{EA}\,ds + \sum \int \frac{\overline{M}M_p}{EI}\,ds + \sum \int k\frac{\overline{Q}Q_p}{GA}\,ds \qquad (17.3\text{-}1)$$

对于桁架构件，可通过图乘法判断控制变形关键构件，并对杆件的截面进行初步选型和优化。忽略弯矩影响，仅考虑杆件轴力条件下推导不同跨度桁架的变形计算公式。

对于高度为h、跨度为b的单层桁架，受力简图见图 17.3-16。基于图乘法，可计算在均布荷载F作用下，上、下弦以及斜腹杆截面尺寸与跨数n对结构跨中变形的影响关系公式。以三跨桁架为例，桁架轴力分布见表 17.3-1 和表 17.3-2。上弦面积取A_1，下弦面积取A_2，斜腹杆面积取A_3。

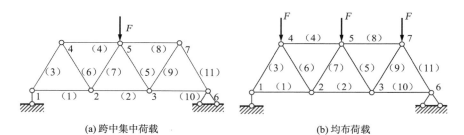

(a) 跨中集中荷载　　　　　　　　　　　(b) 均布荷载

图 17.3-16　图乘法桁架示意图

奇数跨单层桁架均布荷载下轴力分布N_p　　　　　　　　　表 17.3-1

杆件编号	轴力大小	杆件编号	轴力大小
1（支座相连下弦杆）	$0.30nF$	7（跨中 W 形斜腹杆）	$-0.58F$
2（跨中下弦杆）	$0.15(n^2+1)F$	8（第一跨上弦杆）	$-0.60(n-1)F$
3（支座相连斜腹杆）	$-0.58nF$	9（跨中 W 形斜腹杆）	$0.58F$
4（第一跨上弦杆）	$-0.60(n-1)F$	10（支座相连下弦杆）	$0.30nF$
5（跨中 W 形斜腹杆）	$-0.58F$	11（支座相连斜腹杆）	$-0.58nF$
6（跨中 W 形斜腹杆）	$0.58F$		

奇数跨单层桁架跨中集中荷载下轴力分布$\overline{N}$　　　　　　　　　表 17.3-2

杆件编号	轴力大小	杆件编号	轴力大小
1（支座相连下弦杆）	$0.30F$	3（支座相连斜腹杆）	$-0.58F$
2（跨中下弦杆）	$0.30nF$	4（第一跨上弦杆）	$-0.60F$

续表

杆件编号	轴力大小	杆件编号	轴力大小
5（跨中 W 形斜腹杆）	$-0.58F$	9（跨中 W 形斜腹杆）	$0.58F$
6（跨中 W 形斜腹杆）	$0.58F$	10（支座相连下弦杆）	$0.30F$
7（跨中 W 形斜腹杆）	$-0.58F$	11（支座相连斜腹杆）	$-0.58F$
8（第一跨上弦杆）	$-0.60F$		

奇数跨单层桁架应力比　　　　　　　　　表 17.3-3

杆件编号	应力比大小	杆件编号	应力比大小
1（支座相连下弦杆）	$0.30nF/A_2f$	7（跨中 W 形斜腹杆）	$-0.58F/A_3f$
2（跨中下弦杆）	$0.15(n^2+1)F/A_2f$	8（第一跨上弦杆）	$-0.60(n-1)F/A_1f$
3（支座相连斜腹杆）	$-0.58nF/A_3f$	9（跨中 W 形斜腹杆）	$0.58F/A_3f$
4（第一跨上弦杆）	$-0.60(n-1)F/A_1f$	10（支座相连下弦杆）	$0.30nF/A_2f$
5（跨中 W 形斜腹杆）	$-0.58F/A_3f$	11（支座相连斜腹杆）	$-0.58nF/A_3f$
6（跨中 W 形斜腹杆）	$0.58F/A_3f$		

运用图乘法计算，n 跨桁架结构在跨中节点 5 处挠度见式(17.3-2)，构件应力比见表 17.3-3。通过迭代计算，可以得到同时满足式(17.3-2)和表 17.3-3 的最优构件截面。

$$y = \frac{\Delta_\mathrm{p}}{nb} = \frac{F}{E}\left[\frac{0.24(n-1)}{A_1} + \frac{0.015(n^3+5n)}{A_2} + \frac{0.2179(n+2)}{A_3}\right] \leqslant \frac{1}{250} \tag{17.3-2}$$

2）本项目基于桁架截面归并设计

由于支承条件限制，本项目桁架跨数种类较多，见图 17.3-17。由于天窗需要，部分桁架需要切断，增加和构件优化难度。基于上述推导，按照变形和内力双控原则，判断不同跨度桁架的截面尺寸需要，并优化不同跨度桁架截面选型，归并后的构件分布见图 17.3-18。

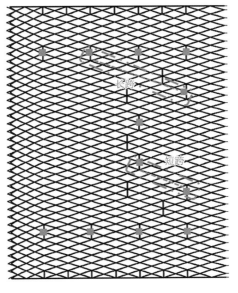

图 17.3-17　本项目桁架跨数示例

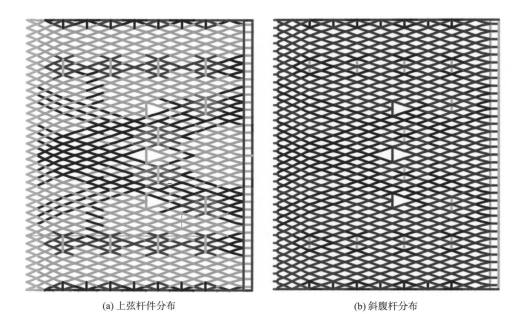

(a) 上弦杆件分布　　　　　　　　　　　(b) 斜腹杆分布

图 17.3-18　本项目归并后的构件分布

　　结构主要振型见图 17.3-19，第一、三阶振型 X 方向平动为主，第二阶振型 Y 方向平动为主，第四阶振型扭转为主，周期分别为：0.61s、0.57s、0.52s、0.42s。

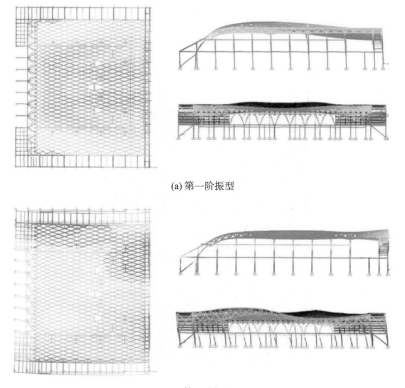

(a) 第一阶振型

(b) 第二阶振型

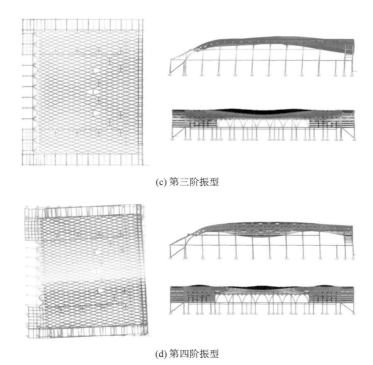

(c) 第三阶振型

(d) 第四阶振型

图 17.3-19　结构振型图

采用重力、温度、设防地震作用组合作用包络设计，屋盖构件应力比见图 17.3-20。屋盖结构上弦的最大应力比 0.747，下弦的最大应力比 0.647，腹杆最大应力比 0.710，拱最大应力比 0.743，均满足规范限值要求。

屋盖挠度分布见图 17.3-21。屋盖钢结构在重力荷载标准组合下，最大竖向变形为 78mm，按最短跨计算挠度为 1/770。地震标准组合下，屋盖最大竖向变形为 72mm，挠度为 1/833。

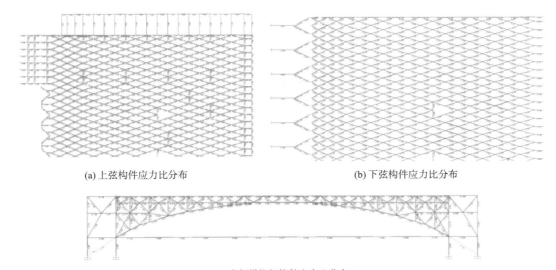

(a) 上弦构件应力比分布　　　　　　　　　　(b) 下弦构件应力比分布

(c) 东侧拱桁架构件应力比分布

图 17.3-20　屋盖承载力验算

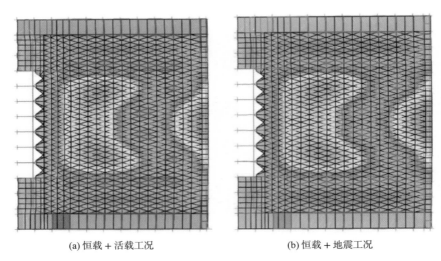

(a) 恒载＋活载工况　　　　　　　　(b) 恒载＋地震工况

图 17.3-21　屋盖挠度图

3）构件加工

屋盖加工的构件包括 H 型钢截面、箱形截面和少量扭构件，典型构件加工见图 17.3-22。

(a) H 型钢截面焊接　　　　　　　　(b) 箱形截面矫正

(c) 弯扭构件组装　　　　　　　　(d) 箱形截面内隔板电渣焊

图 17.3-22　构件加工照片

4）施工过程

屋盖结构施工过程照片见图 17.3-23。

图 17.3-23　现场施工照片

本项目大跨钢结构屋盖的选型和优化设计，有以下结论：

（1）结构屋面选择采用斜向交叉网格双层网壳结构，对比网格分布、支撑方式、网格间距等因素，为合理网壳设计提供有效支持。

（2）基于图乘法，采取变形和应力双控的桁架构件截面优化方法，归并选取了最优控制截面。经计算，屋盖挠度、构件应力比均满足规范要求。

（3）通过合理选型和优化，在满足建筑要求条件下，合理保障了结构的安全性和经济性，最终实现了轻薄、美观的大跨度重载钢结构屋面设计。

4. 基础选型

1）工程地质条件

根据项目岩土工程勘察报告，本工程基底主要持力层为粉细砂、粉质黏土、粉土，场地内地层垂直分布规律性较好，水平向分布较稳定，属于均匀地基。

2）水文地质条件

根据工程勘察成果，结合场区附近已有工程勘察资料和地下水长期观测资料，场区自 1990 年以来历年最高地下水位标高约为 6.0m，考虑白洋淀区域生态涵养建设、南水北调、引黄入冀补淀等重大水利工程等因素，本项目抗浮水位标高取值为 7.0m。拟建场区地下水对混凝土结构具有微腐蚀性，在干湿交替情况下对钢筋混凝土结构中的钢筋具有微腐蚀性。

本工程±0.000 相当于绝对标高 4.500m，基础底标高约−11.0m。根据地勘报告，本工程基础持力层地基承载力标准值为 120kPa，纯地下室部分采用天然地基可满足设计要求。地上大厅部分，由于柱距较大，且作为重型屋面的支承柱，大跨度柱下集中荷载较大，柱底轴力达 26000kN。经验算，天然地基无法满足承载力要求。结合抗浮设计要求及天然地基土承载力及压缩性，屋面支承柱下采用桩土共同受力，优化抗压桩数量，本工程基础类型采用桩基础（抗压桩＋抗拔桩），桩型采用钻孔灌注桩，以⑧₄粉细砂层为桩端持力层。

3）抗浮设计

抗浮设计等级为甲级。根据地勘报告，抗浮设计水位标高为 7.0m。经验算，本工程整体抗浮不满足规范要求。根据地基承载力及抗浮计算，本项目地基基础及抗浮方案主要按两种方案进行比选。

方案一：筏板基础均布＋大屋面支承柱下＋布置桩预应力抗浮锚杆

根据《建筑工程抗浮技术标准》JGJ 476—2019，对于抗浮设计等级为甲级的工程，抗浮锚杆应按不出现裂缝进行设计，故采用预应力抗浮锚杆进行比较分析。施工期间抗浮稳定安全系数为 1.05，使用期间抗浮稳定安全系数 1.10。根据上部荷载分布情况，基础抗浮主要分为三个区域，如图 17.3-24 所示。

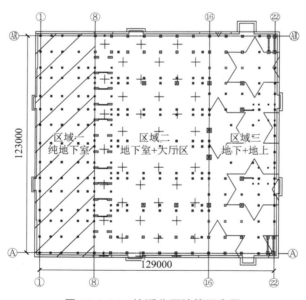

图 17.3-24　抗浮分区验算示意图

方案二：桩基础（抗拔桩兼抗压桩）

由于基底持力层天然地基承载力较好，本工程桩除大跨度屋面柱下的桩以抗压为主，其他桩以抗拔为主，考虑桩土共同作用，按考虑承台效应的复合基桩验算竖向承载力。抗拔桩（兼抗压桩）布置在柱下为主，桩基础布置如图 17.3-25 所示，桩径为 800mm 和 1000mm 两种，计算桩长约 20m，桩端持力层为⑧₄粉细砂层，进入粉细砂层 1.5m。

针对方案一与方案二，综合比较成本、施工便利性、防水可靠性、工期等因素，考虑本项目机房位于地下室，且地下室埋深相对较深，抗浮水位比较高，建筑功能对抗渗防水要求严格，虽然方案一成本上有一定优势，但从本工程防水可靠性及施工便利性考虑，本工程基础及抗浮措施采用方案二。

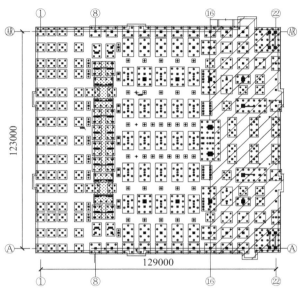

图 17.3-25　桩基础（抗拔桩兼抗压桩）

4）地基变形沉降分析

由于支承大屋面的内柱与周边柱底轴力差值较大，而且大跨度钢结构屋盖支座对竖向变形比较敏感，经过基础沉降分析计算，基础及柱底沉降值（图 17.3-26）均满足《建筑地基基础设计规范》GB 50007—2011 第 5.3.4 条要求，主要大屋面支承柱位置基础沉降最大值为 5.4mm，与相邻柱基础最大沉降差不大于柱距的 2/1000。

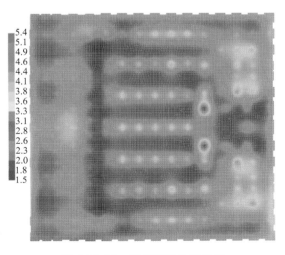

图 17.3-26　基础沉降分析云图

四、专项设计

项目屋盖采用斜向交叉网格双层空间网壳结构，同时支承条件复杂，节点存在较多复杂交汇节点，空间受力复杂、施工难度大，支承大跨屋面结构的钢管混凝土柱柱顶采用抗震球铰支座与屋顶桁架下弦相邻，由于柱顶内力较大，桁架采用局部加厚，形成较多斜杆件与支座连接的复杂节点（图 17.4-1），结构设计中采用通用有限元软件 ABAQUS 对复杂节点进行不利工况下的应力补充分析，根据分析结果（图 17.4-2、图 17.4-3），针对节点薄弱部位调整节点连接方式；并通过 Rhino（犀牛）模拟节点实际几何外形，快速准确建立有限元分析几何模型。基于材料非线性本构，验算复杂节点在最不利荷载组合下承载力/塑性损伤的发展规律及失效损伤情况。经有限元结算，钢结构屋盖各重要节点承载力满足设计要求且具备足够的安全储备。

图 17.4-1　支座复杂节点

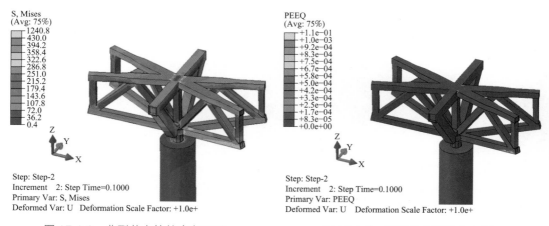

图 17.4-2　典型节点等效应力云图　　　　图 17.4-3　典型节点塑性应变图

1. 节点类型

由于项目的复杂性，项目的节点类型多达十几种。节点表现出交汇杆件众多、受力复杂、板材拼接多和设计难度较大的特点。此处列出部分关键节点进行分析，主要的节点类型有：①中柱支座节点：多桁架交汇于柱顶节点；②拱底节点：东侧拱形桁架的底部；③拱顶跨中节点：东侧拱形桁架的顶部；④西侧入口节点：杆件交汇成 Y 形并落地，见图 17.4-4。

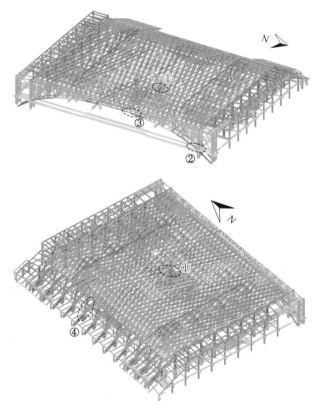

图 17.4-4　钢结构关键节点位置示意图

2. 分析步骤

（1）几何体建模：在 Rhino 软件中对节点进行整体几何建模。将同材质的实体通过布尔运算合并成整体，无需在有限元软件中定义接触关系。将几何模型导入到通用有限元软件中。

（2）网格划分：在通用有限元软件中，对型钢采用四面体实体（全积分）单元划分，适当控制单元大小，确保型钢壁厚方向有 3～4 层单元，并采用了软件中自适应网格划分，有效提高对应力集中区域分析精度。

（3）材料定义：钢材（Q390）采用理想弹塑性本构，采用 von Mises 屈服准则，随动硬化。von Mises 屈服准则广泛用于金属和其他延性材料。根据该准则，当物体表面的应力张量超过屈服面时，材料屈服。对于各向同性材料，其等效 von Mises 应力为：

$$\bar{\sigma} = \sqrt{(\sigma_1 - \sigma_2)^2 + (\sigma_2 - \sigma_3)^2 + (\sigma_3 - \sigma_1)^2} / \sqrt{2} \qquad (17.4\text{-}1)$$

其中，σ_1、σ_2、σ_3 为主柯西应力。对于一般的三维应力状态，等效 von Mises 应力为

$$\bar{\sigma} = \sqrt{(\sigma_x - \sigma_y)^2 + (\sigma_y - \sigma_z)^2 + (\sigma_z - \sigma_x)^2 + 6(\tau_{xy}^2 + \tau_{yz}^2 + \tau_{zx}^2)}/\sqrt{2} \qquad (17.4\text{-}2)$$

von Mises 准则是一个理论值，通过比较一般状态下的三维应力与单轴拉伸的屈服值大小，判断材料是否屈服。

钢材本构关系如图 17.4-5 所示，弹性模量取 $2.06 \times 10^5 \text{N/mm}^2$，泊松比为 0.3。

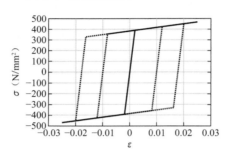

图 17.4-5　Q390 钢材本构关系

（4）定义荷载：杆端荷载采用 RBE3 方式进行加载，荷载大小取杆件最不利工况。为防止构件发生畸变，在各杆件边界处建立加长段，将杆件边缘一定范围内设定为刚体，以尽量减小刚度失真对节点应力的影响。观察节点不同荷载下的应力应变情况。

（5）计算分析：节点分析主要分为两个模型。提取最不利组合工况的内力（需要复核多个工况），核实节点是否弹性以及是否有一定富余；对内力进行放大，查看节点的弹塑性发展情况，节点屈服发展规律符合预期，实现强节点弱构件的目标。

3. 分析结果

1）中柱支座节点

交叉网壳屋面的中部落于 12 根钢管混凝土柱，分析节点为钢管混凝土柱的柱顶节点，这里为简化分析，仅考虑钢管部分。节点的构造形式（图 17.4-6）为：主柱管为圆管 2000mm × 60mm，柱顶上是抗震球铰支座，球铰支座上有两个斜向的桁架和一个水平向的桁架，水平向桁架的上弦杆为矩形钢管 600mm × 500mm × 45mm × 45mm，下弦杆为 45mm 厚的板拼接而成，斜向的桁架上下弦杆件尺寸为方钢管 370mm × 370mm × 35mm × 35mm。利用水平向桁架的杆件作为两个斜向桁架连接的位置，并增设 5 道加劲肋。

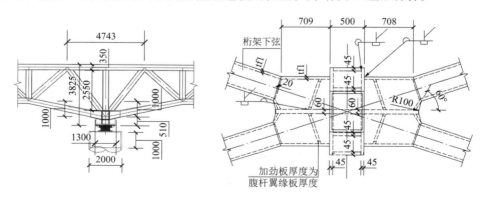

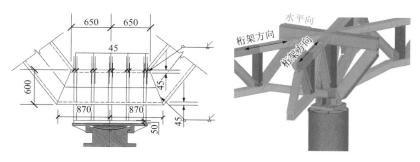

图 17.4-6　柱顶节点立面、平面、支座详图及三维大样图

　　节点的边界条件为：柱底约束，桁架各杆件作为加载端；节点控制工况为：1.30×恒荷载＋1.05×半跨活荷载＋0.9×风荷载＋1.50×温度作用；杆端荷载主要以轴力为主，其中上弦受拉，下弦受压。

　　有限元分析结果如图 17.4-7 所示，各杆件及节点在设计荷载作用下均处于弹性状态，最大 von Mises 应力为 210MPa，没有产生塑性变形。2.5 倍设计荷载时，出现了部分杆件屈服，塑性应变集中下弦受压杆件。节点屈服的顺序为：下弦杆件受压屈曲，柱顶节点区域应力集中而屈服。分析结果与桁架端部的受力体系相符，即受压先屈服，受拉后屈服，且节点核心区晚于杆件屈服，节点满足设计需求。

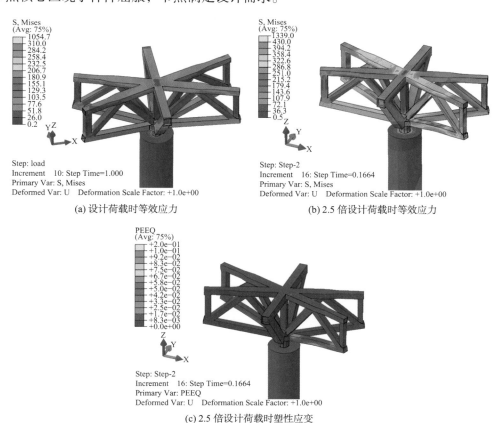

(a) 设计荷载时等效应力

(b) 2.5 倍设计荷载时等效应力

(c) 2.5 倍设计荷载时塑性应变

图 17.4-7　节点应力应变分析结果

2）拱底节点

交叉网壳屋面的东侧支承于立体桁架拱上，分析节点为拱底节点。节点的构造形式（图 17.4-8）为：节点主要为多杆件与柱交汇，钢柱尺寸为方钢管 1200mm × 1200mm × 60mm × 60mm，拱底的斜撑杆件为矩形钢管 800mm × 400mm × 45mm × 45mm，交叉撑的尺寸矩形钢管 600mm × 400mm × 30mm × 30mm，水平向的梁分别为 H 型钢 500mm × 300mm × 16mm × 25mm 和矩形钢管 800mm × 400mm × 45mm × 45mm，钢柱与斜撑、梁等构件对应位置处增加加劲肋，斜撑与交叉撑、梁交界处互相布设加劲肋，板材之间过渡采用圆角，减少应力集中。

节点的边界条件：柱底和斜杆底为固定端，各弦杆和柱顶节点处为加载端；节点控制工况为：1.30 × 恒荷载 + 0.65 × 活荷载 + 1.4 × 地震作用（x）+ 0.5 × 地震作用（z）；杆端荷载表现为：拱底斜撑有轴向压力，且为控制荷载，水平向梁提供拱的推力，柱承受部分屋顶传下来的压力和弯矩。

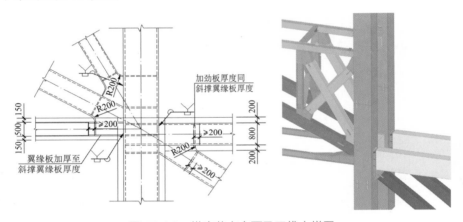

图 17.4-8　拱底节点立面及三维大样图

有限元分析结果如图 17.4-9 所示，设计荷载下杆件均为弹性，最大 von Mises 应力为 230MPa。3 倍设计荷载时，部分杆件屈服，塑性应变主要集中在受压拱底斜撑。节点屈服顺序为斜撑受压屈服，柱底压弯屈服。分析结果与受力特点相符，且节点核心区晚于杆件屈服，节点满足设计需求。

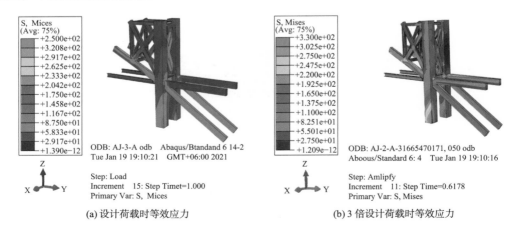

(a) 设计荷载时等效应力　　　　　　　　(b) 3 倍设计荷载时等效应力

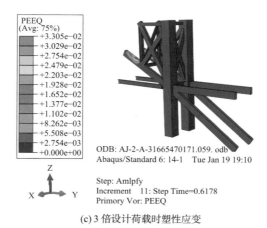

(c) 3 倍设计荷载时塑性应变

图 17.4-9　节点应力应变分析结果

3）拱顶跨中节点

分析节点为东侧立体桁架拱支撑的拱顶节点。节点的构造形式（图 17.4-10）：主要为拱形杆件与屋面桁架下弦杆交汇，屋面桁架的上弦杆为矩形钢管 600mm×400mm×40mm×40mm，拱形杆件的尺寸为矩形钢管 600mm×400mm×30mm×30mm，拱形杆件与下弦杆交汇后的杆件尺寸为矩形钢管 600mm×400mm×40mm×40mm。交汇的节点区分为两段，第一段节点区内杆件先交汇成目字形截面，斜腹杆用 3 道横向加劲肋，另布设 5 道横向加劲肋，目字形截面转变成日字形截面，第二段节点区内再利用 4 道横向加劲肋，日字形截面转换成箱形截面。

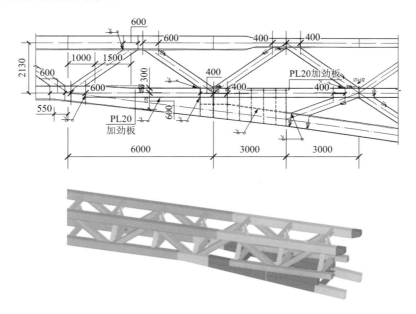

图 17.4-10　拱顶节点立面及三维大样图

节点的边界条件：右端杆件为固定端，其他弦杆为加载端；节点控制工况为：1.30 恒 +1.5 活 +0.9 风 +0.9 温度；杆端荷载表现为：跨中位置，桁架的上弦杆为压力，下弦杆为拉力，上下弦之间的斜腹杆内力为一拉一压，与下弦杆相连的拱形杆件为压力。

有限元分析结果如图 17.4-11 所示，设计荷载时杆件均为弹性，最大 von Mises 应力约为 170MPa。4.3 倍设计荷载时，上弦杆受压屈服，表现出较大的塑性变形。节点屈服顺序为上弦杆端部受压屈服，上弦杆中间受压屈服，右侧端部斜腹杆受压屈服。分析结果与受力特点相符，整体表现出受压杆件更为不利，且目字形和日字形节点区晚于杆件屈服，节点满足设计需求。

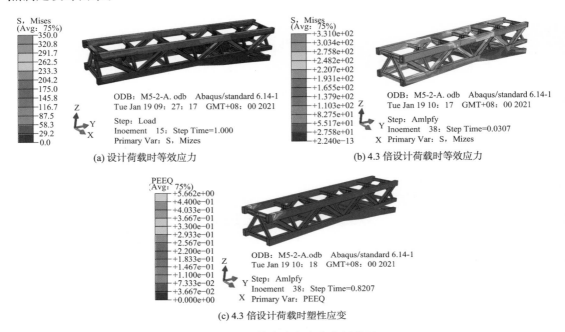

(a) 设计荷载时等效应力　　　　　　　　　　　(b) 4.3 倍设计荷载时等效应力

(c) 4.3 倍设计荷载时塑性应变

图 17.4-11　节点应力应变分析结果

4）西侧入口节点

交叉网壳屋面的西侧处，上下弦先交汇成一根杆件，不同的桁架间交汇成斜放 Y 形柱落地，分析节点为斜放 Y 形柱底节点。节点构造形式（图 17.4-12）：通过两端斜杆的角度变化传递给竖向的柱子，柱子的尺寸为矩形钢管 1800mm × 600mm × 60mm × 60mm，斜杆为多块曲面板拼接而成，为增强曲面板的稳定性，分别增加了一道横竖隔板；底部柱中对应的斜撑翼缘位置增加了横向加劲肋，同时增加了十字形竖向加劲肋。

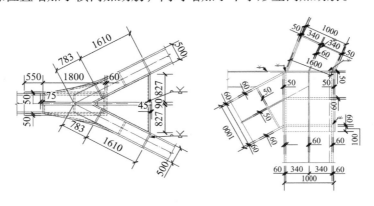

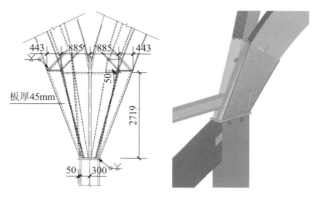

图 17.4-12　西侧入门立面、平面及三维大样图

节点的边界条件：柱底为固定端，其余杆件为加载端。节点控制工况为：$1.30 \times$ 恒荷载 $+ 0.65 \times$ 活荷载 $+ 1.4 \times$ 地震作用（x）$+ 0.5 \times$ 地震作用（z）；杆端荷载表现为：顶部杆件压力、剪力和弯矩。

有限元分析结果如图 17.4-13 所示，设计荷载时杆件均为弹性，最大 von Mises 应力约为 280MPa，出现在加载端，柱底有部分应力集中。3.6 倍设计荷载时，此时柱底处发生较大塑性变形。加载端由于设置为弹性，虽存在部分应力集中，但未考虑其塑性发展。分析表明节点区晚于杆件屈服，节点满足设计需求。

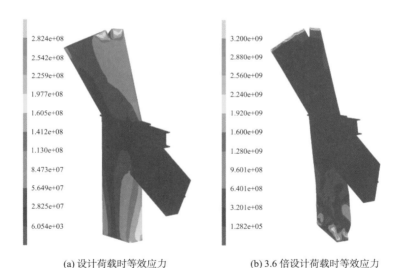

(a) 设计荷载时等效应力　　　　　　(b) 3.6 倍设计荷载时等效应力

图 17.4-13　节点应力分析结果

五、结　语

（1）本项目地下室埋置较深，上部结构存在高大空旷空间，平面柱网及荷载分布差异大，基础设计时较好地解决了差异沉降和抗浮问题。

（2）上部结构主体为钢框架及大跨度交叉网格钢桁架组成的钢屋盖，下部支承结构为混凝土框架结构。屋面结构分别按屋面钢结构单独模型及与下部混凝土结构整体总装模型进行抗震分析，详细地分析了整体的受力情况。

（3）利用 Rhino 和 Grasshopper 进行参数化设计建模对于复杂空间结构设计非常便利和高效，利用 Rhino 加 Grasshopper 组成的参数化设计平台，可以将变量设置为参数，通过"电池块"的排布建立模型的几何逻辑，生成线型、网格、曲面和实体，从而使结构空间建模的可以进行编译、扩展，并且很方便调整和更改。

（4）大跨度屋盖的稳定性分析表明：采用斜向交叉网格钢桁架组成的屋盖，具有较好的平面内和平面外稳定性能。

────■ 参考文献 ■────

[1]　王俊，宋涛，赵基达，等. 中国空间结构的创新与实践[J]. 建筑科学. 2018, 34(9): 1-11.

[2]　刘浩，许瑞，李德毅，等. 杭州大会展中心展厅大跨屋盖设计[J]. 建筑科学. 2022, 38(5): 158-164.

[3]　康钊，马明，李守奎，等. 某高铁站大跨空间结构设计[J]. 建筑科学. 2021, 37(7): 100-105.

[4]　中华人民共和国住房和城乡建设部. 建筑抗震设计规范: GB 50011—2010（2016 年版）[S]. 北京: 中国建筑工业出版社, 2016.

18

海口市国际免税城工程结构设计

结构设计单位：中国建筑科学研究院有限公司
结构设计团队：肖从真，孙建超，孙　宁，高　杰，许　瑞，诸火生，姜　銮，
　　　　　　　赵建国，贾方域，武志鑫，李金钢，巫振弘，任国飞
执　笔　人：孙建超，孙　宁，高　杰，许　瑞，姜　銮，李金钢

一、工程概况

本项目位于海口市滨海大道西侧新港经六街东侧。

总建筑面积：285155.76m²，其中：地上152568.1m²，地下132587.66m²。

建筑功能：地上为商业建筑；地下为商业、车库和免税库房。

建筑高度44.9m，地上4层，地下2层。地上4层层高分别为：首层及2层6.7m、3层6.4m、4层7.9m。地下2层层高分别为：地下1层6.7m，地下2层5.4m。本项目具体情况见图18.1-1～图18.1-4。

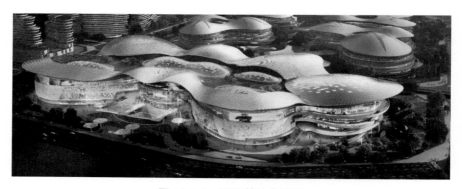

图 18.1-1　项目整体鸟瞰图

图 18.1-2　项目竣工后照片

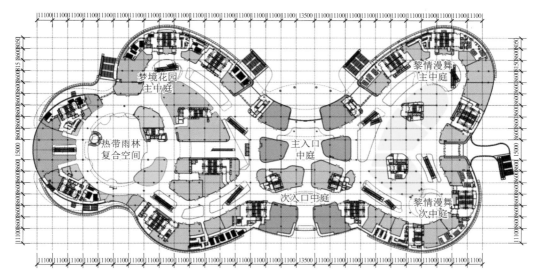

图 18.1-3　建筑平面图

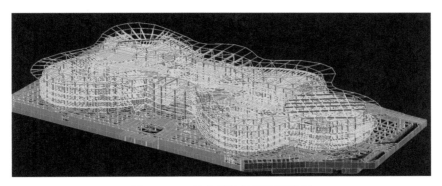

图 18.1-4　结构整体计算模型简图

二、设计条件

1. 地震作用

抗震设防烈度，8 度（0.3g）；设计地震分组，第二组；场地类别，Ⅱ类；特征周期，0.45s。

建筑工程抗震设防分类，重点设防类（乙类）；建筑安全等级，一级。

2. 风荷载

50 年重现期基本风压，0.75kN/m²；地面粗糙度类别，A 类。

3. 结构材料

地下采用现浇钢筋混凝土框架-剪力墙结构；地上采用钢管混凝土框架＋金属剪切型阻尼器结构，楼板采用钢筋桁架楼承板。各层混凝土强度等级表见表 18.2-1。

各层混凝土强度等级表   表 18.2-1

层号	楼板	梁	钢管混凝土柱	地下室混凝土柱	基础
四层	C30	—	C60	—	—
三层	C30	—	C60	—	—
二层	C30	—	C60	—	—
首层	C30	—	C60	—	—
地下一层	C35	C35	C60*	C40	—
地下二层	C35	C35	C60**	C40	—
筏板基础	—	—	—	—	C35
基础垫层	—	—	—	—	C20

注：1. 地下室基础、地下室外墙、汽车坡道及与土接触的地下车库顶板均采用抗渗混凝土，抗渗等级为 P8。
    2. "*"标识柱为上部钢管混凝土柱对应位置的地下一层钢骨混凝土柱。
    3. "**"标识柱为上部钢管混凝土柱对应位置的地下二层钢筋混凝土柱。

钢筋：采用 HPB300 级、HRB400 级和 HRB500 级。抗震等级为一、二、三级的框架结构和斜撑构件（含梯段），其纵向受力钢筋采用普通钢筋时，钢筋的抗拉强度实测值与屈服强度实测值的比值不应小于 1.25；钢筋的屈服强度实测值与强度标准值的比值不应大于 1.3，且钢筋在最大拉力下的总伸长率实测值不应小于 9%；钢筋的强度标准值应具有不小于 95% 的保证率。

钢材：钢管混凝土框架柱、钢框架梁采用 Q355C，其余未注明者均采用 Q355B。钢材的屈服强度实测值与抗拉强度实测值的比值不应大于 0.85；钢材应有明显的屈服台阶，且伸长率不应小于 20%；钢材应有良好的焊接性和合格的冲击韧性；厚度不小于 40mm 且承受沿板厚方向的拉力时，钢板厚度方向截面收缩率不应小于国家现行标准《厚度方向性能钢板》GB/T 5313 关于 Z15 级规定的容许值。

4. 性能目标

按照海南省住房和城乡建设厅文件《海南省超限高层建筑结构抗震设计要点（试行）》（琼建质〔2019〕3 号）、《高层民用建筑钢结构技术规程》JGJ 99—2015 的根据相关规定，结合本工程的超限情况和结构特点，设定本工程的抗震性能目标为弱 C。抗震设计性能目标见表 18.2-2。

抗震设计性能目标   表 18.2-2

抗震烈度			频遇地震（小震）	设防地震（中震）	罕遇地震（大震）
性能水平定性描述			不损坏	可修复损坏	不倒塌
层间位移角限值			1/300	—	1/50
构件性能	钢管混凝土柱	正截面	弹性规范设计要求	不屈服	满足极限承载力要求
		受剪		弹性	不屈服

续表

构件性能	钢框架梁	正截面	弹性规范设计要求	部分构件进入屈服阶段	允许大部分构件进入屈服阶段
		受剪		不屈服	
	消能减震单元支撑及其子结构	正截面		不屈服	满足极限承载力要求
		受剪		弹性	
	节点		不先于构件破坏		

针对上述抗震性能目标，其所对应的各性能水准下结构预期的震后性能状况及设计要求如下：

（1）在多遇地震（小震）作用下，结构完好，无损伤，不需修理即可继续使用，结构整体位移应满足规范所要求的小震最大层间位移角限值1/300。

（2）设防地震（中震）作用下满足如下性能要求：

①关键构件（钢管混凝土柱、消能减震单元支撑及其子结构）的受弯承载力中震不屈服设计要求，受剪承载力满足中震弹性设计要求。

②耗能构件（钢框架梁）的受弯承载力允许进入塑性，受剪承载力满足中震不屈服设计要求。

（3）罕遇地震（大震）作用下满足如下性能要求：

①结构整体满足规范所要求的大震最大层间位移角限值1/50。

②关键构件（钢管混凝土柱、消能减震单元支撑及其子结构）满足大震极限承载力设计要求。

③大部分耗能构件率先进入屈服。

三、结构体系

本项目具有地震烈度高，使用荷载大，层高的特点。如采用框架结构，为满足地震作用下结构侧移刚度需求，框架柱截面将过大，建筑功能和使用效果上难以被接受。减小柱截面的方法有"抗"和"消"两种思路，"抗"就是采用支撑或者剪力墙来主要抵抗和分担地震作用（为避免交叉作业，加快工程进度，这里主要考虑钢支撑）；"消"就是采用消能减震措施来吸收地震作用。同时，构件设计层面，由于项目柱距较大，大跨度中庭区域较多，采用钢梁＋钢筋桁架楼承板以减小梁高，提升净空；相应框架柱可选用钢柱或者钢管混凝土柱。基于此，制定了四种结构方案进行比选。

1. 结构方案描述

方案一：钢管混凝土框架＋钢支撑结构

传统结构抗力体系，钢支撑吸收主要地震作用；钢管柱内浇筑混凝土能充分利用混凝土受压，节省材料。

方案二：钢框架–钢支撑结构

传统结构抗力体系，单一材料，与方案一比具有施工流程简单，施工速度快的特点。

方案三：钢管混凝土框架＋防屈曲支撑（Buckling Restrained Brace，简称 BRB）

以 BRB 代替钢支撑，兼具"抗"和"消"的特点，小震作用下结构性能与方案一接近，提供结构刚度；中、大震作用下 BRB 将起到"保险丝"的作用，先于主体结构屈服，耗散地震作用能量，保证结构安全。但在 BRB 吨位较大时，相连构件及节点附加内力较大，且大吨位 BRB 造价较高。

方案四：钢管混凝土框架＋剪切型金属阻尼器

采用剪切型金属阻尼器，"其构造简单、性能稳定、价格低廉"小震作用下利用金属阻尼器提供附加刚度及附加阻尼比，减少结构地震作用，可以优化梁柱截面尺寸，减少用钢量；中、大震作用下可充分发挥金属阻尼器屈服点低，耗能能力强的优点，材料利用率高，经济性好；可在不影响建筑使用功能的前提下灵活布置。

2. 整体计算指标对比

四种结构方案的整体计算指标见表 18.3-1。

整体计算指标对比表　　　　　　　　　　　表 18.3-1

对比项		方案一	方案二	方案三	方案四
地上总质量（t）		193033	182915	182324	182566
周期	T_1（s）	1.2988	1.4438	1.309	1.438
	T_2（s）	1.2491	1.3795	1.231	1.318
	T_3（s）	1.1319	1.2478	1.108	1.242
	T_3/T_1	0.87	0.87	0.85	0.86
层间位移角	X向	1/358	1/340	1/362	1/387
	Y向	1/335	1/310	1/316	1/347

从整体计算指标对比可以看出，四种结构方案均可行且数值接近，说明备选方案具有接近的抗震性能，方案四略优。

3. 结构主体材料用量及造价对比

结构主体单位面积结构用材对比见表 18.3-2。

单位面积结构用材对比表　　　　　　　　　表 18.3-2

对比项	方案一	方案二	方案三	方案四
钢材（kg/m²）	142	154	141.1	135.7
钢筋（kg/m²）	3	3	3	3
混凝土量（m³/m²）	0.14	0.11	0.11	0.11
减震措施	无	无	BRB	剪切型阻尼器

根据结构材料综合单价初步估算单位面积结构造价对比见表 18.3-3。

单位面积结构造价对比表　　　　　　　　表 18.3-3

分项	方案一	方案二	方案三	方案四
钢材（元/m²）	2130	2310	2116.6	2035.9
钢筋（元/m²）	19.5	19.5	19.5	19.5
混凝土（元/m²）	100.8	79.2	79.2	79.2
钢筋桁架楼承板（元/m²）	240	240	240	240
BRB 或剪切型阻尼器（元/m²）	0	0	58.8	44.9
合计（元/m²）	2490.3	2648.7	2514.1	2419.5

经各结构方案分析对比，方案四节省项目造价千万元，且抗震性能最优，确定采用。剪切型金属阻尼器子结构形式如图 18.3-1 所示，平面布置如图 18.3-2 所示。

图 18.3-1　金属阻尼器

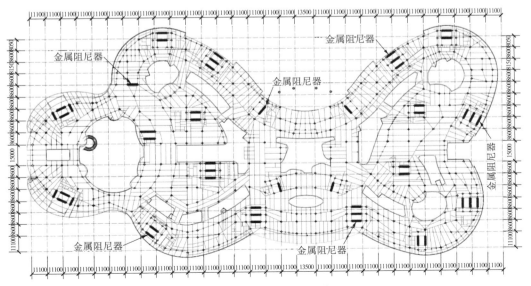

图 18.3-2　金属阻尼器平面布置图

四、专项设计

1. 上部结构超限、减震计算分析

根据海南省住房和城乡建设厅文件《海南省超限高层建筑结构抗震设计要点（试行）》（琼建质〔2019〕3号），本工程存在如下不规则项：①Y向考虑偶然偏心的扭转位移比大于1.2；②2层、3层楼面平面凹凸尺寸大于相应边长30%；③2层、3层楼面有效宽度小于50%，开洞面积大于30%。

针对上述问题，结构设计采用如下措施保证结构安全可靠：

（1）进行抗震性能化设计，本工程的抗震性能目标定为弱C。

（2）均匀设置金属阻尼器，减少地震作用输入，调整平面刚度不均匀，同时增大结构整体抗扭刚度。

（3）罕遇地震工况下，消能减震单元子结构满足极限承载力要求。

（4）根据罕遇地震楼板损伤分析结果，有针对性地加强楼板承载力。

结构整体计算模型如图18.4-1所示，以下对减震结构和无控结构分析结果进行介绍。

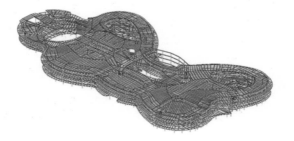

图 18.4-1 结构整体计算模型

1）多遇地震结果

（1）减震结构整体计算指标

根据《高层民用建筑钢结构技术规程》JGJ 99—2015 及《建筑抗震设计规范》GB 50011—2010（2016年版）的规定，本工程利用 SATWE 和 ETABS 两种软件对结构整体进行弹性计算对比分析。

SATWE 考虑扭转耦联的振型分解反应谱法，整体弹性分析主要结果见表18.4-1。可知，结构第一阶、第二阶振型均为平动，周期比小于0.9，剪重比大于4.8%，位移角小于1/300，最大位移比和最大层间位移比均小于1.4，整体计算结果均符合规范要求。

整体弹性分析主要结果 表 18.4-1

计算软件		SATWE	ETABS（平均值）	比值
结构自振周期（s）	T_1	1.31（Y）	—	—
	T_2	1.16（X）	—	—
	T_3	1.10（T）	—	—

续表

计算软件		SATWE		ETABS（平均值）		比值
周期比	T_3/T_1	0.84	—		—	—
最大位移角	X向	1/653	X向	1/577		1.13
	Y向	1/403	Y向	1/506		0.8
最大位移比	1.09	1.36	—		—	—
最小剪重比	X向	7.95%	X向	7.80%		1.02
	Y向	7.38%	Y向	7.47%		0.99
总地震剪力（kN）	X向	1.50E + 05	X向	1.44E + 05		1.04
	Y向	1.40E + 05	Y向	1.38E + 05		1.01
总倾覆弯矩（kN·m）	X向	2.80E + 06	X向	2.65E + 06		1.05
	Y向	2.70E + 06	Y向	2.64E + 06		1.02

（2）阻尼器附加阻尼比

多遇地震下减震结构的附加阻尼比计算方法多有探讨，相对成熟。本项目X、Y两个方向地震作用下的阻尼器附加阻尼比迭代结果见表18.4-2，X向阻尼器附加阻尼比为4.18%，Y向为3.97%。

阻尼器附加阻尼比迭代结果 表 18.4-2

循环次数		第一次	第二次	第三次	第四次	第五次
X方向	阻尼器耗能（kN·m）	1586	1949	1857	1793	1783
	结构应变能（kN·m）	4766	3793	3422	3369	3388
	附加阻尼比（%）	2.65	4.09	4.32	4.23	4.18
Y方向	阻尼器耗能（kN·m）	1289	1765	1782	1762	—
	结构应变能（kN·m）	4795	3948	3610	3534	—
	附加阻尼比（%）	2.14	3.56	3.93	3.97	—

（3）减震结构和无控结构结果对比

无控结构和减震结构下周期及振型情况对比结果见表18.4-3，剪切阻尼器会提供部分刚度，导致减震结构周期减小。

减震前后周期对比 表 18.4-3

振型号	周期（s）		类型	
	无控结构	减震结构	无控结构	减震结构
1	1.57	1.31	Y	Y
2	1.54	1.16	X	T
3	1.51	1.10	T	X
4	0.59	0.50	T	T

续表

振型号	周期（s）		类型	
	无控结构	减震结构	无控结构	减震结构
5	0.57	0.44	X	X
6	0.55	0.43	Y	Y

减震前后框架柱楼层剪力对比结果见图 18.4-2，阻尼器消耗大量地震能量，能够显著降低楼层剪力，X 向平均减震率为 43.68%，Y 向平均减震率为 30.73%。

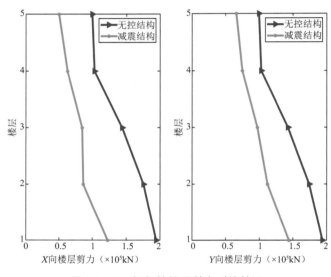

图 18.4-2　框架柱楼层剪力对比情况

减震前后结构层间位移角对比结果见表 18.4-4，由于阻尼器提供的刚度以及附加阻尼耗能，显著降低层间位移角，最大减震率为 48.85%。

减震前后层间位移角对比 表 18.4-4

楼层	X 向			Y 向		
	无控结构	减震结构	减震率	无控结构	减震结构	减震率
5	1/433	1/743	41.72%	1/409	1/495	17.37%
4	1/444	1/780	43.08%	1/423	1/520	18.65%
3	1/393	1/722	45.57%	1/386	1/451	14.41%
2	1/334	1/653	48.85%	1/307	1/403	23.82%
1	1/426	1/730	41.64%	1/385	1/485	20.62%

2）罕遇地震计算结果

（1）位移结果

三条地震波输入罕遇地震作用下结构层间位移角结果见图 18.4-3，X、Y 方向最大层间位移角分别为 1/82 和 1/77，满足规范 1/50 限值要求。

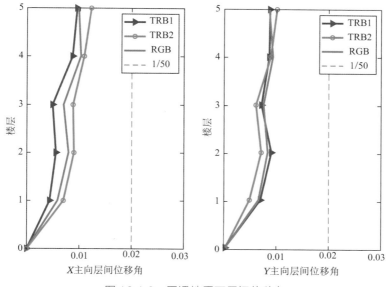

图 18.4-3　罕遇地震下层间位移角

（2）构件损伤情况

基于损伤因子和塑性变形等参数对钢筋混凝土构件和钢构件进行性能评价，主要依据《建筑抗震设计规范》GB 50011—2010（2016 年版）和《建筑结构抗倒塌设计标准》T/CECS 392—2021 对构件破坏程度进行描述，建立对应各个性能水准的参考指标。

图 18.4-4、图 18.4-5、图 18.4-6 为人工波下框架梁、柱以及楼板的性能指标情况，可以看出框架梁和楼板基本处于无损坏或轻微损坏，框架柱大部分为轻度损坏以下，表明结构在罕遇地震时程作用下的损伤情况良好。

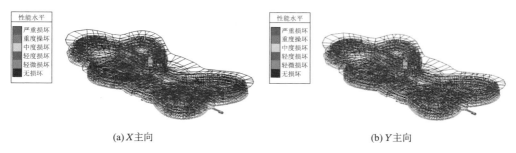

(a) X 主向　　　　　　　　　　　　　　　　(b) Y 主向

图 18.4-4　人工波下框架梁损伤情况

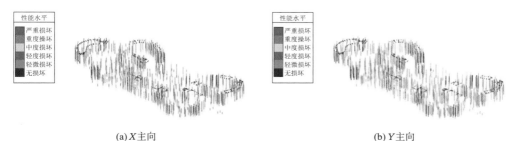

(a) X 主向　　　　　　　　　　　　　　　　(b) Y 主向

图 18.4-5　人工波下框架柱损伤情况

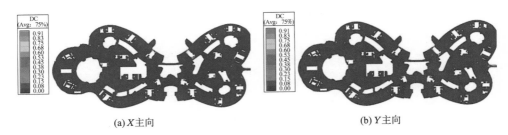

(a) X主向   (b) Y主向

图 18.4-6 人工波下楼板损伤情况

（3）阻尼器滞回

阻尼器滞回的饱满情况可反应阻尼器的耗能性能，图 18.4-7 为人工波下部分典型阻尼器的滞回曲线，可以看出滞回曲线较饱满，阻尼器最大变形为 24mm，已充分发挥性能。

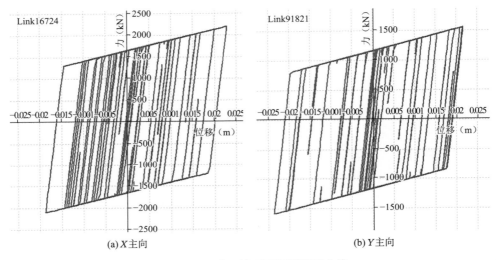

(a) X主向   (b) Y主向

图 18.4-7 人工波下阻尼器滞回曲线

（4）极限承载力验算

依据《建筑消能减震技术规程》JGJ 297—2013 和《钢结构设计标准》GB 50017—2017，对消能子框架进行罕遇地震下极限承载力验算。取人工波作用下典型框架柱进行压弯极限承载力验算，验算结果如图 18.4-8 所示，框架柱均满足要求。

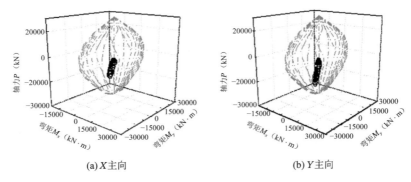

(a) X主向   (b) Y主向

图 18.4-8 人工波下典型框架柱曲线

2. 钢结构大屋面设计

1）整体计算分析

项目以"九州祥云"为设计理念，其屋面建筑造型由自由曲面及流线型线条构成，体量大、结构复杂。屋盖结构体系为支撑于下部主体结构的大跨度空间网壳结构。空间网壳采用了单层网壳、空腹双层网壳两种形式，其中玻璃穹顶采用四边形网格，周边大悬挑造型屋面采用三角形网格。为契合建筑造型及效果，屋盖结构网格复杂，为结构建模计算带来了巨大的难度。由于屋盖结构与下部主体结构的连接存在大量转换结构，造成屋盖支撑条件复杂，其计算与下部主体结构耦合作用明显。屋盖结构含有大量的大跨度单层网壳，其中热带雨林部分的超大跨度单层网壳长轴跨度达 110m，在综合商业体建筑中尚属首例，为设计工作带来很大挑战。由于屋盖结构体系复杂，节点复杂，交汇杆件数量多、角度变化大，对节点受力性能要求高。

为保证屋盖结构安全可靠，同时满足其紧张的工期要求。在屋盖结构设计中，从建模、计算、专项分析、节点分析等方面进行了大量的研究工作与理论计算。

（1）大型复杂空间结构参数化建模

依托 Rhino3D 造型软件及其插件 Grasshopper，对本项目屋盖网壳结构进行了参数化建模。通过构建具体的参数化流程和步骤，在匹配屋面建筑造型拟合曲面的基础上确定关键参数进行整个结构模型的搭建，并能良好地应对后续建筑方案的调整改动。既保证了节点耦合、网格划分合理等重要条件，又确保了后续有限元计算的合理性。在满足建筑造型及效果的要求下极大地提高了结构建模计算的效率，为结构设计及优化带来了极大的便利，既满足了设计周期的要求又产生了可观的经济效益。

（2）进行整体结构建模计算

为了真实有效地模拟屋盖结构的支撑条件，确保屋盖结构设计安全可靠。本工程采用 midas Gen2019 空间结构分析软件对下部主体结构和屋盖钢结构进行整体建模计算，并对屋盖钢结构构件按照《钢结构设计标准》GB 50017—2017 进行验算。屋盖钢结构杆件均按梁、柱单元进行构件设计。整体结构计算模型见图 18.4-9，屋盖钢结构部分模型及典型剖面见图 18.4-10。

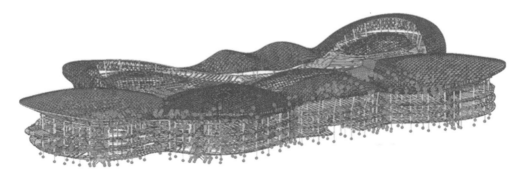

图 18.4-9　结构整体计算模型

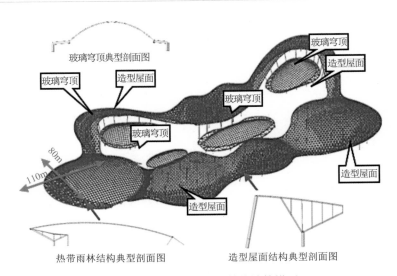

图 18.4-10　屋盖结构整体计算模型

　　整体计算分析表明，屋盖结构前三阶自振模态均为整体振型，第四阶自振模态为大跨度单层网壳局部塑竖向振动，如图 18.4-11～图 18.4-14 所示。

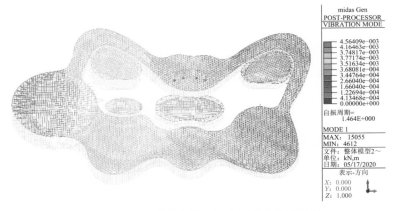

图 18.4-11　屋盖结构第一阶自振模态等值线图

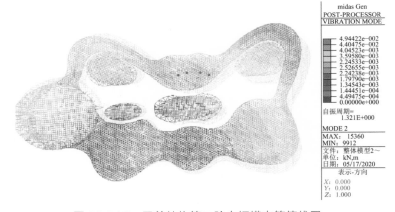

图 18.4-12　屋盖结构第二阶自振模态等值线图

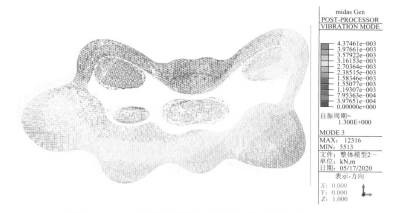

图 18.4-13 屋盖结构第三阶自振模态等值线图

图 18.4-14 屋盖结构第四阶自振模态等值线图

恒荷载 + 活荷载标准值作用下屋盖结构竖向变形详见图 18.4-15，主屋面最大挠度为 1/537，悬挑端最大挠度为 1/246，整体竖向刚度较好。

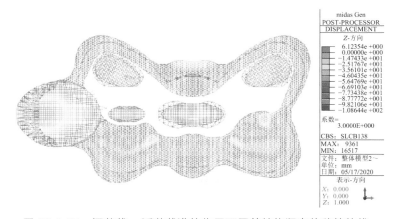

图 18.4-15 恒荷载 + 活荷载准值作用下屋盖结构竖向位移等值线

（3）风荷载

本项目位于海口海岸线 500m 以内，地面粗糙度属于 A 类，且海口为台风多发地，同时根据屋面造型，本项目屋盖结构属于风敏感结构。设计关键之处即为真实模拟位于40m高处，110m×80m超大跨度单层网壳屋面风压分布特点。只能通过制作实体模型、进行风洞试验和风压分析，才能得到真实可靠的设计风荷载。屋盖风荷载按照《海口市国际免税城项目（地块五）风洞测压试验报告》和《建筑结构荷载规范》GB 50009—2012的包络取用。风荷载方向每隔10°取一个方向角。

2）超大跨度单层网壳专项分析

（1）弹性屈曲分析

对本工程按1/300的初始缺陷及满跨均布荷载情况考虑，采用弹性屈曲的方法进行屈曲分析，整体稳定系数为7.27＞4.2，满足规范要求。其第一阶屈曲模态如图18.4-16所示。

图18.4-16　屋盖结构第一阶屈曲模态

（2）大跨度单层网壳整体稳定、非线性计算分析

热带雨林区域大跨度单层椭球面屋盖网壳跨度：110m×80m。采用有限元计算软件ABAQUS对其进行了双非线性分析，同时考虑了几何非线性和材料非线性。初始缺陷按照第一阶屈曲模态施加，最大值按照网壳跨度的1/300考虑，荷载按满跨均布荷载考虑。通过双非线性分析结果可知，结构的安全系数$K = 3.28 > 2.0$，满足规范要求。峰值承载力时，单层网壳最大变形达到434mm，单层网壳的最大应力为310MPa左右，网壳本身未屈服。计算结果简图见图18.4-17、图18.4-18。

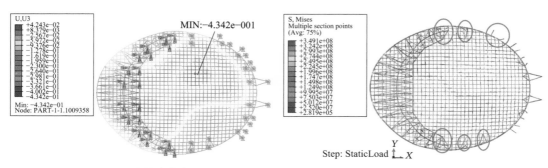

图18.4-17　结构竖向变形图　　　　　图18.4-18　结构构件应力图

3）节点分析

为保证本项目屋面工程结构安全可靠，结构传力途径真实有效。采用有限元分析软件ANSYS 对本屋面结构工程中各关键部位的复杂节点进行了有限元分析，节点分析时考虑了几何非线性与材料非线性。通过有限元分析，所有节点在设计荷载下的应力图，除应力集中点外，板件最大应力均小于 315MPa，节点受力安全可靠。各关键节点分析结果云图见图 18.4-19。

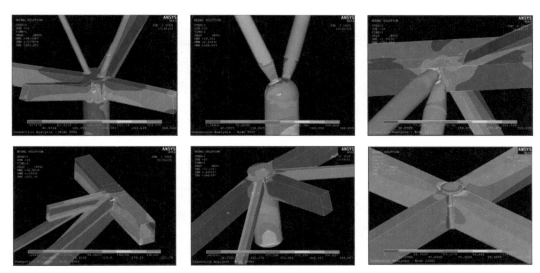

图 18.4-19　典型节点分析结果

3. 基础设计

1）场地地质特点

基础底面以下土层分别为：④层砾砂、⑤层黏土、⑥层强风化玄武岩、⑦层玄武岩、⑧层强风化凝灰岩、⑨层粉质黏土、⑩层粉砂，各土层设计参数见表 18.4-5。

基础底面以下土层工程设计参数表　　　　　　　　表 18.4-5

土层号	土层名称	孔隙比 e（%）	压缩模量（变形）E_s（MPa）	岩石单轴饱和抗压强度 f_k（MPa）	承载力特征值 f_{ak}（kPa）
④	砾砂	0.65*	8.0*	—	230
⑤	黏土	1.28	3.33	—	100
⑥	强风化玄武岩	—	25*	—	300
⑦	中风化玄武岩	—	—	37.96	3000
⑧	强风化凝灰岩	—	—	4.48	350
⑨	粉质黏土	—	6.50	—	180
⑩	粉砂	0.75*	7.20	—	210

注：带*号数字表示经验值或平均值。

⑦层玄武岩层有一定厚度，层厚 3.40～14.80m，其顶、底分别是厚度均为 1m 左右的

⑥层强风化玄武岩、⑧层强风化凝灰岩；⑧层强风化凝灰岩以下依次为厚度 0.60～6.00m 的⑨层粉质黏土、⑩层粉砂；⑥层强风化玄武岩之上是④层砾砂。

⑦层玄武岩岩面起伏较大，场地岩面等高线详见图 18.4-20。岩面最高标高为 −4.36m，最低标高为 −12.19m，最大落差 7.83m，南高北低、东高西低。

2）基础计算

现场实际开挖后，基础底面裸露岩石与砾砂分界线及分区见图 18.4-20。场地南侧基础底面 60% 区域为⑦层裸露岩石，为岩区；北侧 40% 区域为厚度 4～6m 的④层砾砂，其下部为岩石层，为砂区；ZK30、ZK38、ZK39 孔位存在软弱下卧层，孔点周边区域为砂黏区。

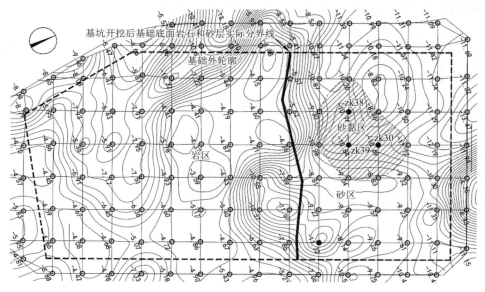

图 18.4-20　岩面等高线图

结合《海口市国际免税城项目（地块五）场地岩土工程勘察报告》建议，基础设计计算采取如下措施：①采用天然地基作为基础持力层；②基础形式采用整体性较强的整体筏板基础，筏板厚度 700mm；筏板基础采用板下反柱帽形式；③基础底板采用有限元计算，利用地基刚度系数 K 模拟基底土层不同分布，岩石区：$K = 200000\text{kN/m}^3$；砂区：$K = 20000\text{kN/m}^3$；局部砂黏区：$K = 5000\text{kN/m}^3$；④砂区基底反力满足第④层砾砂地基承载力要求，砂黏区软弱下卧层第⑤层黏土满足《建筑地基基础设计规范》GB 50007—2011 软弱下卧层地基承载力验算要求；岩区与砂区交界区域、砂区、砂黏区相邻柱基变形差及高层建筑整体倾斜均满足《建筑地基基础设计规范》GB 50007—2011 第 5.3.4 条的要求。

3）构造措施

为进一步降低基础底板因跨越不同土层而产生的应力集中，基础设计及施工中采取相应措施：①根据岩石与砾砂边坡特性及岩石开挖工艺特点，柱帽在岩区采用直角放坡、砂区斜面放坡；②岩区基础底板下统一设置 100mm 厚粗砂褥垫层；③岩区与砂区分界线岩区一侧 4m 范围内设 400mm 厚粗砂褥垫层，分层夯实，夯实系数不小于 0.97，此区域作为岩区到砂区的过渡区；④项目整体抗浮措施采用岩石锚杆，入岩深度 3m。

五、结　语

（1）本工程结合建筑特点，采用多种结构方案对比，结构体系采用钢结构体系。

（2）结合多种减震方案特点，通过方案对比，结构形式采用钢管混凝土框架＋剪切型金属阻尼器结构。

（3）通过多种软件计算分析，结构在多遇地震作用下的扭转周期比、层间位移角、扭转位移比等指标均满足规范要求。在罕遇地震作用下，结构满足大震不倒的设计目标，阻尼器耗能充分，结构抗震性能良好、安全可靠。

（4）采用风洞试验报告提供的风荷载数据，利用屋盖与主体结构整体模型，对屋盖进行屈曲分析、整体稳定分析，同时对典型节点进行有限元分析。分析结果均满足规范要求，屋盖整体安全可靠。

（5）通过设置不同基床反力系数计算模拟复杂基底持力层情况，并通过设置褥垫层协调岩区和砾砂区基础变形，解决复杂持力层情况下结构不均匀沉降问题。

■ 项目获奖情况 ■

北京市优秀工程勘察设计成果评价，建筑结构与抗震设计专项成果评价（建筑结构），一等成果评价

北京市优秀工程勘察设计成果评价，建筑环境与能源应用专项，一等成果

北京市优秀工程勘察设计成果评价，女建筑师优秀设计单项，三等成果

北京市优秀工程勘察设计成果评价，数字科技应用，三等成果

北京市优秀工程勘察设计成果评价，水系统工程设计专项，二等成果

2022—2023 年度第二批中国建设工程鲁班奖（国家优质工程）

2023 年度海南省优秀工程勘察设计奖综合工程奖工程设计（公共建筑）一等奖

第十五届第二批中国钢结构金奖杰出工程大奖

2023 年度海南省建筑施工优质结构工程

2021 年度海南省建筑业新技术应用示范工程

■ 参考文献 ■

[1] 中华人民共和国住房和城乡建设部. 建筑结构荷载规范: GB 50009—2012[S]. 北京: 中国建筑工业出版社, 2012.

[2] 高杰, 薛彦涛, 王磊, 等. JY-SS-Ⅰ型金属软钢阻尼器试验研究[J]. 土木工程与管理学报, 2011, 28(3): 336-338+343.

[3] 中华人民共和国住房和城乡建设部. 高层民用建筑钢结构技术规程: JGJ 99—2015[S]. 北京: 中国建筑工业出版社, 2016.

[4] 中华人民共和国住房和城乡建设部. 建筑抗震设计规范: GB 50011—2010(2016 年版)[S]. 北京: 中国建筑工业出版社, 2016.

[5] 巫振弘, 薛彦涛, 王翠坤, 等. 多遇地震作用下消能减震结构附加阻尼比计算方法[J]. 建筑结构学报, 2013, 34(12): 19-25.

[6] 中国工程建设标准化协会. 建筑结构抗倒塌设计标准: T/CECS 392—2021[S]. 北京: 中国计划出版社, 2022.

[7] 中华人民共和国住房和城乡建设部. 建筑消能减震技术规程: JGJ 297—2013[S]. 北京: 中国建筑工业出版社, 2013.

[8] 中华人民共和国住房和城乡建设部. 钢结构设计标准: GB 50017—2017[S]. 北京: 中国建筑工业出版社, 2018.

[9] 陈昕, 沈世钊. 网壳结构的几何非线性分析[J]. 土木工程学报, 1990(3): 47-57.

[10] 中华人民共和国住房和城乡建设部. 建筑地基基础设计规范: GB 50007—2011[S]. 北京: 中国建筑工业出版社, 2012.

19

重庆寸滩国际邮轮中心结构设计

结构设计单位：中国建筑科学研究院有限公司
结构顾问团队：肖从真大师工作室
结构设计团队：诸火生，孙建超，姜　鋆，陈贤伟，杨金明，武志鑫，宋美珍，
　　　　　　　单志伟
结构顾问团队：肖从真，孙　超，李寅斌，夏　昊，魏　越，李金刚，方国威
执　笔　人：武志鑫

一、工程概况

重庆寸滩国际邮轮中心项目位于重庆两江新区寸滩港片区，长江与嘉陵江交汇下游约 6km 的长江北岸，北临寸滩保税区，与南山隔江对望，距重庆江北机场约 12km，约 13min 可达重庆北站。本项目总建筑面积 124960.77m²，计容建筑面积 65000m²；从南侧起算建筑高度 55.2m，从北侧起算建筑高度 43.5m；地下 1 层，地上 7 层，由中部室外连桥分为左右两组高层塔楼。地下 1 层为设备用房、车库、首层为邮轮中心、公交场站、车库、物业用房及办公服务用房，2 层为邮轮中心、商业，3 层为商业，4 层为设备机房、5 层、6 层为商业，7 层为商业、设备机房。

三维效果图及建筑总平面图见图 19.1-1、图 19.1-2。项目北立面效果图见图 19.1-3，建筑楼层信息表见表 19.1-1。

图 19.1-1　三维效果图

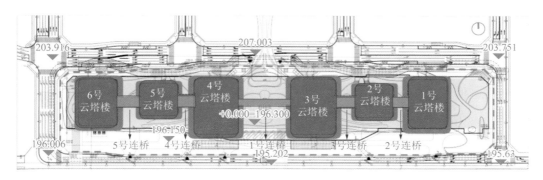

图 19.1-2　项目总平面图

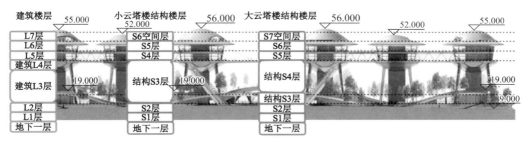

图 19.1-3　项目北立面效果图

建筑楼层信息表

表 19.1-1

		6号云塔楼	5号云塔楼	4号云塔楼	3号云塔楼	2号云塔楼	1号云塔楼
地上层数		7	7	7	7	7	7
地下层数		1	1	1	1	1	1
嵌固部位		地下一层顶板板面					
屋面层结构标高 （从嵌固端算至坡屋面屋脊）		55.36m	52.51m	56.3m	56.04m	52.49m	55.57m
地上层高	L1	5.7m	5.7m	5.7m	5.7m	5.7m	5.7m
	L2	6.0m	6.0m	6.0m	6.0m	6.0m	6.0m
	L3 至草坡	21m	21m	21m	21m	21m	21m
	草坡至 L4						
	L4（机房层）	4m	4m	4m	4m	4m	4m
	L5	6m	6m	6m	6m	6m	6m
	L6	6m	6m	6m	6m	6m	6m
	L7	6.66m	3.81m	7.6m	7.34m	3.79m	6.87m
地下层高	B1	5.5m	5.5m	5.5m	5.5m	5.5m	5.5m

二、设计条件

1. 地震作用及分类参数

本工程采用的结构设计分析基本参数，见表 19.2-1。

根据《建筑抗震设计规范》GB 50011—2010（2016 年版）重庆市的抗震设防烈度为 6 度，设计基本地震加速度值为 0.05g，设计地震分组第一组，场地类别为 II 类，设计特征周期为 0.35s。

地震分析及设计时，按照规范地震参数取值，详情见表 19.2-2 和表 19.2-3。

抗震分析参数取值表　　　　　　　　　　　表 19.2-1

计算参数	多遇地震	设防地震	罕遇地震
时程分析地震加速度最大值（cm/s^2）	18	50	125
水平地震影响系数最大值 α_{max}	0.04	0.12	0.28
特征周期 T_g（s）	0.35	0.35	0.40
结构阻尼比	钢：0.03 混凝土：0.05	钢：0.03 混凝土：0.05	钢：0.03 混凝土：0.05
周期折减系数	0.75	0.9	1.0
连梁刚度折减系数	0.7	0.6	0.5

结构抗侧力构件抗震等级　　　　　　　　　表 19.2-2

楼层		结构构件	抗震等级
地上塔楼部分	钢筋混凝土构件或型钢混凝土构件	5～6 层剪力墙	三级
	连桥钢构件	钢连桥	四级
	云塔楼钢构件	钢框架	四级
		碗底悬挑转换桁架斜巨柱、大跨桁架	三级
地上裙房部分	钢筋混凝土构件或型钢混凝土构件	1～3 层剪力墙	一级
		1～3 层框架	二级
地下部分	钢筋混凝土构件	剪力墙	一级
		框架	二级

注：1. 底部加强区取嵌固端（地下一层顶板）以上 4 层，距地面高度约 36.5m。
　　2. 抗震设防类别为裙房重点设防，塔楼标准设防，裙房按 7 度确定抗震等级，塔楼按 6 度确定抗震等级。

结构分析和设计采用的建筑物分类参数　　　　表 19.2-3

设计基准期	50 年
结构设计使用年限	50 年

地震作用重现期	50 年
风荷载作用重现期	50 年
抗震设防烈度	6 度
设计基本地震加速度	0.05g
设计地震分组	第一组
结构安全等级	一级
结构重要性系数	裙房竖向构件 1.1，其余均为 1.0
基础设计安全等级	一级
地基基础设计等级	甲级
建筑高度类别	A 级高度
建筑抗震设防分类	裙房乙类，各云塔楼丙类
抗震措施	7 度

2. 风荷载

按《建筑结构荷载规范》GB 50009—2012 确定风荷载的取值参数。地面粗糙度取为 B 类。

根据《建筑结构荷载规范》GB 50009—2012，对于高层塔楼，高度超过 60m，承载力计算时风荷载放大系数取 1.1，本工程 6 个云塔楼结构高度均未超过 60m，因此无需考虑承载力放大系数。

当建筑群，尤其是高层建筑群，房屋相互间距较近时，由于旋涡的相互干扰，房屋某些部位的局部风压会显著增大，因此在采用规范风荷载设计时考虑 1.1 的干扰系数。

本工程风荷载作用规范取值见表 19.2-4。

风荷载参数取值　　　　　　　　　　　　　　　　表 19.2-4

计算参数	基本风压（kPa）	阻尼比	地面粗糙度
50 年重现期（变形）	0.40	2%	B 类
50 年重现期（承载力）	0.40	2%	
10 年重现期（舒适度）	0.25	1%	

本项目建筑复杂，其风致动力效应较为显著，上述因素使得风荷载成为其结构设计的重要影响荷载，但建筑体型和结构布置复杂，规范没有明确规定的体型系数和风振系数取值方法。根据《建筑结构荷载规范》GB 50009—2012 规定，本项目拟根据风洞试验结果，进行风致振动分析，给出重庆云建筑结构设计的等效静风荷载（作用相当于规范中的风振系数），以便对主体结构进行合理、安全可靠的抗风设计，具体结果见风振响应和等效静风

荷载分析报告。

　　本次风洞试验是在重庆大学直流式风洞进行试验，如图 19.2-1～图 19.2-3 所示。风洞洞体采用全钢焊接结构，由洞壁蒙板、隔框、纵向筋板和支撑框架等焊接而成。本风洞项目属于直流吸气式风洞，气动轮廓最大尺寸为 4.4m×3.4m×31.23m，试验段尺寸：2.4m×1.8m×15m（宽×高×长），风洞由进气段、稳定段、收缩段、试验段、大角扩散段、方变圆过渡段、动力段和出口段等部分组成。同时风洞还附加了壁面射流装置，预留了风雨试验或者风沙试验装置安装位置。

　　《建筑结构荷载规范》GB 50009—2012 分别给出了主要承重结构和围护结构的风荷载标准值计算方法。其中关于主要承重结构的设计用风荷载详见《重庆云建筑风振响应和等效静风荷载分析报告》，此处主要给出围护结构的设计用风荷载的计算方法。

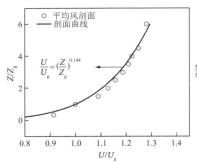
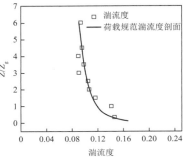
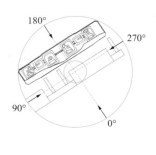

图 19.2-1　风洞试验模拟平均风速和湍流度剖面曲线图　　　　　图 19.2-2　风向角定义

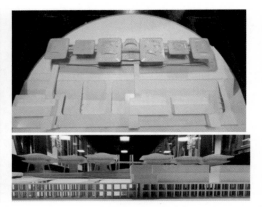

(a) 风场布置　　　　　　　　　　　　　　　(b) 模型布置

图 19.2-3　风洞试验模型

　　（1）按照现行规范规定，围护结构设计风荷载主要考虑风荷载自身的脉动效应，未考虑围护结构系统自身振动产生的动力放大作用，设计使用时应根据围护结构系统自身特性，合理使用该数据，当围护结构系统跨度较大或刚度较小时，需要合理考虑围护结构可能产生的风振动力效应。

　　（2）按照用于围护结构设计的最不利风压值，作为围护结构设计用风荷载。设计单位应该根据屋面的实际构造合理选用最不利风压值。屋面为单层屋面板时，选用上下表面叠加最不利风压。对于处于悬挑端位置的屋面板：若由上表面和下表面两层屋面板构成，则上表面的屋面板采用上表面最不利风压，下表面的屋面板采用下表面最不利风压；若悬挑端为单层板，则应采用上下表面叠加的最不利风压。

（3）具体应用时，可直接根据风洞试验结果查找某位置的最不利正风压和最不利负风压，计算该位置围护结构设计用风荷载标准值。围护结构设计时，需要同时考虑最不利正风压和最不利负风压两种不利风荷载分布形式。

（4）风洞试验结果中数值是按照 50 年一遇的基本风压确定的，当取其他基本风压时，极值风压值可以根据基本风压的相同调整比例进行调整。

（5）依据《建筑工程风洞试验方法标准》JGJ/T 338—2014 的第 3.4.9 条规定：除了本次风洞试验，没有进行其他独立的风洞试验时，当本报告附录提供的围护结构极值风压值幅值小于《建筑结构荷载规范》GB 50009—2012 规定值的 90%时，应当按照《建筑结构荷载规范》GB 50009—2012 规定值的 90%作为建筑物极值风压值。

（6）本风洞试验报告仅适用于设计单位提供所的现有建筑群布置、建筑物体型和周边建筑物环境。当建筑物体型、建筑群布置或周边环境发生变化时（如仅目标建筑物建成，而周围空旷），建筑物表面风荷载可能发生显著变化，在结构设计时应考虑到这一因素。

3. 结构材料

混凝土：

剪力墙 C40～C50；

框架柱 C40～C50；

梁、板 C30；

转换层 C35。钢材及型钢材料见表 19.2-5。

钢材及型钢材料 表 19.2-5

种类		直径（mm）	f_y（N/mm²）
钢筋	HPB300	6、8	270
	HRB400	≥10	360
	HRB500	≥16	435/410
型钢钢材	Q355B	钢板板厚 30～80	250～295
	Q390B	钢板板厚 30～80	295～345

4. 性能目标

考虑建筑的功能和规模，综合以上超限判定，设定 1-2 云多塔结构抗震性能目标为 C 级，见表 19.2-6，具体要求如表 19.2-7。

结构抗震性能设防目标 表 19.2-6

地震水准	性能目标			
	A 级	B 级	C 级	D 级
	性能水准			
多遇地震	1	1	1	1
设防烈度地震	1	2	3	4
预估的罕遇地震	2	3	4	5

结构及构件抗震性能设防目标 表 19.2-7

抗震设防水准		多遇地震	设防地震	罕遇地震
层间位移角限值		1/800	—	1/100
关键构件	底部加强区剪力墙 （S1～S4 层）	（无损坏） 弹性	（轻微损坏） 抗剪弹性、抗弯不屈服	（轻度损坏） 抗剪不屈服、抗弯不屈服
	斜巨柱及与斜柱相连的框架梁		（无损坏） 弹性	
	与斜柱相连的大跨桁架 及悬挑桁架			（轻度损坏） 抗剪不屈服、抗弯不屈服
	悬挑转换桁架及 与之相邻的支承构件			
	与室外连桥相连的钢构件			
	钢结构构件	应力比小于 0.85	应力比小于 0.9	应力比小于 0.95
	连桥成品球铰支座	水平抗剪能力满足大震弹塑性最大剪力需求		
楼板	与悬挑转换桁架上下弦相连的 核心筒两层楼板	（无损坏） 弹性	（无损坏） 弹性	（轻度损坏） 抗拉不屈服、抗剪不屈服
	大底盘多塔裙房顶楼板			
普通竖向 构件	除关键构件之外的墙柱	（无损坏） 弹性	（轻微损坏） 不屈服	（中度损坏） 部分比较严重损坏[注1] 满足抗剪截面
耗能构件	连梁、框架梁	（无损坏） 弹性	（轻度损坏） 抗剪不屈服	（中度损坏） 较多比较严重损坏[注2]

注：1. "部分"指占比不超 25%。
　　2. "较多"指占比不超过 50%。

三、结构体系

1. 结构体系与布置

本地块由地下一层，地上由 6 个云塔楼、5 个连桥及 3 层裙房构成，地下一层整体不设缝，设计嵌固端在地下一层顶；地上通过设置 2 道双柱防震缝将 6 个云塔楼（7 层）及草坡裙房（3 层）分为 3 个独立多塔结构单元，6 个云塔楼和 5 个连桥之间设置滑移防震缝。整体结构防震缝示意图如图 19.3-1～图 19.3-3 所示。

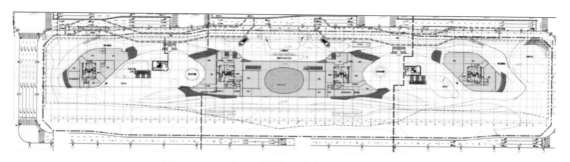

图 19.3-1　地上云塔楼、草坡分缝平面示意图

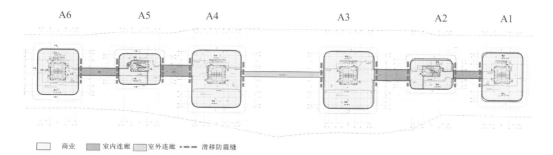

图 19.3-2　地上云塔楼、连桥分缝平面示意图

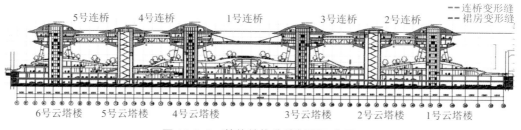

图 19.3-3　整体结构分缝剖面示意图

本工程分为三个独立多塔结构单元，分别为 1-2 云多塔结构，3-4 云多塔结构，5-6 云多塔结构，三维模型示意如图 19.3-4 所示。结构楼层示意图如图 19.3-5 所示。

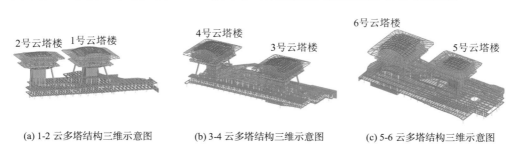

(a) 1-2 云多塔结构三维示意图　　(b) 3-4 云多塔结构三维示意图　　(c) 5-6 云多塔结构三维示意图

图 19.3-4　结构分缝后三维模型示意

　　1-2 云多塔地上由大底盘裙房及 1 号云塔楼、2 号云塔楼构成，其中大底盘裙房 2 层，层高 5.5m＋6m，1 号云塔楼裙房以上 5 层，结构高度 55.57m；2 号云塔楼裙房以上 4 层，结构高度 52.49m；底盘裙房采用混凝土框架剪力墙结构，云上部分主要采用钢框架-混凝土剪力墙结构，外框采用钢结构，内筒采用混凝土，钢结构部分楼盖采用钢筋桁架楼承板体系。

　　3-4 云多塔地上由大底盘裙房及 3 号云塔楼、4 号云塔楼构成，其中大底盘裙房 3 层，层高 5.5m＋6m＋曲面草坡层，3 号云塔楼裙房以上 4 层（含云塔楼顶网壳层），结构高度 56.04m；4 号云塔楼裙房以上 4 层，结构高度 56.3m；底盘裙房采用混凝土框架剪力墙结构，云塔楼上部分主要采用钢框架-混凝土剪力墙结构，外框采用钢结构，内筒采用混凝土，钢结构部分楼盖采用钢筋桁架楼承板体系。

　　5-6 云多塔地上由大底盘裙房及 5 号云塔楼、6 号云塔楼构成，其中大底盘裙房 2 层，层高 5.5m＋6m，5 号云塔楼裙房以上 4 层（含云顶网壳层），结构高度 52.51m；6 号云塔楼裙房以上 4 层，结构高度 55.36m；底盘裙房采用混凝土框架剪力墙结构，云塔楼上部分主要采用钢框架-混凝土剪力墙结构，外框采用钢结构，内筒采用混凝土，钢结构部分楼盖采用钢筋桁架楼承板体系。

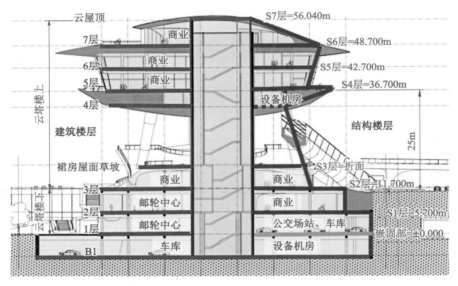

图 19.3-5　结构楼层示意图

2. 结构超限情况判定（表 19.3-1）

3. 多遇地震（小震）下计算结果对比

　　为确保整体指标计算模型及强度计算模型的准确性，本工程采用 PKPM-Satwe_V5.0 中文版和 SAP2000 两个程序分别进行整体指标计算，对比计算结果（表 19.3-2）。整体指标计算模型不考虑地下室，计算嵌固端设在地下一层顶板，楼盖采用刚性楼板假定。以下以 1 号云塔楼、2 号云塔楼结果为例。

结构超限情况判定

表 19.3-1

工程名称	序号	规则性质	规范限值			1号云塔楼		2号云塔楼		3号云塔楼		4号云塔楼		5号云塔楼		6号云塔楼	
重庆寸滩国际邮轮中心			限值一	限值二	限值三	分析结果	超限值情况	分析结果	超限值情况	分析结果	超限值情况	分析结果	超限值情况	分析结果	超限值情况	分析结果	超限值情况
	1	A 在具有偶然偏心的规定水平力作用下，楼层两端抗侧力构件的最大值水平位移（或层间位移）与其平均值的比值	≤1.60	≤1.40	≤1.20	X+: 1.38　Y+: 1.17	超三	X+: 1.37　Y-: 1.14	超三	X+: 1.38　Y+: 1.16	超三	X+: 1.36　Y-: 1.13	超三	X+: 1.40　Y+: 1.25	超三	X+: 1.28　Y+: 1.20	超三
		B 相邻层偏心率或相邻层质心相差与边长度的比值	—	—	≤0.15	0.18	超三	0.18	超三	0.001	无	0.001	无	0.18	超三	0.18	超三
	2	A 结构平面凹进或凸出的一侧尺寸与相应投影方向总尺寸的比值	≤0.40	—	≤0.30	—	无	—	无	—	无	—	无	—	无	—	无
		B 结构平面中部两侧收进的总尺寸与平面宽度的比值	≤0.60	—	≤0.50	—	无	—	无	—	无	—	无	—	无	—	无
		C 角部重叠面积与较小部分楼板面积的比值	—	—	≥0.20	—	无	—	无	—	无	—	无	—	无	—	无
		D 结构平面凸出部分长度与其连接宽度的比值	—	—	≤2.00	—	无	—	无	—	无	—	无	—	无	—	无
	3	A 楼板有效宽度与该层楼典型宽度的比值	≥0.35	≥0.40	≥0.50	—	无	—	无	—	无	—	无	—	无	—	无
		B 楼板开洞面积占该层楼面面积的比值	≤0.40	≤0.35	≤0.30	—	无	—	无	—	无	—	无	—	无	—	无
		C 错层高度与梁高的比值	—	—	≤1.00	—	无	—	无	—	无	—	无	—	无	—	无
	4	楼板开洞后任一边的最小净宽（m）	≥2.00	—	—	≥2	无	≥2	无	≥2	无	≥2	无	≥2	无	≥2	无
	5	结构扭转为主的第一自振周期 T_t 与平动为主的第一自振周期 T_1 的比值	—	≤0.9	—	—	无	—	无	—	无	—	无	—	无	—	无

续表

序号	规则性质	规范限值 限值一	限值二	限值三	1号云塔楼 分析结果	1号云塔楼 超限情况	2号云塔楼 分析结果	2号云塔楼 超限情况	3号云塔楼 分析结果	3号云塔楼 超限情况	4号云塔楼 分析结果	4号云塔楼 超限情况	5号云塔楼 分析结果	5号云塔楼 超限情况	6号云塔楼 分析结果	6号云塔楼 超限情况
A	框架结构楼层侧向刚度与刚度较大相邻层的比值	—	≥0.50	≥0.70	—	无	—	无	—	无	—	无	—	无	—	无
B	框架-剪力墙、框架-核心筒楼层侧向刚度与刚度较大相邻三层平均值的比值	—	—	≥0.80	—	无	—	无	—	无	—	无	—	无	—	无
C	框架-剪力墙、框架-核心筒、筒中筒结构楼层侧向刚度与相邻上层的比值	—	≥0.50	≥0.90 / ≥1.1	—	无	—	无	—	无	—	无	—	无	—	无
D	底层侧向刚度与相邻上层的比值	—	—	≥1.50	0.54	无	0.3	无	0.5	无	—	无	0.5	无	—	无
E	上部楼层收进部位的高度，与房屋总高度之比大于0.2时，上部楼层收进后的水平尺寸与下部楼层水平尺寸之比值	—	—	≥0.75	—	超三	—	超三	—	超三	—	无	—	超三	—	无
F	竖向构件位置缩进与相应方向抗侧力结构总尺寸的比值	—	—	≤0.25	—	无	—	无	—	无	—	无	—	无	—	无
G	竖向构件水平外挑与相应方向抗侧力结构总尺寸的比值	—	—	≤0.10	—	无	—	无	—	无	—	无	—	无	—	无
H	竖向构件水平外挑尺寸(m)	—	—	≤4	21m	超三	14m	超三	26m	超三	26m	超三	26m	超三	26m	超三
I	上部塔楼数量	—	—	≤1	2	超三	2	超三	2	超三	2	超三	2	超三	2	超三
J	单塔或多塔与大底盘质心偏心距与底盘相应边长的比值	—	≤0.20	—	0.1	无	0.1	无	0.05	无	0.04	无	0.1	无	0.1	无
7	抗侧力结构的层间受剪承载力与相邻上一层的比值	—	≥0.65	≥0.80	—	无	—	无	0.74 (2/3Y)	超三	0.74 (2/3Y)	超三	—	无	—	无
8	短肢剪力墙承受的倾覆力矩与结构底部（或楼层）总地震倾覆力矩的比值	—	≤0.50	—	—	无	—	无	—	无	—	无	—	无	—	无

工程名称：重庆寸滩国际邮轮中心　　工程序号：6

续表

工程名称	序号	规则性项	规范限值 限值一	规范限值 限值二	规范限值 限值三	1号云塔楼 分析结果	1号云塔楼 超限值情况	2号云塔楼 分析结果	2号云塔楼 超限值情况	3号云塔楼 分析结果	3号云塔楼 超限值情况	4号云塔楼 分析结果	4号云塔楼 超限值情况	5号云塔楼 分析结果	5号云塔楼 超限值情况	6号云塔楼 分析结果	6号云塔楼 超限值情况
重庆寸滩国际邮轮中心	9	塔楼高度与结构高度限值的比值	—	≤0.20	—	—	无	—	无	—	无	—	无	—	无	—	无
	10 A	是否存在局部的穿层柱、斜柱	—	—	否	是	超三	是	超三	是	超三	是	超三	是	超三	是	超三
	10 B	是否存在对结构性能影响较大的个别构件错层或转换	—	—	否	是	超三	—	超三	是	超三	是	超三	是	超三	是	超三
	11	结构具有转换层、加强层、错层、连体和多塔等的类型数	≤3	—	≤2	2	超三	2	超三	2	超三	2	超三	2	超三	2	超三
	12	转换层等效剪切刚度（或等效抗侧刚度）与相邻上层的比值	≥0.5	—	—	—	无	—	无	—	无	—	无	—	无	—	无
	13	框支转换层楼层数	≤7	—	—	否	否	否	否	否	否	否	否	否	否	否	否
	14	是否异形柱结构	否	—	—	否	否	否	否	否	否	否	否	否	否	否	否
	15 A	6度特殊设防类和7度设防建筑工程是否楼板转换	否	—	—	否	否	否	否	否	否	否	否	否	否	否	否
	15 B	6度重点设防类建筑工程是否厚板转换	—	否	—	否	否	否	否	否	否	否	否	否	否	否	否
	16	是否各部分层数、刚度、布置不同的错层	否	—	—	—	否	—	否	—	否	—	否	—	否	—	否
	17 A	同时具有前后、左右错层的楼层数与总楼层数的比值	≤0.50	—	—	—	否	—	否	—	否	—	否	—	否	—	否
	17 B	是否仅前后错层或左右错层	—	—	否	—	否	—	否	—	否	—	否	—	否	—	否
	18	连体两端塔楼高度、体型是否显著不同	否	—	—	—	否	—	否	—	否	—	否	—	否	—	否
	19	连体两端塔楼沿大底盘某个主轴方向的振动周期相差	≤25%	—	—	否	否	否	否	否	否	否	否	否	否	否	否
	20	上下墙、柱、支撑是否连续（包含加强层、连体类）	—	—	是	是	超三	否	超三	否	超三	否	超三	否	超三	否	超三

结构多模型结果对比　　　　　　　　　　　表 19.3-2

计算结果			PKPM	SAP2000	误差
恒荷载＋0.5×活荷载质量（t）			60197.09	60765.94	0.94%
结构自振周期	T_1（2 号云塔楼 Y 向平动）		0.7222	0.7021	2.78%
	T_2（1 号云塔楼斜向平动）		0.6647	0.6573	1.11%
	T_3（1 号云塔楼扭转）		0.5930	0.5629	5.08%
	周期比 T_3/T_2		0.89	0.86	—
水平地震作用（调整前）	X 向	有效质量系数	96.34%	90.19%	—
		基底剪力（kN）	8529.9	7966.1	6.61%
	Y 向	有效质量系数	96.67%	93.54%	—
		基底剪力（kN）	10347.0	9591.7	7.30%
风荷载作用	X 向	基底剪力（kN）	4333.9	4383.7	1.15%
	Y 向	基底剪力（kN）	4967.0	5016.5	0.99%

　　总质量、前二阶平动振型周期相差不宜超过 8%，第一阶扭转振型周期相差不宜超过 15%，反应谱法计算的基底剪力不宜超过 8%。从多模型结果对比分析可以看出，两个模型结果误差很小，说明用于结构分析的模型正确。结构模态振型图见图 19.3-6。

　　1）多模型周期与振型对比

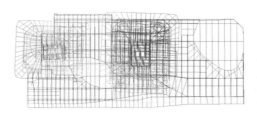

(a) PKPM 模型：$T_1 = 0.7222\text{s}$，2 号云塔楼 Y 向平动　　　(b) SAP2000 模型：$T_1 = 0.7021\text{s}$，2 号云塔楼 Y 向平动

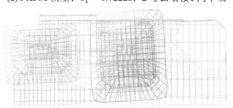
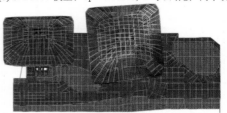

(c) PKPM 模型：$T_2 = 0.6647\text{s}$，1 号云塔楼斜向平动　　　(d) SAP2000 模型：$T_2 = 0.6573\text{s}$，1 号云塔楼斜向平动

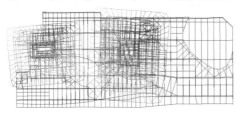
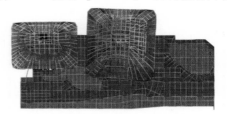

(e) PKPM 模型：$T_3 = 0.5930\text{s}$，1 号云塔楼扭转　　　(f) SAP2000 模型：$T_3 = 0.5629\text{s}$，1 号云塔楼扭转

图 19.3-6　结构模态振型图

根据分析结果可知，PKPM 和 SAP2000 计算得到的结构质量、两塔楼的前三阶周期、基底剪力误差均在允许范围内，因此可以认为本工程进行超限设计的分析模型真实可靠。

2）多塔模型周期比统计

1-2 云多塔模型和 1 号云塔楼、2 号云塔楼单塔模型的周期比指标如表 19.3-3 所示。可通过该指标进一步了解降低分缝数量后，单塔方案调整为多塔方案后结构动力特性的变化。

结构周期结果对比　　　　　　　　　　　　　　　　表 19.3-3

1号云塔楼＋2号云塔楼多塔模型	多塔 1 号云塔楼		单塔 1 号云塔楼		多塔 2 号云塔楼		单塔 2 号云塔楼	
T_1	0.6649	斜向平动	0.7517	X向	0.7264	Y向	0.7701	X向
T_2	0.5913	扭转	0.6579	Y向	0.5677	斜向平动	0.7258	Y向
T_t	0.5548	X向	0.5631	扭转	0.4451	扭转	0.4602	扭转
T_t/T_1	0.889	—	0.749	—	0.613	—	0.598	—

结构多遇地震下经剪重比调整后楼层剪力与风荷载下的楼层剪力对比结果，如表 19.3-4 所示。可以看出，本结构风荷载作用显著小于多遇地震。

地震作用及风荷载下楼层剪力结果　　　　　　　　　表 19.3-4

楼层	2 号云塔楼楼层剪力（kN）				1 号云塔楼楼层剪力（kN）			
	X向		Y向		X向		Y向	
	地震作用	风荷载	地震作用	风荷载	地震作用	风荷载	地震作用	风荷载
6	1264.5	291	1623.6	345	1462.6	438	2038.5	365
5	2094.6	499	2692.4	602	2237.3	750	3176.8	615
4	3371.8	624	4362.1	777	3541.8	971	5237.7	792
3	9562.1	684	13002.2	837	9562.1	1082	13002.2	916
2	12980.7	684	16727.3	837	12980.7	1082	16727.3	916
1	15759	684	17180.5	837	15759	1082	17180.5	916

3）楼层位移及层间位移角

本结构在 X、Y 向地震作用下的层间位移角结果如表 19.3-5 所示，风荷载作用下的层间位移角结果如表 19.3-6 所示。《高层建筑混凝土结构技术规程》JGJ 3—2010 第 3.7.3 条规定，高度不大于 150m 的高层建筑，框架-剪力墙、框架-核心筒结构的楼层最大位移与层高之比的限值为 1/800；高度不小于 250m 时，限值为 1/500；高度在 150～250m 之间时，线性插值取用。故本项目中，结构层间位移角限值 1/800。

计算结果表明，地震作用下，结构在 X、Y 向的最大层间位移角为 1/7177（第 2 层）、1/6340（第 5 层）均满足规范要求。

计算结果表明，风荷载作用下，结构在 X、Y 向的最大层间位移角为 1/4147（第 2 层）、1/4147（第 2 层），均满足规范要求。

地震作用下的层间位移角结果　　　　　　　　　　表 19.3-5

楼层	层间位移角			
	X向		Y向	
	2 号云塔楼	1 号云塔楼	2 号云塔楼	1 号云塔楼
6	—	1/7559	—	1/8232
5	1/9089	1/6340	1/6641	1/7338
4	1/7495	1/9494	1/6475	1/9999
3	1/9999	1/6054	1/9999	1/7054
2	1/7177	1/7177	1/4147	1/4147
1	1/9999	1/9999	1/8665	1/8665

风荷载地震作用下的层间位移角结果　　　　　　　表 19.3-6

楼层	层间位移角			
	X向		Y向	
	2 号云塔楼	1 号云塔楼	2 号云塔楼	1 号云塔楼
6	—	1/14634	—	1/24999
5	1/14634	1/15789	1/16666	1/16666
4	1/17000	1/19531	1/22666	1/22988
3	1/16326	1/16326	1/11940	1/11940
2	1/18750	1/18761	1/13333	1/13333
1	1/109999	1/110011	1/68749	1/68965

4）楼层位移比

《高层建筑混凝土结构技术规程》JGJ 3—2010 第 3.4.5 条规定，在考虑偶然偏心的规定水平地震作用下，A 级高度高层建筑，竖向构件的水平位移和层间位移，不宜大于楼层平均值的 1.2 倍，不应大于楼层平均值的 1.5 倍；B 级高度高层建筑及复杂高层建筑不宜大于楼层平均值的 1.2 倍，不应大于该楼层平均值的 1.4 倍。

《高层建筑混凝土结构技术规程》JGJ 3—2010 第 3.4.5 条规定，当计算的楼层最大层间位移角不大于本楼层层间位移角限值的 40% 时，该楼层的扭转位移比的上限可适当放松，但不应大于 1.6。

本结构在 X、Y 向地震作用下的扭转位移比结果如表 19.3-7 所示。计算结果表明，结构在 X 向地震下最大扭转位移比为 1.39（第 5 层）；Y 向地震下最大扭转位移比为 1.18（第 5 层），为扭转效应明显结构，两个方向最大位移比小于 1.6，满足规范要求。

地震作用下的扭转位移比结果 表 19.3-7

楼层	2 号云塔楼				1 号云塔楼			
	X向正偏	X向负偏	Y向正偏	Y向负偏	X向正偏	X向负偏	Y向正偏	Y向负偏
6	—	—	—	—	1.39	1.02	1.11	1.15
5	1.37	1.18	1.09	1.14	1.38	1.02	1.1	1.14
4	1.35	1.18	1.08	1.13	1.13	1.01	1.03	1.05
3	1.12	1.06	1.03	1.05	1.38	1.14	1.09	1.16

5）抗倾覆验算

根据《高层建筑混凝土结构技术规程》JGJ 3—2010 第 12.1.7 条，在重力荷载和水平荷载标准值或重力荷载代表值和多遇水平地震标准值共同作用下，基础底面不宜出现零应力区，抗倾覆验算结果见表 19.3-8。可见，本结构抗倾覆能力满足规范要求。

结构抗倾覆验算结果 表 19.3-8

内容		抗倾覆弯矩 M_r（kN·m）	倾覆弯矩 M_{ov}（kN·m）	比值 M_r/M_{ov}	零应力区（%）
风荷载	X向	42973396	140130.391	306.67	0
	Y向	20675464	162201.234	127.47	0
地震作用（小震）	X向	41367704	260442.766	158.84	0
	Y向	19902930	333492.625	59.68	0

6）中震下墙肢拉应力

根据《超限高层建筑工程抗震设防专项审查技术要点》（建质〔2015〕67 号）中所述：中震时双向水平地震下墙肢全截面由轴向力产生的平均名义拉应力超过混凝土抗拉强度标准值时宜设置型钢承担拉力，且平均名义拉应力不宜超过 2 倍混凝土抗拉强度标准值（可按弹性模量换算考虑型钢和钢板的作用），全截面型钢和钢板的含钢率超过 2.5% 时可按比例适当放松。

典型墙肢拉应力情况复核结果如图 19.3-7 所示。

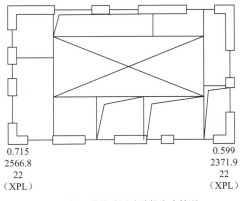
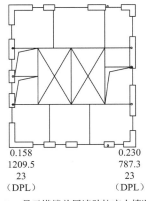

(a) 2 号云塔楼首层墙肢拉应力情况　　(b) 1 号云塔楼首层墙肢拉应力情况

图 19.3-7　各云首层墙肢拉应力情况

图 19.3-7 中数字为中震标准荷载组合下，各个云首层墙肢的平均名义拉应力和 2 倍混凝土抗拉强度标准值 f_{tk} 的比值，可以看出，所有首层墙肢的平均名义拉应力均小于 f_{tk}，无须设置计算型钢，所以中震墙肢拉应力满足要求。

7）墙肢大震剪压比验算

首层结果典型剪力墙墙肢在大震下最大剪压比见图 19.3-8，根据图中所示，其剪压比均满足规范要求。

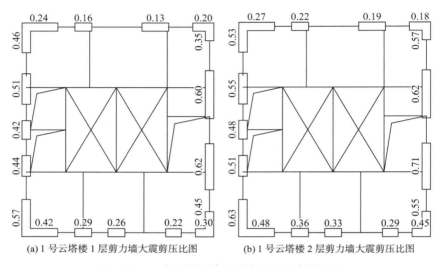

(a) 1 号云塔楼 1 层剪力墙大震剪压比图　　(b) 1 号云塔楼 2 层剪力墙大震剪压比图

图 19.3-8　各云首层剪力墙大震下最大剪压比

4. 大震下钢结构关键构件验算（图 19.3-9～图 19.3-13）

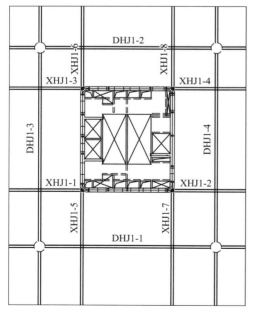

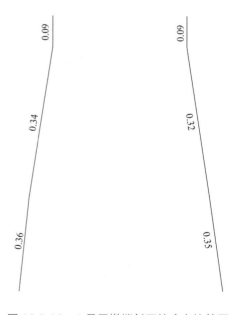

图 19.3-9　1 号云塔楼钢桁架编号图　　　图 19.3-10　1 号云塔楼斜巨柱应力比简图

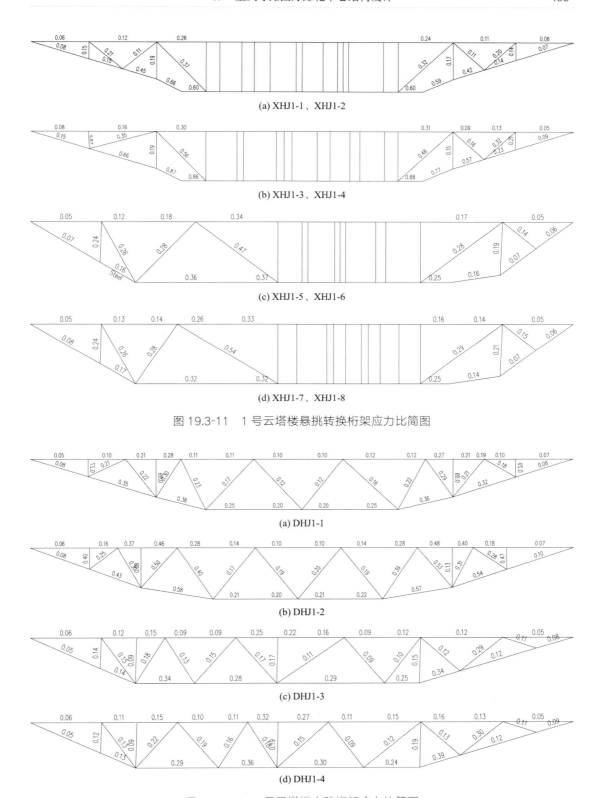

(a) XHJ1-1、XHJ1-2

(b) XHJ1-3、XHJ1-4

(c) XHJ1-5、XHJ1-6

(d) XHJ1-7、XHJ1-8

图 19.3-11   1号云塔楼悬挑转换桁架应力比简图

(a) DHJ1-1

(b) DHJ1-2

(c) DHJ1-3

(d) DHJ1-4

图 19.3-12   1号云塔楼大跨桁架应力比简图

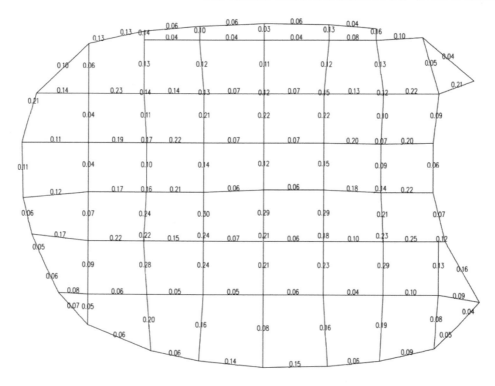

图 19.3-13　1 号云塔楼屋面单层网壳应力比简图

四、专项设计

1. 主体云结构防连续倒塌分析

1）拆除工况一分析（1 号云塔楼）

选择 1 号云塔楼跨度为 21.149m 悬挑转换桁架斜腹杆进行拆除，构件位置见图 19.4-1。静力作用设计时，该杆应力比为 0.40，该杆及周围杆件应力比见图 19.4-2。对周边与斜腹杆直接相连杆件考虑动力放大系数 2.0，其余构件取 1.0，杆件编号如图 19.4-3 所示。结果表明，被拆除构件周围杆件的应力比均可满足规范要求，计算结果见表 19.4-1。

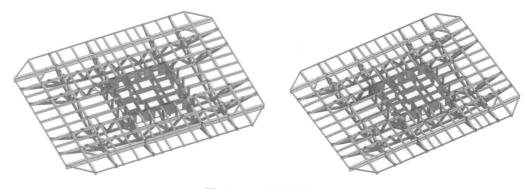

图 19.4-1　拆除工况一

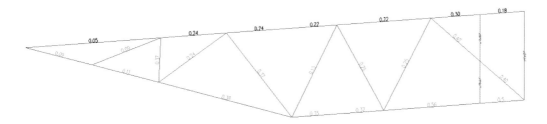

图 19.4-2　拆除前被拆除构件及周围杆件应力比

图 19.4-3　需要考虑动力放大系数的杆件及编号

计算结果　　　　　　　　　　　　　　　表 19.4-1

构件编号	杠端弯矩M_x（kN·m）	杠端弯矩M_y（kN·m）	轴力N（kN）	竖向荷载动力放大系数η_d	剩余结构构件效应设计值S_d（N/mm²）	1.25 倍的钢材强度标准值f（N/mm²）	S_d/f
1	812.7	9.9	−44.1	2	53.75	487.5	0.11
2	201.4	10.6	−327.1	2	55.26	487.5	0.11
3	2825.0	−203.6	−7673.6	2	355.32	487.5	0.73
4	−539.0	−274.1	499.2	2	80.58	487.5	0.17
5	−1041.8	66.4	−4838.7	1	156.35	487.5	0.32
6	100.7	−1.1	26.0	1	6.65	487.5	0.01
7	−289.2	−19.3	−699.6	1	35.09	487.5	0.07
8	313.2	−98.5	−4216.9	1	91.60	487.5	0.19

2）偶然荷载工况一分析（1 号云塔楼）

使用偶然荷载法，对 1 号云塔楼斜柱进行分析，斜柱位置见图 19.4-4，斜柱长 23.154m，圆管直径 1.4m，根据《高层建筑混凝土结构技术规程》JGJ 3—2010 第 3.12.6 条规定，沿杆表面施加 112kN/m 线荷载，如图 19.4-5 所示。

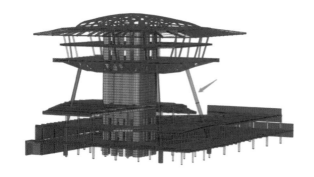

图 19.4-4　1 号云塔楼斜柱位置示意图　　　　图 19.4-5　沿杆长施加偶然荷载

在 SAP2000 中采用直接分析法验算斜柱强度及稳定承载力，软件自动考虑构件初始缺陷，对弯矩进行修正。计算结果表明，施加偶然荷载后，斜柱应力比为 0.5，满足规范要求，斜柱强度及稳定验算见图 19.4-6，斜柱应力比见图 19.4-7。

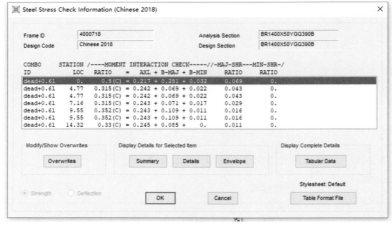

图 19.4-6　1 号云塔楼斜柱强度及稳定验算　　　　　图 19.4-7　1 号云塔楼斜柱应力比

2. 主体云结构楼盖舒适度分析

本工程各主体云结构 5 层楼面存在大跨度转换悬挑桁架，2 号云塔楼 5 层楼面存在局部开洞，取 1 号云塔楼、5 号云塔楼 4 层楼面，2 号云塔楼 5 层楼面最不利位置进行舒适度验算，如图 19.4-8～图 19.4-10 所示。

1 号云塔楼 4 层楼面附加恒载为 3kN/m²，降板位置附加恒载为 7kN/m²，板厚 180mm，计算发现该位置楼盖一阶竖向自振频率 3.71Hz，满足规范 3Hz 限值要求。一阶自振模态如图 19.4-11 所示。该位置楼盖自振频率属于人群荷载频率范围（1.25～4.6Hz）内，人群荷载与行走激励均可引起共振。

（1）行走激励。尝试施加多点行走激励，一阶行走频率取 3.71Hz。计算得到多点行走激励下的最不利点加速度时程，振动最大峰值加速为 0.08m/s² < 0.15m/s²，满足规范要求。多点激励荷载布置如图 19.4-12 所示，峰值加速度包络图如图 19.4-13 所示，加速度最大节点的加速度时程曲线如图 19.4-14 所示。

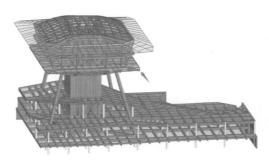

图 19.4-8　1 号云塔楼 4 层楼面最不利位置

图 19.4-9　2 号云塔楼 4 层楼面最不利位置　　图 19.4-10　4 号云塔楼 4 层楼面最不利位置

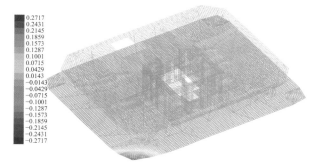

图 19.4-11　一阶竖向振型图（$f_1 = 3.71$Hz）

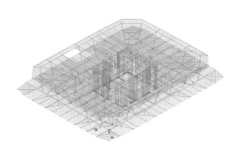 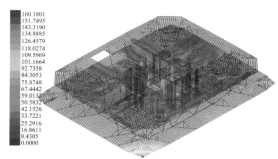

图 19.4-12　多点激励荷载布置图　　　　　　图 19.4-13　峰值加速度包络

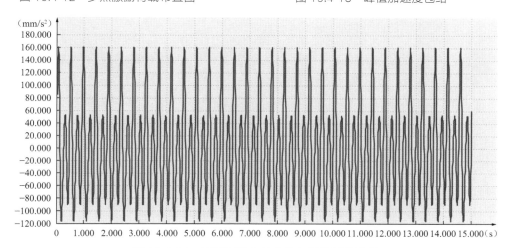

图 19.4-14　加速度最大节点的加速度时程曲线

（2）有节奏运动。尝试施加有节奏运动，一阶人群荷载频率取 3.71Hz，人群荷载取 0.12kN/m²。计算得到有节奏运动人群荷载激励下的有效最大加速度，有效最大加速度为 0.2597m/s²<0.50000m/s²，满足规范要求。有节奏运动荷载布置如图 19.4-15 所示，有效最大加速度包络图如图 19.4-16 所示，加速度最大节点的加速度时程曲线如图 19.4-17 所示。

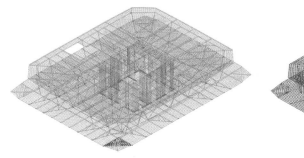 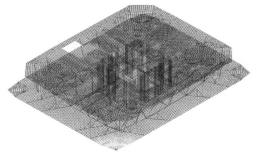

图 19.4-15　有节奏运动荷载布置图　　　　图 19.4-16　有效最大加速度包络

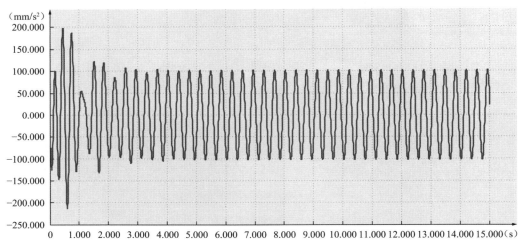

图 19.4-17　加速度最大节点的加速度时程曲线（第一阶荷载）

3. 室外连廊舒适度分析

本工程连体桁架为固定铰支座与滑动支座结合的方式，结构振动舒适度计算考虑支座刚度的影响，连体桁架的质量分布不均匀，边界条件复杂，根据《建筑楼盖结构振动舒适度技术标准》JGJ/T 441—2019 使用有限元方法计算连廊竖向以及横向加速度。施加计算舒适度用的连廊楼面活荷载为 0.35kN/m²，有限元计算所得 1 号连廊结构一阶竖向自振频率为 1.4157Hz，小于 3Hz；2 号连廊结构一阶竖向自振频率为 3.699Hz，大于 3Hz。舒适度分析情况如图 19.4-18～图 19.4-25 所示。

图 19.4-20 和图 19.4-21 为最不利点处竖向振动加速度，节点 1569 位置竖向振动加速度 0.0044m/s²＜0.15m/s²，满足《建筑楼盖结构振动舒适度技术标准》JGJ/T 441—2019 关于封闭连廊竖向与横向振动峰值加速度限值的要求。

图 19.4-24 和图 19.4-25 为最不利点处竖向振动加速度，节点 18 位置竖向振动加速度

0.022m/s²<0.15m/s²，满足《建筑楼盖结构振动舒适度技术标准》JGJ/T 441—2019 关于封闭连廊竖向振动峰值加速度限值的要求。

图 19.4-18　1 号连廊结构一阶竖向模态

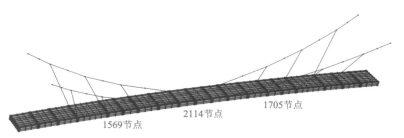

图 19.4-19　1 号连廊加速度测点

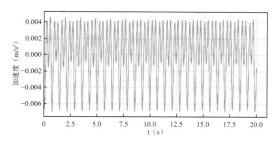

图 19.4-20　1 号连廊 1569 节点处竖向加速度

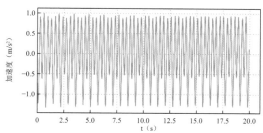

图 19.4-21　1 号连廊 2114 节点处竖向加速度

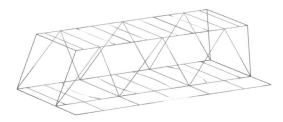

图 19.4-22　2 号连廊桁架结构一阶竖向模态

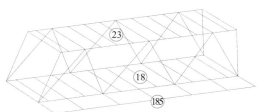

图 19.4-23　2 号连廊加速度测点

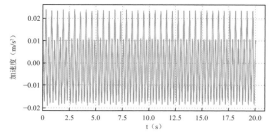

图 19.4-24　2 号连廊 18 节点处竖向加速度

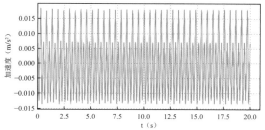

图 19.4-25　2 号连廊 23 节点处竖向加速度

4. 地震作用楼板应力分析

由于多塔结构裙房顶层在地震作用下受力的复杂性，对 1 号多塔、2 号多塔、3 号多塔进行小震弹性、中震不屈服验算。1 号云塔楼的楼板应力如图 19.4-26～图 19.4-29 所示。

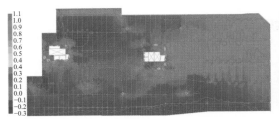

图 19.4-26　X 向小震作用下 L1 顶板面内平面主
应力云图

（注：楼板最大拉应力不超过 1.1MPa＜2.2MPa，楼板大部
分处于弹性状态）

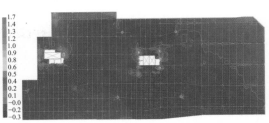

图 19.4-27　Y 向小震作用下 L1 顶板面内平面主
应力云图

（注：楼板最大拉应力不超过 1.7MPa＜2.2MPa，楼板大部
分处于弹性状态）

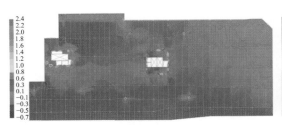

图 19.4-28　X 向中震作用下 L1 顶板面内平面主
应力云图

（注：除角部个别区域受力较大外，楼板其余部位均处于弹
性状态）

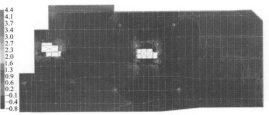

图 19.4-29　Y 向中震作用下 L1 顶板面内平面主
应力云图

（注：除角部个别区域受力较大外，楼板其余部位均处于弹
性状态）

5. 节点分析

（1）4 号云塔楼剪力墙角部和正交悬挑桁架连接节点

该分析节点在 4 号云塔楼 S4 层的核心筒角部，同时和 2 个正交悬挑桁架相连，并且南侧悬挑桁架是 6 个云结构中跨度最大，荷载最重的悬挑桁架（悬挑跨度 26m，悬挑桁架上部建筑空间为书店）。

取计算模型墙长约为剪力墙长度的一半，墙高约为上下楼层高度的一半。两侧剪力墙分别设置 X 向位移约束和 Y 向位移约束，底部剪力墙设置 Z 向位移约束。节点核心区的弧形剪力墙为 C60 混凝土，采用弹塑性损伤模型，其余非节点区域的剪力墙和连梁采用 C60 弹性混凝土模型。钢桁架及墙内劲性钢骨材料为 Q390，均为非线性材料模型。具体情况如图 19.4-30～图 19.4-33 所示。

本工况为 1.3×恒荷载＋1.5×活荷载－0.9×风荷载（Y 向），此时 06 下弦杆轴力最大。需要指出的是，在大震参与的标准组合工况下，06 下弦杆的轴力为－16500kN，并非是该节点的最不利工况。根据构件局部坐标轴施加的荷载值如表 19.4-2 所示。

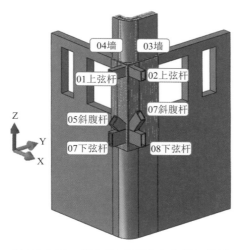

图 19.4-30 剪力墙-桁架节点有限元模型

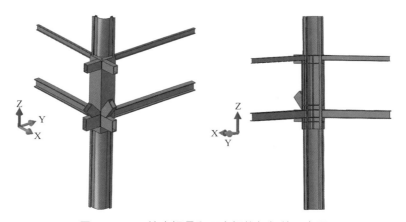

图 19.4-31 墙中钢骨和正交钢桁架杆件示意图

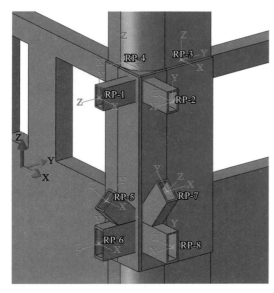

图 19.4-32 加载点和构件局部轴

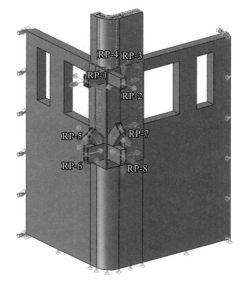

图 19.4-33 边界条件处理方式

各构件内力情况   表 19.4-2

构件编号	杆端弯矩M_x （kN·m）	杆端弯矩M_y （kN·m）	杆端剪力V_x （kN）	杆端剪力V_y （kN）	轴力N（kN）	扭矩T （kN·m）
01	20.995	8.19	−0.065	172.835	8536.138	11.115
02	−82.433	42.302	62.088	121.927	−3520.88	0.052
03	876.096	−70.85	−575.25	−3210.69	−2002.2	−118.911
04	−385.489	61.841	−1089.47	702.988	1027.351	62.608
05	432.354	35.204	−44.343	−91.117	−7374.02	−9.776
06	1253.915	−882.388	1210.3	408.772	−21649	188.448
07	345.761	−65.117	17.446	−86.086	−6944.15	−13.572
08	−1271.5	−23.374	−38.675	659.828	15879.73	−42.094

分析结果如图 19.4-34～图 19.4-37 所示。

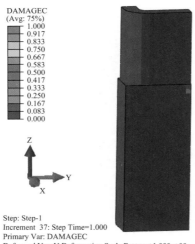

图 19.4-34　混凝土受压损伤

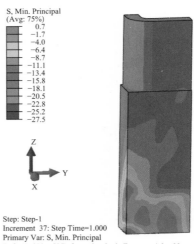

图 19.4-35　混凝土压应力

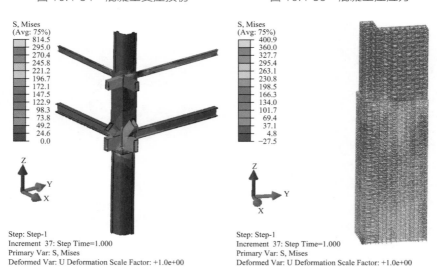

图 19.4-36　钢骨、钢桁架应力和钢筋应力

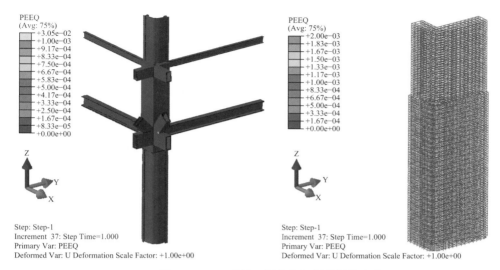

图 19.4-37 钢骨、钢桁架和钢筋塑性应变

可以看出，在该荷载工况下剪力墙混凝土仅支座处出现轻微塑性应变，而节点区域混凝土几乎没有损伤，其最大压应力出现在桁架下弦杆附近，最大压应力为−18MPa，小于其材料设计强度，剪力墙混凝土仍处于弹性状态。

钢骨最大应力约为200MPa，应力较大区域集中在桁架下弦杆和剪力墙连接区域，钢筋最大应力为160MPa，应力较大区域位于桁架上弦杆、下弦杆和剪力墙的连接区域附近。钢骨和钢筋的应力均小于其材料设计强度，仍处于弹性工作状态。

综上所述，对于该荷载工况，该节点满足小震弹性、大震不屈服的性能目标。

（2）4号云塔楼大跨桁架和斜柱连接节点

该分析节点构件材料为Q390。由于大跨桁架和斜柱均为关键钢构件，而4号云塔楼在S3层的钢构件和其他云相较而言，内力和截面更大，节点受力性能和构造措施更加复杂，因此通过节点分析验证该节点的承载力是否满足要求，是确保云结构体系安全性的关键环节。4号云塔楼大跨桁架斜柱连接节点构件编号和局部坐标轴见图19.4-38。

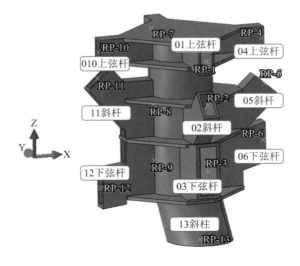

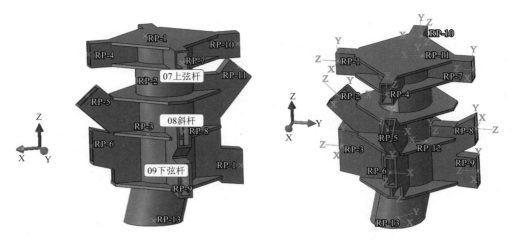

图 19.4-38　4 号云塔楼大跨桁架斜柱连接节点构件编号和局部坐标轴

　　由于该节点位于转换楼层，节点周围杆件无法提供有效的竖向或者侧向位移约束。考虑到有限元分析中边界条件的设定对分析结果的影响很大，使用一般的有限元静力分析方法在边界设定上不可避免地会与实际情况产生差别。惯性释放分析的外荷载由一系列结构的平动和转动加速度平衡，这些加速度组成体荷载，分布在整个计算模型上，这些荷载的矢量和刚好使作用在结构上的总荷载为 0。这为分析提供了一种稳态的应力和变形，相当于物体在这些荷载作用下做自由匀加速度运动。惯性释放分析同样要施加必要的边界条件，但是该边界条件只是为了去掉刚体运动而施加的，因为外部荷载有加速度荷载平衡，所以在这些边界约束点的反力都是 0（这相当于没有施加约束的效果），该计算过程会由系统自动完成。

　　图 19.4-38 中 13 斜柱轴力最大的工况为 $1.3 \times$ 恒荷载 $+ 1.5 \times$ 活荷载 $+ 0.9 \times$ 风荷载（Y 向），该工况也是斜柱在长悬挑方向弯矩最大的工况。斜柱最大轴力约为 -45000kN。

　　分析结果如图 19.4-39 和图 19.4-40 所示：

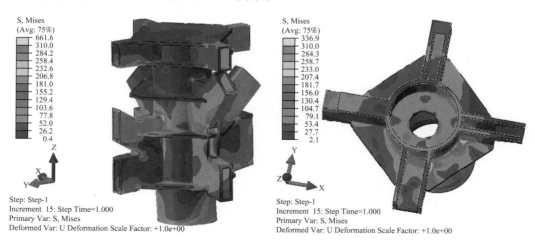

图 19.4-39　节点钢构件应力分布　　　　　图 19.4-40　斜柱顶部和肋板应力分布

　　可以看出，在该荷载工况下仅有个别应力集中部位的钢材应力超过了材料强度设计值 310MPa，节点处于弹性工作状态，无明显塑性应变区域。图 19.4-38 中 08 斜杆和 11 斜杆，

即斜柱和 X 方向、Y 方向大跨桁架连接的斜腹杆构件应力最大，达到了 230MPa，斜柱顶部的应力约为 190MPa。通过设置环向肋板可使应力集中区域远离斜柱，避免杆件交汇处的节点应力过大，提高了节点的安全储备。因此该节点设计应力不超过钢材屈服强度标准值，满足小震弹性、大震不屈服性能目标要求。

五、结语

（1）本项目设计时分别采用两个不同力学模型的空间结构分析程序 PKPM 和 SAP2000 进行整体计算，考虑扭转耦联和双向地震作用，结果表明两个软件结果吻合较好，计算结果真实可信。

（2）本项目选用 5 组天然波和 2 组人工波，进行弹性时程分析，并将其结果的平均值与规范反应谱分析结果相比较，取两者较大值进行设计，根据弹性时程分析结果，对剪力需要增大的楼层乘以剪力放大系数进行构件验算。

（3）本项目采用等效弹性算法，进行中震不屈服、中震弹性与大震抗剪不屈服验算，分析其抗震性能，并采取相应加强措施。

（4）本项目采用 PKPM-SAUSAGE 软件进行罕遇地震下多塔结构的弹塑性分析验算，确保结构能满足大震下的抗震性能目标要求，验证主体云结构关键构件可满足性能目标要求，验算悬索桥索力变化过程以及支座变形量，对主体云结构可能存在的薄弱部位采取相应的加强措施。

（5）本项目对各主体云的转换层及支撑斜巨柱进行专项分析，包括挠度、舒适度、防连续倒塌等多项验算，确保结构结构安全。

（6）本项目对室外连桥（斜拉悬索组合桥）进行专项分析，包括找形分析、静力分析、施工张拉分析以及舒适度分析，确保悬索桥的结构安全。

针对各超限不利条件，采用以下抗震加强措施，以保证结构安全（表 19.5-1）。

不利条件下的抗震加强措施   表 19.5-1

不利条件	抗震加强措施
扭转不规则	设计考虑双向地震
多塔＋体型收进	①收进部位的核心筒上下各两层竖向构件抗震等级提高一级。 ②收进部位的核心筒剪力墙同为底部加强区，设为关键构件，满足中震抗剪弹性，大震不屈服的性能目标。 ③收进部位楼板加厚至 150mm，配筋双层双向拉通，最小配筋率不小于 0.25%。 ④加强 1～2 层周边框架柱配筋，提高至不低于 2%。 ⑤三层层间位移角不宜大于底部两层最大层间位移角的 1.15 倍
悬挑＋转换	①悬挑转换桁架（梁）及与之相邻的支承构件按关键构件进行设计，满足中震弹性，大震不屈服性能目标。 ②悬挑转换构件宜考虑竖向地震的影响。 ③悬挑转换构件及与之相邻的支承构件的抗震等级宜提高一级
斜柱、穿层柱	①斜柱与之柱底相连的框架梁应按关键构件设计，满足中震弹性大震不屈服性能目标。 ②斜柱按圆钢管柱进行设计，采用屈曲分析反算计算长度，根据斜柱剪力、弯矩放大（$0.2V_0$），轴力不放大验算圆钢管柱的压弯稳定

　　综上所述，重庆寸滩国际邮轮中心项目，通过选择合理的结构体系及进行合理的结构布置，通过详尽的计算分析并采取针对性的加强措施和性能化设计等手段，可以确保主体结构满足"小震不坏、中震可修、大震不倒"的抗震设防目标。

■ 参考文献 ■

[1]　中华人民共和国住房和城乡建设部. 建筑抗震设计规范: GB 50011—2010 (2016 年版) [S]. 北京: 中国建筑工业出版社, 2016.

[2]　中华人民共和国住房和城乡建设部. 高层建筑混凝土结构技术规程: JGJ 3—2010[S]. 北京: 中国建筑工业出版社, 2011.

[3]　中华人民共和国住房和城乡建设部. 建筑结构荷载规范: GB 50009—2012[S]. 北京: 中国建筑工业出版社, 2012.

[4]　中华人民共和国住房和城乡建设部. 建筑工程风洞试验方法标准: JGJ/T 338—2014[S]. 北京: 中国建筑工业出版社, 2015.

[5]　中华人民共和国住房和城乡建设部. 建筑楼盖结构振动舒适度技术标准: JGJ/T 441—2019[S].北京: 中国建筑工业出版社, 2020.

20

东莞篮球中心工程结构设计

结构设计单位：中国建筑科学研究院有限公司

结构设计团队：詹永勤，刘　健，方渭秦，杨金明，邱仓虎

执　笔　人：詹永勤

一、工程概况

东莞篮球中心主体育馆项目位于广东省东莞市寮步镇，松山湖大道与东部快速路立交出入口的交汇处。包括主体育馆、后勤服务楼及二期商业建筑等。主体育馆位于用地中心，平面为圆形，并高出室外地坪 9m，跨度约 160m，建筑总高度 37m。其轻盈的马鞍形金属屋盖及晶莹通透的倒圆台体型和宏伟的体量显示了它作为地标建筑的统领性和独特性。主体育馆建筑面积 62980m²，可容纳 1.5 万名观众，属于特大型综合类体育馆。主要用于 Chinese Basketball Association（简称 CBA）篮球赛，也可为其他室内体育比赛项目提供比赛场所。

主体育馆共有 6 层，其中地下两层为篮球热身训练馆及其辅助用房。地上 4 层辅助用房环绕在单层大空间的主赛场及观众大厅周围：G1 层为运动员、赛事管理人员、贵宾、媒体、后勤人员等的辅助用房及入口大厅、设备机房；G2 层为设备机房及媒体、赛事管理辅助用房；F1 层为观众主入口大厅及下层看台观众入场处；F2，F3 层为包厢层；F4 层为上层看台观众入口处。

本工程由德国 Architecten von Gerkan，Marg and Partner（简称 GMP）与中国建筑科学研究院有限公司合作设计。钢结构及幕墙结构方案及初步设计前期工作由 GMP 委托的德国结构顾问 Schlaich Bergermann Partner（简称 SBP）完成；结构超限审查、土建结构、钢结构及索网幕墙施工图设计均由中国建筑科学研究院有限公司完成。具体情况如图 20.1-1～图 20.1-5 所示。

图 20.1-1　建成后夜景图

图 20.1-2　建成后内景图

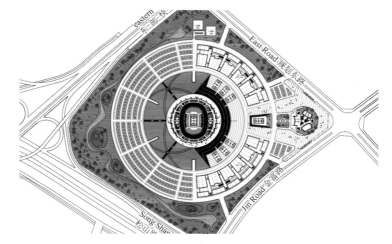

图 20.1-3　建筑总平面图

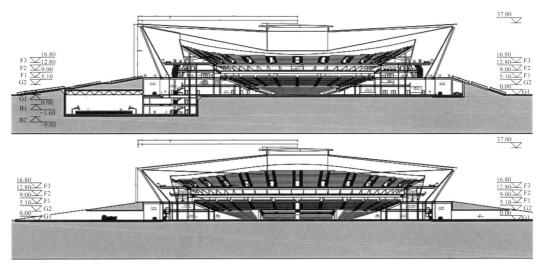

图 20.1-4　建筑剖面图

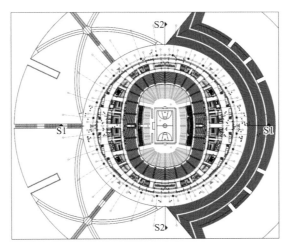

图 20.1-5　首层建筑平面图

二、设计条件

1. 基本设计参数（表 20.2-1）

基本设计参数 表 20.2-1

项目		参数	项目	参数
设计基准期		50 年	设计地震分组	第一组
设计使用年限（耐久性）		100 年	场地土类别	Ⅱ 类
建筑结构安全等级		一级	场地特征周期	0.35s
抗震设防类别		乙类	结构抗震等级	框架：二级
抗震设防烈度		6 度	竖向地震作用	考虑
基本地震加速度		0.05g	基本风压（100 年）	0.70kN/m²
水平地震影响系数最大值	常遇地震	0.08	地基基础设计等级	甲级
	罕遇地震	0.50	耐火等级	一级

2. 工程地质条件

根据深圳市长勘勘察设计有限公司提供的《东莞篮球中心拟建场地岩土工程详细勘察报告书》，此地段地貌单元属冲积阶地，场地内分布的地层主要为人工填土层、第四系全新统冲积层、冲积层及残积层，下伏基岩为第三系（E）泥质砂岩。场地内基岩属遇水易软化的软质岩（软化系数＜0.6），为保证工程质量，建议在基础施工时制定可靠措施缩短暴露时间，尤其要防止浸水泡软。各地层岩性如表 20.2-2 所示。

各地层岩性 表 20.2-2

土层	土层名称	本层厚度（m）	土层	土层名称	本层厚度（m）
1	人工填土	0.3～2.5	7	黏土	0.6～8.1
2	粉质黏土	0.6～2.9	8	黏土	0.5～7.8
3	粉质黏土	0.5～5.2	9	粉质黏土	0.7～5.8
4	粉细砂	0.6～7.4	10	粉质黏土	0.6～11.0
5	淤泥	0.9～7.4	11	强风化泥质砂岩	0.8～18.7
6	中砂	0.6～6.0	12	中风化泥质砂岩	＞10

本场地地貌单元属冲积阶地，勘察期间，各孔均遇见地下水，主要赋存于人工填土及第四系冲积地层中，属上层滞水-潜水类型。拟建场区抗浮设计水位按水位绝对标高 6.00m。场地地下水对混凝土无腐蚀性，对钢筋混凝土结构中的钢筋不具腐蚀性，对钢结构及钢管道具弱腐蚀性。典型地质剖面图如图 20.2-1 所示。

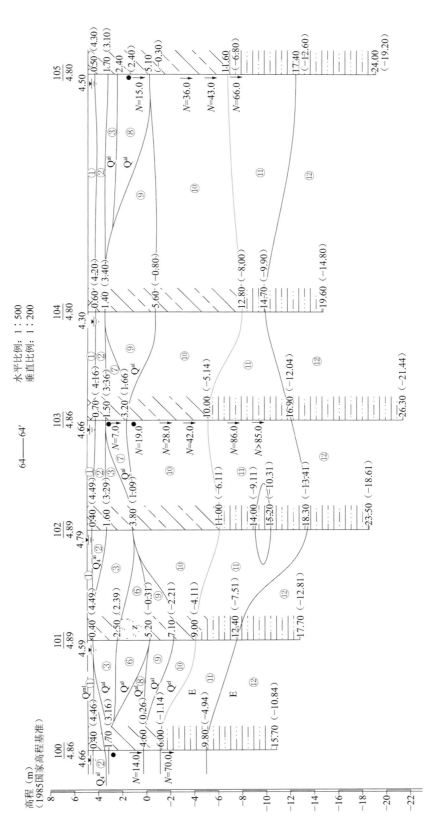

图 20.2-1　典型地质剖面图

3. 基础设计

根据地勘报告，本工程场地复杂，天然地基不能满足承载力和变形的要求。因此，基础采用了预应力管桩桩基础。主体结构桩基采用直径 500mm 管桩，壁厚 100mm，混凝土强度等级 C80。桩端持力层为第 11 层强风化泥质砂岩层，桩长 10～15m，单桩竖向承载力特征值 1400kN，施工方式采用锤击式，以参考桩长及最后三阵锤击的贯入度作为收锤标准。

三、结构体系

1. 看台及附属结构体系

本工程主馆看台及附属结构地上 6 层，局部地下室地下 2 层，现浇钢筋混凝土框架结构。本工程为甲级特大型体育建筑，根据国家规范《建筑抗震设防分类标准》GB 50223—2008 的规定，为乙类建筑，抗震措施按设防烈度提高 1 度，即地震作用计算按 6 度，抗震措施按 7 度设计。因此，主体育馆看台及附属结构框架抗震等级为二级，屋盖钢结构抗震等级为二级。看台剖面图如图 20.3-1 和图 20.3-2 所示。

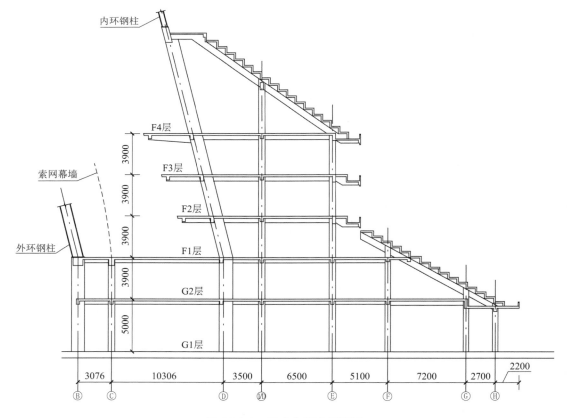

图 20.3-1　看台东西向剖面图

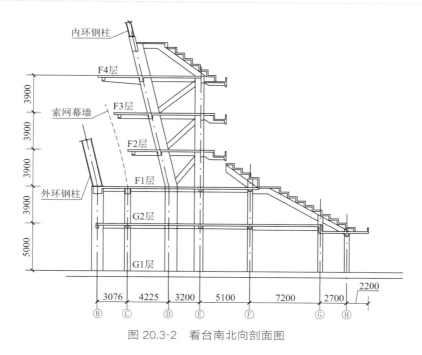

图 20.3-2　看台南北向剖面图

2. 大跨度屋盖钢结构体系设计

屋盖结构平面直径为 158.55m，外环呈马鞍形。外环中心高度为 16.469～26.789m，内环最大高度 27.22m。外环支承采用 28 根落地 V 形柱，柱截面为直径 610mm 的钢管，主要用来承担幕墙结构和一小部分屋盖结构的竖向荷载。V 形柱与外环共同构成刚性三角形结构，这样可以提供结构的水平方向刚度。在屋盖结构直径 119.76～128.22m 的近似椭圆上，还布置有 28 根摇摆柱，落在混凝土顶层梁上。这样做的目的是有效减小主桁架的跨度和其截面尺寸，从而减轻结构自重。屋盖由三部分组成：内外两排柱之间的径向单跨梁（跨度 15.165～19.39m）、跨度 44.88～49.11m 的平面桁架、直径 30m（高度 10m）的内环及其支撑。屋盖的实际跨度为平面桁架和内环跨度之和，即 119.76～128.22m。屋盖结构形式为一种新型结构体系，可以看成是桁架、梁和内环结构的组合形式。为保持屋盖结构的整体稳定性，径向构件（结构）之间用刚性檩条连接，檩条间设水平交叉支撑。为保持内环结构的水平刚度，在内环下弦平面设置交叉拉索，内环上方位置设有轮辐式独立内环屋盖结构。径向桁架采用单向斜拉杆的三角桁架，截面最高 10m。屋盖最高点处剖面图如图 20.3-3 和图 20.3-4 所示。钢屋盖的具体情况如图 20.3-5 和图 20.3-6 所示。

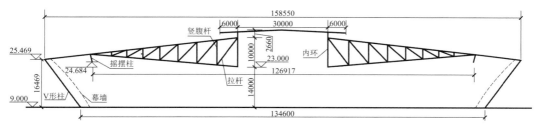

图 20.3-3　屋盖内环最高点处剖面图

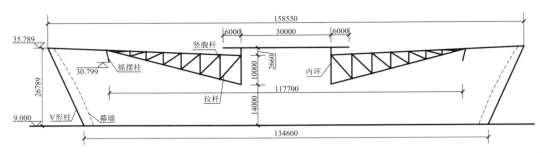

图 20.3-4　屋盖外环最高点处剖面图

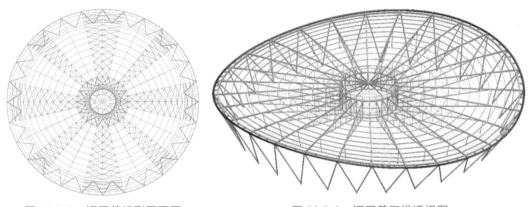

图 20.3-5　钢屋盖投影平面图　　　　　　图 20.3-6　钢屋盖三维透视图

1）性能目标

本工程实际跨度超过 120m，为非常规结构形式，因此本工程属超限大跨结构，进行了超限建筑工程抗震设防专项审查。

抗震设防性能目标为：小震时结构不破坏，构件和节点在弹性范围内，应力比＜0.85；中震时结构可修复，构件和节点在弹性范围内，应力比＜0.85；大震时不倒塌，构件和节点在弹性范围内，应力比＜1.0。

2）计算模型

本工程屋盖结构采用以下几种计算模型进行计算：

（1）纯钢结构模型

屋盖钢结构外圈的落地 V 形柱支座设在地下室顶板上（+9.000m 标高）、内圈斜柱落在主体看台上。假定支座在荷载作用下无位移，不考虑地下室和看台混凝土结构对上部钢屋盖的影响，也不考虑幕墙变形后对屋盖环梁的荷载作用的变化。支座均为铰接支座。将索网幕墙简化模型得出的上端支座反力（水平力、垂直力和扭矩），施加到屋盖结构中对应的幕墙封边环梁上，用来考虑索网幕墙结构对屋盖结构的影响。

（2）主体结构总装模型

屋盖钢结构和地下室及看台混凝土框架的整体结构嵌固于地下室底板上。屋盖钢结构的支座仍设于地下室顶板和看台结构上，而顶板和看台存在变形，有必要将存在变形的地下室和看台混凝土结构与屋盖钢结构一同考虑进去，形成主体结构总装模型。总装模型可以较好地反映整体结构的抗震性能，为工程抗震设计提供可靠的依据。

同时，结合索网幕墙的计算，还进行了包括局部屋盖结构的索网幕墙半完整模型，以及包括索网幕墙结构、整个屋盖结构及下部混凝土环梁组成的总装模型的计算。采用了表 20.3-1 中计算软件进行计算。

设计采用的计算软件　　　　　　　　　　　　　　表 20.3-1

软件名称	应用范围	应用情况
Sofistik software 软件包	纯钢结构模型、索网幕墙的简化模型	线弹性静力分析、非线性稳定分析、模态及反应谱分析、弹性时程分析
midas Gen	纯钢结构模型、结构总装模型、幕墙简化模型、幕墙半完整模型	线弹性静力分析、非线性稳定分析、模态及反应谱分析、弹性时程分析
SAP2000	纯钢结构模型	线弹性静力分析、模态及反应谱分析
SATWE	主体看台结构、地下室及基础	主体看台结构、地下室及基础设计

3）针对超限的计算措施

采用三阶段抗震验算：

第一阶段：验算结构的位移时，采用多遇地震作用，按弹性方法计算；

第二阶段：验算构件的强度、稳定性和连接时强度时，采用设防烈度地震作用，按弹性方法计算；

第三阶段：在罕遇地震作用下，按弹性时程方法计算结构的层间位移并作验算；如果层间位移比远远小于抗震规范规定的 1/50 的要求，则可以认为结构始终处在弹性范围之内，可不进行罕遇地震下的弹塑性时程分析和稳定分析。如果层间位移比接近或小于抗震规范规定的 1/50 的要求，则可以认为结构已处在塑性范围之内，可再进行罕遇地震下的弹塑性时程分析和稳定分析。

4）抗震设计加强措施

（1）杆件及节点

本工程结构杆件的抗震能力从以下两个方面着手：一是控制杆件的应力比在非地震设计组合和中震设计组合时不超过 0.85，大震标准组合下构件应力与材料屈服强度的比值不超过 1.0；二是节点区应力比不超过 0.5。

（2）混凝土支座

对应屋盖钢结构支座处的混凝土大柱，其轴压比限制在 0.50 以内，保证有足够的承载能力。同时为保证水平推力的传递，沿外圈和内圈支座的柱顶各设一圈环向拉梁。

5）结构计算荷载

（1）恒荷载

包括屋面板 0.55kN/m²、下弦吊顶及马道 0.50kN/m²、跨中斗屏荷载 300kN，计算时考虑了屋面 1/4 恒荷载的分布情况。

（2）活荷载

屋面板活荷载 0.50kN/m²，计算时考虑了屋面 1/4 活荷载的分布情况。

（3）风荷载

根据风洞试验结果取得，地面粗糙度类别 B 类，考虑 100 年的重现期，基本风压取值为 $w_0 = 0.7\text{kN/m}^2$。计算时考虑和 0°、45° 和 90° 下的风吸力、风吸力/风压力和风致摩阻力，并考虑到门洞开启时，幕墙到内部墙体之间空间的兜风效应。

（4）温度作用

升温：考虑到部分钢构件裸露，部分钢构件有保温层覆盖，温度作用取值如下：V 形柱、屋盖最外圈环梁、桁架上弦最外段取 +50℃，其余构件取 +25℃。

降温：所有构件的温度作用取值均为 −25℃。

（5）地震作用

按照《建筑抗震设计规范》GB 50011—2010（2016 年版）的规定，本工程按设防烈度 6 度和地面加速度 0.05g 计算地震作用；而按照本工程《场地地震安全性评价报告》的结论来看，设防概率为 10%（50 年）所对应的概率烈度为 6.64、场地类别为 Ⅱ 类、地面加速度为 0.086g。计算时以安全评价报告参数为准，考虑了小震、中震和大震的作用。

考虑到本项目的重要性，考虑竖向地震作用。竖向地震影响系数的最大值，取水平地震影响系数最大值的 65%。

（6）按照纯钢结构模型计算时，单独将索网幕墙传来的预应力荷载、自重、风荷载、温度作用和地震作用，施加在屋盖的幕墙环梁上进行计算。

6）屋盖钢结构材料、截面及用钢量

（1）主要结构材料

主要梁柱采用强度等级为 Q355B 和 Q355C，Q390B 的钢材。

销轴用钢采用材质 34CrNiMo6V。

所有螺栓采用 8.8 或 10.9 级螺栓。

钢拉杆屈服强度采用 Q460 级别。

（2）主要构件截面

上弦构件截面为腹板上伸的箱形截面 500mm（H）× 600mm（B）× (10～50)mm，便于屋面天沟的安装；

下弦构件截面为箱形截面 300mm（H）× 500mm（B）× (12～30)mm；

竖腹杆为 ϕ273mm × 7.1mm；

斜腹杆为单向布置的 ϕ65 的钢棒；

外环梁钢管 ϕ1016mm × 30mm；

外围 V 形支撑柱 ϕ610mm × 25mm；

幕墙环梁 ϕ711mm × 45mm。

（3）结构用钢量

纯屋盖的重量为 2748t，折合 137.4kg/m²；外围 V 形柱子及支座节点用钢量 770.6t，折合 38.53kg/m²；两者相加后，得到整个屋盖的用钢量为 173.2kg/m²。此用钢量已包含屋面檩条的用钢量。在整个屋盖钢结构节点中，绝大部分采用了钢板焊接节点，只在内环下弦节点处采用了 15t 的锻钢节点，没有采用造价较高的铸钢节点，因此也节约了钢结构整体造价。与类似跨度的钢结构项目相比，用钢量中偏下、制作和安装难度小、造价偏低。

7）计算结果分析

（1）屋盖荷载组合的挠度（表20.3-2）

在后续的完整计算模型加入幕墙结构前，需要先考虑屋盖结构在自重作用下的位移，从而避免屋盖结构的位移对索网结构内力造成影响。

屋盖荷载组合的挠度 表 20.3-2

工况名称	挠度 W_{max}（mm）	跨度 L（m）	W_{max}/L
1.0 恒荷载 + 1.0 活荷载	−343.771	122	1/355
1.0 恒荷载 + 1.0 活荷载 + 0.6 风荷载	−309.527	122	1/394
1.0 恒荷载 + 0.7 活荷载 + 1.0 风荷载	−288.375	122	1/423

（2）不同计算程序下地震周期信息比较（表20.3-3）

不同计算程序下地震周期信息比较 表 20.3-3

周期序号	纯钢结构模型			结构总装模型
	Sofistik	midas	SAP2000	midas
1	0.860	0.824	0.8013	0.8353
2	0.816	0.818	0.7837	0.8237
3	0.799	0.816	0.7651	0.8196
4	0.778	0.812	0.7626	0.8182
5	0.766	0.811	0.7460	0.8142
6	0.756	0.784	0.7446	0.7981

（3）屋盖钢结构的整体稳定分析

根据《网壳结构技术规程》JGJ 61—2003 第 4.3.3 条规定，网壳的全过程分析可按满跨均布荷载进行。因此，还选取了恒荷载（自重＋板重＋设备）＋活荷载工况进行分析。

①线性分析结果

不考虑初始几何缺陷和非线性，进行第一类特征值屈曲分析，得到屈曲因子如表20.3-4所示。

线性分析屈曲因子 表 20.3-4

序号	1	2	3	4	5	6	7	8
屈曲因子	10.27	10.83	11.39	11.42	12.31	12.54	12.52	12.67

计算结果表明最小的屈曲因子大于 5，参照《网壳结构技术规程》JGJ 61—2003 的规定，结构的整体稳定性满足要求。

②考虑几何非线性稳定分析

结构的几何非线性会给结构带来附加应力,并导致其稳定性能的下降。因此本工程还进行了结构几何非线性稳定分析。将上述第一类特征值屈曲分析的第一阶模态乘以相应的放大因子,并作为结构的初始缺陷,并考虑结构的 P-Δ 效应及大变形等几何非线性带来结构刚度的变化,可以得到控制点位移与荷载的关系如图 20.3-7 所示。当荷载-位移曲线发生转折时,荷载因子为 5.3,满足规范 $K > 5$ 的要求。

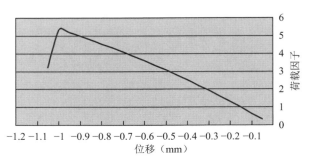

图 20.3-7　非线性稳定分析控制点位移与荷载关系图

3. 三向网格单层曲面拉索幕墙体系设计

体育馆倒锥台侧面均为三向网格单层曲面拉索玻璃幕墙。幕墙下端固定在地面混凝土梁上(直径 128m),上端连接在屋盖环梁上(直径 155.2m),幕墙高度为 16.75~26.65m,幕墙面积约 1 万 m²。从目前掌握的资料来看,此幕墙为世界上周长和单体面积最大的三向网格曲面拉索幕墙。索网幕墙结构为双轴对称结构,按对称轴可分成四部分,每个部分内三角形玻璃板的大小各不相同。三角形单元尺寸约为 1.66~2.38m 高,1.20~1.44m 宽,每块玻璃的最小夹角在 33.5°~46.5°之间。索网幕墙结构由横向和斜向不锈钢钢索组成,竖向钢索采用双束钢绞线,钢绞线直径 16mm;水平钢索采用单束钢绞线,钢绞线直径 30mm。三向索网在节点处做如下处理:通过特殊设计的夹具,保证在节点处斜向索不与节点的发生相对位移,而允许横向索与节点发生相对位移,位移方向沿横向索轴力方向。在施工过程中,按照事先设计好的预应力值张拉横向索,横索张紧后自然张紧斜向索,形成整片索网的预应力结构体系。索网幕墙具体情况见图 20.3-8~图 20.3-10。

图 20.3-8　索网幕墙整体外景图

图 20.3-9　索网幕墙四层环廊内景图　　　　图 20.3-10　索网幕墙入口大厅内景图

1）幕墙索网结构计算

（1）基本几何模型的建立

为了分析索网的受力及变形特点，必须为其建立一个合理的计算模型。根据设计意图，在屋盖与下部混凝土结构之间幕墙结构用三向交叉索网围成，围成的幕墙曲面具有空间不规则、三向交叉、上部下部边界条件复杂等特点。索网上边界为投影直径 158.2m 的马鞍形曲线，下边界为直径 120m 的圆形。在该索网幕墙设计中，使用传统的 CAD 作图的方式很难实现这一复杂曲面的分割。在索网的建模过程中，按照如下思路来实现：

a. 为索网曲面构建一个统一参数方程；

b. 利用统一的曲面方程来创建有规律排布的控制点；

c. 将控制点作为索网的节点，连接各节点形成整片索网结构。

①索网几何模型的建立过程

a. 将上下边界两条曲线分别转化为以方位角θ为参数的方程；

b. 用过Z轴的平面来切割幕墙曲面，平面与X轴的角度为θ，所得到的切割线的曲率半径满足某种渐变规律，且曲率半径可表示为关于θ的函数$\rho(\theta)$，切割弧线方程为：

$$(x-a)^2 + (z-b)^2 = [\rho(\theta)]^2 \tag{20.3-1}$$

对于某一个特定的角度θ，利用上下边界两条曲线公式可相应找到上下边界的坐标值。将上述两点代入到上述方程中，就可以求解出圆心(a,b)的坐标。对于某一个特定的角度θ，求解得到(a,b)坐标是唯一确定的。

②索网形成

由上面的推导可知，任意角度上的切割弧线都可以表示成关于角度θ的参数方程，利用该方程就可以找出弧线上有规律排布的点作为控制点（点的布置符合一定规律：如沿圆周方向按一定间隔的方位角排布、在切割弧线上具有等间距等特征）。上述求解控制节点坐标的工作量巨大，设计时编写了生成节点的程序 CalculateNode.exe，利用该程序生成节点编号及坐标。连接控制节点（三向索网交叉点），索网结构的几何模型就基本确定。图 20.3-11 表示控制节点形成，图 20.3-12 表示整片索网形成的形状。

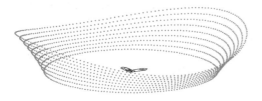

图 20.3-11 生成控制节点的示意图

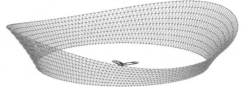

图 20.3-12 所有索网成形的示意图

上述幕墙几何模型建立之后，三向索网幕墙的几何模型基本确立，对幕墙进行开洞和增加门框结构等，就形成了拉索幕墙结构。

（2）幕墙在张拉前的初始状态（零状态）找形分析

幕墙索网在施加上预期的荷载（张拉力）后，索网发生变形，其变形后的形态要达到设计者所期望的几何形态，就需要设计者事先找出索网的合理初始状态。

在索网幕墙的初始状态找形分析中，采用迭代方法实现。在本项目过程中，选取张拉完成后，各节点坐标与期望坐标的距离平均值小于 1mm 为迭代收敛条件。当满足收敛条件后，迭代终止，即把最后一次迭代的初始形态作为索网的合理初始形态。

常用的结构分析软件如 SAP2000、midas 等具有良好的人机交互处理功能，灵活运用这些功能即可实现上述索网初始形态的找形。对于刚性边界、结构布置合理的索网结构，经过 10 次左右的迭代即可得到合理的初始形态。

（3）计算模型

本工程包含钢筋混凝土看台框架结构体系、大跨度屋盖钢结构体系以及环向曲面索网幕墙结构体系，各部分本身就是一个复杂的空间结构体系，组合起来更是一个复杂的结构体系综合体。因此，首先必须分析清楚各个子体系的工作特性，同时，还必须详细了解各个子体系之间的相互作用，如大跨度屋盖钢结构的变形、整体稳定及抗震性能均对索网结构有影响，索网的预应力、荷载及变形对屋盖钢结构也会有影响，以及二者结合为一个整体后的工作特性等。因此，分别建立了屋盖钢结构的计算模型、索网幕墙的简化计算模型以及包含索网幕墙和屋盖钢结构的完整模型，来进行计算分析。

①简化模型

简化模型主要由索网结构、玻璃网格和索网幕墙支座组成（图 20.3-13）。支座采用刚性支座，忽略上部屋盖及下部混凝土圈梁的变形对幕墙的影响。通过对边界条件的简化处理，大大减少了非线性分析的工作量；另外，在运用有限元软件来分析时，简化模型也能保证分析结果的收敛性。简化模型主要用来进行索网幕墙结构的初始形态的找形分析。计算出幕墙拉索支座反力后，反向施加到屋盖钢结构和下部混凝土结构上后，就可以计算屋盖结构和下部混凝土结构在幕墙承受的荷载作用下的结构分析。

②半完整模型

半完整模型包括了索网幕墙结构和与之相连的屋盖结构模型（图 20.3-14）。半完整模型考虑了索网幕墙上部的钢屋盖的环梁及屋盖外围 V 形支柱的变形对索网的影响，但幕墙下端仍采用固定支座假定。相对于简化模型，半完整模型分析结果相对符合实际情况，内力及变形结果更相对准确，但计算量大、计算时间长、不容易收敛。可以利用简化模型找到索网的初始形状后再用半完整模型进行分析，以复核、验证简单模型的分析结果。

③总装模型

总装模型由索网幕墙结构、整个屋盖结构及下部混凝土环梁组成（图 20.3-15）。总装模型考虑了索网幕墙下部的混凝土环梁、索网幕墙上部的钢屋盖及屋盖外围 V 形支柱的变形对索网的影响。相对于半完整模型，总装模型分析结果更符合实际情况，内力及变形结果也更准确，但计算量更大、计算时间更长、也更不容易收敛。通常在利用简化模型和半完整模型找到索网的初始形状和张拉力之后，用总装模型进行整体分析，以复核、验证半完整模型的分析结果；同时，可以准确计算出悬挂幕墙结构的屋盖环梁、牛腿等构件的实际受力情况，也可以计算出幕墙下部混凝土环梁的实际受力情况。由于在荷载作用下幕墙上下端均存在变形，和简化模型及半完整模型相比，幕墙上下边缘构件的内力和变形以及幕墙变形会根据上边界环梁的位置和索张力的不同而不同。

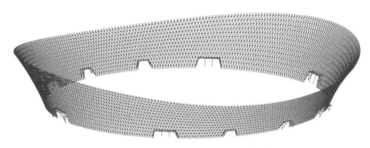

图 20.3-13　幕墙结构简化计算模型

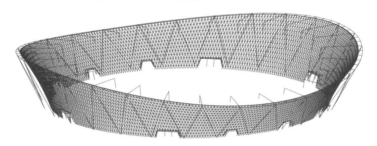

图 20.3-14　幕墙结构半完整计算模型

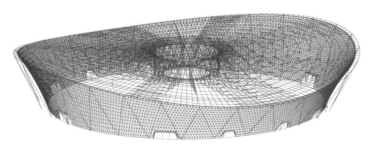

图 20.3-15　总装计算模型

2）模型计算结果比较

（1）模型计算结果比较

采用 midas Gen 程序中的非线性分析方法，对简化模型、半完整模型和总装模型分别进行组合工况下结构计算分析。计算荷载的组合工况，由环向拉索的初张力、幕墙自重、90°风荷载、0°风荷载、45°风荷载、升温 25℃和降温 25℃等荷载工况组合而成，组合工况如下：

组合 1：1.0×预应力 + 1.0×自重

组合 2：1.0×预应力 + 1.0×自重 + 1.0×降温 25℃

组合 3：1.0×预应力 + 1.0×自重 + 1.0×风荷载（90°方向）

组合 4：1.0×预应力 + 1.0×自重 + 1.0×风荷载（0°方向）

组合 5：1.0×预应力 + 1.0×自重 + 1.0×风荷载（45°方向）

组合 6：1.0×预应力 + 1.0×自重 + 1.0×风荷载（90°方向）+ 1.0×降温 25℃

组合 7：1.0×预应力 + 1.0×自重 + 1.0×风荷载（0°方向）+ 1.0×降温 25℃

组合 8：1.0×预应力 + 1.0×自重 + 1.0×风荷载（45°方向）+ 1.0×降温 25℃

将计算结果中的幕墙节点最大位移、拉索最大轴力标准值进行比较，结果如表 20.3-5 所示。

三种计算模型计算结果比较表　　　　　　　　　　　　表 20.3-5

比较内容	工况组合	简化幕墙模型(1)	半总装模型(2)	总装模型(3)	(3)−(1)/(3)	(3)−(2)/(3)
幕墙节点最大位移（mm）	组合 1	0.1047	0.1310	0.1350	22.4%	3.0%
	组合 2	0.0849	0.1367	0.1514	43.9%	9.7%
	组合 3	0.2294	0.2808	0.3088	25.7%	9.1%
	组合 4	0.2227	0.2488	0.2798	20.4%	11.1%
	组合 5	0.2714	0.3131	0.2774	2.2%	−12.9%
	组合 6	0.2035	0.2999	0.3237	37.1%	7.4%
	组合 7	0.1983	0.2490	0.2575	23.0%	3.3%
	组合 8	0.2491	0.3276	0.3060	18.6%	−7.1%
拉索最大轴力标准值（kN）	组合 1	108.9	100.1	79.7	−36.6%	−25.6%
	组合 2	120.4	99.5	84.9	−41.8%	−17.2%
	组合 3	154.4	155.4	159.2	3.0%	2.4%
	组合 4	182.6	190.2	183.6	0.5%	−3.6%
	组合 5	190.6	188.2	175.8	−8.4%	−7.1%
	组合 6	158.1	156.6	197.2	19.8%	20.6%
	组合 7	185.3	179.2	197.6	6.2%	9.3%
	组合 8	191.9	187.1	189.8	−1.1%	1.4%

比较结果表明，采用简化模型和总装模型的计算结果相比，幕墙位移结果最多减少 43.9%，拉索轴力结果最多增加 41.8%；采用半整体模型和总装模型的计算结果相比，幕墙位移结果差值在−12.9%～11.1%之间，拉索轴力结果差值在−25.6%～20.6%之间。采用简化模型后，由于幕墙上端钢环梁和下端混凝土环梁在幕墙荷载作用下存在变形，使得幕墙的整体变形偏小，而拉索轴力偏大，初估索截面时可采用简化模型。采用半完整模型后，与总装模型相比，幕墙的整体变形偏差在−12.9%～11.1%之间变化，可以采用半完整模型控制索张力及幕墙变形。验算幕墙上下环梁截面时，宜采用总装模型。

（2）位移检验

索网玻璃幕墙应考虑预应力、恒荷载、活荷载、风荷载、温度作用组合，计算支承结构的内力和变形时，不考虑玻璃面板参与工作，其相对挠度不应大于 1/50。从前面的分析结果可以看出，最大变形发生总装模型的组合 6，在此组合工况下，最大点位移为 323.7mm，小于最大位移限值 672mm（33600/50 = 672mm），满足位移控制要求。

（3）内力检验

从前面的分析结果可以看出，最大横索内力为 189.8kN，最大纵索内力为 100.68kN，横索采用单根直径 30mm 的不锈钢拉索，其最大设计拉力值为 301.30kN，纵索采用两根直径为 16mm 的不锈钢拉索，最大设计拉力值为 201.8kN，横索和纵索均有足够的安全余量。

四、专项设计

1）索网幕墙钢索三向交叉节点设计

钢索的三向交叉节点处的夹具设计十分重要，既要考虑夹具对任意玻璃夹角的通用性，又要方便施工，还要保证允许玻璃角部大的平面外转角变形的需要。我们专门研发出一种满足上述要求的夹具方案，索网幕墙结构单元示意图见图 20.4-1，三向交叉节点夹具见图 20.4-2。

2）多种预应力技术的设计应用

本工程因钢结构屋盖不设缝，且支承在附属混凝土结构体系上。所以，附属混凝土结构也未设缝。为消除温度应力的影响，F1 层室外平台现浇楼板及环向梁设置了环向预应力筋。本工程地下训练馆跨度约 40m，顶板覆土 3m，顶板梁跨度大、荷载大。因此，设计采用预应力混凝土梁；训练馆地下室层高约 15m，外墙土压力大，所以外墙设置了壁柱。同时，为减小壁柱的截面及变形，设计中对壁柱采用了竖向预应力技术。上述水平向及竖向预应力均采用了大束预应力技术。预应力温度筋设置图见图 20.4-3，壁柱预应力筋布置示意图见图 20.4-4，地下训练馆顶板结构平面图见图 20.4-5。

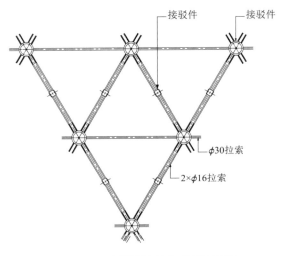

图 20.4-1　索网幕墙结构单元示意图

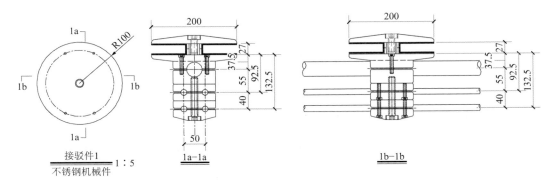

接驳件1 1 : 5
不锈钢机械件

图 20.4-2　三向交叉节点夹具

无粘结预应力筋直线布置于梁顶梁底

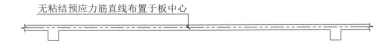

无粘结预应力筋直线布置于板中心

图 20.4-3　预应力温度筋设置图

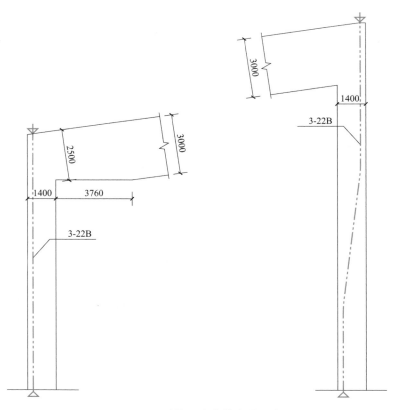

图 20.4-4　壁柱预应力筋布置示意图

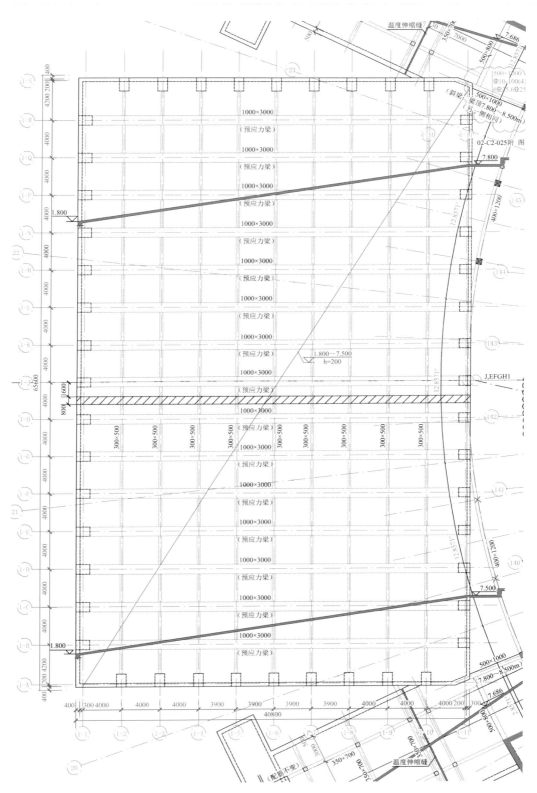

图 20.4-5　地下训练馆顶板结构平面图

五、结语

本工程结构体系新颖，屋盖结构最小跨度大于120m，其形式可以看成是钢桁架、钢梁和钢内环结构的组合，为非常规结构形式。通过计算分析，结构体系的设计安全合理。

幕墙形式为一种首创的全新拉索幕墙形式——环状曲面三向网格单层索网幕墙，其周长和单体面积超大。幕墙结构为非线性大变形结构，其优良的受力特性和独特的幕墙施工张拉方案是本工程的难点和亮点。围绕此幕墙形式开展的一系列后续科研工作，为此类幕墙的设计和施工提供了参考。

结构计算时分别考虑了纯钢结构模型、索网幕墙简化模型和索网幕墙与钢结构组合的完整模型，给出了相互之间的影响以及各自适用的范围，其结论对类似工程具有一定的指导意义。

项目获奖情况

第六届广东省詹天佑故乡杯
第十八届北京市优秀工程设计奖一等奖
第九届全国优秀建筑结构设计奖一等奖

参考文献

[1] 景明勇，王元清，张勇，等. 大跨度体育馆空间钢管结构的设计与分析[J]. 建筑结构, 2008(2): 16-18+96.

[2] 赵西安. 单层索网幕墙[J]. 中国建筑装饰装修, 2008(1): 10.

[3] 李金海. 三向网格环状曲面单索幕墙张拉全过程分析及风振反应[D]. 哈尔滨: 哈尔滨工业大学, 2012.

[4] 李亚明，周晓峰. 曲面索网玻璃幕墙的结构设计与施工关键技术[M]. 北京: 中国建筑工业出版社, 2010.

[5] 杨文军，万利民，嵇康东，等. 东莞篮球中心大型双曲面单索玻璃幕墙施工技术[J]. 施工技术, 2012, 41(2): 20-24.

21

北京中坤广场改造工程结构设计

结构设计单位：中国建筑科学研究院有限公司
结构设计团队：孙建超，姜　鎏，诸火生，任国飞，武　娜，陈奋强
执　笔　人：姜　鎏

一、工程概况

北京中坤广场项目位于海淀区北三环西路甲 18 号，原为大钟寺现代商城，主营为商业，2008 年投入使用。项目北侧为北三环西路，西侧为四道口路（暂未开通），可直通北侧大钟寺东路。南侧为规划二路，东侧紧邻城铁为规划一路。项目中部为四道口北街，将本项目分为东西两区。项目总建筑面积 421500m²，其中地上建筑面积 210000m²，地下建筑面积 211500m²。由于建筑常年失修，外立面日趋破败，已经严重影响城市整体形象和周边生活秩序，海淀区政府以及周边居民盼望尽快对其进行升级改造。改造前项目现场画面详见图 21.1-1。

图 21.1-1　项目改造前现场画面

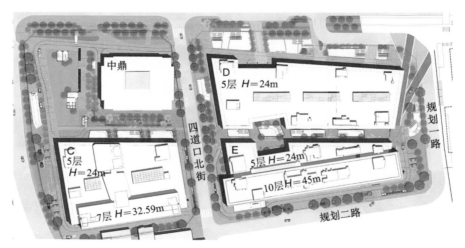

图 21.1-2　项目总平面图

项目地上分为 B、C、D、E 四栋单体，均采用框架-剪力墙结构，其中 B、D 栋地上 5 层；C 栋地上 7 层，E 栋地上 10 层，各单体总平面布置图见图 21.1-2。各单体 1 层层高均为 5.5m，2～5 层层高 4.5m，C 栋 6～7 层层高 5.1m，E 栋 6～10 层层高 4m。1～5 层裙房原建筑使用功能为商业，5 层以上原建筑使用功能为办公，本次改造均需改造为办公及办公配套。项目有 4 层地下室，其中 B4 层高 3.8m，B1～B3 层均为 4.5m，分为东西两个区，中间采用地下连廊连通。B3、B4 层原建筑使用功能为车库，本次不做功能改变；B1、B2 层原建筑使用功能为商业及超市，现使用功能拟改为商业及办公配套。整体外立面会根据办公功能进行重新打造，其建筑外立面效果见图 21.1-3。改造后现场实拍图详见图 21.1-4。

本工程 2020 年 11 月开工，2022 年 4 月竣工。

图 21.1-3　建筑立面效果图

图 21.1-4　改造后现状实拍图

二、设计条件

1. 主要结构设计规范

本项目原设计完成于 2010 年，应用的主要结构设计规范与现行结构设计规范有较大更新，主要规范对比见表 21.2-1。

原结构设计规范与现行规范对比 表 21.2-1

原设计规范	现行设计规范
《建筑结构可靠度设计统一标准》GB 50068—2001	《建筑结构可靠性设计统一标准》GB 50068—2018
《建筑结构荷载规范》GB 50009—2001（2006 年版）	《建筑结构荷载规范》GB 50009—2012
《建筑抗震设计规范》GB 50011—2001	《建筑抗震设计规范》GB 50011—2010（2016 年版）
《混凝土结构设计规范》GB 50010—2002	《混凝土结构设计规范》GB 50010—2010（2015 年版）

2. 主要设计参数

本项目改造后的用途为互联网公司总部办公，对于结构安全及后续使用的要求较高，按现行规范进行设计，其抗震设计参数如表 21.2-2 所示。

设计标准及抗震参数 表 21.2-2

项目		标准及参数
结构设计基准期		50 年
后续结构设计使用年限		50 年
结构设计耐久性		50 年
建筑结构安全等级		一级（重要性系数 1.1）
建筑抗震设防类别		乙类
设计地震动参数	抗震设防烈度	8 度
	设计地震分组	第二组
	基本地震加速度	0.20g
特征周期		0.55s
场地类别		III 类
水平地震影响系数最大值	多遇地震	0.16
	设防地震	0.45
	罕遇地震	0.90
阻尼比		0.05

3. 荷载及设计准则

1）恒荷载

本项目主要区域为办公，面层 100mm 厚，考虑到板底机电管线重量及吊顶，取恒荷载 2.5kN/m²。考虑到办公人员户外休息的需求，本项目裙房顶部设计为屋顶花园，完成面距离结构板顶为 700mm。由于是加固项目，除常规保温防水外，厚度大于 200mm 的建筑面层采用轻集料混凝土回填，有种植需求的地方限制种植土重度不大于 12kN/m³，整体减轻建筑做法重量。

2）活荷载

依据甲方要求及相关规范要求，本项目主要功能房间活荷载取值如表 21.2-3 所示。

活荷载取值　　　　　　　　　　　表 21.2-3

位置	功能	标准值（kN/m²）
B2～B4 层	车库	4.0
B1 层	商业	3.5
1 层	首层商业	5.0
2～5 层	办公	2.0
裙房顶	屋顶花园	3.0
6 层及以上	办公	2.0

3）风荷载

（1）基本风压：0.45kN/m²；

（2）地面粗糙度类别：C 类。

4）雪荷载

基本雪压：0.40kN/m²。

5）场地标准冻结深度：0.8m。

4. 结构材料及截面尺寸

1）主体结构材料

墙柱混凝土强度等级 B4～1 层为 C50，其上各层为 C40，梁板混凝土强度等级 B4～1 层为 C40，其上各层为 C30，钢筋主要采用 HRB400。

2）结构构件尺寸

各单体主要轴网 10.8m×8.7m，墙体主要厚度 350～400mm，柱截面 900mm×900mm，框架梁截面 600mm×650mm，板厚 120mm。

三、结构体系

由于建筑功能完全改变，内部荷载变化大，结构拆改本身对主体产生影响，需按照现行规范进行抗震加固设计。业主要求改造后的结构设计使用年限依然为 50 年，也对设计品质提出了较高要求。依据现行规范，地震分组从第一组变为第二组后导致结构地震作用增加 20%，荷载分项系数导致结构竖向承载能力需求提升约 10%。依据项目鉴定报告，"该工程 ⑪～⑲ 轴东西向最大层间位移角为 1/755，不满足《建筑抗震鉴定标准》GB 50023—2009 中框架剪力墙结构不小于 1/800 的要求"。

因此本着先整体后局部，先控制后细节的原则，将加固过程分为抗震体系加固和构件加固两个层面分别进行。体系加固着眼于通过一定措施对原结构进行加固改造，使其整体刚度指标、构件配筋率等指标满足现行规范要求；构件加固主要着眼于通过对具体结构构件的配筋加强及个别构件的截面增大或替换等措施，实现结构承载力满足要求。体系加固设计先于构件加固设计，前者为后者的基础，二者也相辅相成。

1. 加固方案选择

结构加固方案的常规方法主要有以下几种，其优缺点如表 21.3-1 所示。

常规加固方法的优缺点

表 21.3-1

措施	优点	缺点	适用场景
增大截面	材料费较低	湿作业施工周期较长；现场管理较难，质量不易控制；影响建筑使用空间	结构刚度严重不足，承载力严重不足时
增加屈曲约束支撑	小震时提供刚度，解决大指标问题。中、大震时耗能，保护其他构件。干作业、成品构件，安装较为方便快捷，质量可以保证	单个构件价格较高，需要占用一定室内空间	结构刚度不足，剪力墙承载力不足
黏滞性阻尼器	小震时提供刚度，解决大指标问题。中、大震时耗能，保护其他构件。干作业、成品构件，安装较为方便快捷，质量可以保证	单套系统价格较高，需要定期保养	结构地震作用过大，构件配筋超限或需要大面积加固时
剪力墙开洞，连梁替换为钢梁	削弱剪力墙、连梁刚度，减少其吸收的地震作用	开洞后的剪力墙需进行洞口加固	结构整体刚度有富裕时，当个别剪力墙和连梁吸收地震作用过大导致抗剪截面不足或超筋时
连梁黏弹性阻尼器	降低地震作用，降低所有构件的配筋，可以明显减小加固工程量。不需要占用室内空间	单套系统价格较高，供应商较少，采购比较困难	黏滞型阻尼器位置不够，达不到预想的附加阻尼比时可考虑采用

经比选，本项目采用增加屈曲支撑及黏滞型阻尼器的方式进行本项目加固。

2. 阻尼器布置

1）阻尼器布置原则

（1）阻尼器宜根据需要沿结构两个主轴方向设置，形成均匀合理的结构体系。

（2）黏滞阻尼器和屈曲约束支撑（Buckling Restrained Brace，简称 BRB）宜设置在层间相对变形较大的位置。

（3）阻尼器的设置数量应根据多遇地震下的预期减震要求及罕遇地震下的预期结构位移控制要求确定。

（4）阻尼器的设置，应便于检查、维护和替换。

2）阻尼器布置平面

根据以上原则并经反复计算分析后确定的阻尼器平面和竖向布置位置详见第 3 节。阻尼器一般布置在结构内力及变形较大的位置，通过阻尼器耗能作用增加主体结构阻尼比，减低其他构件损伤程度，保证主体结构安全。现场施工完成后照片详见图 21.3-1。

图 21.3-1　阻尼器现场施工图

3. 单体结构特点及阻尼器布置定位

本次结构加固涉及 C、D、E 栋办公楼，以下逐一阐述各楼体系加固的基本情况。

1）C 栋办公楼

C 栋办公楼东西向长度 125.9m，南北向长度 91m，由 7 个楼梯筒组成剪力墙筒作为主要抗侧力构件，结构刚度较为均匀。但由于地震分组变为第二组的影响，结构位移指标超过规范要求，构件承载力超限程度较大。共采用 100 套阻尼器和 170 组 BRB，其整体布置如图 21.3-2 所示，使得结构性能得到较大改善。

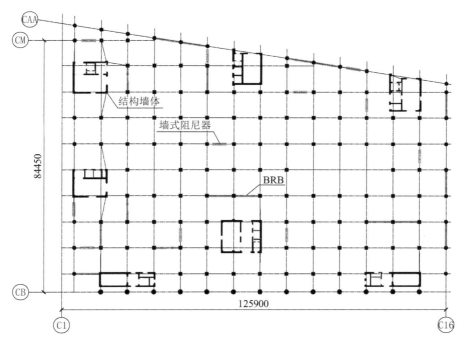

图 21.3-2　C 栋平面布置图

2）D 栋办公楼

D 栋办公楼东西向长度 200m，南北向长度 75m，在⑩轴处设抗震缝分开。左塔利用三个楼梯筒组成剪力墙筒作为主要抗侧力构件，从平面布置看右下角刚度明显缺失，造成结构扭转效应明显。BRB 布置上充分考虑此特点集中布置在右下侧。右塔六个剪力墙筒布置均匀，BRB 相应也均匀布置在结构外侧。D 栋共采用 102 套阻尼器和 186 组 BRB，其整体布置如图 21.3-3 所示。

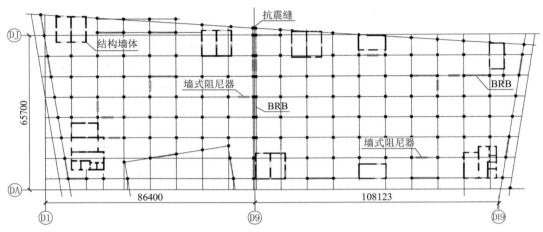

图 21.3-3　D 栋平面布置图

3）E 栋办公楼

E 栋办公楼东西向长度 184m，南北向长度 70m，原结构在 E12 轴处设抗震缝分开。原结构主楼偏在南侧，剪力墙筒偏置在主楼北侧，经过计算，原结构抗扭刚度较小，第一周期为扭转周期。由于建筑功能限制，通过设置 BRB 调整结构抗扭刚度较为困难。设计中考虑取消原结构抗震缝，将左右塔楼通过后浇混凝土板连接在一起，利用端部对称三对 BRB 增强结构抗扭刚度，取得较好效果。且本项目使用多年，沉降已经稳定，混凝土的收缩徐变也得到较大程度释放，给取消结构缝提供了有利的条件。E 栋共采用 140 套阻尼器和 160 组 BRB，其整体布置如图 21.3-4 所示。

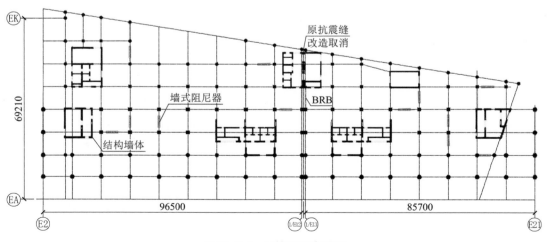

图 21.3-4　E 栋平面布置图

4. 抗震性能分析

为了验证结构减震效果及抗震性能，对各单体塔楼进行抗震对比分析。以下以 D 栋右塔为例列举计算结果。

1）地震波的选取

根据规范要求，地震波的选取应符合以下要求：

（1）应按建筑场地类别和设计地震分组选取实际地震记录和人工模拟的加速度时程曲线，其中实际地震记录的数量不应少于总数量的 2/3；

（2）多组时程曲线的平均地震影响系数曲线应与振型分解反应谱法所采用的地震影响系数曲线在统计意义上相符；

（3）每条时程曲线计算所得结构底部剪力不应小于振型分解反应谱法计算结果的 65%，多条时程曲线计算所得结构底部剪力的平均值不应小于振型分解反应谱法计算结果的 80%；

（4）地震波的持续时间不宜小于建筑结构基本自振周期的 5 倍和 15s，地震波的时间间距可取 0.01s 或 0.02s。根据Ⅲ类场地、设计地震分组为第二组的特征周期 0.55s，地震波选用 1 条人工模拟波和 2 条实测波。地震波时程曲线见图 21.3-5。

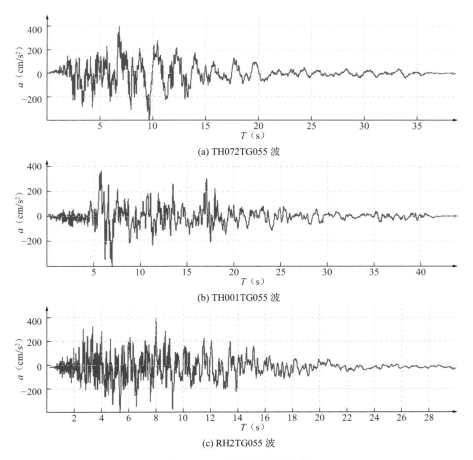

(a) TH072TG055 波

(b) TH001TG055 波

(c) RH2TG055 波

图 21.3-5　地震波时程曲线

3 组地震波的反应谱与规范反应谱在主要周期点上基本符合"统计意义上相符"。非消能减震结构在多遇地震下，时程分析法和反应谱法计算结果的基底剪力校核见表 21.3-2，地震波的选取满足规范要求，时程计算结果取平均值。

时程分析和反应谱基底剪力校核

表 21.3-2

项目		TH072TG055 波	TH001TG055 波	RH2TG055 波	反应谱	包络值
基底剪力	X向	43791.38	67317.66	46612.16	59614.31	53687.63
	Y向	63898.98	72258.47	60217.57	66120.7	86502.8
比值	X向	73.46%	112.92%	78.19%	100.00%	90.06%
	Y向	96.64%	109.28%	91.07%	100.00%	130.83%
是否满足	X向	满足	满足	满足	满足	满足
	Y向	满足	满足	满足	满足	满足

2）多遇地震计算分析

（1）剪力与倾覆力矩

多遇地震下消能减震结构和未设置阻尼器的非消能减震结构的最大楼层剪力与倾覆力矩对比见表 21.3-3，可以看到采取消能减震措施后，基底剪力减小 9.9%～11.1%，倾覆力矩减小 10.4%～11.4%。

基底剪力和倾覆力矩对比

表 21.3-3

地震反应	基底剪力（kN）		倾覆力矩（kN·m）	
方向	X向	Y向	X向	Y向
非消能减震结构	59614	66120	1110000	984000
消能减震结构	52997	59571	1250000	1120000

（2）层间位移角

多遇地震下消能减震结构和未设置阻尼器的非消能减震结构的最大楼层位移角见表 21.3-4。结果表明，采用消能减震措施后，结构最大层间位移角降低 16.6%～20.3%。

层间位移角对比

表 21.3-4

地震反应	基底剪力（kN）	
方向	X向	Y向
非消能减震结构	707	980
消能减震结构	848	1230

3）罕遇地震计算分析

（1）层间位移角

罕遇地震作用下结构层间位移角统计结果显示：X向最大层间位移角为 1/457，Y向最大层间位移角为 1/313。此结果距离限值 1/100 还离得较远，表明结构的损伤情况较小，减震效果明显。

（2）地震能量耗散

根据各条地震波计算的统计结果，结构附加阻尼在2.5%～3.0%之间，图21.3-6为RH2时程分析下结构地震能量的耗散分布图，可以看到在罕遇地震下，阻尼器耗散了大量的能量，进而保护了主体结构构件安全。

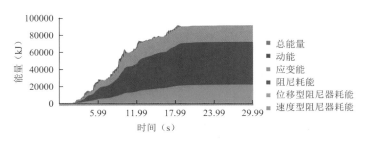

图 21.3-6　结构能量图

（3）构件损伤

结构在 TH001 作用下地震响应最大，在此地震波作用下结构墙体损伤评估结果如图 21.3-7 所示，可得出结论：除常规的连梁耗能外，BRB 和阻尼器的耗能作用也很明显。两者共同作用保护了主承载墙肢，大部分主承重墙未出现明显损伤；外框架柱基本处于弹性状态，其承载力有较大富裕。同时，该结果也指示了结构薄弱的部位，通过常规的粘钢加固方法对其进行承载力加强。

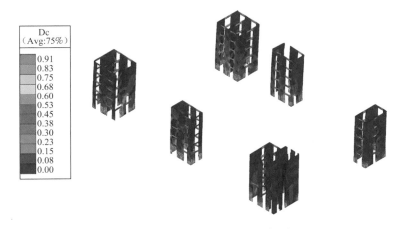

图 21.3-7　大震下结构损伤图（墙）

四、专项设计

1. C栋办公楼大中庭空间结构改造设计

1）大中庭空间方案提出

按照甲方及方案要求，在主入口处为了得到开阔的视觉效果，做成大空间结构，需要拔掉首层至 3 层○C3○轴与○C4○轴、○C3○轴与○CH○轴相交的两根柱子。改造前后对比图详见图 21.4-1、

图 21.4-2。

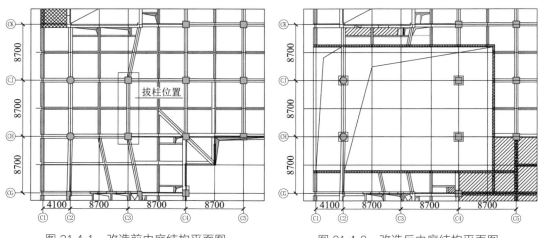

图 21.4-1　改造前中庭结构平面图　　　　图 21.4-2　改造后中庭结构平面图

　　首层至 3 层柱子被拔掉后，4 层楼面梁需要通过加大截面法改造成转换梁，用于支撑上部框架柱。与转换梁相连的 4 根柱子（ⓒ2轴与ⒸH轴、ⓒ2轴与ⒸJ轴相交，ⓒ4轴与ⒸH轴、ⓒ4轴与ⒸJ轴相交）经计算同时考虑新增转换梁钢筋锚固要求，也采用加大截面法进行加固，同时结构转换后需要满足建筑使用功能要求。转换结构平面图详见图 21.4-3。

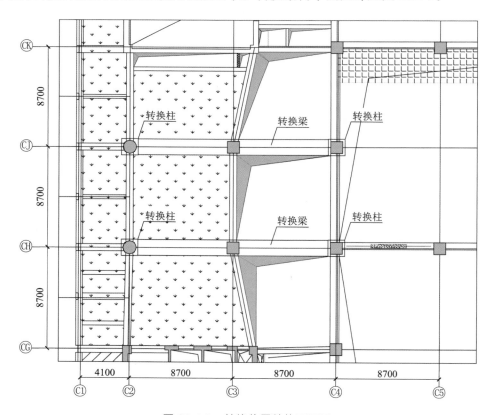

图 21.4-3　转换位置结构平面图

加固前柱子最大截面尺寸1000mm×1000mm,加固后柱截面尺寸为1400mm×1400mm,加固范围为地下3～4层。加固后转换柱的轴压比、纵筋和箍筋截面尺寸均需满足现行规范要求。托柱转换梁在托柱部位承受较大的剪力和弯矩,综合考虑建筑功能高度要求,转换梁加大截面后的截面尺寸为1350mm×2200mm。

2)大中庭改造结构计算分析

(1)承载力分析

首层至3层㉝轴与㉞轴、㉝轴与㉑轴相交的柱子拔掉后,由原来跨度为8700mm变为跨度为17400mm的转换梁,在竖向荷载作用下,㉝轴处由原来的负弯矩变为正弯矩,需要采用加大截面法进行加固设计。实际计算过程中,转换梁采用两端固结和两端铰接的模型进行包络设计。

(2)裂缝宽度分析

根据《混凝土结构设计规范》GB 50010—2010(2015年版)第3.4.5条规定:一类环境类别情况下,钢筋混凝土结构构件的最大裂缝宽度限值取0.3mm。经计算,本转换结构中两根转换梁的裂缝分别为0.28mm和0.26mm,满足规范0.3mm的限值要求。

(3)挠度分析

根据《混凝土结构设计规范》GB 50010—2010(2015年版)规定:

$$w_{\max} = \alpha_{cr}\varphi \frac{\sigma_s}{E_s}\left(1.9c_s + 0.08\frac{d_{eq}}{\rho_{te}}\right) \tag{21.4-1}$$

式中:α_{cr}——构件受力特征系数;

φ——裂缝间纵向受拉钢筋应变不均匀系数;

σ_s——纵向受拉钢筋等效应力;

E_s——钢筋弹性模量;

c_s——最外层纵向受拉钢筋外边缘至受拉区底边的距离;

d_{eq}——受拉钢筋等效公称直径;

ρ_{te}——纵向受拉钢筋配筋率。

经计算,两根转换梁的挠度分别为35.4mm和35.6mm,满足规范$L/300$(17400/300 = 58mm)的限值要求。

2. C栋办公楼大中庭空间"抽梁拔柱"的施工实现

对于"抽梁拔柱"的改造项目,施工方案是重中之重,本项目中庭改造的难点在于以下两点:

(1)柱子拔掉后,支撑上部结构的实现过程。这就需要结合现有施工技术水平调整优化结构设计。经过和施工单位的密切配合,通过将首层至3层㉝轴与㉞轴、㉝轴与㉑轴相交的2根柱子分为4段来实现先支撑后拆除的目的(图21.4-4)。第一段是完全保留段;第二段是钢筋保护段,这段主要集中在转换梁高度范围内,保证钢筋正常搭接;第三段是局部拆除区域,在转换梁高度范围内只保留一部分芯柱,芯柱尺寸为300mm×300mm;第四段是钢筋与混凝土切除段。为了保证施工的安全,上部转换结构施工完成前,第四段钢筋与混凝土切除段与临时支撑共同起支撑作用，待上部结构完成后方可切除。

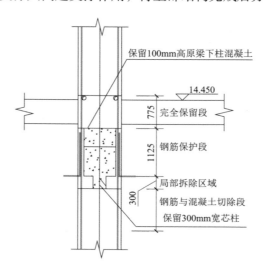

图 21.4-4　柱切断示意图

（2）转换梁和转换柱中钢筋排布需要有效利用和避让原结构中的钢筋。经过分析原来梁柱中钢筋排布情况，结合现场施工可行性的基础上，对每根梁和每根柱进行钢筋排布。以转换梁底部钢筋为例，分 4 种锚固方式（图 21.4-5）。

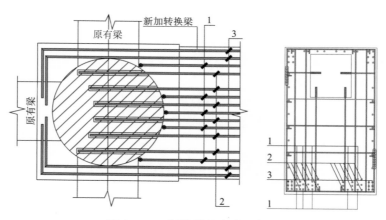

图 21.4-5　钢筋锚固方式示意图

①部分伸到原有柱边下弯L_{aE}；L_{aE}为钢筋抗震锚固长度；

②部分植入到原有柱内 15d，且需要满足钢筋间距 5d的要求；d为钢筋公称直径；

③部分锚入到新加柱截面中，水平弯折 500mm；

④部分直接到原柱边（图中未引出的钢筋均采用此方式）。

1）施工阶段验算

根据框架结构的荷载传力模式，结构改造施工一定要遵循先加固后拆除、先支撑后拆除的原则，施工流程应为：支撑卸荷→转换柱加固→楼面梁加大截面加固→拆除钢管支撑→从上往下拆除各层梁板。具体过程如图 21.4-6 所示。

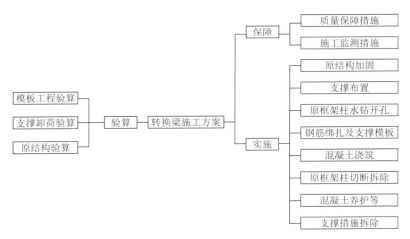

图 21.4-6　施工阶段流程图

下面以支撑卸荷为例，进行验算。

支撑钢柱：HW200×200，材质为 Q235B；支撑管两端支撑面焊接钢板，型号为 −20×400×400；千斤顶：采用液压千斤顶（100t）；每个支撑体系的横拉杆及斜拉杆均采用角铁，型号为：∟75×6，材质为 Q235B；焊条采用 E43、E50 系列。钢柱结构平面图如图 21.4-7 所示。荷载计算详见表 21.4-1。

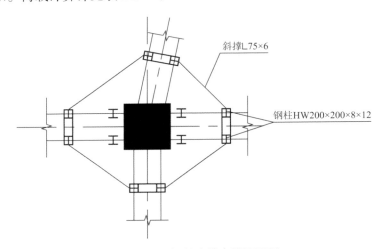

图 21.4-7　钢柱支撑布置平面图

荷载统计　　　　　　　　　　　　　　　　表 21.4-1

	恒荷载	
	分类	汇总
三层	加大截面梁自重	84.5kN/m
	模板自重	1.98kN/m
	楼板自重	22.5kN/m
二层	楼板自重	22.5kN/m
合计		131.48kN/m

按照每根钢柱支撑负荷梁长度一半进行计算，负荷长度为 3.85m；单根钢柱的计算轴向力为 517kN。

（1）稳定验算

截面：HW200mm×200mm，材料为 Q235，绕X轴计算长度为 1.8m，绕X轴长细比为 20.890，绕X轴截面为 b 类截面，绕Y轴计算长度为 1.8m，绕Y轴长细比为 35.856，绕Y轴截面为 b 类截面，经计算绕X轴受压稳定系数$\varphi_x = 0.967$，绕Y轴受压稳定系数$\varphi_y = 0.915$，均小于 1，满足规范要求。计算得绕X轴稳定应力为$N/\varphi_x A = 84.637$MPa $\leqslant f$，计算得绕Y轴稳定应力为$N/\varphi_y A = 89.491$MPa $\leqslant f$，X向和Y向均满足规范要求。

（2）强度验算

轴压力$N = 520$kN，计算得强度应力为$N/A = 81.851$MPa $\leqslant f = 215$MPa 满足规范要求。

除了施工验算外，本工程还采取以下措施：

（1）采取支撑卸荷措施，对原结构荷载进行全面卸荷，如图 21.4-8 所示；

图 21.4-8　柱支撑示意图

（2）在所需取消的结构柱上，在梁底位置将原结构柱采用水钻切断；

（3）钢筋绑扎及固定，箍筋遇到楼板处穿楼板固定；部分纵筋遇到原结构柱截断，无须植入柱内，部分纵筋需植入原结构柱；

（4）梁底纵筋遇支撑卸荷钢结构柱时，中间三根钢筋穿钢柱，两侧钢筋如遇钢柱弯折过度；

（5）浇筑用灌浆料由厂家定制（需掺入粗骨料），灌浆料浇筑孔在梁顶布置，间距 1m。

2）施工保障措施

大体积混凝土施工时，应控制混凝土浇筑时间并加强温度监控，同商品混凝土站协商调整配合比，使用低水化热水泥及冰水，并掺加缓凝剂、减水剂、膨胀剂等混凝土外加剂，降低混凝土水化热；控制混凝土浇筑温度，确保混凝土的入模温度不宜高于 30℃；混凝土浇筑完成后，实时监控混凝土内外温差，确保养护措施落实到位，并按规范要求进行保温、保湿，并确保养护时间不少于 14d。

3）施工监测方案

在混凝土柱进行置换加固施工中，现场施工监测工作至关重要，因为它关系到结构的整体安全。为了确保结构安全，保证施工的顺利进行，需要对结构应力应变监测、结构竖向位移监测、上部结构变形监测、上部结构裂缝观测。

（1）竖向结构应力-应变监测

应力-应变控制主要采用在主要结构构件受力部位粘贴应变检测仪，需要专人负责在顶升过程中构件的应力应变情况并进行实时监测、记录，及时了解顶升卸载过程中结构整体受力情况，从而在结构未发生变形前及时调整施工方案。首先是竖向监控点布置：结构应力、应变监测点的布置应选在能全面反应应变过程中，结构整体变化而引起的结构应力、应变变化情况的位置。本工程监测监控点的布置主要布置在框梁上及楼层板的位置。卸载施工过程中若出现各点位移不均匀，使结构产生相应应力和应变，可通过应变检测仪上对应的刻度可以监测到结构应力和应变大小（精确到 0.5mm），从而确定结构的受力程度，确保结构安全。其次是监测数据处理：结构应变监测过程中应做好监测数据采集、处理工作，并及时绘制应变曲线图和测试数据分析资料。

（2）上部结构变形监测

为了明确置换混凝土柱、混凝土梁的位移情况，采用精密水准仪对标示点的竖向位移情况进行测量，对测量数据进行整理、分析从而判断整个柱子的位移变化情况。加固施工过程中，需要专门配置监测班组，负责施工过程中的监测数据采集、分析和数据异常等情况的处理，以及施工应急预案的准备及实施。

（3）上部结构裂缝观测

避免施工过程中，变形过大导致上部结构变形、开裂，施工过程中除了对监测柱进行竖向位移监测外，还应对上部结构进行变形观测。如发现裂缝，须及时采用裂缝探测仪进行测量记录，并尽快分析裂缝产生的原因。如果裂缝是因为混凝土柱拆除后结构发生竖向位移导致，应立即停止施工，采用局部支撑顶升措施，确保结构施工安全。

3. E 栋办公楼取消结构缝的设计思考与分析

1）原办公楼结构缝设置与取消

依据《中国地震动参数区划图》GB 18306—2015 的调整，北京市的地震分组由原来的第一组调整为现行规范的第二组。本项目处于三类场地，其场地特征周期由原设计的 0.45s 改为现在的 0.55s，在相同条件下结构整体地震作用约提高 20%。原办公楼分塔模型见图 21.4-9，小震计算结果见表 21.4-2，左塔及右塔结构侧移X向最大层间位移角小于 1/800，满足规范要求，Y向最大层间位移角不满足规范要求，结构Y向刚度明显不足。且右塔第二周期为扭转周期，其与第一平动周期的比值大于 0.9，右塔抗扭刚度明显不足。

本项目拟通过设置非屈曲支撑来增强原结构的刚度，由前述分析可知，Y向结构刚度明显不足，且右塔抗扭刚度不足，比较有效的方法是在结构平面的外围增加支撑。由于建筑办公功能需要南北立面的通透，内部大开敞的办公需求又不允许在Y向设置支撑，使得结构有条件设置支撑的部位主要集中在建筑物的东西两个尽端（图 21.4-10）。由于原结构中间设缝，使得对于左右两个单塔而言，支撑设置不对称会导致结构的扭转加剧，不利于结构抗震。考虑到结构已经使用了 10 年以上，结构混凝土的收缩徐变大部分已完成，左右两塔楼层荷载分布均匀基础形式相同,沉降也趋于稳定,故本次改造按如图 21.4-11 所示方式取消原结构缝,将左右两塔连为一体。这样整体抗侧力结构布置均匀对称,大大提高了结构抗侧能力并改善结构抗扭刚度,其结果列于表 21.4-3。

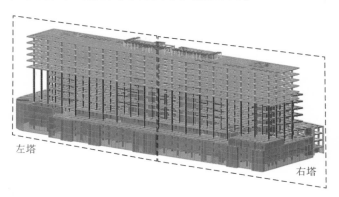

图 21.4-9　原始分塔结构计算模型

分塔层间位移角和周期　　　　　　　　　　表 21.4-2

模型	层间位移角(X)	层间位移角(Y)	T_1（s）	T_2（s）	T_3（s）
左塔	1/897	1/729	1.17（X）	1.13（Y）	0.92（T）
右塔	1/1019	1/772	1.20（Y）	1.10（T）	0.93（X）

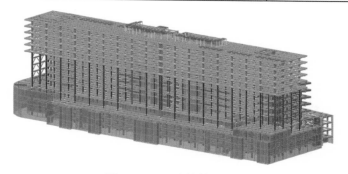

图 21.4-10　合并整体模型

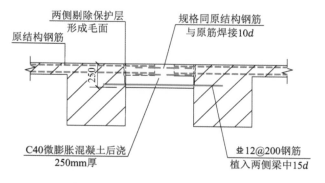

图 21.4-11　取消抗震缝连接节点

整体弹性分析主要结果　　　　　　表 21.4-3

项目		计算结果	规范限值
总质量（t）		240475.7	—
结构自振周期（s）	T_1	1.036（X）	—
	T_2	1.009（Y）	—
	T_3	0.895（T）	—
周期比	T_3/T_1	0.86	0.9
最小剪重比	X向	7.46%	3.2%
	Y向	7.69%	
最大层间位移角	X向	1/1141	1/800
	Y向	1/1084	
最大层间位移比	X向	1.06	1.4
	Y向	1.24	

由表 21.4-3 可知，结构第一阶、第二阶振型均为平动，扭转周期比小于 0.9，剪重比大于 3.2%，位移角小于 1/800，最大位移比和最大层间位移比小于 1.4，结构具有较好的侧移和抗扭刚度。

2）取消结构缝后楼板温度应力分析

（1）季节温差

北京温度环境月最高平均气温 33℃，月最低平均气温−8℃，极端高温 39℃，极端低温−20℃。E 栋整体作为平面超长结构，其热容大、整体温度变化相应较慢，主要工作环境为室内环境，分析时取最高温度 33℃，最低温度取 0℃。

结构缝封闭预计在春季或秋季，由于施工期间外围护已经完成，各层合拢温度近似，可取 4 月或 10 月的近似平均气温约 8℃。

结构最大正温差：$\Delta T^+ = 33℃ - 8℃ = 25℃$

结构最大负温差：$\Delta T^- = 0℃ - 8℃ = -8℃$

由于原建筑已经竣工并使用 12 年，混凝土收缩已经基本完成，故不考虑该因素对于后续使用的影响。

（2）混凝土徐变

混凝土在保持一定应变状态下，内部分子发生相对滑移，减小了混凝土所受的机械拉伸强度，使混凝土在总的结构中重新趋于受力稳定，所以在将来所发生的物理条件变化（升温降温）中可以继续形变，而不会因为受力饱和而发生断裂。如果混凝土受拉，由于徐变的作用，使混凝土内部的拉应力慢慢减小，混凝土的开裂风险降低。《复杂高层建筑结构设计》一书中，建议将弹性计算的温度内力乘以徐变应力松弛系数 0.3；同时考虑到混凝土带裂缝工作的特点，其楼板刚度折减取 0.85。

（3）温度作用分析结果

按照以上原则，采用 YJK 软件对于 E 栋办公楼合龙模型进行了楼板温度应力分析，其中混凝土墙采用壳单元，楼板采用弹性板 6，并进行剖分。在升温工况下的楼板应力结果（图 21.4-12）表明：在升温时，楼板内应力基本为压应力，主要应力值区间为 0.2～2.2MPa。局部剪力墙筒的角部会出现应力集中现象，但应力值也远小于楼板混凝土抗压强度标准值 20.1MPa。降温工况的结构（图 21.4-13）表明：楼板内应力基本为拉应力，主要应力值区间为 0.1～0.5MPa。典型的板跨中的拉应力约 0.3MPa，小于楼板混凝土抗拉强度标准值 2.01MPa，支座区域及板底拉应力考虑由钢筋承担。

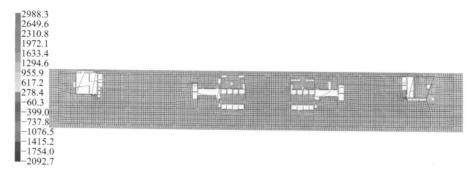

图 21.4-12　升温工况下楼板面内主应力图（kN/m²）

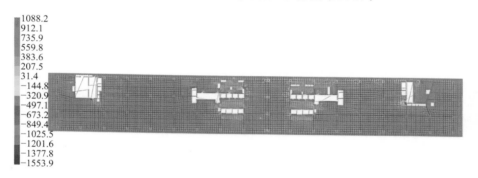

图 21.4-13　降温工况下楼板面内主应力图（kN/m²）

五、结语

1. 体系加固原则及减震措施

要减小结构位移，可以从两方面着手，一是减少地震作用，二是加大结构刚度。减少地震作用最有效的方法是采用减隔震技术，考虑到是既有建筑改造，隔震技术可实施性不强，故本项目采用设置一定数量的黏滞阻尼器，在不显著改变结构自振周期的情况下，显著增加系统的阻尼耗能，降低地震响应的同时，减少原筑结构的塑性变形耗能和滞回耗能需求减少，减轻了主体结构的损伤程度。

2. 精确的性能化分析手段

通过小震计算，确定 BRB 和阻尼器的合理布置。将阻尼器布置在变形较大的位置，并通过单个阻尼器的滞回曲线结果分析阻尼器的耗能情况，优化阻尼器布置；通过大震弹塑性分析确定减震子结构的极限受力，加强子结构及节点承载能力，并通过结构构件损伤分部确定结构薄弱部位，针对性进行加固加强。

3. 大空间中庭改造"抽梁拔柱"的设计与施工实现

"抽梁拔柱"的结构改造，除使用状态的结构分析以外，更重要的是施工方案的组织以及针对性的施工阶段的分析。本项目采用"三段式"的拆除方案，通过局部保留芯柱辅以临时支撑的方式，极大地降低了施工难度，确保了施工质量和安全。

4. 取消既有结构缝以改善结构整体刚度

原分塔结构刚度不满足现行规范要求，考虑到结构已经使用了 10 年以上，结构混凝土的收缩徐变大部分已完成，且左右两塔楼层荷载分布均匀基础形式相同，沉降也趋于稳定，通过取消结构缝将双塔连成一体的方式改善结构整体刚度。同时，通过楼板温度作用分析验证楼板结构安全。

参考文献

[1] 诸火生，姜鋆，陆向东，等. 北京中坤广场改造项目 E 栋办公楼结构设计[J]. 建筑科学，2023, 39(1): 128-133.

[2] 姜鋆，诸火生，陆向东，等. 北京中坤广场改造项目结构设计综述[J]. 建筑科学，2023, 39(1): 128-133.

[3] 诸火生，武娜，姜鋆，等. 既有建筑改造大中庭空间结构设计与实现研究[J]. 建筑科学，2023, 39(1): 128-133.